·网络空间安全学科系列教材·

信息安全导论

|第2版|

INTRODUCTION
TO
INFORMATION
SECURITY

(Second Edition)

赵斌 何泾沙 王梁 王玉锋 编著

机械工业出版社
CHINA MACHINE PRESS

本书介绍了信息安全的概念和现状、网络环境下的信息安全需求,以及为信息提供安全保护的密码学相关技术。全书共 12 章。第 1、2 章描述信息安全概念和模型,第 3、4 章介绍密码学相关技术和数字签名,第 5、6 章介绍身份认证和访问控制,第 7 章介绍信息流安全,第 8 章介绍安全保障体系,第 9 章介绍网络安全需求和相关技术,第 10 章介绍区块链技术,第 11、12 章为信息安全技术的应用(分别介绍物联网安全技术和智慧城市安全体系)。

本书可以作为高等院校信息安全、计算机科学与技术、软件工程等专业课程的教材,也可以作为对信息安全感兴趣的读者或者相关工程技术人员学习信息安全相关知识的参考书。

图书在版编目(CIP)数据

信息安全导论 / 赵斌等编著. -- 2 版. -- 北京:机械工业出版社,2024.8. --(网络空间安全学科系列教材). -- ISBN 978-7-111-75961-4

Ⅰ. TP309

中国国家版本馆 CIP 数据核字第 2024M5T811 号

机械工业出版社(北京市百万庄大街 22 号 邮政编码 100037)
策划编辑:朱 劼   责任编辑:朱 劼 郎亚妹
责任校对:张慧敏 李可意 景 飞 责任印制:邸 敏
三河市国英印务有限公司印刷
2024 年 9 月第 2 版第 1 次印刷
185mm×260mm・19.5 印张・448 千字
标准书号:ISBN 978-7-111-75961-4
定价:59.00 元

电话服务   网络服务
客服电话:010-88361066   机 工 官 网:www.cmpbook.com
          010-88379833   机 工 官 博:weibo.com/cmp1952
          010-68326294   金 书 网:www.golden-book.com
封底无防伪标均为盗版 机工教育服务网:www.cmpedu.com

前　言

本书第 1 版自 2011 年 11 月出版以来，深受广大读者和业内人士的好评和赞誉。为了适应新时代高校信息安全相关课程教学的需要，决定对第 1 版内容予以补充和修订。经过数年的筹划与努力，《信息安全导论 第 2 版》终于和广大读者见面了。

信息安全伴随着新一代信息技术的发展，对世界政治、经济、文化等领域均产生了重大影响。信息安全是确保数据和信息不受未经授权的访问、使用、披露、改变或毁坏的一种技术和管理措施。伴随着互联网技术的普及，信息安全的重要性逐渐被人们关注，人们期待通过必要的信息安全管理技术，确保个人信息、金融信息、贸易信息和社会关系等相关隐私信息受到保护，避免被非法窃取。为了适应新时代培养信息安全领域人才的需要，引导读者掌握必备的网络安全知识，帮助读者建立网络安全意识，提高信息安全行业优秀人才的培养水平，增强信息安全领域相关人员解决网络安全问题的能力，确保国家网络安全，众多高校的信息类相关专业开设了信息安全相关课程。

本书以为高等院校信息安全或相关信息类专业的课程提供教材为目的进行编写，同时本书也旨在提高其他读者对信息安全的认知水平，培养他们正确使用和保护信息的意识，致力于把安全知识以易于理解的方式传播给大众，全面提高人们的信息安全素养。

"信息安全导论"是信息安全领域的入门课程，它对信息安全领域的发展具有重要的指导作用，本书提出了一些基本的信息安全原理、理论、方法和技术，概括性地论述了信息安全的内容，为相关领域的研究提供了理论指导和参考。同时，本书也可以作为信息安全技术人员的入门教材，指导他们学习、积累信息安全的基本知识，使他们更好地完成工作任务。此外，本书还可以作为信息安全系统的设计原则，指导开发人员按照有效的信息安全规范进行信息安全系统的设计和实施。

本书共 12 章。第 1 章是绪论，主要讲述了信息安全相关基本概念、信息安全面临的威胁、信息安全体系框架、信息安全技术体系、信息安全保障体系等。第 2 章是信息安全模型与策略，主要讲述了什么是信息安全模型、信息安全模型的分类、安全策略以及常用的模型等。第 3 章是密码学原理及密钥管理，主要讲述了密码学的相关基础、密码体制、加密方法及技术等。第 4 章是数字签名，主要讲述了什么是数字签名、数字签名体制以及常用的数字签名技术等。第 5 章是身份认证，主要讲述了什么是身份认证、常用的身份认证技术等。第 6 章是访问控制，主要讲述了什么是访问控制、访问控制实现机制、锁与钥匙以及访问控制模型等。第 7 章是信息流安全分析，主要讲述了信息流的基础与背景、常用的信息流检测等。第 8 章是安全保障，主要讲述了信息安全保障相关概念、信息安全管理体系、信息安全等级保护、信息安全风险评估以及信息安全法律法规等。第 9 章是网络与信息安全，主要讲述了网络安全协议、恶意攻击、网络安全漏洞、入侵检测、安全模型以及相关网络安全案例等。第 10 章是区块链与信息安全，主要讲述了什么是区块链、区块链关键技术以及基于区块链的信息安全机制等。第 11 章是物联网与信息安全，主要讲述了什么是物联网安全、物联网安全体系中各逻辑层的功能、物联网感知层安全、物联网网络层安全、物联网应用层安全等。第 12 章是智慧城市与信息安全，主要讲述了智慧城市基本概念、建设目标、体系结构、安全挑战以及安全体系等。

为了满足新时代信息安全专业变化的需要，相较于第 1 版，本书具有以下特色。

- 更新了信息安全的相关内容和案例。
- 增加了信息安全领域的法律法规相关内容。
- 扩展了信息安全技术的应用场景。
- 增加了部分技术内容，包括区块链、物联网、智慧城市等。

本书定位为信息安全、计算机科学与技术、软件工程及相关信息类专业本科生、研究生的信息安全课程教材。本书覆盖信息安全的基本概念及解决主要信息安全问题的基本方法，同时也涉及目前国内外信息安全领域的最新研究成果。通过本书的学习，读者能够对信息安全领域有较为全面的了解，为后续信息安全方面课程的学习或相关科学研究打下良好的基础。

本书由临沂大学赵斌教授牵头组织、规划、协调、统稿，北京工业大学何泾沙教授全程给予指导。林霞参与更新了第 1~3 章，杨自芬参与更新了第 4~6 章，刘丽参与更新了第 6~9 章，高一龙、王梁参与编写了第 10 章，王猛、王其华参与编写了第 11 章，何淑庆、王玉锋参与编写了第 12 章。感谢武传坤教授、王九如教授、张问银教授、王星教授、杨成东教授、李振兴教授对本书的指导与帮助，感谢陈风美、曹伟、季云龙、李艳晓等研究生的协助校稿。此外，本书的编写得到了临沂大学、北京工业大学、临沂市大数据局、临沂新型智慧城市研究院、济宁华维网络安全研究院、祎德科技（北京）有限公司、昌禹中汇（山东）数字科技有限公司、山东临创数谷信息科技有限公司、山东政信大数据科技有限责任公司、山东元创数信信息科技有限公司相关行业专家的支持与帮助，在此对上述各位专家、老师表示衷心的感谢。

最后，由于作者的水平有限，书中难免存在不妥或错误之处，敬请广大读者在使用本书时及时指出发现的错误和问题，以便我们在修订本书时参考。

目 录

前言

第1章 绪论 ………………………… 1
1.1 信息安全概述 ……………………… 1
1.1.1 信息 ………………………… 1
1.1.2 信息安全 …………………… 2
1.1.3 信息安全基本特性 ………… 3
1.2 信息安全面临的威胁 ……………… 3
1.3 信息安全体系框架 ………………… 6
1.4 信息安全技术体系 ………………… 7
1.5 信息安全保障体系 ………………… 8
1.5.1 信息安全管理体系 ………… 9
1.5.2 信息安全等级保护 ………… 10
1.5.3 信息安全风险评估 ………… 10
1.5.4 信息安全法律法规 ………… 12
1.6 本章小结 …………………………… 14
习题 ………………………………………… 14

第2章 信息安全模型与策略 ……… 16
2.1 信息安全模型 ……………………… 16
2.1.1 模型简介 …………………… 16
2.1.2 模型的分类 ………………… 17
2.2 安全策略 …………………………… 18
2.2.1 安全策略简介 ……………… 18
2.2.2 安全策略的内涵 …………… 18
2.2.3 安全策略的类型 …………… 19
2.3 保密性模型与策略 ………………… 20
2.3.1 保密性策略的目标 ………… 20
2.3.2 BLP 模型 …………………… 21
2.3.3 BLP 模型的拓展 …………… 23
2.3.4 BLP 模型的局限性 ………… 26
2.4 完整性模型与策略 ………………… 27
2.4.1 完整性策略的目标 ………… 27
2.4.2 Biba 完整性模型 …………… 28
2.4.3 Lipner 完整性模型 ………… 31
2.4.4 Clark-Wilson 完整性模型 … 33
2.5 混合型模型与策略 ………………… 35
2.5.1 混合型策略的目标 ………… 35
2.5.2 Chinese Wall 模型 ………… 36
2.5.3 医疗信息系统安全模型 …… 38
2.5.4 基于创建者的访问控制模型 …………………………… 40
2.5.5 基于角色的访问控制模型 … 40
2.6 本章小结 …………………………… 42
习题 ………………………………………… 42

第3章 密码学原理及密钥管理 …… 43
3.1 密码学基础 ………………………… 43
3.1.1 密码学的基本概念 ………… 43
3.1.2 密码技术发展简史 ………… 44
3.1.3 密码学的基本功能 ………… 47
3.2 密码体制 …………………………… 48
3.2.1 对称加密体制原理 ………… 48
3.2.2 公钥加密体制原理 ………… 49
3.2.3 密码体制安全性 …………… 50
3.2.4 密码分析 …………………… 50
3.3 加密方法及技术 …………………… 51
3.3.1 基于共享密钥的加密方法及技术 ………………………… 51
3.3.2 基于公钥的加密方法及技术 ………………………… 56
3.4 密钥管理方法及技术 ……………… 62
3.4.1 基于共享密钥系统的密钥管理方法及技术 ……………… 62
3.4.2 基于公钥系统的密钥管理方法及技术 …………………… 65
3.5 Hash 函数与 MAC 算法 …………… 69

  3.5.1 Hash 函数 …………………… 69
  3.5.2 MAC 算法 …………………… 70
  3.5.3 算法应用 …………………… 71
 3.6 本章小结 …………………… 73
 习题 …………………… 73

第4章 数字签名 …………………… 74
 4.1 数字签名概述 …………………… 74
  4.1.1 数字签名原理 …………………… 74
  4.1.2 数字签名功能 …………………… 76
  4.1.3 数字签名与手写签名 …………………… 76
  4.1.4 对数字签名的攻击 …………………… 77
 4.2 数字签名体制 …………………… 78
  4.2.1 数字签名的过程 …………………… 78
  4.2.2 签名技术的要求 …………………… 79
  4.2.3 数字签名的分类 …………………… 79
 4.3 直接方式的数字签名技术 …………………… 80
  4.3.1 RSA 数字签名 …………………… 80
  4.3.2 Rabin 数字签名 …………………… 82
  4.3.3 ElGamal 数字签名 …………………… 83
  4.3.4 DSA 数字签名 …………………… 84
 4.4 具有仲裁的数字签名技术 …………………… 86
  4.4.1 仲裁方式的一般实施方案 …………………… 86
  4.4.2 基于传统密钥明文可见的仲裁方案 …………………… 87
  4.4.3 基于传统密钥明文不可见的仲裁方案 …………………… 88
  4.4.4 基于公钥的仲裁方案 …………………… 89
 4.5 其他数字签名技术 …………………… 90
  4.5.1 盲签名 …………………… 91
  4.5.2 不可否认签名 …………………… 92
  4.5.3 批量签名 …………………… 95
  4.5.4 群签名 …………………… 95
  4.5.5 代理签名 …………………… 96
  4.5.6 同时签约 …………………… 98
 4.6 本章小结 …………………… 100
 习题 …………………… 100

第5章 身份认证 …………………… 101
 5.1 身份与认证 …………………… 101
  5.1.1 身份及身份鉴别 …………………… 101
  5.1.2 身份认证的定义 …………………… 102
 5.2 身份认证技术 …………………… 104
  5.2.1 口令 …………………… 104
  5.2.2 质询-应答协议 …………………… 108
  5.2.3 利用信物的身份认证 …………………… 111
  5.2.4 生物认证 …………………… 112
 5.3 Kerberos 认证系统 …………………… 116
 5.4 其他身份认证方式 …………………… 119
  5.4.1 RADIUS 认证 …………………… 119
  5.4.2 HTTP 认证 …………………… 120
  5.4.3 SET 认证 …………………… 121
  5.4.4 零知识证明 …………………… 122
 5.5 本章小结 …………………… 123
 习题 …………………… 123

第6章 访问控制 …………………… 124
 6.1 基本概念 …………………… 124
  6.1.1 访问控制的概念 …………………… 124
  6.1.2 访问控制与身份认证的区别 …………………… 124
  6.1.3 访问控制的目标 …………………… 125
  6.1.4 安全机制原则 …………………… 126
 6.2 访问控制实现机制 …………………… 127
  6.2.1 访问控制矩阵 …………………… 127
  6.2.2 访问控制列表 …………………… 131
  6.2.3 能力表 …………………… 132
 6.3 锁与钥匙 …………………… 135
  6.3.1 锁与钥匙的密码学实现 …………………… 135
  6.3.2 机密共享问题 …………………… 135
 6.4 访问控制模型 …………………… 136
  6.4.1 访问控制模型的基本组成 …………………… 136
  6.4.2 传统的访问控制模型 …………………… 137
  6.4.3 基于角色的访问控制模型 …………………… 138
  6.4.4 基于属性的访问控制模型 …………………… 140
 6.5 本章小结 …………………… 142
 习题 …………………… 143

第7章 信息流安全分析 …………………… 144
 7.1 基础与背景 …………………… 144
  7.1.1 信息流策略 …………………… 144
  7.1.2 信息流模型与机制 …………………… 146
 7.2 基于编译器机制的信息流检测 …………………… 147
 7.3 基于执行机制的信息流检测 …………………… 152
  7.3.1 Fenton 的数据标记机 …………………… 152
  7.3.2 动态安全检查 …………………… 154
 7.4 信息流控制实例 …………………… 155

7.5 隐蔽信道 ·············· 156
   7.5.1 隐蔽信道的概念 ······ 156
   7.5.2 隐蔽信道的分类 ······ 158
   7.5.3 隐蔽信道分析 ········ 161
7.6 本章小结 ·············· 165
习题 ······················ 165

第8章 安全保障 ·············· 166

8.1 信息安全保障相关概念 ······ 166
   8.1.1 信息安全保障的定义 ··· 166
   8.1.2 生命周期保障 ········ 166
   8.1.3 国内情况 ············ 170
   8.1.4 国际情况 ············ 171
8.2 信息安全管理体系 ········· 172
   8.2.1 信息安全管理的定义 ··· 172
   8.2.2 信息安全管理体系现状 · 173
   8.2.3 信息安全管理体系认证 · 174
8.3 信息安全等级保护 ········· 176
   8.3.1 等级保护的定义 ······ 176
   8.3.2 等级划分 ············ 176
   8.3.3 实施原则 ············ 177
   8.3.4 测评流程 ············ 177
8.4 信息安全风险评估 ········· 178
   8.4.1 风险的定义 ·········· 178
   8.4.2 风险评估模式 ········ 179
   8.4.3 系统风险评估 ········ 180
8.5 信息安全法律法规 ········· 181
   8.5.1 相关背景 ············ 181
   8.5.2 基本原则 ············ 182
   8.5.3 国内情况 ············ 183
   8.5.4 国际情况 ············ 186
8.6 本章小结 ·············· 192
习题 ······················ 192

第9章 网络与信息安全 ······ 193

9.1 网络安全协议 ············ 193
   9.1.1 IPSec ··············· 193
   9.1.2 SSL/TLS 协议 ········ 195
   9.1.3 SET 协议 ··········· 197
9.2 恶意攻击 ················ 198
   9.2.1 概述 ················ 198
   9.2.2 特洛伊木马 ·········· 198
   9.2.3 计算机病毒 ·········· 200
   9.2.4 计算机蠕虫 ·········· 202

   9.2.5 其他形式的恶意代码 ··· 202
   9.2.6 恶意代码分析与防御 ··· 203
9.3 网络安全漏洞 ············ 206
   9.3.1 概述 ················ 206
   9.3.2 系统漏洞的分类 ······ 206
   9.3.3 系统漏洞分析 ········ 209
9.4 入侵检测 ················ 211
   9.4.1 原理 ················ 211
   9.4.2 入侵检测概况 ········ 212
   9.4.3 入侵检测的过程 ······ 212
   9.4.4 入侵检测体系结构 ···· 213
   9.4.5 入侵检测系统的分类 ··· 214
   9.4.6 入侵响应 ············ 217
   9.4.7 入侵检测技术的改进 ··· 220
9.5 安全模型 ················ 222
   9.5.1 PDRR 网络安全模型 ·· 222
   9.5.2 IPDRRRM 模型 ······ 223
   9.5.3 P2DR 安全模型 ······ 224
9.6 网络安全案例 ············ 224
   9.6.1 常用技术 ············ 224
   9.6.2 案例概述 ············ 225
   9.6.3 策略开发 ············ 226
   9.6.4 网络组织 ············ 228
   9.6.5 可用性和泛洪攻击 ···· 233
9.7 本章小结 ················ 234
习题 ······················ 234

第10章 区块链与信息安全 ······ 236

10.1 区块链概述 ············· 236
   10.1.1 区块链的定义 ······· 236
   10.1.2 区块链的工作流程 ··· 236
   10.1.3 区块链基础框架 ····· 237
   10.1.4 区块链的类型 ······· 239
   10.1.5 区块链的特征 ······· 239
10.2 区块链关键技术 ········· 240
   10.2.1 链式结构 ··········· 240
   10.2.2 传输机制 ··········· 241
   10.2.3 共识机制 ··········· 241
   10.2.4 链上脚本 ··········· 242
10.3 基于区块链的信息安全机制 · 242
   10.3.1 基于区块链的身份认证 · 242
   10.3.2 基于区块链的访问控制 · 244
   10.3.3 基于区块链的数据保护 · 246

10.3.4 区块链技术自身存在的问题 ... 247
10.4 本章小结 ... 248
习题 ... 248

第11章 物联网与信息安全 ... 250

11.1 物联网安全概述 ... 250
　11.1.1 物联网简介 ... 250
　11.1.2 物联网安全 ... 250
　11.1.3 物联网的体系结构 ... 251
　11.1.4 物联网的安全架构 ... 251
11.2 物联网安全体系中各逻辑层的功能 ... 252
　11.2.1 物联网感知层的功能 ... 252
　11.2.2 物联网网络层的功能 ... 253
　11.2.3 物联网应用层的功能 ... 253
11.3 物联网感知层安全 ... 254
　11.3.1 感知层安全概述 ... 254
　11.3.2 感知层的安全地位与安全威胁 ... 254
　11.3.3 RFID 安全 ... 254
　11.3.4 传感器网络安全 ... 256
　11.3.5 物联网终端系统安全 ... 258
11.4 物联网网络层安全 ... 261
　11.4.1 网络层安全概述 ... 261
　11.4.2 网络层安全威胁 ... 261
　11.4.3 远距离无线接入安全 ... 263
　11.4.4 安全接入要求 ... 264
11.5 物联网应用层安全 ... 264
　11.5.1 应用层安全概述 ... 264
　11.5.2 物联网中间件 ... 266
　11.5.3 Web 安全 ... 267
　11.5.4 数据安全 ... 268
　11.5.5 云计算安全 ... 270
11.6 本章小结 ... 272
习题 ... 272

第12章 智慧城市与信息安全 ... 274

12.1 智慧城市基本概念 ... 274
12.2 智慧城市建设目标 ... 275
12.3 智慧城市体系结构 ... 275
　12.3.1 智慧城市感知层 ... 276
　12.3.2 智慧城市网络层 ... 277
　12.3.3 智慧城市数据层 ... 277
　12.3.4 智慧城市应用层 ... 277
12.4 智慧城市安全挑战 ... 278
　12.4.1 基础设施安全 ... 278
　12.4.2 智慧城市感知层安全 ... 279
　12.4.3 智慧城市网络层安全 ... 282
　12.4.4 智慧城市数据层安全 ... 284
　12.4.5 智慧城市应用层安全 ... 286
12.5 智慧城市安全体系 ... 288
　12.5.1 智慧城市安全体系框架 ... 288
　12.5.2 智慧城市安全战略保障 ... 288
　12.5.3 智慧城市安全管理保障 ... 288
　12.5.4 智慧城市安全技术保障 ... 290
　12.5.5 智慧城市建设运营保障 ... 292
　12.5.6 智慧城市安全基础保障 ... 293
12.6 本章小结 ... 293
习题 ... 293

参考文献 ... 294

第 1 章

绪 论

随着 Internet 在全世界日益普及和新一代信息技术的发展，人类已经进入高度信息化时代，信息已经成为人类社会最重要的资源。计算机与网络技术为信息的获取和利用提供了越来越先进的手段，同时也为好奇者和入侵者提供方便之门。信息系统的安全不仅关系到个人、金融、商业、政府部门的正常运作，更关系到国家安全。随着《中华人民共和国网络安全法》等相关法律法规的颁布，信息安全已经上升到国家战略。研究保障信息系统安全的策略和机制，研究各种攻击方法及相应的防范措施，使信息系统安全运行，正是信息安全学科的研究目标。

1.1 信息安全概述

1.1.1 信息

21 世纪是信息的社会，信息作为当今社会最重要的要素之一，不仅是重要的共用资源和商业资源，而且已经成为重要的战略资源。党的十八大报告中明确坚持走中国特色新型工业化、信息化、城镇化、农业现代化道路，将信息化提升至国家发展战略的高度；十九大报告中围绕互联网与信息化战略，在信息化领域提出网络强国、数字中国、智慧社会三大目标，强调信息化与实体经济的深度融合，把网络安全上升到国家安全的高度。

关于信息的定义有多种说法，通常我们认为：信息是有一定含义的数据，是加工处理后的数据，是对决策者有用的数据。信息是事物及其属性标识的集合，是事物运动状态和存在方式的表现形式（钟义信），是物质、能量及其属性的标识，是用来消除不确定性的东西，是处理过的某种形式的数据（香农）。信息对于接收信息者具有意义，在当前或未来的行动和决策中，具有实际的或可察觉的价值。

数据是记录下来的某种可以识别的符号，具有多种多样的形式，也可以加以转换，但其中包含的信息内容不会改变，即不随载体的物理设备形式的改变而改变。信息可以离开信息系统而独立存在，也可以离开信息系统的各个组成阶段而独立存在；而数据的格式往往与计算机系统有关，并随载荷它的物理设备的形式而改变。数据是原始事实，而信息是数据处理的结果。

数据和信息之间是相互联系的。数据是反映客观事物属性的记录，是信息的具体表现形式。数据经过加工处理之后，就成为信息；而信息需要经过数字化转变成数据才能存储和传输。

美国著名未来学家托夫勒曾说："谁掌握了信息，控制了网络，谁将拥有整个世界。"数据处理就是将数据转化为信息的过程，信息技术也都是围绕着数据的收集、存储、传输、加工处理等方面开展应用的，如图1-1所示。

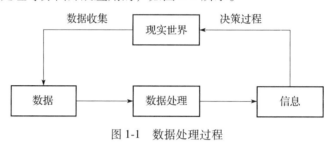

图 1-1 数据处理过程

1.1.2 信息安全

截至目前，信息安全还没有统一的定义，以下分别是国际标准化组织（ISO）、美国国家安全电信和信息系统安全委员会（NSTISSC）、欧盟、信息安全专家给出的定义。

定义 1-1 ISO 对信息安全的定义：对数据处理系统建立和采取的技术和管理的安全保护。保护计算机硬件、软件、数据不因偶然的或恶意的原因而受到破坏、更改、泄露。

定义 1-2 NSTISSC 对信息安全的定义：对信息、系统以及使用、存储和传输信息的硬件的保护，是所采取的相关政策、认识、培训和教育以及技术等必要的手段。

综上，从信息安全涉及的内容出发，信息安全是确保存储或传送中的数据不被他人有意或无意地窃取与破坏。信息安全包括：

- 信息设施及环境安全，包括建筑物与周遭环境的安全。
- 数据安全，确保数据不会被非法入侵者读取或破坏。
- 应用安全，重视软件开发过程的品质及维护。
- 系统安全，维护计算机系统正常运作。

美国军方将信息安全问题抽象为一个由信息系统、信息内容、信息系统的所有者和运营者、信息安全规则等多个因素构成的多维问题空间。

定义 1-3 欧盟在《信息技术安全评估准则》中对信息安全的定义：在既定的密级条件下，网络与信息系统抵御意外事件或恶意行为的能力。这些事件和行为将威胁所存储或传输的数据以及通过这些网络和系统所提供的服务的可用性、真实性、完整性和机密性。

定义 1-4 信息安全专家对信息安全的定义如下：

- 信息安全是在充分的知识和经验保证下的信息风险与控制的平衡（James Anderson）。
- 保护信息和信息系统不被未经授权地访问、使用、泄露、修改和破坏，为信息和信息系统提供保密性、完整性、可用性、可控性和不可否认性（沈昌祥院士）。

基于以上信息安全的定义可知，信息安全是指在可信的时空空间内，信息系统的硬件、软件和数据等资源不因偶然和恶意的原因而遭到破坏、更改和泄露，保障系统连续正常运行，信息服务不中断；信息安全的本质和目的就是保护合法用户使用系统资源和访问系统中存储的信息的权利和利益，保护用户的隐私；信息安全工作的基本原则就是在安全法律、法规、政策的支持与指导下，通过采用适当的安全技术与安全管理措施，防止数据财产被恶意地或偶然地未经合理授权地泄露、更改、破坏或使信息被非法的系统辨识、控制，避免攻击者利用信息系统的安全漏洞进行窃听、截获、篡改等。

1.1.3 信息安全基本特性

信息安全建立在保密性（Confidentiality）、完整性（Integrity）和可用性（Availability）三个基本特性之上。对这三个信息安全基本特性的解释随着适用环境的不同而不同。在某种特定环境下，对这三种特性的解释是由个体需求、行为习惯和特定组织的法律法规决定的。

保密性是确保信息不泄露给未获得授权的实体或进程的特性。这里所指信息的涵盖范围非常广，不但包括国家秘密，而且包括各种社会团体和企业组织的工作信息和商业机密以及涉及个人隐私的各类信息，如上网浏览习惯、购物习惯等。

完整性是指信息不被未获得授权的实体或进程偶然或恶意地删除、修改、伪造、乱序、重放、插入等破坏的特性。完整性包括数据（即信息的内容）完整性和来源（即信息的来源）完整性。信息的来源可能会涉及来源的准确性和可信性，也涉及人们对此信息的信任度。完整性与保密性有较大的差别，保密性主要针对数据有没有遭受破坏或泄露，完整性则要同时保证数据的正确性和可信性。

可用性是指对信息或资源的期望使用能力，即获得授权的实体或进程在需要时可访问信息及系统资源和服务。无论何时，只要用户需要并获得授权，必须保证信息系统是可用的，系统不能拒绝给用户提供服务。攻击者通常采取占用资源的方式来阻碍系统执行授权者的正常请求。可用性还包括研究如何有效地避免因各种灾难（如战争、自然灾害等）引起系统资源和信息的不可用。

信息安全特性还包括其他的方面，如可控性（Controllability）、可审查性（Auditability）、可认证性（Authenticity）等。可控性是对信息及信息系统实施安全监控的能力，使管理机构可以对造成安全问题的行为进行监视和审计。审计是对系统资源使用情况进行事后分析的有效手段，它通过对访问情况记录日志，并对日志进行统计分析，发现和追踪违反安全策略的事件。可审查性是指使用审计、监控、防抵赖等安全机制，使得使用者（包括合法用户、攻击者、破坏者、抵赖者）的行为有证可查，并能够对系统和网络中出现的安全问题提供调查依据和手段。可认证性的目的是保证信息使用者和信息提供者都是真实的声称者，防止假冒和重放。

注：保密性、完整性、可用性、可控性和不可否认性也称为信息安全的五个基本属性。

1.2 信息安全面临的威胁

信息安全是一个系统性问题，涉及信息本身、安全技术、人为和环境因素等，因此要从信息系统的各个角度来考虑、分析组成系统的软硬件以及处理过程中数据可能面临的内部和外部风险。

一般认为，信息系统安全风险是系统脆弱性或存在的漏洞，以及以系统为目标的人为或自然威胁存在的风险总称。可见，系统的脆弱性和漏洞是信息系统安全风险产生的原因，人为攻击或自然威胁则是信息系统安全风险引发的结果。因此，安全风险的客体是系统的脆弱性或存在的漏洞，安全风险的主体是针对客体的人为攻击或自然威胁，所以，当安全风险的因果或主客体在时空上一致时，安全风险就威胁或破坏了信息系统的安全，信息系统处于不稳定、不安全的状态中。

目前，随着通信技术和网络技术应用的深入，非法访问和恶意攻击等安全威胁普遍存在且层出不穷，各种潜在的不安全风险因素使系统资源时时面临信息安全方面的自然威胁和人为威胁。

自然威胁是指一切不以人的意志为转移，由自然环境引发的信息系统资源安全风险。自然威胁主要来自各种自然灾害、恶劣环境、电磁辐射、电磁干扰和设备老化等。自然灾害（地震、火灾、洪水、海啸等）、物理损坏（硬盘损坏、设备使用寿命到期、外力破损等）、设备故障（停电断电、电磁干扰等）所造成的威胁具有突发性、自然性、非针对性等特性，但是这类威胁所造成的不安全因素对系统中信息的保密性影响却较小。例如，2017年11月21日，沉寂了54年的巴厘岛阿贡火山爆发，火山灰影响了当地的5个通信基站，使当地的网络瘫痪；又例如，2022年1月14日至15日，南太平洋岛国汤加一座海底火山喷发，并引发了强烈海啸，导致汤加全国通信发生中断。这类自然威胁对信息资源破坏严重，但数据信息并没有泄露给未授权的实体或进程，从一定程度上讲，对信息的保密性破坏很小。

人为威胁是指人为因素造成的信息资源安全威胁，分为无意人为威胁和故意人为威胁。无意人为威胁是指由于人为的偶然事故引起的，没有明显的恶意企图和目的，却使信息资源受到破坏的威胁，如操作失误（未经允许使用、操作不当、经验不足、安全意识不强、文档不完善）、意外损失（漏电、电焊火花干扰）、编程缺陷（训练不足、系统的复杂性、环境不完善）和疏忽丢失（被盗、媒体丢失）等。故意人为威胁是指人为主观地、有目的地威胁信息资源的物理安全或实施侵入和破坏，达到信息泄露、破坏、不可用的目的，如：通过搭线连接获取网络上的数据信息；或者潜入重要的安全部门窃取口令、密钥等重要的网络安全信息；或者直接破坏网络的物理基础设施（盗割网络通信线缆、盗取或破坏网络设备等）。

基于信息安全的基本特性，即保密性、完整性和可用性，将威胁分为四大类：泄露，即对信息的非授权访问；欺骗，即接收虚假数据；破坏，即中断或妨碍正常操作；篡夺，即对系统某些部分的非授权控制。下面分别进行说明。

1. 泄露

嗅探，即对信息的非法窃听，是某种形式的信息泄露。嗅探是被动的，其目的是某些实体窃听消息或者仅仅浏览信息。被动搭线窃听就是一种监视网络的嗅探形式，它把未经批准的装置（如计算机终端）连接到通信线路上，通过生成错误信息或控制信号或者通过改换合法用户的通信方式以获取对数据的访问。保密性可以对抗这种威胁。

2. 欺骗

篡改，即对信息的非授权改变。篡改是主动的，其目的可能是欺骗。主动搭线窃听就是篡改的一种形式，在窃听过程中，传输于网络中的数据会被篡改。中间人攻击就是一种主动搭线窃听的例子。入侵者从发送者那里读取消息，再将修改过的消息发往接收者，希望接收者和发送者不会发现中间人的存在。完整性能对抗这种威胁。

伪装，即一个恶意实体假冒为一个友好实体，诱使用户相信与之通信的就是被冒充的友好实体本身，它是兼有欺骗和篡夺的一种手段。网络钓鱼就是伪装的一种形式，在钓鱼过程中，攻击者将用户引诱到一个精心设计的与目标网站非常相似的钓鱼网站上，并获取用户在此网站上输入的个人敏感信息，而不让用户察觉。网络钓鱼的危害已经超过传统的病毒和木马，成为威胁网民利益的第一杀手。钓鱼网站主要以虚假中奖、虚假购物和虚假广告等方式存在，81%是各种各样的中奖骗局。据估计，网络钓鱼给社会带来的间接损失可能超过 200 亿元。完整性能对抗这种威胁。

信源否认，即信息发送方欺骗性地否认曾发送过某些信息。如果接收者不能证明信息的来源，那么攻击就成功了。针对安全完整性的信源认证服务能对抗这种威胁。

信宿否认，即信息接收方欺骗性地否认曾接收过某些信息。如果发送者不能证明接收者已经接收了信息，那么攻击就成功了。完整性服务中的信宿认证服务能对抗这种威胁。

3. 破坏

破坏即中断或妨碍正常操作。病毒感染对数据信息的破坏力度非常大，也是最常见的信息安全威胁之一。病毒是一种具有隐蔽性、破坏性、传染性的恶意代码，它无法自动获得运行的机会，必须附着在其他可执行程序代码上或隐藏在具有执行脚本的数据文件中才能被执行。据国家计算机病毒应急处理中心副主任张健介绍，从国家病毒应急处理中心的日常监测结果看来，信息服务中病毒呈现出异常活跃的发展态势，而且病毒的破坏性较大，被病毒破坏全部数据信息的情况占较小部分，被病毒破坏部分数据信息的情况比重较大。病毒对信息服务的破坏性日益严重，针对这一问题，反病毒作为一种信息安全保护技术也随之发展壮大，信息保密的要求让人们在泄密和清除病毒之间很难抉择。病毒与反病毒作为一种技术对抗将长期存在，两种技术都将随信息服务的发展而得到长期的发展。

4. 篡夺

篡夺，即对系统本身或部分系统的非授权控制。延迟，即暂时阻止某种服务，是篡夺的一种形式。通常，消息的发送服务需要一定的时间。如果攻击者能够迫使发送消息所花的时间多于所需要的时间，那么攻击就成功了。假设一个顾客在等待的认证消息被延迟了，这个顾客可能会请求二级服务器提供认证。攻击者可能无法伪装成主服务器，但是可能伪装成二级服务器以提供错误的认证信息。可用性服务能对抗这种威胁。

拒绝服务，即长时间地阻止服务，是篡夺的一种形式。攻击者阻止服务器提供某种服务，可能通过消耗服务器的资源，可能通过阻断来自服务器的信息，也可能通过丢弃从客户端或服务器端传来的信息或者同时丢弃这两端传来的信息，来达到阻止服务器提供某种服务的目的。可用性能对抗这种威胁。

1.3 信息安全体系框架

根据 OSI 安全体系结构 ISO 7498-2，提出安全服务（即安全功能）和安全机制（如图 1-2 所示），在此基础上给出信息安全体系框架（如图 1-3 所示），由技术体系、组织机构体系和管理体系共同构建，确保信息的保密性、完整性、可用性、可控性和不可否认性（可审查性和可认证性）。

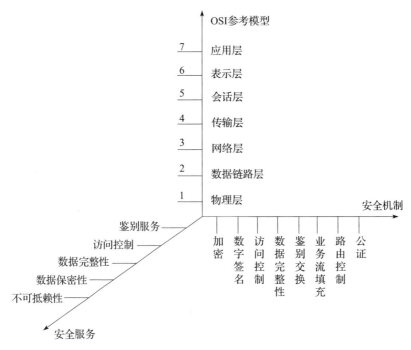

图 1-2 OSI 安全体系结构及安全服务和安全机制

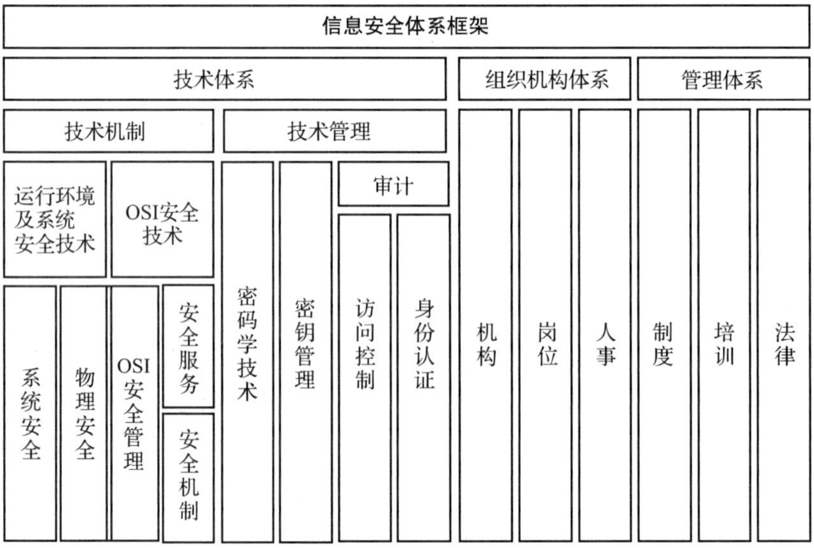

图 1-3 信息安全体系框架

技术体系是由相互联系、相互作用的安全要素组成，以保障信息系统安全为目的，具有一定结构和功能的多种安全技术手段的集合。例如，密码技术、安全审计等。

组织机构体系是信息系统安全的组织保障系统，由机构、岗位和人事三个模块构成一个体系。机构的设置分为三个层次，即决策层、管理层和执行层；岗位是信息系统安全管理机关根据系统安全需要设定的负责某一个或某几个安全事务的职位；人事是根据管理机构设定的岗位，对岗位上在职、待职和离职的雇员进行素质教育、业绩考核和安全监管的机构。

管理体系是组织机构单位按照信息安全管理体系相关标准［如国际信息安全管理标准体系 BS 7799（ISO/IEC17799）和中华人民共和国国家标准 GB/T 22080—2016/ISO/IEC 27001:2013］的要求，制定信息安全管理方针和策略。"三分技术，七分管理"，管理是信息系统安全的灵魂，信息系统安全的管理体系由相关安全法律、管理制度体系和人员培训管理三个部分组成。法律管理是根据相关的国家法律、法规对信息系统主体及其与外界关联行为的规范和约束，制度管理是信息系统内部依据必要的国家、团体的安全需求制定的一系列内部规章制度，培训管理是确保信息系统安全的前提。

OSI 安全体系结构如图 1-4 所示，其数据链路层包括点到点通道协议（PPTP）以及第二层通道协议（L2TP），网络层包括 IP 安全协议（IPSec），传输层包括安全套接字层（SSL）和传输层安全协议（TLS），会话层包括 SOCKS 代理技术，应用层包括应用程序代理。

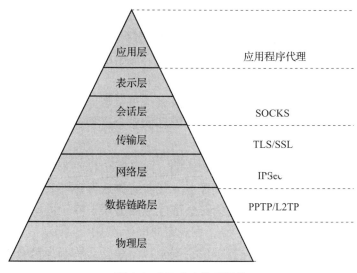

图 1-4　OSI 安全体系结构

1.4　信息安全技术体系

信息安全技术体系是由相互联系、相互作用的安全要素组成，以保障信息系统资源安全为目的，具有一定结构和功能的多种安全技术手段的集合。根据人们的认识程度和《计算机信息系统安全等级保护通用技术要求》（GA/T 390—2002）将信息安全技术大致划分为：物理安全（如防干扰技术）、核心基础（如密码技术）、基础设施（如数字签名、身份认证与访问控制）、应用安全（如入侵检测与安全扫描）、保障技术（如审计与评估、法律法规）。

物理安全是相对于物理破坏而言的，也就是信息系统所有应用硬件物理方面的破损或毁坏。物理设备处于整个安全模型的最底层，该层次的安全包括通信线路的安全、物理设备的安全、机房的安全等，是整个模型得以顺利运行的物质基础，主要体现在通信线路的可靠性（线路备份、传输介质等）、软硬件设备的安全性（替换设备、拆卸设备、增加设备）、设备的备份、防灾害能力、防干扰能力、设备的运行环境（温度、湿度、烟尘）、不间断电源保障等，所以物理安全是整个信息网络安全运行的前提。物理安全一旦遭到破坏，系统将会变得不可用或不可信，在物理层上面的其他上层安全保护技术也将形同虚设。

密码是国家重要战略资源，是保障网络与信息安全的核心技术和基础支撑。密码技术是对信息进行加密、分析、识别和确认以及对密钥进行管理的技术，是提供网络安全认证、保护信息安全最重要的技术手段，数字签名的基础是密码技术，区块链的核心技术也是密码技术。

授权管理基础设施（Privilege Management Infrastructure，PMI）是国家信息安全基础设施的重要组成部分，目标是向用户和应用程序提供身份认证和授权管理服务，提供用户身份到应用授权的映射功能。认证技术就是鉴别实体身份的技术，主要包括口令技术、公钥认证技术、在线认证服务技术、生物认证技术与公钥基础设施技术等，还包括对数据起源的验证。访问控制在系统安全、网络安全、数据库安全等方面起到了重要的作用，是实现网络信息安全的关键技术之一，能够对用户提出的访问请求按照事先设定的安全访问策略进行授权并进行有效控制。信息流是 Denning 首先提出的，信息从实体 A 转移至实体 B 的过程被称为信息流，信息流控制策略是规定客体能够存储的信息安全类和客体安全类之间的关系。要实现对信息数据与隐私的安全保护，加密、访问控制和信息流控制是最有效的方法。

网络的普及对社会活动产生了深远的影响，网络安全也越来越重要。信息安全应用技术主要用于防止系统漏洞、防止外部黑客入侵、防御病毒破坏和对可疑访问进行有效控制、及时解决网络安全问题等。信息安全审计是根据预先确定的审计依据（信息安全法规、标准及用户自己的规章制度等），在规定的审计范围内，揭示信息安全风险的最佳手段和改进信息安全现状的有效途径。信息安全风险评估也称为风险分析，是参照风险评估标准和管理规范，通过对信息系统的资产、面临的威胁、存在的脆弱性、采用的安全控制措施等进行分析，判断安全事件发生的概率以及可能造成的损失，提出风险管理措施的过程。

1.5　信息安全保障体系

中国工程院院士方滨兴指出国家的信息安全保障体系要加强密码技术的开发与应用，建设网络信息安全体系；加强网络信息安全风险评估工作，建设和完善信息安全监控体系；高度重视信息安全应急处置工作，重视灾难备份建设。信息安全保障能力建设要以提升国家信息安全保障能力为标准，着眼长远、抓住关键、突出重点，综合运用信息安全技术手段，整合信息安全保障力量，完善信息安全法规政策，保障信息内容、信息系统、信息基础设施、信息交互、信息认知等各个方面的安全。

国家建立安全保障体系的目的是加强信息安全防护能力，提高隐患发现能力，提升网络应急反应能力，增强信息对抗能力。因此，要增强国家信息安全保障能力，必须重视人才培养，加强自主研发与创新，掌握核心安全技术，大力推动国家信息安全基础建设，完善信息安全的法律保障能力、基础支撑能力等。

1.5.1　信息安全管理体系

信息安全管理体系（Information Security Management System，ISMS）是通过计划、组织、领导、控制等措施以实现信息安全目标的相互关联或者相互作用的一组要素。国际信息安全管理标准体系（ISO 17799/BS 7799 Information Security Certification）是2000年12月ISO正式发布的有关信息安全的国际标准，包括信息系统安全管理和安全认证两大部分。企业和组织可以将ISO/IEC 17799作为衡量信息安全管理体系规范程度的一个标准和指标。我国已经将ISO/IEC 27001:2005（《信息安全管理体系要求》）等同转化为中国国家标准GB/T 22080—2008/ISO/IEC 27001:2005（《信息技术 安全技术 信息安全管理体系 要求》）（2008年6月19日发布，2008年11月1日实施），将ISO/IEC 27002:2005等同转化为中国国家标准GB/T 22081—2008/ISO/IEC 27002:2005（《信息技术 安全技术 信息安全管理实用规则》）（2008年6月19日发布，2008年11月1日实施）。全国信息安全标准化技术委员会（TC260）信息安全管理工作组（WG7）正在不断推进信息安全管理体系国家标准的编制和转化工作。

信息安全管理主要涵盖信息安全管理过程中的设备管理、密码管理、网络管理、人员管理、信息安全技术标准以及信息安全等级保护等内容。设备管理是指对网络中的安全产品，如防火墙、VPN、防病毒、入侵检测、漏洞扫描等，实现统一管理和统一监控，对网络设备进行安全有效的保护。密码管理是指对密码进行有效的安全保护和监控，防止对关于IT服务的未经许可的介入、损伤和干扰，避免对信息及其处理设施的破坏或窃取。网络管理就是保护网络通畅和安全，降低网络系统失效的风险，防止资产被损坏和业务活动被干扰和中断。人员管理则是通过降低人为错误、窃取、欺骗及滥用相关设施的风险，来确保使用者意识到信息安全的威胁。通常采用签署保密协议、定期的安全教育培训、安全事故与教训总结、惩罚等措施来减少人为造成的风险。

不同信息系统的其工作条件和工作性质都不相同，当然对其安全要求也就不尽相同，适合的安全技术和安全机制也不一样。国际标准化组织根据对各种信息系统的分析，提出一些共同的安全要求，制定一些通用的安全技术标准，这些通用的安全技术标准被称作信息安全的基础标准。这些标准在规定了必须遵循的一些原则的前提下，也提供了可供不同信息系统任意选用的多种可用选项。ISO对开放系统的安全问题进行了多方分析研究，开发了各种信息安全技术的基础标准，其中包括安全体系结构、框架和模型、服务和协议的安全扩充、安全技术和安全机制、分布式应用安全、安全管理等。

1.5.2 信息安全等级保护

信息安全等级保护是信息安全保障的一项基本制度，是国家通过制定统一的信息安全等级保护管理规范和技术标准，组织公民、法人和其他组织通过对信息系统分等级而实行安全保护，并对等级保护工作的实施进行监督和管理。一直以来，我国在网络安全方面的主要依据是2007年和2008年颁布实施的《信息安全等级保护管理办法》和《信息安全等级保护基本要求》（称为等保1.0），根据《信息安全等级保护管理办法》的规定，我国信息系统安全分为以下五个等级。

- 第一级，信息系统受到破坏后，会对公民、法人和其他组织的合法权益造成损害，但不损害国家安全、社会秩序和公共利益。
- 第二级，信息系统受到破坏后，会对公民、法人和其他组织的合法权益产生严重损害，或者对社会秩序和公共利益造成损害，但不损害国家安全。
- 第三级，信息系统受到破坏后，会对社会秩序和公共利益造成严重损害，或者对国家安全造成损害。
- 第四级，信息系统受到破坏后，会对社会秩序和公共利益造成特别严重的损害，或者对国家安全造成严重损害。
- 第五级，信息系统受到破坏后，会对国家安全造成特别严重的损害。

为适应新技术的发展，解决云计算、物联网、移动互联和工控领域信息系统的等级保护问题，2019年由公安部牵头组织开展了信息技术新领域等级保护重点标准申报国家标准的工作，随着《信息安全技术 网络安全等级保护基本要求》（GB/T 22239—2019）和《信息安全技术 网络安全等级保护测评要求》（GB/T 28448—2019）等核心标准的正式发布，网络安全等级保护正式进入2.0时代（如图1-5所示）。从等保1.0到等保2.0，安全防护的范围从原有的信息系统扩展到整个网络空间，涵盖了云计算平台、大数据、物联网、移动互联网等多个系统平台和工控安全等。从网络安全、系统安全过渡到网络空间安全，这个过程中传统的安全边界日益模糊，等保2.0正是顺应这个发展趋势而出台的。除了等保1.0要求的定级、备案、建设整改、等级评测与监督检查五个规定动作之外，等保2.0增加了风险评估、安全监测、通报预警、态势感知等新的安全要求。等保2.0安全观念从被动转变到主动防御，让安全管理必须贯穿企业基础设施建设和业务全过程，安全不仅仅是检测、响应、防御，而要全面、整体地考虑到事前、事中、事后，要做到事前能够预警异常事件，事中可以及时阻断攻击和违规行为，并且在各个环节做到全方位、多层次审计。

1.5.3 信息安全风险评估

信息系统的安全风险是指由于系统中存在的脆弱性，人为或自然的威胁导致安全事件发生的可能性及其造成的后果或影响。信息安全风险评估是依据国家有关信息安全技

图 1-5 网络安全等级保护

术标准,对信息系统及其处理、传输和存储信息的保密性、完整性和可用性等安全属性进行科学评价的过程。它要评估导致风险的事件对信息系统的脆弱性、信息系统面临的威胁,以及脆弱性被威胁利用后所产生的后果和实际负面影响,并根据安全事件发生的可能性和负面影响的程度来识别信息系统的安全风险。

信息安全是一个动态的复杂过程,它贯穿于信息资产和信息系统的整个生命周期。信息安全的威胁来自内部破坏、外部攻击和内外勾结进行的破坏以及自然危害。显然,在信息安全风险评估的初级阶段,我们无法精确地预测事件发生的概率,也没有该事件发生后其损失的精确数字(后果),因此,必须按照风险管理的思想,对可能的威胁、脆弱性和需要保护的信息资源进行分析,依据风险评估的结果为信息系统选择适当的安全保护措施,妥善地应对可能发生的风险。

信息安全风险评估工具是信息安全风险评估的辅助手段,是保证风险评估结果可信度的一个重要因素。信息安全风险评估工具包括风险评估与管理工具(如表 1-1 所示)、系统基础平台风险评估工具和风险评估辅助工具。常见的系统基础平台风险评估工具有流光 Fluxay 脆弱性扫描工具、Nessus 脆弱性扫描工具、极光远程安全评估系统、天镜脆弱性扫描与管理系统、Metasploit 渗透工具、Immunity CANVAS 渗透测试工具等,风险评估辅助工具常采用调查问卷、人员访谈、入侵检测工具和安全审计工具等。

表 1-1 常用风险评估与管理工具

工具名称	国家/组织	标准	定性、定量算法	数据采集形式	对使用人员的要求	结果输出形式
MBSA	美国/微软	—	定性	—	不需要有风险评估的专业知识	系统安全扫描分析报告
COBRA	英国/C&A系统安全公司	ISO 17799	定性、定量结合	调查问卷	不需要有风险评估的专业知识	结果报告、风险等级、控制措施
CRAMM	英国/CCTA	BS 7799	定性、定量结合	过程	依靠评估人员的知识和经验	风险等级、控制措施
ASSET	美国/NIST	NIST SP 800-26	定性、定量结合	调查问卷	不需要有风险评估的专业知识	提供控制目标和建议
RiskWatch	美国/RiskWatch 公司	综合各类相关标准	定性、定量结合	调查问卷	不需要有风险评估的专业知识	风险分析综合报告
@RISK	美国/Palisade	ISO 17799、BS 7799	定量	调查问卷	不需要有风险评估的专业知识	决策支持信息
CC	美国/NIAP	CC	定性	调查问卷	不需要有风险评估的专业知识	评估报告
CORA	国际信息安全公司	—	定量	调查问卷	不需要有风险评估的专业知识	决策支持信息
MSAT	美国/微软	ISO 17799、NIST SP 800 等	定性、定量结合	调查问卷	不需要有风险评估的专业知识	安全风险管理措施和意见
RiskPAC	美国/CSCI公司	—	定性、定量结合	调查问卷	不需要有风险评估的专业知识	风险分析综合报告

任何信息系统都会有安全风险。人们追求的所谓安全的信息系统，实际上是指信息系统在实施了风险评估并做出风险控制后，残余风险可被接受的信息系统。因此，要追求信息系统的安全，就不能脱离全面、完整的安全评估，就必须运用风险评估的思想和规范，对信息系统开展风险评估。

1.5.4 信息安全法律法规

法律是国家意志的体现，是一种制度保障和行为约束。加快系统和网络方面的立法能够从制度上保障信息的安全性，与从技术上提升网络防范风险的能力相互呼应，使信息安全保障机制更为有效。由于再先进的技术也不免存在漏洞，会被不法分子利用来侵害公民权益、危及国家安全，只有用法律法规对侵害他人及国家安全的不法分子实施制裁和处罚，才能真正地保护广大人民群众的利益和国家的安定。所以，加快网络立法和完善网络信息安全法律法规体系十分重要。

我国在信息安全方面的法律法规体系已初步形成并在不断发展完善。在现行法律法规及规章中，与信息安全直接相关的有100多部，它们涉及信息安全的多个方面，例如网络与信息系统安全、信息内容安全、信息安全系统与产品、保密及密码管理、计算机病毒与危害性程序防治、某些特定领域的信息安全、信息安全犯罪制裁等。

我国信息安全相关法律法规在文件形式上也分多个层次：法律、有关法律问题的决定、司法解释及相关文件、行政法规、法规性文件、部门规章及相关文件、地方性法规与地方政府规章及相关文件等。

现在，我国全面规范信息安全的法律法规有50多部，包括国家和地方法律法规。其中，2017年6月1日起施行的《中华人民共和国网络安全法》是我国第一部全面规范网络空间安全管理方面问题的基础性法律；2019年10月第十三届全国人大常委会第十四次会议正式通过《中华人民共和国密码法》，旨在规范密码应用和管理，促进密码事业发展，保障网络与信息安全，维护国家安全和社会公共利益，保护公民、法人和其他组织的合法权益；为了规范密码应用，2019年我国发布了《中华人民共和国电子签名法（2019年修正）》；为了营造良好的网络生态，保障公民、法人和其他组织的合法权益，维护国家安全和公共利益，制定《网络信息内容生态治理规定》行政法规；侧重于信息安全监管的有《互联网新闻信息服务管理规定》；也有重点用于信息安全保密的，包括《中华人民共和国保守国家秘密法》等法律和《计算机信息系统保密管理暂行规定》等部门规章；为了保障数据安全，促进数据开发利用，2020年7月3日，《中华人民共和国数据安全法（草案）》全文在中国人大网公开征求意见。

2017年11月，工业和信息化部印发《公共互联网网络安全突发事件应急预案》，出台细化了现行《网络安全法》关于监测预警与应急处置的已有规定，为基础电信企业、域名注册管理和服务机构以及互联网企业提供了具体的实施标准与指引；同时，拟以规范性文件《网络安全漏洞管理规定（征求意见稿）》，面向社会公开征求意见，加强网络安全漏洞管理。针对网络犯罪案件，公安部颁布了《公安机关办理刑事案件电子数据取证规则》（公通字〔2018〕41号），在执法和司法实践的推动下，在公安机关打击网络犯罪案件中电子数据取证经验的基础上，我国刑事司法领域逐步建立起电子数据取证规则体系。根据规定，公安机关应当根据网络安全防范需要和网络安全风险隐患的具体情况，对互联网服务提供者和互联网使用单位开展监督检查。

还有专门针对特定领域内信息安全的部门规章和地方法规，如2018年公安部发布的《公安机关互联网安全监督检查规定》、2019年8月出台的《儿童个人信息网络保护规定》、2019年十部门联合发布的《加强工业互联网安全工作的指导意见》等。

公民隐私权是自然人享有的私人生活安宁与私人信息秘密依法受到保护，不被他人非法侵扰、知悉、收集、利用和公开的一种人格权，而且权利主体对他人在何种程度上可以介入自己的私生活，对自己是否向他人公开隐私以及公开的范围和程度等具有决定权。随着我国法制的不断完善，公民隐私权的价值逐渐体现出来。我国宪法、民法、刑法、行政法、诉讼法和网络法律都针对公民隐私权出台了相关的法律条规。这些保护公民隐私权的相关法律规定，对于提高公民的权利意识、引导公民树立正确的隐私观念起到了积极作用，但是公民隐私权在我国现行法律体系中还没有成为一项独立的人格权，对公民隐私权进行全面、充分保护的法律还需完善。2020年5月，十三届全国人大常委会工作报告指出，围绕国家安全和社会治理，制定个人信息保护法、数据安全法等。

数字知识产权的保护正在成为社会的普遍关注点。信息化给知识产权带来了数字化的特点，让数字知识产权的保护变得更加复杂和具有挑战性。如何在享有信息化高效性的前提下，构建有效的数字知识产权保护体系成为棘手问题。目前，我国从立法和技术两个方面入手保护数字信息的知识产权。常见的主要技术措施有数字保密、数据完整性、CA认证、软件加密、入侵检测等。针对数字信息种类及内容的多样性而言，我国对数字知识产权保护的立法有待进一步完善。

电子签名是现在网络交互中普遍使用的一种签名认证方法,它是通过电子技术实现的,当然要有明确的操作规则。2004年8月28日,第十届全国人大常委会第十一次会议通过了《中华人民共和国电子签名法》(简称电子签名法),2005年4月1日正式实施。《电子签名法》被称为"我国第一部真正意义上的信息化法律"。《电子签名法》明确规定电子签名与手写签名具有同等的法律效力,在客观上推动了电子商务和电子政务的发展。当然《电子签名法》的实施和完善还有一段漫长的过程,还有许多相关问题需要解决。

我国信息安全法律法规的基本制度可以归纳为统一领导与分工负责、等级保护、技术检测与风险评估、安全产品认证、生产销售许可、信息安全通报、备份等制度;基本原则可以分为国家安全、单位安全和个人安全三者相结合,保护等级、保障信息权利、救济、依法监管、技术中立、权利与义务统一等原则。

目前我国信息安全法律法规及配套体系建设已初见成效,行政管理体系及信息安全相关的司法制度迅速完善,但相应也存在一些问题。例如,目前法律规定中规章制度等偏多但法律少,缺少信息安全基本法,而且与信息安全相关的其他法律也有待完善。

总体而言,我国现行法律法规有待完善的地方主要有以下三个方面:法律法规内容对于涉及信息安全的行为规范规定比较简单;已有法律法规在处罚措施方面规定得不够具体;在特定领域信息安全方面的法律法规还需进一步健全。

1.6 本章小结

网络环境的复杂性、多变性,以及信息系统的脆弱性,决定了网络安全威胁的客观存在。我国日益开放并融入世界,但加强安全监管和建立保护屏障不可或缺。近年来,随着国际政治形势的发展,以及经济全球化过程的加快,人们越来越清楚,信息时代所引发的信息安全问题不仅涉及国家的经济安全、金融安全,同时也涉及国家的国防安全、政治安全和文化安全。因此,可以说,在信息化社会,没有信息安全的保障,国家就没有安全的屏障。

本章描述了信息与数据的关系,给出了信息安全的概念,描述了信息安全的保护方法。

信息安全的要求源自信息系统的诸多方面,一个信息系统所面临的威胁及其所采用的对抗措施的等级和质量,取决于安全服务和支持规程的质量。从第2章开始,我们将讨论涉及信息安全各个方面的基本思想、模型和方法。

习题

1. 什么是信息安全?
2. 解释信息安全系统中的保密性、完整性、可用性,说说它们之间的区别。

3. 信息系统面临的威胁有哪些？说说你的理解。
4. 描述我国信息系统的安全等级。
5. 信息安全风险评估有什么意义？
6. 现阶段，网络攻击行为的趋势如何？
7. 策略与机制之间有哪些差别？
8. 为达到安全的目的，可以采用哪些方法？
9. 列举并简要定义安全机制的分类。
10. 将下列事件归类为违反保密性、违反完整性、违反可用性，或者是它们的组合。

    （1）李明复制了刘丽的全部QQ好友。

    （2）张强使吴晓的计算机系统感染病毒。

    （3）赵亮将杨颖的支付宝存入金额由100元改成1000元。

    （4）李磊在一份合同上替同事伪造了签名。

    （5）何萌注册了"diannaocheng2023.cn"的域名，并拒绝该公司收购或使用这个域名。

    （6）刘静获得了赵乐的工资卡号码，让银行注销了这张卡，并使用另一张有不同账号的卡来替换这张卡。

    （7）田静通过IP地址欺骗获得了对张伟的计算机的访问权。

11. 一家公司的老板突然意识到竞争对手有可能会获得本公司的客户信息和货源资料，于是他决定要阻止这种情况发生。他在公司的安全机制中要求所有的员工提交个人手机通话清单和QQ聊天记录。你认为他能得到期望的效果吗？
12. 门卫保安和仓库管理员共享一台计算机，这将会产生什么问题？你认为要求所有的公共部门共享相同的计算机是一种合理的节约成本的方法吗？
13. 为什么大多数的公司禁止在公司的业务计算机上使用QQ聊天系统？
14. 一名青年偶然发现银行系统存在的漏洞，并利用此漏洞从取款机提取20余万元，结果这名青年被判无期徒刑。你认为，银行是否应该在这一事件中承担责任？怎样避免此类事件再次发生？

第 2 章

信息安全模型与策略

为了有效抵御信息系统所面临诸多方面的威胁,提高信息系统的安全服务质量,需要在信息系统中建立正确的信息安全模型和策略。安全策略是确立信息系统预期目标并设定相关责任时的指导,安全模型则是将安全系统中所选择的安全策略抽象化、系统化、特征化,为安全系统的有效实现奠定理论基础。在研究信息安全时,系统所基于的安全模型成为一个基本的、重要的因素,是维护信息系统安全的关键因素。本章将讨论信息安全中的这一重要因素。

2.1 信息安全模型

2.1.1 模型简介

模型是指对于某个实际问题或客观事物、规律进行抽象后的一种形式化表达方式,其作用是表达不同概念的性质。模型由目标、变量和关系三个部分组成。

- 目标:编制和使用模型,首先要有明确的目标。只有明确了模型的目标,才能进一步确定影响这种目标的各种关键变量,进而把各变量加以归纳、综合,并确定各变量之间的关系。
- 变量:变量是事物在幅度、强度和程度上变化的特征。在组织行为学研究中要测定三种类型的变量,即自变量、因变量和中介变量。
- 关系:确定了目标,确定了影响目标的各种变量之后,还需要进一步研究各变量之间的关系。

模型广泛应用于日常生活的各种方面,种类繁多,如数学模型、程序模型、逻辑模型、结构模型等。而随着人类步入高速发展的信息社会,利用安全模型和策略对信息数据进行保护成为必要手段。安全模型是表达特定策略或策略集合的模型,高安全级别系统都要求采用形式化安全模型来描述系统安全策略,并且是可验证的。因此,形式化安全模型对于精确地描述一个系统的安全性和安全策略是非常重要的。下面以 Lampson 基本模型为例进行介绍。

Lampson 模型的结构被抽象为状态三元组 (S, O, M):
- S 为访问主体集。

- O 为访问客体集（可包含 S 的子集）。
- M 为访问矩阵，矩阵单元记为 $M[s,o]$，表示主体 s 对客体 o 的访问权限。所有的访问权限构成一个有限集 A。
- 状态变迁通过改变访问矩阵 M 实现。

由此可见，安全模型通常具有如下特点。
- 安全模型是精确和无歧义的。
- 安全模型是简单和抽象的，并且容易理解。
- 安全模型是一般性的，只涉及安全性质，不过多涉及具体的系统功能或实现。
- 安全模型足够小，便于模型的形式化描述、实现和验证。

信息安全模型用于精确地和形式地描述信息系统的安全特征，以及用于解释信息系统安全的相关行为。显然，信息安全模型能够准确描述信息安全的重要方面与系统行为的关系，同时提高学习者、应用者和研究者对成功实现关键安全需求的理解层次。

2.1.2 模型的分类

形式化安全模型是信息安全理论研究的基础，也是开发高安全级别系统不可缺少的形式化描述和验证技术。一般的安全模型都可以用一种称为格（Lattice）的数学表达式来表示。

格是一种定义在集合 SC 上的偏序关系，是一个集合 S 和关系 R 的组合，并且满足如下条件。
- R 是自反、反对称和传递的。
  - 自反性：任意 $a \in S$，有 aRa。
  - 反对称：任意 $a,b \in S$，由 aRb 和 bRa 可推出 $a=b$。
  - 传递性：任意 $a,b,c \in S$，由 aRb 和 bRc 可推出 aRc。
- 对任意 $S,t \in S$，存在最大下界。
- 对任意 $S,t \in S$，存在最小上界。

在一种多级安全策略模型中，SC 表示有限的安全类集合，其中每个安全类可用一个二元组（A，C）来表示，A 表示权限级别（Authority level），C 表示类别集合（Category）。权限级别共分成四级。
- 0 级：普通级（Unclassified）。
- 1 级：秘密级（Confidential）。
- 2 级：机密级（Secret）。
- 3 级：绝密级（Top Secret）。

对于给定的安全类（A，C）和（A，C'），当且仅当 A≤A 且 C⊆C'时，（A，C）≤（A'，C'），称（A，C）受（A'，C'）的支配。例如，假设一个文件 F 的安全类为｛Seet；NATO，NUCLEAR｝，如果一个用户的安全类为｛Top Secret；NATO，NUCLEAR，CRYPTO｝，则该用户就可以访问文件 F，因为该用户拥有比文件 F 更高的权限级别，并且在其类别集合中包含了文件 F 的所有类别。如果一个用户的安全类为｛Top Secret；NATO，CRYPTO｝，则该用户就不能访问文件 F，因为该用户缺少 NUCLEAR 类别。这种多级安全策略模型是对军事安全的抽象，其模型的表示方法被广泛用于其他各种安全模型中。

人们提出了各种信息安全模型，包括信息保密性模型、信息完整性模型、信息流控制模型和混合策略模型等。

2.2 安全策略

2.2.1 安全策略简介

安全策略是指在一个特定的环境里，建立在授权的基础上，为保证提供一定级别的安全保护所必须遵守的规则：未经适当授权的实体，信息不可以给予、不可以访问、不允许引用，任何资源也不得使用。安全策略实施原则包括最小特权原则、最小泄露原则和多级安全策略原则。

信息安全策略是组织机构中解决信息安全问题最重要的部分，它定义了一个组织要实现的安全目标和实现这些安全目标的途径。信息安全策略的内容与具体的技术方案是不同的，它是描述系统中保证信息安全途径的指导性文件，指出需要完成的目标，为具体的安全措施和规定提供一个全局性框架，并不涉及具体的实施细节。根据 ISO 17799 中的定义，对信息安全策略的描述应该集中在三个方面：机密性、完整性和可用性。这三个特性是组织建立信息安全策略的出发点。机密性是指信息只能由授权用户访问，其他非授权用户或非授权方式不能访问。完整性是指保证信息必须是完整无缺的，信息不能丢失、被损坏，只能在授权方式下修改。可用性是指授权用户在任何时候都可以访问其需要的信息，信息系统在各种意外事故、有意破坏的安全事件中能保持正常运行。因此，根据制定信息安全策略达到的目标要求，信息安全策略应具有指导性、原则性、可审核性、非技术性、现实可行性、动态性和文档性等特点。

2.2.2 安全策略的内涵

有效的安全策略能够矫正许多关于业务方向和安全目标的错误理解，有助于减少因为缺乏安全知识带来的损失。要保证系统的安全，必须首先明确系统的安全需求。安全策略中特别声明了系统状态的两种集合，一种是已授权的状态集合，即系统安全的状态；另一种是未授权的状态集合，即系统不安全的状态。那么，开始于已授权的状态且不会进入未授权的状态的系统称为安全系统。

图 2-1 由 4 个状态和 5 个转换关系组成。根据安全策略的定义，可以将这些状态分为两个集合，一个集合 $A_1=\{S_2,S_3\}$ 为授权的状态集合，另一个集合 $A_2=\{S_1,S_4\}$ 为未授权的状态集合。图 2-1 中所示的系统是不安全的，因为由任意一个安全的状态出发都会达到一个不安全的状态。如果将 S_2 到 S_1 的边删除，该系统就满足了安全系统的要求。

图 2-1 一个简单的状态关系

安全的实质就是安全法规、安全管理以及安全技术的实施。安全策略的职能和目标可以概括成三个方面。

- 防止非法的、偶然的和非授权的信息活动，保护有价值的、机密的信息，支持正常的信息活动。
- 监视系统的运行，发现异常的信息活动或者设备故障，进行必要的法律和技术方面的处理。
- 保障系统资源和各类数据及信息的机密性、完整性和可用性，防止资源的浪费或者不合理使用。

所有的安全策略和安全机制都基于特定的假设，如果假设是错误的，则安全策略和安全机制的上层得到的结论也就不成立了，因此，信任对于系统的信息安全本质是十分重要的。

2.2.3 安全策略的类型

1. 基于属性

所谓安全策略就是要达到用户对系统的安全需求，在制定一个信息系统的安全策略之初，需要考虑一系列的问题。比如：信息的保密性、完整性和可用性的要求，用户的类型与各自所拥有的权限，用户的认证方式，安全属性的管理方式，等等。以上这些问题可以归纳为基于系统安全的保密性、完整性和可用性这三个基本属性的问题，即安全策略包括保密性策略、完整性策略和可用性策略。

防止信息泄露（包括权限的泄露）以及非法的信息传输的策略称为保密性策略。由于许多授权是有授权期限的，安全策略需要注重保护权限的动态变化，在到达协议期限时，要删除该实体对信息的权限，以达到保密信息的目的。

描述修改信息数据的方法和条件的策略称为完整性策略。安全策略中应该规定改变信息的授权方法，同时也要确定执行该方法的实体。在实例中，常常引入职责分离的方法，即完成一项改变数据的工作可能需要多个实体共同参与，每个实体分担不同的工作职能，这种方法可以大大提高对于信息完整性的保护。

描述对于授权实体的正确访问，系统能够做出正确的响应的策略称为可用性策略。该策略用于保证系统的顺利运行，满足已授权的实体对信息的正常访问，使系统提供高质量的服务。

2. 基于NIST

不同类型的安全策略在信息系统安全的不同方面和阶段起着重要的指导作用，是信息安全系统中不可或缺的重要因素。在实际应用中，策略可以细化为不同层次上的策略类型。根据美国国家标准技术研究所（National Institute of Standards and Technology，NIST）做出的定义，策略可以分为以下四种类型。

- 程序层次的策略。程序层次的策略是用于创建针对管理层的计算安全程序，它描述了信息安全的需要，在创建和管理程序时声明程序的安全目标。
- 框架层次的策略。框架层次的策略是关于计算安全的总的研究方法，它详细叙述了程序的要素和结构。

- **面向问题的策略**。面向问题的策略负责解决信息系统执行者关心的具体事宜。
- **面向系统的策略**。面向系统的策略负责解决系统管理的专门事宜。

3. 基于应于领域

不同应用领域对于安全策略的要求有很大不同,特别是对于保密性、完整性和可用性的要求程度有明显的差别。按照这些方面的差别,安全策略又可以划分为以下四种:保密性策略、完整性策略、军事安全策略、商业安全策略。

保密性策略和完整性策略是对于保密性和完整性要求比较严格且单一的安全策略。保密性策略仅处理保密性,完整性策略仅处理完整性。然而在实际应用中,绝大部分的系统对于保密性和完整性以及可用性都是有综合需求的,而不仅仅局限于单一的安全特性。

军事安全策略和商业安全策略则是对不同安全特性有着综合需求且有不同侧重的安全策略。军事安全策略以确保保密性为主要目标。政府部门或者军事机构对于信息的保密性要求十分严格。虽然对于完整性和可用性也有要求,但如果信息的保密性遭到破坏,危害是最大的。例如,敌对的双方正在交战时,军事机密的泄露所带来的损失是不可想象的。因此,对于军事安全策略来说,保密性、完整性和可用性这三者需要兼顾,但以保密性为重点。

商业安全策略以确保完整性为主要目标。在商业机构中对于信息的完整性要求十分苛刻。例如,银行账户的信息完整性受到破坏,该客户的资金遭到恶意篡改,可能受到极大的损失。恶意增加金额或者减少金额,会相应地使银行或者客户遭到财务上的巨大损失。相对而言,如果保密性遭到破坏,造成的损失可能没有破坏完整性所造成的损失这么直接和巨大。因此,完整性要求成为商业安全策略的重中之重。

2.3 保密性模型与策略

信息的保密性又称机密性,信息的保密性要求是指防止信息泄露给未授权的用户。保密性模型与策略是对信息的保密性进行保护,防止信息的非授权泄露,此时对于信息的完整性保护已经成为次要目标。下面介绍保密性策略以及典型的保密性模型。

2.3.1 保密性策略的目标

保密性策略主要应用在军事领域。例如,军事消息的内容对保密性的要求很高,消息的安全性是建立在消息的保密性基础上的,有一些机密信息宁可牺牲其完整性,也要保证不被敌方获取,一旦消息被泄露给敌方,就会造成严重后果。保密性的主要目标是防止涉及军方、政府或个人隐私等方面信息泄露的发生。例如,盗取政府机密、截获作战计划等行为都是对信息的保密性进行破坏。

在军事环境中,为了有效保证信息的保密性,对于信息和用户的安全等级进行了划分,用户对信息的访问权限严格遵循这些等级之间的访问关系,最为典型的保密性策略是 BLP(Bell-LaPadula)模型。

2.3.2 BLP 模型

1. 模型介绍

BLP 模型是第一个也是最著名的、符合军事安全策略的多级安全策略模型,由 David Bell 和 len LaPadula 在 1973 年提出。BLP 模型是可信系统的状态-转换(State-Transition)模型,主要任务是定义使系统获得"安全"的状态集合,检查系统的初始是否为"安全状态",检查所有状态的变化均始于一个"安全状态"并终止于另一个"安全状态"。

BLP 模型定义了系统中的主体(Subject)访问客体(Object)的操作规则。每个主体有一个安全级别,通过众多条例约束其对每个具有不同密级的客体的访问操作。BLP 模型奠定了多级安全模型的理论基础,后来的一些多级安全模型都是基于 BLP 模型的。BLP 模型的安全策略采用了自主访问控制和强制访问控制(详见第 6 章)相结合的方法,能够有效地保证系统内信息的安全,支持信息的保密性,但却不能保证信息的完整性,没有采取措施来制约对信息的非授权篡改。

2. 模型描述

BLP 模型是第一个能够提供分级别数据机密性保障的安全策略模型,它对信息按不同的安全等级进行分类,从而进行安全控制。该模型对计算机安全的发展有着重要影响,并且被作为美国国防部橘皮书《可信计算机系统评估准则》的基础。BLP 模型中的安全等级是按照军事类型的安全密级进行划分的,由低级到高级依次为 UC(UnClassified,无密级)、C(Confidential,秘密)、S(Secret,机密)、TS(Top Secret,顶级机密),等级越高说明该信息的安全要求越高。BLP 模型是从军事类型的安全密级分类而来,我们就以军队中的例子来说明该模型。

例 2-1 军队对应一个巨大的信息系统,涉及的信息种类很多,不同种类的信息对应不同安全等级的客体,因此客体信息就有了敏感级别,军队中不同职能的人员则对应不同职权等级的主体。在军事信息系统中,有些信息是可以公开的,例如一些假日休息和文艺活动安排信息,从军队司令员到普通战士都可以了解;有些信息只有相关的高级军官才可以知道,例如部队作战计划。因此,需要一个严谨的保密性策略进行信息保护,根据客体与主体不同的等级分类达到防止泄露未授权信息的目的。

这里仍然用 s 表示信息系统中的主体,如进程,用 o 表示信息系统中的客体,如数据和文件。主体 s 可以对客体 o 进行 r(读)、w(写)、a(添加)、e(执行)、c(控制)等几种形式的访问。用 l 表示安全等级,$l(s)$ 表示主体 s 的安全密级,$l(o)$ 表示客体 o 的安全密级,不同的安全密级由 l_i 来表示,$i=0,1,\cdots,k-1$,且 $l_i \leq l_{i+1}$。表 2-1 是该分类系统的一个实例描述。

表 2-1 等级分类系统的一个实例描述

密级(级别号)	主体	客体
TS(3)	高级人事主管	人事档案
S(2)	项目经理	项目计划
C(1)	宣传人员	活动日志
UC(0)	普通员工	员工联系方式

注:最高层是最敏感信息,敏感性向下依次递减。

BLP 模型结合了强制型访问控制和自主型访问控制。作为实施强制型访问控制的依据，主体和客体均要求被赋予一定的安全等级。自主型访问控制中的访问策略或者权限是可以由系统中的超级用户或者客体对应的主体拥有者来改变的。主体对其拥有的客体，有权决定自己和他人对该客体的访问权限。从模型描述的条件可以看出，如果满足该模型的规则，那么主体对客体就具有了相应的自主读或写的访问权限，但要最终判断主体与客体之间的访问关系，还要考虑系统中是否存在强制型控制的约束。也就是说，该模型下的访问控制关系是强制型访问控制和自主型访问控制共同作用的结果，例 2-3 可以说明这一问题。

BLP 模型的简单安全条件描述如下。

1) 主体 s 读客体 o，当且仅当 $l(o) \leq l(s)$，且 s 对 o 具有自主读的权限。

这一条件使系统中的主体不可能读到安全密级更高的客体，这样就可以保证机密等级高的信息不会流向较低的等级，简称为"不向上读"。图 2-2 说明了 BLP 模型中的主体"不向上读"的这一重要原则。这一安全条件不足以防止较高安全密级的信息客体泄露给较低安全密级的主体。因此，保密性模型必须同时满足下面的第二个条件，也称为 ∗-属性。

2) 主体 s 写客体 o，当且仅当 $l(s) \leq l(o)$，且 s 对 o 具有自主写的权限。

如果一个较高密级的主体在自己的权限范围内将较高密级的机密信息复制到较低密级的文件中，那么无形中就降低了该机密信息的安全密级，使得原本没有资格获取该信息的主体可以读取到机密信息的内容，从而破坏了信息的保密性。为了防止这种情况发生，就需要遵守 ∗-属性，简称为"不向下写"。图 2-3 说明了 BLP 模型中的主体"不向下写"这一重要原则。当主体不能向比自己等级低的文件中进行写操作时，以上情况就不会发生。这一条件明确地表明具有高安全密级的主体不能发送消息给较低安全密级的主体。

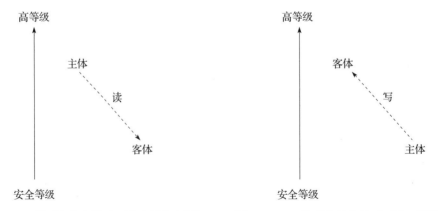

图 2-2　BLP 模型中的主体"不向上读"原则　　图 2-3　BLP 模型中的主体"不向下写"原则

通过图 2-2 和图 2-3 可以清晰地看出，在 BLP 模型中无论是合法的读权限还是合法的写权限都会使系统中的信息流由较低的安全等级流向较高的安全等级。

在军事信息系统中对于敏感信息的访问，一般遵守"最小权限""需要知道"的原则。前者是指在确定主体访问目标权限的时候，仅赋予该主体最少需要的许可权限。例如，访问者需要访问密级1的数据，就赋予他该密级的权限，不要给予他访问密级2数据的权限。后者是指主体只应该知道他工作所需的那些密级及该密级中所需的数据。例如，一个主体可能需要了解不同密级上的信息，但是每个密级上都需要明确他所需要知道的信息的范围。

2.3.3 BLP 模型的拓展

Lattice 模型将 BLP 模型的每一个安全密级加入了相应的安全类别，从而使 BLP 模型得到了拓展。每一个类别包含了描述同一类信息的一组客体，一个客体可以属于多个类别。Lattice 模型中主体与客体之间访问的安全等级关系与 BLP 模型相同，但考虑的因素不仅仅局限于主体与客体的安全级别，而是从安全级别与类别两方面进行考虑。例 2-2 就介绍了 Lattice 模型关于客体类别的例子。如果主体对客体有访问权限，那么主体能够访问的类别中一定包含该客体，否则就不能合法访问了。

例 2-2 系统中可访问的客体类别共有四个，分别是 Asia、Europe、America 和 Africa。那么某个主体可访问的类别集合就是下列集合之一：空集，{Asia}，{Europe}，{America}，{Africa}，{Asia,Europe}，{Asia,America}，{Asia,Africa}，{Europe,America}，{Europe,Africa}，{America,Africa}，{Asia,Europe,America}，{Asia,Europe,Africa}，{Asia,America,Africa}，{Europe,America,Africa}，{Asia,Europe,America,Africa}。这些类别集合在操作（子集关系）下形成一个格（如图 2-4 所示），其中，图中的连线表示符号"⊆"的关系。

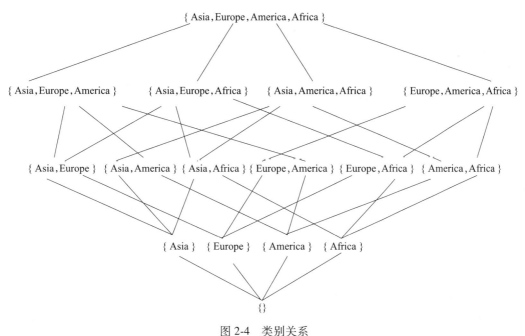

图 2-4 类别关系

针对信息系统对信息的控制要求，可以利用主体的密级和客体的类别二元组来描述这种多级安全的需求。每个安全密级和类别可以形成一个安全等级，用二元组可以表示为（密级，{类别}）。其中，密级与之前提到的四个敏感密级对应，类别则是针对系统中的信息分类而言，表示信息的范围。例如，如果某公司中的文件类别是人事文件、项目文件、一般文件，那么某人可以访问的类别集合就是以下集合之一：空集、{人事文件}、{项目文件}、{一般文件}、{人事文件、项目文件}、{人事文件、一般文件}、{项目文件、一般文件}、{人事文件、项目文件、一般文件}。公司人员 Alice 可能属于等级（秘密，{项目文件}），Bob 属于等级（机密，{项目文件、人事文件}），显然，Bob 比 Alice 的密级高，并且他们所能访问的文件类别也不同。

安全等级改变了访问的方式。在定义安全条件时，不能直接比较主体和客体的安全密级，还要根据"需要知道"原则，考虑主体访问的客体类别集合。因此，需要引入"支配"的概念。

安全等级 (L,C) 支配安全等级 (L′,C′)，当且仅当 L′≤L 且 C′⊆C。

用 C(s) 表示主体 s 的类别集合，用 C(o) 表示客体 o 的类别集合。Bell-LaPadula 模型的简单安全条件及 ∗-属性可以改进为：主体 s 读客体 o，当且仅当 s 支配 o，且 s 对 o 具有自主读的权限；主体 s 写客体 o，当且仅当 o 支配 s，且 s 对 o 具有自主写的权限。

BLP 模型形式化地描述了系统状态和状态间转换的规则，定义了安全的保密性的概念，并制定了一组安全特性，以此对系统状态和状态间转换规则进行限制和约束，使得对于一个系统，如果它的初始状态是安全的，并且所经过的一系列的转换规则也是安全的，那么可以判定该系统是安全的。

BLP 模型中的自主安全特性是指系统状态的每一次存取操作都是由访问控制矩阵限定的。也就是说，如果系统中的主体对客体的当前访问模式包含在访问控制矩阵中，则授权此次访问。

根据以上介绍的 BLP 模型的几条属性可以归纳出如下的基本安全定理。

定理 2.1　假设一个系统的初始状态 θ_0 是安全的，经过一系列的状态转换，如果状态转换集合中的每个元素都遵守以上的安全条件及 ∗-属性，那么对于转换后的系统，每个状态 θ_i 都是安全的（$i \geqslant 0$）。

这个安全定理在检验信息系统的安全性时起到了很大的作用。例如，已知一个系统的初始状态是安全的，只要能证明后续的转换状态都是安全的，那么这个系统一定一直保持着安全性。

当然，在实际应用中，可能较高等级的主体会有与较低等级的主体进行直接通信的需求。例如，一个处在较高等级的主体需要写信息到一个较低等级的客体中去，以便将该信息传达给较低等级的主体。这一操作违反了上面介绍的关于 BLP 模型的 ∗-属性。BLP 模型中有以下两种方法可以满足这一类型的通信需求。

- 临时降低主体的安全等级。一个主体可以拥有一个最高安全等级和一个当前安全等级，最高安全等级必须支配当前安全等级。一个主体的安全等级可以从最高安全等级降低下来，以满足与较低安全等级的主体进行通信的需求。
- 确定一些可信的主体，暂时违反 ∗-属性。系统中不可信的主体必须严格遵守安全策略，一些可以确认为值得信赖的主体可以在确保不破坏系统安全性的情况下，暂时违反 ∗-属性。

例 2-3 用 BLP 策略模型中的强制访问控制关系和自主访问控制关系来判断主体与客体之间的关系，只有同时满足这两类访问控制关系的访问权限才是合法的。利用表 2-1 中实体安全等级的状态，假设一个信息系统中有三个访问主体，分别是高级人事主管、项目经理和宣传人员，有两个文件，分别是文件 1 和文件 2，安全密级分别是：高级人事主管-顶级机密级、项目经理-机密级、宣传人员-秘密级、文件 1-机密级、文件 2-秘密级（强制访问控制关系如图 2-5 所示）。现在系统赋予这些主体一些访问权限（自主访问控制关系如表 2-2 所示）。根据 BLP 策略模型依次判断下列访问权限是否合法：高级人事主管对文件 1 的读权限；高级人事主管对文件 2 的写权限；项目经理对文件 2 的读权限；项目经理对文件 2 的写权限；宣传人员对文件 1 的读权限。

图 2-5 强制访问控制关系

表 2-2 自主访问控制关系

主体	客体	
	文件 1	文件 2
高级人事主管	读	写
项目经理	读、写	∅
宣传人员	读、写	读、写

下面根据 BLP 模型来对这五个权限依次进行判断。

- 判断高级人事主管对文件 1 的读权限：根据已知条件，高级人事主管的密级高于文件 1 的密级，且高级人事主管对文件 1 具有读的权限，因此该权限是合法的，应该被允许。
- 判断高级人事主管对文件 2 的写权限：由于不满足高级人事主管的密级小于等于文件 2 的密级这一安全条件，因此该权限非法，应该被禁止。
- 判断项目经理对文件 2 的读权限：虽然满足项目经理的密级大于等于文件 2 的密级，但是访问矩阵中没有此权限，因此权限是非法的，应该被禁止。
- 判断项目经理对文件 2 的写权限：由于不满足项目经理的密级小于等于文件 2 的密级，因此该权限是非法的，应该被禁止。
- 判断宣传人员对文件 1 的读权限：由于不满足宣传人员的密级大于等于文件 1 的密级，因此权限是非法的，应该被禁止。

这个例子充分表现了 BLP 安全模型中强制型控制访问和自主型控制访问的区别与作用。整个信息系统的访问控制是综合了这两种访问控制类型的结果，从而能够对权限的合法性做出相应的判断。

这里需要引入一个重要的概念——静态原则（The Tranquility Principle）。静态原则是指主体和客体的安全等级在初始化之后就不会改变了。客体安全等级的变化会给信息的保密性带来影响。假设较低安全等级的客体提高了安全等级，那么原来可以访问该客体的主体就失去了访问该客体的权限，同样，较高安全等级的客体降低了安全等级，那么原来不能访问该客体的主体也可以访问该客体。因此，静态原则是保证信息保密性的一个必要措施。静态原则有以下两种形式。

- 强静态原则，是指安全等级在系统的整个生命周期中不改变。强静态原则的优点是没有安全等级的变化，这样就不会产生违反安全条件的可能性，缺点是不够灵活，在实际应用中，这样的原则太过严格。
- 弱静态原则，是指安全等级在不违反已给定的安全策略的情况下是可以改变的。弱静态原则对于安全等级的变动要求更加灵活，如果用户要求这种状态转换，那么在不违反安全策略的情况下，应当允许这种状态转换。

由于静态原则突出了模型中的信任假设，因此在 BLP 模型中有着十分重要的作用，在应用过程中应该受到特别的关注。

2.3.4　BLP 模型的局限性

BLP 模型是第一个符合军事安全策略的多级安全的模型。该模型的理论思想对于后续其他的安全模型有着重大的影响，并且在一些信息安全系统的设计中得到应用。BLP 模型从本质上讲是一种基于安全等级的存取控制模型，它以主体对客体的存取安全级函数构成存取控制权限矩阵来实现主体对客体的访问。BLP 模型自从被提出以来，就不断地引发人们对该模型的讨论。人们一般认为该模型的局限性主要有以下几点。

- 缺乏对信息的完整性保护。实际上这是 BLP 模型的一个特征而不是缺陷。对于一个安全模型来说，限制它的目标是十分合理的。也就是说，该模型的目标只专注于信息的保密性，这正是 BLP 模型的特点之一。
- 包含隐信道。隐信道是系统中不受安全策略控制的、违反安全策略的信息泄露途径。在 BLP 模型中，信息是不能直接由高等级向低等级流动的，但实际情况是可以利用访问控制机制本身构造一个隐信道来破坏这一原则。BLP 模型不能防止或解决隐信道问题，在特殊环境下的实际应用中应尽量避免这一问题的产生。例如，如果低等级的主体可以看见高等级的客体的名字，虽然直接访问客体的内容是被拒绝的，但是它可以通过隐信道非法得到想访问的内容。因此，仅仅隐藏客体的内容是远远不够的，往往还需要隐藏客体本身的存在。
- "向上写"会造成应答盲区。当一个低安全等级的进程向一个高安全等级的进程发送一段数据后，按照 BLP 模型中"不能向下写"的规则，高等级进程无法向低等级进程发送关于操作成功的回应，相应的低等级进程无法知道它向高等级进程发出的消息是否正确到达。
- 时域安全性。不同主体访问同一客体时会出现时域上的重叠，有时会导致信息的泄露。
- 安全等级定义的完备性。主体的安全等级是由安全密级和类别组成的二元组。在创建主体时就确定了该主体当前的安全等级，并且在主体的整个生命周期内固定不变。这种方法过于严格，缺乏灵活性。

了解了 BLP 模型以及它的局限性，在实际的应用中就可以针对安全目标来制定适合具体环境的安全模型，弥补原始模型中的一些漏洞，改进原始模型在某些方面的不足。

2.4 完整性模型与策略

信息的完整性要求是指维护系统资源在一个有效的、预期的状态，防止资源被不正确、不适当地修改。完整性模型与策略是对信息的完整性进行保护，防止信息的非授权修改和破坏，保证数据的一致性，此时对于信息的机密性保护成为次要目标。下面我们就来了解完整性策略以及典型的完整性模型。

2.4.1 完整性策略的目标

商业需求与军事需求的区别在于，商业需求强调的是数据的完整性，因此，完整性策略主要应用在商业领域，保证完整性的主要任务是防止非授权修改，维护内部和外部的一致性防止授权但不适当的修改。例如，对于一个库存控制系统而言，它的正常运作建立在管理数据可以正常发布的情况下。如果这些数据被随意改动了，那么这个系统也就不能正常工作了。

完整性的主要目标是防止涉及记账或者审计的舞弊行为的发生。例如，入侵银行系统内部非法更改账户的存款金额、入侵大型超市的物流管理网络非法篡改货物信息等都是对信息的完整性进行破坏。

前面介绍的 BLP 模型的出现为人们解决信息系统的保密性问题做出了巨大的贡献，但是，人们发现商业与军事在安全方面的需求是不同的，商业安全更强调保留资料的完整性，BLP 模型并不适合所有的环境。因此，人们提出了针对保护信息完整性的模型和策略。下面就利用 Lipner 所提出的完整性模型为例来明确商业生产系统安全策略中需要达到的目标。

针对特殊的商业策略，为保证完整性需求，Lipner 提出并制定了相应的规则。虽然假设环境比较特殊，但是通过分析这些需求规则可以明确完整性模型需要达到的目标。该原则应用在系统开发的环境下，在后面 2.4.3 节中介绍 Lipner 完整性模型时会再用到以下原则。

- 用户不能随意编写程序，必须使用现有的生产程序与数据库。
- 编程人员是在一个非生产的系统上进行开发工作的。如果他们需要访问生产系统中的数据，他们必须通过特殊处理过程来获得这些数据，并且只能将这些数据用于自己开发的系统中。
- 开发系统上的程序必须经过特殊处理过程才能安装在生产系统上。

需要说明的是，上述原则中最后一条所说的特殊处理过程必须要受到控制和审计，并且要保证管理员和审计员必须能够访问系统状态和已生成的系统日志。以上这些原则表明了一些特殊的操作规则，例如职责分离规则、功能分离规则以及审计。

首先是职责分离规则。职责分离规则是指如果执行一个关键操作需要两个以上的步骤才能完成，则至少需要两个不同的人来执行这些操作。例如，应用中将程序从开发系统安装到生产系统中的这一关键操作，一般交给没有负责开发的人员来完成，原因是如果从开发到安装都是同一个人员完成，很多错误难以发现。由于开发人员在开发过程中总会提出一些假设，安装人员的工作正是要验证这些假设是否正确，只有假设正确，系统才能正常工作。另外，如果开发人员故意写入恶意的代码，只有将安装测试工作交给其他人员来完成才有可能检查出恶意代码。

其次是功能分离规则。功能分离规则是指开发人员不能在生产系统上开发程序或者处理生产数据，否则对生产数据会造成威胁。开发人员和测试人员可以根据各自的安全等级及信息的安全等级获得相应的生产数据。

最后是审计。可恢复性和责任可追究性在商业系统中十分重要。商业系统中需要大量的审计工作，用来确定系统中所进行的操作及这些操作的执行者，尤其当程序由开发系统转移到生产系统时，审计和相关日志十分重要。

由于完整性模型与保密性模型应用的环境不同，因此它们的目标也不相同。前者主要应用于商业环境，后者主要应用于军事环境。商业环境和军事环境对于信息的保护目标和原则有着明显不同的需求。首先，对于访问权限的获得问题，在军事环境中，安全等级和类别是集中建立的，这些安全等级直接决定了用户对信息的不同访问权限。在商业环境中，安全等级和类别都是分散建立的，如果某个主体在其职责内需要了解某个特定的信息，那么这个访问是会被允许的。其次，对于在商业安全模型中的特殊需求，在军事安全模型中可能不会遇到。例如，在商业环境中一些保密的信息很可能从一些可公开的信息中推导得到。为了防止这种情况发生，商业安全模型需要跟踪被访问的信息情况，这样就大大提高了模型的复杂性，对于这一点，保密性模型就做不到。下面要介绍的完整性安全模型正是针对商业环境中的这些特殊需求提出的。

2.4.2 Biba 完整性模型

1977 年，K. J. Biba 首先对系统的完整性进行了研究，解决了系统内数据的完整性问题，提出了完整性访问控制模型。Biba 模型用完整性级别来防止数据从任何完整性级别流到较高的完整性级别，信息在系统中只能自上而下地流动。Biba 通过以下 3 条主要法则来提供完整性保护。

- 简单完整性法则：主体不能从较低完整性级别读取数据（被称为"不向下读"）。
- 完整性法则：主体不能向位于较高完整性级别的客体写数据（被称为"不向上写"）。
- 调用属性法则：主体不能请求（调用）完整性级别更高的主体的服务。

Biba 通过对系统完整性需求的研究提出了三种策略，分别是低水标（Low-Water-Mark）策略、环策略以及严格完整性策略。其中，严格完整性策略的模型一般被称为 Biba 模型。Biba 模型使用一种非常类似于 BLP 的状态机，从主体访问客体这个角度来处理完整性问题。

为了更加简洁、直观地表示 Biba 模型策略及另外的两种策略，下面分别介绍系统模型中将涉及的元素以及它们之间的常见关系。

一个系统包含主体集合 S、客体集合 O，以及完整性级别集合 I。

关系表达

- $< \subseteq I \times I$ 表示第二个完整性等级高于第一个完整性等级。

- $\leq \subseteq I \times I$ 表示第二个完整性等级高于或者等于第一个完整性等级。

函数表达方法
- $\min: I \times I \to I$ 表示两个完整性等级的较低者。
- $i: S \cup O \to I$ 表示一个主体或者客体的完整性等级。

关系表达方法
- $\underline{r} \subseteq S \times O$ 表示主体读取客体的能力。
- $\underline{w} \subseteq S \times O$ 表示主体写入客体的能力。
- $\underline{x} \subseteq S \times S$ 表示一个主体执行另一个主体的能力。

完整性等级越高,程序执行的可靠性就越高,高等级数据比低等级数据具有更高的精确性和可靠性。这种模型隐含地融入了"信任"的概念。例如,一个客体所处的等级比另一个客体所处的等级要高,则可认为前者拥有更好的可信度。

Biba 在测试策略中引入了路径转移的概念。在一个信息系统中,主体可以通过一系列的读写操作将客体中的数据沿着一条信息流路径转移到其他客体中。路径转移的定义如下:一条转移路径是信息系统中的一系列客体 $o_1,\cdots,o_{n+1}$ 和与之对应的一系列主体 $s_1,\cdots,s_n$,使得对于所有的 $i(1 \leq i \leq n)$,满足 $s_i \underline{r} o_i$ 和 $s_i \underline{w} o_{i+1}$。

下面依次介绍 Biba 提出的三种策略。

1. Low-Water-Mark 策略

该策略的要求是在一个主体完成对一个客体的访问后,该主体的完整性安全等级将变为该主体和被访问客体中较低的等级。具体规则表示如下。

- 主体集合中的一个主体 s 可以对客体集合中的一个客体 o 进行写操作,当且仅当 $I(o) \leq I(s)$。

第一条规则是用来防止主体向更高等级的客体写入信息的。如果一个主体改变更高可信度的客体,那么会使该客体的可信度降低,因此这样的写入操作是被禁止的。

- 如果主体集合中的一个主体 s 对客体集合中的一个客体 o 进行了读操作,那么该主体在完成了读操作之后的完整性等级为 $\min(I(o),I(s))$。

第二条规则说明,当一个主体读取了比自己可信度低的客体后,它所使用的数据资料的可信度就降低了,因此,该主体也就随之降低了自身的可信度等级。这样做是为了防止数据"污染"主体。

- 主体集合 S 中的两个主体 s_1 和 s_2,s_1 可以执行 s_2,当且仅当 $I(s_2) \leq I(s_1)$。

第三条规则规定了主体只可以执行完整性等级比自己低的主体,否则,被调用的高等级主体就会被发起调用的低等级主体破坏安全级别。

Low-Water-Mark 策略约束信息转移路径的等级条件是:如果从客体 $o_1 \in O$ 转移到 $o_{n+1} \in O$,存在一条信息转移路径,那么对于所有的 $n \geq 1$,都存在 $I(o_{n+1}) \leq I(o_1)$。

这种策略要求主体读取完整性等级较低的客体后必须降低其完整性等级,禁止了降低完整性标签的直接和间接修改。该策略的缺点是由于第二条规则的规定,主体的完整性等级肯定呈现非递增的改变趋势,因此主体很快就不能访问等级较高的客体了。

2. 环策略

该策略中允许任何完整性等级的主体读取任何完整性等级的客体,也就是说该策略对于读权限没有任何限制。与其他安全策略中按照一定等级要求的访问相比，环策略的读权限似乎形成了一个回环。具体规则表示如下。

- 无论完整性等级如何，任何主体可以读取任何客体。
- 主体集合中的一个主体 s 可以写入客体集合中的一个客体 o，当且仅当 $I(o) \leq I(s)$。
- 主体集合 S 中的两个主体 s_1 和 s_2，s_1 可以执行 s_2，当且仅当 $I(s_2) \leq I(s_1)$。

3. 严格完整性策略

严格完整性策略下建立的 Biba 模型是 BLP 模型数学上的对偶。具体规则表示如下。

- 主体集合 S 中的主体 s 读取客体集合 O 中的客体 o，当且仅当 $I(s) \leq I(o)$。
- 主体集合 S 中的主体 s 写入客体集合 O 中的客体 o，当且仅当 $I(o) \leq I(s)$。
- 主体集合 S 中的两个主体 s_1 和 s_2，s_1 可以执行 s_2，当且仅当 $I(s_2) \leq I(s_1)$。

图 2-6 和图 2-7 分别说明了 Biba 模型中的主体"不向下读"和"不向上写"的重要原则，分别对应 Biba 模型中的读规则和写规则。

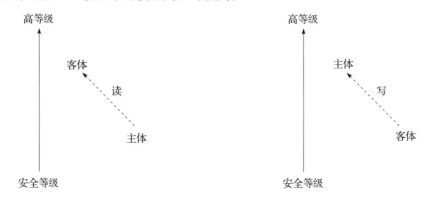

图 2-6　Biba 模型中的主体"不向下读"原则　　图 2-7　Biba 模型中的主体"不向上写"原则

通过图 2-6 和图 2-7 可以清晰地看出，在 Biba 模型中，无论是合法的读权限还是合法的写权限，都会使系统中的信息流由较高的安全等级流向较低的安全等级。

例 2-4　用户 Bob 的安全级别是"机密"，他要访问安全级别为"秘密"的文件"文件 2"，他将被允许对"文件 2"写入数据，而不能读取数据。如果 Bob 想访问安全级别为"顶级机密"的文件"文件 1"，那么，他将被允许对"文件 1"进行读取数据，而不能写入数据，如表 2-3 所示。这样，就使信息的完整性得到了保护，如图 2-8 所示。

图 2-8　系统中主体与客体的安全级别

表 2-3　系统中主体与客体的访问关系

主体	客体	
	文件 1	文件 2
Bob	读	写

通过上面的介绍，我们可以看出 Biba 策略模型的优势在于策略比较简单明确，易于实施和验证。但是，现有的 Biba 策略也存在一些问题。例如，存在可用性问题。Low-Water-Mark 策略和 Biba 严格策略的动态实施都会随着主体的长时间运行失去可调节性。对于这个问题，这里不做详细讨论。

2.4.3 Lipner 完整性模型

Lipner 将 BLP 模型和 Biba 模型结合，设计出一种更符合商业模式需求的完整性策略模型。

1. Lipner 模型中对 BLP 模型的使用

Lipner 模型借鉴了 BLP 模型的建立模式。BLP 模型中分别将系统中的客体划分为不同的等级并且赋予主体不同的安全许可，Lipner 模型中也规定了自身的安全等级和安全许可类型。

由高级别到低级别提供了两个安全等级，分别是：审计管理（AM），表示系统审计和管理功能所处的等级；系统低层（SL），表示任意进程都可以在这一等级上读取信息。同时定义了 5 个类别，分别是：开发（D），表示正在开发、测试的过程中但并未适用的生产程序；生产代码（PC），表示生产进程和程序；生产数据（PD），表示与完整性策略相关的程序；系统开发（SD），表示正在开发过程中但还未在生产中使用过的系统程序；软件工具（T），表示生产系统上提供的与敏感的和受保护的数据无关的程序。

Lipner 按照不同类型用户各自的工作需要赋予他们不同的安全许可，如表 2-4 所示；同样地，对系统中的数据及程序进行类别的分配，如表 2-5 所示。

表 2-4 系统中的用户及其安全许可

用户	安全许可
普通用户	(SL,{PC,PD})
应用开发人员	(SL,{D,T})
系统程序人员	(SL,{SD,T})
系统管理人员和审计人员	(AM,{D,PC,PD,SD,T})
系统控制人员	(SL,{D,PC,PD,SD,T}) 以及降级特权

表 2-5 系统中的客体及其安全类别

客体	安全类别
开发程序以及测试数据	(SL,{D,T})
生产程序	(SL,{PC})
生产数据	(SL,{PC,PD})
软件工具	(SL,{T})
系统程序	(SL,∅)
修改中的系统程序	(SL,{SD,T})
系统和应用日志	(AM,{适当的类别})

然而，如果 Lipner 模型只是参照 BLP 模型来进行建立，则在实际应用中是不能够很好地满足完整性的需求的。因此，为了修正这个问题，Lipner 模型同时与 Biba 模型相结合。

2. Lipner 完整性模型

Lipner 模型结合了 Biba 模型后,增强了对于完整性需求的满足。对安全等级进行了扩充,增加的三个完整性安全等级由高级别到低级别分别为:系统程序(ISP),表示系统程序的等级;操作级(IO),表示生产程序和开发软件的等级;系统低层(ISL),表示用户登录时的等级。用两个完整性类别来区分生产数据及软件和开发数据及软件:开发(ID),表示开发实体;产品(IP),表示生产实体。同时还定义了另外 3 个类别,分别是:生产(SP),表示生产程序和生产数据;开发(SD),表示正在开发、测试过程中但并未使用的生产程序;系统开发(SSD),表示正在开发过程中但还未在生产中使用的系统程序。

Lipner 按照不同类型用户各自的工作需要赋予他们不同的安全许可及完整性许可,如表 2-6 所示;同时还分配给不同类别的客体安全等级及完整性等级,如表 2-7 所示。

表 2-6 系统中的用户及其许可

用户	安全许可	完整性许可
普通用户	(SL,{SP})	(ISL,{IP})
应用开发人员	(SL,{SD})	(ISL,{ID})
系统程序人员	(SL,{SSD})	(ISL,{ID})
系统管理人员和审计人员	(AM,{SP,SD,SSD})	(ISL,∅)
系统控制人员	(SL,{SP,SD,SSD}) 和降级特权	(ISP,{IP,ID})
修复	(SL,{SP})	(ISL,{IP})

表 2-7 系统中的客体及其等级

客体	安全等级	完整性等级
开发程序以及测试数据	(SL,{SD})	(ISL,{ID})
生产程序	(SL,{SP})	(IO,{IP})
生产数据	(SL,{SP})	(ISL,{IP})
软件工具	(SL,∅)	(IO,{ID})
系统程序	(SL,∅)	(ISP,{IP,ID})
修改中的系统程序	(SL,{SSD})	(ISL,{ID})
系统和应用日志	(AM,{适当的类别})	(ISL,∅)
修复	(SL,{SP})	(ISP,{IP})

上述描述明确了 Lipner 模型对于商业模型所定义的需求,下面通过例 2-5 来说明这些需求的实际应用。

例 2-5 公司 M 是一家开发并生产 IT 产品的公司,公司中的员工拥有不同的安全级别,以便有效地保护公司中的数据。员工主要包括以下几类:公司中的普通员工(用 A 来表示),开发人员(用 B 来表示),系统程序人员(用 C 来表示),系统管理人员和审计人员(用 D 来表示),系统控制人员(用 E 来表示)。根据 Lipner 模型的需求,公司在安全开发生产中必须满足以下要求。

- 只有用户 B 具备对开发实体的写权限。
- 只有用户 C 具备对生产实体的写权限。
- 开发系统上的程序必须经过特殊处理过程才能安装在生产系统上。

- 只有用户 E 才能在必要时使用对于程序的降级权限，并且用户 E 的所有操作需要录入日志。
- 用户 D 可以访问系统状态和已生成的系统日志。

Lipner 将 BLP 模型与 Biba 模型进行综合，取得了较好的效果。Lipner 模型说明了灵活性是 BLP 模型的优点，虽然针对的目的不同，BLP 模型仍然可以满足许多商业性的需求，但其本质是限制信息的流向。

2.4.4 Clark-Wilson 完整性模型

Clark-Wilson 模型是一个确保商业数据完整性且在商业应用系统中提供安全评估框架的完整性及应用层的模型，是一种防止未授权的数据修改、欺骗和错误的模型。该模型是计算机科学家 David D. Clark 和会计师 David R. Wilson 于 1987 年提出的，在 1989 年进行了修正。Clark 和 Wilson 总结了军事领域和商业领域对信息安全的不同要求，认为信息的完整性在商业应用中有更重要的意义，Clark-Wilson 模型采用事务作为规划的基础，以事务处理为基本操作，更适用于商业系统的完整性保护。

1. 模型描述

Clark-Wilson 模型着重研究与保护信息和系统完整性，即组织完善的事务和清晰的责任划分。组织完善的事务意味着用户对信息的处理必须限定在一定的权限和范围之内进行，以保证数据完整性；责任划分意味着任务需要两个以上的人完成，需要进行任务划分，避免个人欺骗行为发生。这里，完整性包含数据本身的完整性和数据操作的完整性。首先，保证系统数据的完整性。这个属性要求系统保证数据的一致性，即在每一次操作前后都要保持一致性条件。一个良定义的事务处理就是这样的一系列操作，使系统从一个一致性状态转移到另一个一致性状态。其次，保证对这些数据操作的完整性。这个属性建立在职责分离的定义之上。在商业领域，一项商业事务通常是由多个工作人员经过多个步骤共同完成的，否则，就极容易发生由于单个人员的舞弊而造成巨大损失。在至少两个工作人员共同完成的情况下，如果要进行数据破坏就需要至少两个不同的人员共同犯错，或者他们合谋进行破坏，这种多个人员分职责共同处理事务的形式大大降低了发生该类损失的可能性。责任分离规则就是要求事务的实现者和检验事务处理是否被正确实现的检验者是不同的人员。那么，在一次事务处理中，至少要有两个人参与才能改变数据。

例 2-6 银行中的存款业务。存入金额为 n 的存款操作，必须保证操作后的金额总数等于操作前的金额数加上存入的金额数，即如果操作前账户上的存款金额为 m，那么操作完成后账户上的金额数为 $m+n$。这样就保证了一致性条件。

Clark-Wilson 模型将系统中的数据定义为两种类型：有约束数据项（CDI），它们是系统完整性模型应用到的数据项，即可信数据；无约束数据项（UDI），与 CDI 相反，它们是不属于完整性控制的数据。CDI 集合和 UDI 集合可以用来划分模型系统中的所有数据集合。

Clark-Wilson 模型还在系统中定义了两种过程，即转换过程和完整性验证过程。转换过程（TP）的作用是把 UDI 从一种合法状态转换到另一种合法状态，是良定义的事务处理；完整性验证过程（IVP）用来检验 CDI 是否符合完整性约束，如果符合，则称系统处于一个有效状态，Clark-Wilson 模型经常把它应用在与审计相关的过程中。

Clark-Wilson 模型中的数据不能由用户直接修改，必须由可信任的转换过程完成修改，可信的数据项需要通过 TP 来进行操作，并且数据状态的完整性还需要通过 IVP 来进行检验。

对应到例 2-6 中，银行中的存储业务、账户结算就是 CDI，检查账户的结算就是 IVP，存入、取出和转账都属于 TP。银行的检查人员必须验证银行检验账户结算的过程是否是正确的，以保证账户的正确管理。

Clark-Wilson 安全策略下系统的安全特性是通过认证和实施规则来控制的，这些规则说明了 Clark-Wilson 安全策略下各元素之间的交互关系。下面介绍 5 条认证规则。

- 认证规则 1：任意 IVP 在运行时，它必须确保所有的 CDI 处于有效状态。
- 认证规则 2：对于相关的 CDI，TP 必须保证这些有效的 CDI 转换后的状态也是有效的。例如，某 TP 已经被证明可以进行银行的股票投资业务，但它可能没有考虑银行结算，如果该 TP 被允许执行，可能会导致银行结算出错，即操作后的 CDI 出错，这样的 TP 就应该被阻止。
- 认证规则 3：访问关系必须满足职责分离的要求。例如，某用户是银行的合法用户，但当他要求银行提供服务时，必须证明自身对应系统中的身份是合法的。
- 认证规则 4：所有的 TP 必须被认证，以保证数据转换为 CDI 之前被证明是正确的。例如，当一名银行用户要存入一定金额的存款时，他可能在添加存单时填写错误，将存入的 1000 元钱填写成 10 000 元，此时银行柜员必须确认实际存款金额，向银行系统中输入正确的存款金额。
- 认证规则 5：任何一个接受 UDI 作为输入参数的 TP 都必须经过认证，以保证 UDI 取任何可能的值，系统都能做出有效的转换操作，操作可能将 UDI 转换为 CDI，可能拒绝该 UDI，也可能不进行任何转换。

为了保证 Clark-Wilson 模型的安全策略得到正确的实施，下面描述 4 条实施规则。

- 实施规则 1：系统必须保护 CDI 与 TP 的认证关系，且必须保证 TP 在具有操作权的情况下才可以操作 CDI。
- 实施规则 2：系统将用户与每个 TP 及相关 CDI 关联起来，只有被明确授权时，TP 才能代表用户执行相关 CDI。
- 实施规则 3：系统必须认证每一个试图执行 TP 的用户。
- 实施规则 4：只有通过 TP 认证的管理者才可以改变与此 TP 相关的实体列表。

Clark-Wilson 模型用这 9 条规则定义了一个实行完整性策略的系统。这些规则说明了在商业数据处理系统中完整性是如何实施的。Clark-Wilson 模型在信息安全领域引起了人们很大的兴趣，也表明商业上对信息安全有一些独特的要求。下面用例 2-7 来说明电子商务进程中对 Clark-Wilson 安全性模型的应用，模型中需要保证数据的一致性和转换的完整性。

例 2-7 在一个普通的电子商务进程中，用户首先会向应用程序服务器提交订单请求（订单属于 UDI），转换过程将订单转换为一个有约束数据项（CDI_1），CDI_1 更新客户的订单（CDI_2）及账单（CDI_3），完整性验证过程需要检查客户的订单（CDI_2）及账单（CDI_3）是否满足 Clark-Wilson 安全性模型，这样才能保证交易的完整性，具体过程如图 2-9 所示。

图 2-9 电子商务进程中 Clark-Wilson 安全性模型的应用

2. 与其他模型的比较

Clark-Wilson 模型有很多新的特性，下面通过将该模型与 Biba 模型进行比较来突出这些特性在安全策略方面的贡献。

Biba 模型中主体和客体分别有对应的完整性等级。从某种意义上说，Clark-Wilson 模型也是如此，其中每个主体有两个等级，即认证的和未被认证的，客体也有两个等级，即受约束（CDI）和不受约束（UDI）。通过这样的相似性来分析这两种模型的差异。

这两种模型的区别在于认证规则。Biba 模型没有认证规则，它断言有可信的主体存在，并以此保障系统的操作遵守模型的规则，但它却没有提供任何机制来验证被信任的实体以及它们的行为。Clark-Wilson 模型则提供了实体及其行为必须符合的需求。因为更新实体的方法本身就是一个转移过程，它会被验证其安全性，这就为提出的假设建立了基础。

Biba 模型与 Clark-Wilson 模型在处理完整性等级变化的问题上的表现也不同。Biba 模型连接多个信源，它的读写关系严格按照安全等级进行划分，因此很难找到一个可信实体能够将收到的所有不同安全等级的信息转发到更高安全等级的进程中。而 Clark-Wilson 模型中要求了一个可信实体向一个更高的完整性等级证明更新数据的方法，因此可信实体若要更新数据项，只需要证明更新数据的方法，并不需要证明每一个更新数据项，这种方法非常实用。

2.5 混合型模型与策略

绝大部分信息系统的安全目标都不会单一地局限于保密性或者完整性。由于具体应用对保密性与完整性都有一定的要求，因此应用中更多的需求是要求安全策略兼顾保密性和完整性两个方面，这样的策略称为混合型策略。本节将介绍混合型安全策略及几种典型的模型。

2.5.1 混合型策略的目标

混合型策略的应用十分广泛，在许多领域，对于信息安全的要求既包括信息保密性要求也包括信息完整性要求，这就需要建立混合型的安全策略。具体的策略目标由具体的应用来决定。例如，在投资活动中存在很多利益冲突，为了有效防止不公平行为引发这些利益冲突，安全策略必须考虑到多方面因素。最为典型的混合型策略是 Chinese Wall 模型（CW 模型）。另外，在医疗信息管理方面，混合型策略也得到了广泛的应用。同时，在很多领域的信息管理中还会用到基于创建者的访问控制模型以及基于角色的访问控制模型。

2.5.2 Chinese Wall 模型

CW 模型是由 Brewer 和 Nash 发布，兼顾了信息系统的保密性和完整性的多边安全（Multilateral Secure）模型，该模型依据用户以前的动作和行为，动态地进行访问控制，主要用于避免因为用户的访问行为所造成的利益冲突。CW 模型经常被用于金融机构的信息处理系统，为市场分析家提供更好的服务。与 BLP 模型不同的是，访问数据不受限于数据的属性（密级），而是受限于主体获得了对哪些数据的访问权限。CW 模型的设计思想是将一些可能会产生访问冲突的数据分成不同的数据集，并强制所有的主体最多只能访问一个数据集，而选择哪个数据集并未受到强制规则的限制，这种策略无法用 BLP 模型完整表述。

1. 模型描述

CW 模型最初是为投资银行设计的，但也可应用于其他相似的场合。CW 安全策略的基础是客户可访问的信息不会与目前他们可支配的信息产生冲突。在投资银行中，一个银行会同时拥有多个互为竞争者的客户，一个交易员在为多个客户工作时，就有可能利用职务之便，使竞争中的一些客户得到利益，而使另一些客户受到损失。

CW 模型反映的是一种对信息存取保护的商业需求。这种需求涉及一些投资、法律、医学或者财务公司等领域的商业利益冲突。当一个公司机构或者个人获得了在同一市场中竞争公司或者个人之间的敏感信息后，就会产生此类的利益冲突。Brewer 和 Nash 提出了 CW 模型来模拟咨询公司的访问规则，分析师必须保证与不同客户的交易不会引起利益冲突。

例如，咨询公司会存储公司的咨询记录以及一些敏感信息，咨询师就利用这些记录来指导公司或者个人的投资计划。当一个咨询师同时为两家 IT 公司的投资计划进行咨询时，就可能存在潜在的利益冲突，因为这两家公司的投资可能会发生利益冲突。因此，分析师不能同时为两家同行业中竞争的企业提供咨询。

下面对这个策略进行描述：客体（C），表示某家公司的相关信息条目；客体集合（CD），表示某家公司的所有客体的集合；利益冲突（COI），是若干互相竞争的公司的客体集合。

例 2-8 CW 模型中规定，每个数据客体唯一对应一个客体集合，每个客体集合也唯一对应一个利益冲突类，但一个利益冲突类可以包含多个客体集合。例如，一家咨询公司可以接受多个领域中的若干公司作为客户，包括银行（工商银行、农业银行、建设银行）、手机厂商（诺基亚、三星）、计算机制造商（联想、宏碁），需要将这些公司的数据分类储存。以上公司数据根据 CW 模型可以分为 7 个客体集合、3 个利益冲突类，分别为{工商银行，农业银行，建设银行}、{诺基亚，三星}、{联想，宏碁}，如图 2-10 所示。

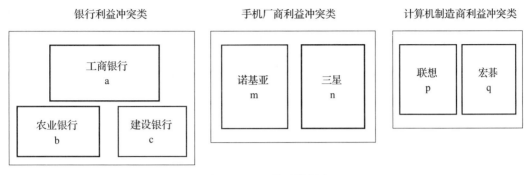

图 2-10 CW 模型数据库

在该模型中，咨询师作为主体只能访问同一个利益冲突类中的一个客体集合。也就是说，如果咨询师 A 访问了工商银行的相关信息，那么他就不能再去访问农业银行或建设银行的信息，其他两个利益冲突类中的客体集合也是如此，这样就避免了利益冲突的威胁。

当然，上述方案也存在不能解决的利益冲突，例如，咨询师 A 开始时为工商银行做证券业务工作，过了一段时间又转为建设银行做证券业务工作。虽然此时他已不再为工商银行工作，但是他仍然知道关于工商银行的一些敏感信息，此时就产生了利益冲突。为了解决此类的利益冲突，CW 模型规定了以下规则。

CW 模型简单安全条件：主体 s 可以读取客体 o，当且仅当以下两个条件中的任何一个条件被满足。

- 条件 1：存在另一个客体 o'，它是 s 曾经访问过的客体，并且客体 o 和 o' 属于同一个客体集合。
- 条件 2：对于所有的客体 o'，如果它是 s 可以访问的客体，那么 o 和 o' 不属于同一个利益冲突类。

假设一个主体最初是没有访问过任何客体的，而且最初的一次访问是被允许的。在这样的假设条件下，由于图 2-10 中工商银行和建设银行的利益冲突类是相同的，那么上述例子中咨询师访问过工商银行的客体集合，因此他就不能再访问建设银行中的客体了。

另外，为了防止出现一个主体访问同一个利益冲突类中不同客体集合，就要求主体的个数至少要等于同一个利益冲突类中客体集合的个数。例如，银行利益冲突类中有 3 家银行，因此至少要有 3 名不同的咨询师为它们服务，这样才会避免利益冲突。

在实际的应用中，公司中并不是所有的数据都是保密的，有些数据是可以公开的，CW 模型就将公司的数据分为不可公开的和可以公开的两类。前一类的数据要严格执行上述安全条件，后一类的数据则不必满足该条件。因此，上述的安全条件可以修改为：主体 s 可以读取客体 o，当且仅当以下三个条件中任何一个条件被满足。

- 条件 1：存在另一个客体 o'，它是 s 曾经访问过的客体，并且客体 o 和 o' 属于同一个客体集合。
- 条件 2：对于所有的客体 o'，如果它是 s 可以访问的客体，那么客体 o 和 o' 不属于同一个利益冲突类。
- 条件3：o 是可以公开的客体。

假设两个咨询师 A 和 B，他们分别为工商银行和建设银行的投资业务工作，同时都可以访问手机厂商诺基亚公司的数据客体，那么咨询师 A 就可以读出工商银行的数据客体，并且把它写入诺基亚的客体集合中，此时咨询师 B 就可以获取工商银行的信息，从而导致利益冲突。因此 CW 模型的安全条件需要进一步的扩展。CW 模型的 $*$-属性：主体 s 可以写客体 o，当且仅当以下两个条件同时被满足。
- 条件1：CW 模型的安全条件允许 s 读 o。
- 条件2：对于所有的不能公开的客体 o'，如果 s 能读 o'，那么客体 o 和 o' 属于同一个客体集合。

因此，当 A 访问了关于工商银行不可公开的客体后，那么 A 就不能向诺基亚公司中的客体集合写入信息了，否则就违反了 CW 模型的 $*$-属性。

2. BLP 模型与 CW 模型的比较

BLP 模型和 CW 模型存在本质上的区别。首先，BLP 模型中的主体有安全标签，而 CW 模型的主体没有相关的安全标签。

其次，在 CW 模型中引入"曾经访问"这个概念，并以此为核心来定义安全条件，而 BLP 模型中并无此概念。

再次，BLP 模型有其局限性，前者并不能表达一段时间内的状态变化。例如，由于咨询师 A 的个人原因要暂停工作，他的工作需要 B 来接手，那么 B 是否可以安全地接受 A 的工作呢？CW 模型就可以通过 B 过去的访问记录来判断 B 是否有这个权限，而 BLP 模型就无法判断。

最后，BLP 模型在初始状态就限制了主体所能访问客体的集合，除非类似于超级用户这样的权威人士改变主体或者客体的类别，否则这个访问的客体集合是不会改变的。而 CW 模型中，主体最初始的访问是被允许的，而后对访问客体的限制是随着该主体曾经访问过的客体数量的增加而逐渐增多的。在这方面，两种模型的规则是截然不同的。明确了 CW 模型的自身特点，在应用中才能恰当地使用该模型。

2.5.3 医疗信息系统安全模型

医疗信息系统所管理的病人医疗记录是一种拥有法律效力的文件，它不仅在医疗纠纷案件中，而且在许多其他法律程序中均会发挥重要作用。随着人们越来越重视个人隐私，以及相关法律的强制要求，所有能够用以标识病人信息的数据都应当受到严格的保护。医疗信息系统记载着病人敏感数据和个人隐私的医疗记录，一旦敏感数据被篡改或者个人隐私被泄露，就会给个人造成的无法弥补的伤害。因此，医疗信息系统安全策略要求综合保密性与完整性，它与投资公司的策略不同，它的重点是保护病人资料的保密性和完整性，而不是解决利益冲突。

对于医疗数据的保护目标实际上是要保证医疗数据不被篡改、不丢失及不被破坏。针对这三个目标，系统必须要建立相应的机制以完成并达到这些目标。信息系统的安全分为系统级安全与应用级安全两部分。在系统级安全中，主要处理硬件设备的安全运行、系统防火墙、病毒防护以及客户机系统恢复。应用级安全分为数据的存储安全、数据库权限控制、病人信息的防泄密要求等部分。这些安全机制都需要由具体的安全策略模型来指导，这里就以 Anderson 提出的医疗信息系统安全策略为例来说明。

例 2-9 Anderson 提出了用来保护医疗信息的安全策略模型，在该模型中，他定义了以下三类实体。

- 病人或者可以代替病人确认治疗方案的监护人是系统中的主体。
- 个人的健康信息是关于该个体的健康和治疗的信息，代表医疗记录。
- 医生是医疗工作人员，他在工作时有权限去访问个人健康信息。

该模型中规定了创建原则、删除原则、限制原则、汇聚原则和实施原则各一条，以及 4 条访问原则。下面依次进行说明。

该模型中规定了可以阅读医疗记录的人员列表，以及一个可以添加医疗记录的人员列表。被病人认可的医生可以阅读和添加医疗记录。审计员只能复制医疗记录，不能更改原始记录。在创建医疗记录时，创建记录的医生有权限访问该记录，相应的病人也有权限访问该记录。病人转诊时也需要建立相应记录，转诊医生也会被包含在访问控制列表中。下面分别来介绍该模型中的 9 条原则。

- 创建原则：医生和病人必须在访问控制列表中，才能打开该医疗记录，同样，转诊医生也必须在访问控制列表中才可以打开该转诊记录。
- 删除原则：医疗信息只有超出了适当的保存期限，才可以被删除，并且，医疗信息只能复制给在访问控制表中的人，否则会导致医疗信息的泄露。
- 限制原则：当一个医疗信息的访问控制列表是另一个医疗信息的访问控制列表的子集的时候，才可以把前者添加到后者中。
- 汇聚原则：要防止病人数据汇聚，当某人可以访问大量的医疗信息，还要求加入某病人的访问控制列表时，需要特别注意，需要向病人通知，否则可能会导致大量的医疗信息泄露。
- 实施原则：处理医疗记录的计算机系统必须有一个子系统来实施模型中规定的原则。原则实施的情况必须由独立的审计员来评估。
- 访问原则 1：每个医疗记录都列举了可以阅读或者添加该记录信息的个体，称为访问控制列表，该模型中的访问控制就是依照此表进行的。该模型中规定只有医生和病人才有权限访问该病人的医疗信息。
- 访问原则 2：访问控制列表中的医生可以把其他医生添加到这个访问控制列表。对病人实施的医疗方案必须是经过病人或者其监护人同意的，病人对于自己的医疗记录的修改和访问也应该是知情的。
- 访问原则 3：病人的医疗信息被打开后，该病人就需要被告知自己医疗信息访问控制列表中访问者的名字。错误的医疗信息需要被更正，不能被删除，以便于后续的医疗审计工作，因此，所有的访问时间以及访问者都要有详细的记录。
- 访问原则 4：医疗记录被访问的日期、时间以及访问者等相关信息都必须被记录下来，并一直保存直到该医疗记录被删除。

在实际应用中可以根据具体情况对安全模型进行调整，但医疗信息安全策略指导下的安全目标是基本相同的。遵循以上的模型实施原则可以有效地保证医疗信息系统中信息的安全性，因此该模型在医疗系统中得到了广泛应用。

2.5.4 基于创建者的访问控制模型

在一些特定环境下的需求是比较特殊的，比如，文件的创建者将文件散发出去以后仍然需要保留对该文件的访问控制权。Graubert 提出了基于创建者的访问控制（Originator Controlled Access Control，ORCON）策略，在该策略下，一个主体必须得到客体创建者的允许，才能将该客体的访问权赋给其他主体。

在实际应用中，一些特殊的机构需要对这类发送出去的文件进行控制，将这类需要保持控制的客体标记上 ORCON，这样，没有发起标记的机构的允许，就不能将被标记的客体泄露给其他机构中的主体，并且被标记的客体的所有副本也必须满足同样的限制条件。

由于在自主型访问控制中客体的拥有者可以设置访问权限，因此客体的创建者就不能保证客体的副本的控制权赋予情况，也就不能保持客体源端的控制权。强制性访问控制模型在这方面也存在很大的局限性。在强制访问策略中，根据"需要知道"原则决定是否用类别来赋予主体访问的权限，该策略需要类别的表示交换中心。而创建类别并实施 ORCON，要求对类别实施本地控制而不是集中控制，并且需要一个规则来规定谁有权限访问哪些类别。ORCON 是由客体的创建者来决定哪些主体能够访问客体，访问控制完全由创建者来控制，没有集中的访问控制规则，因此用强制性访问控制规则来实施 ORCON 并不合适。基于创建者的访问控制模型则综合了自主访问控制和强制性访问控制来解决这一问题。

例 2-10 主体 s_1 创建了客体 o，主体 s_2 是客体 o 的拥有者。在基于创建者的访问控制中，s_2 不能改变 o 的权限列表中与主体的访问控制关系；如果客体 o 被复制到 o'，那么 o 的访问控制权限也被复制到了 o' 上；s_1 可以改变任何主体与客体 o 的访问控制条件。

可以看出，该规则是强制访问控制和自主访问控制的混合策略，前两条规则强调了强制访问控制的部分，由系统来控制所有的访问；第三条规则中描述了创建者可以决定哪个主体能访问客体，这是属于自主访问控制的部分。该策略的核心内容是将与客体相关联的访问控制都由创建者来决定，客体的拥有者只有在该客体创建者的允许下才能决定访问客体的主体。

2.5.5 基于角色的访问控制模型

基于角色的访问控制（Role-Based Access Control，RBAC）使用基于角色的访问控制方法来决定访问权限。20 世纪 90 年代出现了有关基于角色的访问控制策略的研究，该类型的访问控制目前已经成为国际上流行的安全访问控制方法之一。基于角色的访问控制通过分配和撤销角色来完成用户访问权限的授予和取消，并且提供了角色分配的规则。安全管理人员根据需要来定义不同的角色，并且设置对应的访问权限，而用户根据其需要完成的任务被指派担任不同的角色，角色与用户的关联实现了用户与访问权限的逻辑分离。

基于角色的访问控制模型中的基本元素包括用户、角色和权限，其基本思想是用户通过角色来获得所需的操作权限。每一个角色直观上来说可以被看作一个职务，代表着与该职务相关的一系列责任、义务及由此确定的相应权限。权限是可被角色实施的一个或者多个操作和控制。在该类型的访问控制系统中，用户作为某种角色的成员，其访问权限在管理上与其角色相关，该模型不是分配给用户访问与信息系统相关的客体的具体权限，而是给用户分配一个或者一组角色。该模型的这些特点大大简化了用户授权的管理，为定义和实施系统安全策略提供了极大的弹性。用户可以根据权限和资格被赋予不同的角色，并且用户角色易于重新分配，无须改变基本访问结构。如果有其他应用程序或者操作加入，可以向角色中添加或者删除权限。目前该机制已被广泛应用于各种系统。

例 2-11 Alice 是学校计算机系人事部门的主管，管理着计算机系的人事档案资料。当被调到外语系人事部门时，Alice 就不能再访问计算机系的人事档案资料了。学校委派 Bob 作为计算机系人事部门的主管，Bob 就具备了访问计算机系人事档案资料的权限。

在这种情况下，就是要根据主体的工作性质来确定其访问信息的能力。对于这类系统中的数据进行访问时，就需要将访问与用户的特定工作联系起来。对于客体的访问权限与主体本身无关而与主体担任的工作性质有关。基于角色的访问控制策略中规定了在这种情况下主体访问客体的一些规则。

- 规则 1：如果一个主体可以执行某一个事务，那么这个主体就有一个活动角色，将事务的执行与角色绑定，而不是与用户本身绑定。

    这里需要澄清两个关于角色的定义。活动角色是指主体当前担任的角色，授权角色是指主体被授权承担的角色集合。基于角色的访问控制策略中，基于用户所承担的责任和义务，用户可能被指定多个角色。这些角色并不一定同时都起作用，而是根据此时用户在系统中的当前状态、所承担的责任和权限来决定该激活哪些角色。在一个时刻某用户被激活的角色就是上面提到的该用户的活动角色。在任何时刻，用户所拥有的权限是该用户的当前活动角色所允许的所有权限的一个子集。

- 规则 2：主体所承担的活动角色必须是经过授权的，主体不能承担未经授权的角色。

- 规则 3：一个主体不能执行当前角色没有授权的事务。

基于角色的访问控制是一种强制型访问控制策略。满足以上规则所述的事务才能够被执行，也可以利用自主访问控制机制对事务的执行做进一步的限制。一些角色可能包含其他角色，此时，如果需要赋予相同的操作给大量的角色，并不需要单独赋给每一个角色。例如，为角色 M 赋予了某项访问权限，那么这项访问权限也同时被赋予了所有包含角色 M 的角色。

该策略还可以为职责分离规则建模，可以引入互斥的概念。如果某个角色集合是某个主体的授权集合，即被授权的角色集合，那么与该角色集合互斥的角色集合就是该主体不能承担的角色集合。这样就明确了主体可以担任的角色集合以及不能担任的角色集合，也就明确了该主体的职责与其不能执行的职责。

基于角色的访问控制利用系统角色来建立系统功能和数据库用户访问权限之间的联

系，系统用户通过系统角色授权，构成一种典型信息系统的访问控制管理策略，为大型系统中的用户授权提供了一种便捷有效的管理手段，是一种适应企业管理规则变化的访问控制管理方案。该模式实现了访问控制的动态管理，适应了访问控制管理需求的复杂性，提高了访问控制管理的可维护性。

2.6 本章小结

本章主要介绍了与信息安全相关的一些模型和策略的基础知识，其中，访问控制矩阵模型与安全策略是信息安全中十分重要的部分。目前，基于多级安全策略的安全模型中较为著名的有 BLP 模型、Clark-Wilson 模型以及 Biba 模型。另外，本章还着重介绍了信息安全模型及策略的主要分类与具体应用，并且详细分析了这些策略模型的实际应用环境与优缺点。这些模型包括保密性模型与策略、完整性模型与策略以及混合型模型与策略。

习题

1. 可以将安全策略的职能和目标概括成哪些方面？
2. 自主型访问控制（DAC）与强制型访问控制（MAC）有哪些区别？
3. 访问控制矩阵模型中包括哪三个要素？
4. 安全模型有哪些类型？
5. 基于角色的访问控制是怎样实现的？有什么优点？
6. 简单解释 BLP 模型的安全条件和 *-属性。
7. 静态原则是什么？它有哪两种形式？
8. Lipner 模型对 BLP 模型的使用提供了哪些安全等级？定义了哪些类别？
9. Biba 模型有哪些策略？
10. BLP 模型与 Biba 模型的主要区别是什么？
11. 描述 Clark-Wilson 模型安全策略的实施规则。
12. 举例说明 Chinese Wall 模型在解决商业利益冲突问题中的作用。
13. 描述基于角色访问控制策略中的主体访问客体规则。
14. 考虑三个用户分别是李明、赵亮和刘丽的信息系统，李明拥有文件 L0100，赵亮和刘丽都可以读文件 L0100，赵亮拥有文件 Z0001，刘丽拥有文件 H0110，只有刘丽可以读写文件 H0110。假设文件的拥有者都可以执行文件，那么解决下列问题：
    (1) 建立相应的访问控制矩阵。
    (2) 刘丽赋予李明读文件 H0110 的权限，李明取消赵亮读文件 L0100 的权限，写出新的访问控制矩阵。
15. 请说明如何用本章描述的模型来控制医生对病人病历的随意修改。
16. 请简述国际信息安全评估标准的发展过程。
17. 信息安全标准制定的必要性是什么？

第 3 章
密码学原理及密钥管理

密码学是一门研究保护信息安全的学科,是保障信息安全的核心基础理论。密码学的研究目的是提供相关理论和技术,在不安全的信道中安全传输重要数据,以及保障数据存储的安全性,包括数据的机密性、完整性和可用性。在网络环境下,信息安全的内容还包括身份认证、非否认性、可控性等问题。本章从密码学的基本原理、加密和密钥管理的基本方法出发,阐述密码学在信息安全应用中的基本思想和方法,为信息安全存储和传输问题的解决提供清晰的思路。

3.1 密码学基础

密码学基本和典型的任务是通过变换将明文消息变换成只有合法者才可以恢复的密文。假设用户 Alice 和用户 Bob 进行通信,为了防止用户 Eve 窃取通信的内容,Alice 加密明文 m 得到密文 c,并把密文 c 传送给 Bob,Bob 解密密文 c 得到明文 m。加密打消了 Eve 从截获的密文中获取任何有用信息的企图。

3.1.1 密码学的基本概念

密码学是一门研究密码算法和安全协议设计、使用及分析的学科,密码技术是提供网络安全认证、保护信息安全最重要的技术手段。密码学包括密码编码学和密码分析学:把来自信息源的可理解的原始消息变换成不可理解的消息,又可把该消息恢复到原始消息的方法和原理称为密码编码学;研究密码变化客观规律中的固有缺陷,并应用于破译密码以获取通信情报的方法和原理称为密码分析学。密码分析也称为对密码体制的攻击。

自从人类有了战争,就有了保密通信,也就有了密码的应用。密码学的基本思想是伪装信息,是对信息施加一种可逆的数学变换(如图 3-1 所示)。伪装前的信息称为明文(Plaintext),伪装后的信息称为密文(Ciphertext),伪装信息的过程称为加密(Encryption),解除伪装的过程称为解密(Decryption)。加密和解密的过程在密钥(Key)的控制下进行。只给合法的用户分配密钥,未授权的用户因为没有密钥所以不能从密文得到明文。

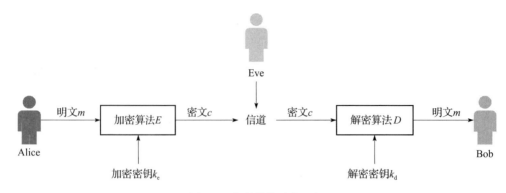

图 3-1 密码学的基本思想

无论是加密还是解密都牵扯到两个概念：算法和密钥。

- 加密：将明文按照一定的算法编码为密文的过程称为加密，加密的方法即为加密算法。
- 解密：将密文按相应的算法解码为明文的过程称为解密，它是加密的相反过程。同样，解密的方法被称为解密算法。
- 密钥是算法的关键，不管是加密算法还是解密算法，都要用到密钥。

一般来讲，加解密的算法是可以公开的，但是密钥只能被通信的双方拥有，密钥是保证通信安全的根本。同时为了顺利完成上述保密通信过程，通信之前还必须完成以下准备工作。

- 制定协议（Protocol）：约定通信双方的通信步骤和各个技术应用细节。
- 密钥交换（Key Exchange）：通信双方必须设法取得所约定的密钥（指对称密钥）。然而用公共信道传输密钥是不安全的，除非利用某种专门用于传送密钥的秘密信道来传输，但是其代价可能是昂贵的或是很不方便的。可见密钥交换问题是传统密码体制的一大难题。

人类对密码的研究和应用已有几千年的历史，但在第一次世界大战之前，很少有公开的密码学文献出现。1949 年，信息论的创始者香农发表的著名论文《保密系统的通信理论》（Communication Theory of Secrecy Systems）为密码学奠定了坚实的数学基础，证明了一次一密密码系统的完善保密性，也促使密码学正式成为一门科学。

3.1.2 密码技术发展简史

密码技术的发展经历了古典密码时期、近代密码时期和现代密码时期三个阶段（如表 3-1 所示）。

表 3-1 密码技术的发展

	古典密码时期 （19 世纪末之前）	近代密码时期 （20 世纪初到 20 世纪 40 年代末）	现代密码时期 （始于 20 世纪 50 年代）
密码体制	通过纸笔或者简单器械实现代替和换位	通过手工或者电动机械实现复杂的代替和换位	对称密钥和公开密钥
通信手段	信使传送	电报通信	有线和无线通信
典型案例	凯撒密码、栅栏密码	Vernam 密码	DES、AES、RSA、ECC

古典密码在历史上发挥了巨大作用。编制古典密码的基本方法对于编制现代密码仍然有效。凯撒密码（Caesar Cipher）和栅栏密码（Rail Fence Cipher）是古典密码时期的经典案例。

古罗马的凯撒大帝使用凯撒密码与前线的将军们通信。凯撒密码将英文中的每一个字母用比自身位置滞后3位的字母来替代（如表3-2所示）。信件写好后，在封口滴上厚厚的蜡，压上自己的私印。前线的将军们收到信件后，首先检查蜡封是否完整，蜡印是否为凯撒的印章，然后拆开信件，将英文中的每一个字母用比自身位置超前3位的字母来替代，以此方法读取信件内容。

表 3-2 凯撒密码明密对照表

明文	a b c d e f g h i j k l m n o p q r s t u v w x y z
密文	d e f g h i j k l m n o p q r s t u v w x y z a b c

例 3-1 凯撒密码应用示例

明文：m = attack at seven　　　　　密文：c = dwwdfn dw vhyhq

加密密钥：k_e = 3　　　　　　　　　解密密钥：k_d = 3

加密算法：$c_i = (m_i + 3) \bmod 26$　　解密算法：$m_i = (c_i - 3) \bmod 26$

密文：c = dwwdfn dw vhyhq　　　　　明文：m = attack at seven

在应用凯撒密码时，首先构造一个或者多个密文字母表，然后用密文字母表中的字母或者字母组来代替明文字母或者字母组，各字母或者字母组的相对位置不变，但其本身改变了。这样编成的密码称为代替密码。凯撒密码就是一种代替密码。

栅栏密码是将明文依次交替写成平行的两行，然后按行的顺序输出得到密文。解密的过程正好与之相反，将密文从中间分成平行的两行，然后依次交替读取两行的内容得到明文。

例 3-2 栅栏密码应用示例

明文：m = attack at seven　　　　　密文：c = atcasvntaktee

加密算法：将明文依次交替写成平行的两行，然后按行的顺序输出得到密文，即

解密算法：将密文从中间分成平行的两行，然后依次交替读取两行的内容得到明文，即

a t c a s v n
t a k t e e

a t c a s v n
t a k t e e

密文：c = atcasvntaktee　　　　　　明文：m = attack at seven

在应用栅栏密码时，把明文中的字母重新排列，字母本身不变，但其位置改变了，这样编成的密码称为置换密码。栅栏密码就是一种置换密码。

1917年，美国电话电报公司的Gillbert Vernam为电报通信设计了一种非常方便的密码，后来被称为Vernam密码。Vernam密码奠定了序列密码的基础，在近代计算机和通信系统中得到广泛应用。

例 3-3 Vernam密码应用示例

明文：m = 1000100 1010100	密文：c = 0001000 0010101
加密密钥：k_e = 1001100 1000001	解密密钥：k_d = 1001100 1000001
加密算法：按位模 2 加	解密算法：按位模 2 加
密文：c = 0001000 0010101	明文：m = 1000100 1010100

1976 年，美国著名学者 Diffie 和 Hellman 的经典论文《密码学的新方向》（New Directions in Cryptography）奠定了公钥密码学（Public Key Cryptosystem）的基础，标志着密码学的研究和实践由传统走向现代。1977 年，美国颁布了数据加密标准（Data Encryption Standard，DES），揭开了密码学的神秘面纱，使密码学的研究和应用从秘密走向公开，从此密码学成为一门蓬勃发展的学科。

1997 年，美国宣布公开征集高级加密标准（Advanced Encryption Standard，AES），以取代 1998 年年底停止的 DES。2001 年 11 月 26 日，美国政府正式颁布 AES 为美国国家标准（编号为 FIST PUBS 197）。2002 年以来，许多国际标准化组织都已经采纳 AES 作为国际标准。为了规范密码应用和管理，促进密码事业发展，保障网络与信息安全，维护国家安全和社会公共利益，2019 年 10 月，我国通过了《中华人民共和国密码法》。另外，为了符合中国国情、保障我国商用密码安全、实现密码算法的自主可控，国家密码管理局制定了一系列标准的国产密码算法（即国密算法），具体包括祖冲之密码、SM1、SM2、SM3、SM4、SM7、SM9 算法（SM 是"商密"的拼音首字母）。截至 2021 年，我国的 SM2、SM3、祖冲之密码、SM4、SM9 已相继成为国际标准化组织 ISO/IEC 发布的国际标准，这展现了我国先进的密码科技水平，对促进我国商用密码产业发展、提升我国商用密码的国际影响力具有重要意义。

随着科学技术的迅速发展，受社会需求的推动，密码正从原来的基于数学的密码向基于非数学的密码发展。由信息科学、计算机科学和量子力学结合而成的新的量子信息科学正在建立，量子技术在信息科学方面的应用掀起了对量子计算机、量子通信和量子密码的研究热潮。

一些在电子计算机环境下安全的密码，在量子计算机环境下却是可破译的。人们估计用量子计算机攻破 RSA（Rivest、Shamir 和 Adleman）和 ECC（Elliptic Curve Cryptography）等公开密钥密码只需要几十分钟。在强大的量子计算机面前，现在的许多密码将无密可言。量子密码学（Quantum Cryptography）是量子物理学和密码学融合的一门学科，量子密码学的理论基础是量子力学，而以往密码学的理论基础是数学。与传统密码学不同，量子密码学利用物理学原理保护信息。量子密码的基本依据是量子的测不准原理和量子态的不可克隆、不可删除原理，是一种基于非数学原理的密码。量子密码体系采用量子态作为信息载体，通过量子通道在合法的用户之间传送密钥。量子密码的安全性由量子力学原理保证，它是使用量子的选择来阻止信息被截取的方式。量子密码具有可证明的安全性，能对窃听行为方便地进行检测。这些特性使量子密码具有许多其他密码所没有的优势，因而量子密码引起了国际密码学界和物理学界的高度重视。量子密码已经允许成为可选择的密码技术，现在的应用以密钥分配为主。我国科学家在量子计算和量子保密通信领域做出了卓越的贡献。2007 年，国际上首个量子密码通信网络由我国科学家在北京测试运行成功，标志着量子保密通信技术从点对点方式向网络化迈出了关键一步。

近年来，生物信息技术的发展推动了 DNA 计算机和 DNA 密码的研究。DNA 计算具有许多现在的电子计算所无法比拟的优点，比如，具有高度的并行性、极低的能量消耗和极高的存储密度。目前，人机交互 DNA 计算机已经问世，人们已经开始利用 DNA 计算机求解数学难题，如果能够利用 DNA 计算机求解数学难题，就意味着可以利用 DNA 计算机破译密码。现在的各种密码基于各种数学困难问题，可以认为量子密码是基于量子状态测定、克隆和删除的困难问题。人们认为，DNA 密码应当基于生物学中的某种困难问题。DNA 密码以传统密码学为基础利用 DNA 分子强大的存储能力、低能耗、高度并行性等特点，通过分子处理技术制作 DNA 分子，并将该 DNA 分子作为计算工具来构造和完成密码算法。与基于数学问题的传统密码学相比，DNA 密码不仅基于数学问题，同时也依靠生物技术，这使得 DNA 密码的破译更加困难，因此 DNA 密码更具有安全保障。

我们相信，量子密码、DNA 密码将会把我们带入一个新的密码时代。

3.1.3 密码学的基本功能

密码学为信息安全中的保密性、完整性、可认证性和不可否认性提供基本保障，使通信系统能够尽可能正常地工作。

1. 保密性

保密性是隐藏消息的真实含义和目的的属性。Alice 和 Bob 相互发送消息，为了防止消息的真实内容被 Eve 窃取，Alice 和 Bob 把消息隐藏起来，只有他们自己可以还原消息，而 Eve 不能。

2. 完整性

完整性用于确保在传输过程中消息和数据的正确性。消息接收者能够检验消息在传输过程中是否被有意或者无意篡改。完整性包括数据来源的完整性和数据内容的完整性，数据来源的完整性是指数据来源的准确性和可信性，数据内容的完整性是指接收到的数据与由正确来源生成的数据的一致性。

3. 可认证性

可认证性是具有身份特征或者消息实体的代表的属性。Alice 和 Bob 能够互相验证对方的身份是真实的，而不是假冒的，此为实体认证（Entity Authentication）。Alice 和 Bob 能够互相验证消息的来源和消息的完整性，即验证消息是否来自对方所声称的实体，验证消息在传送过程中是否被篡改、重放或者延迟等，此为消息认证（Message Authentication）。

4. 不可否认性

不可否认性是同意负责任的属性，更确切地说，此责任是无法反驳的应尽责任。例如，你在一份具有法律效力的合同书上签了字，事后你不能否认曾经同意了合同书中的条款。Alice 向 Bob 发送了一条消息，Alice 不能事后否认曾经向 Bob 发送了这条消息，同样，Bob 也不能事后否认曾经接收到了 Alice 发来的这条消息。不可否认性用于保证参与交互的实体对他们行为的诚实。

密码学能够为上述信息安全服务提供基本保障，同时还能够提供其他更多的安全服务，如数字签名、身份认证、访问控制等。

3.2 密码体制

密码系统（Cryptosystem）通常简称为密码体制或加密体制，完整的密码体制包括如下 5 个要素。

- 明文空间 M，它是全体明文的集合。
- 密文空间 C，它是全体密文的集合。
- 密钥空间 K，它是全体密钥的集合。其中，每一个密钥 k 均由加密密钥 k_e 和解密密钥 k_d 组成，即 $k=(k_e,k_d)$。
- 加密算法 E，它是一族由 M 到 C 的加密变换。
- 解密算法 D，它是一族由 C 到 M 的解密变换。

对于每一个确定的密钥，加密算法将确定一个具体的加密变换，解密算法将确定一个具体的解密变换，而且解密变换就是加密变换的逆变换。对于明文空间 M 中的每一个明文 m，加密算法 E 在密钥 k_e 的控制下将明文 m 加密成密文 c，而解密算法 D 在密钥 k_d 的控制下将密文 c 解密成同一明文 m。如果一个加密体制中的加密密钥 k_e 和解密密钥 k_d 相同，即 $k_e=k_d$，或者由其中一个密钥很容易推导出另一个密钥，则称该加密体制为对称加密体制或者单密钥加密体制或者传统加密体制，否则称为双密钥密码体制。进而，如果在计算上不能由 k_e 推导出 k_d，那么将 k_e 公开不会损害 k_d 的安全，于是可将 k_e 公开。这种密码体制称为公开密钥加密体制，简称为公钥加密体制。

3.2.1 对称加密体制原理

对称加密体制由一个映射

$$E:M\times K\to C$$

构成，且对任意的 $k\in K$，映射

$$E_k:M\to C,\quad m\mapsto E(k,m)$$

是可逆的。其中，M 为明文的集合，K 为密钥的集合，C 为密文的集合，$m\in M$ 为明文，$k\in K$ 为密钥。E 为关于密钥 k 的加密函数，其逆函数 $D=E^{-1}(k,m)$ 为解密函数。加密算法 E 和解密算法 D 是公开的。只要知道密钥 k，任何人都可以破译密文。因此，对于加密映射的一个基本安全性要求是：不知道密钥 k，就不可能计算出解密函数 D 的值。

在对称加密体制中，加密算法 E 和解密算法 D 取决于相同的密钥 k（如图 3-2 所示）。对于明文 m，发送方 Alice 利用加密算法 E 和密钥 k 将明文 m 加密成密文 c，有 $c=E(k,m)$。对于密文 c，接收方 Bob 利用解密算法 D 和密钥 k 将密文 c 解密成明文 m，有 $m=D(k,c)$。因此，在对称加密体制中，对于明文 m，有

$$D(k,E(k,m))=m$$

为了使用对称加密体制，合法的通信双方必须事先商定一个共享密钥，然后双方就可以利用这个共享密钥进行秘密通信了。

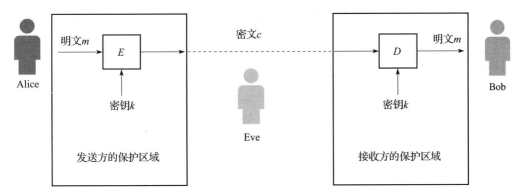

图 3-2 对称加密体制示例

3.2.2 公钥加密体制原理

1976 年，Diffie 和 Hellman 在他们的论文《密码学的新方向》中提出了公开密钥的思想，设想了一种无须事先传递密钥的密码体制，给出了一种密钥协商的方法，这种方法在公钥密码学中使用至今。

公钥密码学的基本思想是公开密钥。每一个公钥密码体制的用户都拥有一对个人密钥 $k=(k_e,k_d)$，包括任何人都可以使用的加密用的公钥 k_e 和只有用户本人使用的解密用的私钥 k_d，公钥 k_e 是公开的，任何用户都可以知道，私钥 k_d 只有用户本人知道。

在公钥加密体制中，加密算法 E 和解密算法 D 取决于不同的密钥 $k=(k_e,k_d)$（如图 3-3 所示）。用户 Alice 和 Bob 相互发送消息，发送方 Alice 利用 Bob 的公钥 k_e 加密明文 m 得到密文 $c=E(k_e,m)$，并把密文 c 传送给 Bob。接收方 Bob 利用自己的私钥 k_d 解密密文 c 得到明文 $m=D(k_d,c)$，即

$$D(k_d,E(k_e,m))=m$$

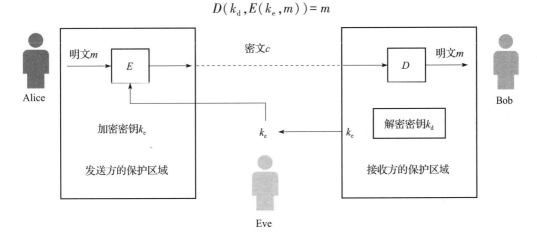

图 3-3 公钥加密体制示例

保密性要求从密文中不能得到有关明文的任何信息。不严格地说，如果从密文中提取有关明文的任何信息都是不可行的，就称这种加密体制是安全的。公钥加密体制的安全性基于这样的事实：利用公钥 k_e 加密明文 m 是容易的，但是不知道私钥 k_d，从密文 c 推断明文 m 是困难的。

研究表明，公钥加密方法要求更复杂的计算，比对称加密方法需要消耗更多的计算资源和通信资源。因此，对称加密方法更适合大量数据的加密，而公钥加密方法用来实现密钥协商。

3.2.3 密码体制安全性

攻击密码体制就是为了从密文中恢复明文或者恢复密钥。衡量密码体制安全性的方法有三种。

第一种方法是计算安全性（Computational Security），又称实际保密性（Practical Secrecy）。如果对一种密码系统最有效的攻击算法至少需要指数时间，则称其密码体制是计算安全的。在实际中，人们经常通过穷尽密钥搜索攻击来研究计算安全性。然而，还没有一个已知的实际密码系统能被证明是计算安全的。在实际中，人们说一个密码系统是计算安全的，意思是利用已有的最好的方法破译该系统所需要的努力超过了攻击者的破译能力（如时间、空间和资金等资源）。

第二种方法是可证明安全性（Provable Security）。如果密码体制的安全性可以归结为某个 NP（Nondeterministic Polynomial）完全问题，则称其是可证明安全的。例如，RSA 密码可以归结为大整数分解问题，ECC 密码可以归结为椭圆曲线离散对数求解问题。计算机可以在多项式时间复杂度内解决的问题称为 P 类问题，不可以在多项式时间复杂度内解决的问题称为 NP 类问题，NP 类问题中最困难的问题称为 NP 完全问题，简称 NPC（NP-Complete）问题。香农曾指出，设计一个安全的密码本质上是要寻找一个难解的问题。

第三种方法是无条件安全性（Unconditional Security）或者完善保密性（Perfect Secrecy）。假设存在一个具有无限计算能力的攻击者，如果密码体制无法被这样的攻击者攻破，则称其为无条件安全的。香农证明了一次一密系统具有无条件安全性，即从密文中得不到关于明文或者密钥的任何信息。

3.2.4 密码分析

密码分析用于研究如何在不知道密钥的情况下，通过密文获得明文信息或密钥信息。密码分析也称为对密码体制的攻击。攻击者主要使用三种手段对密码体制进行攻击。

1. 穷举攻击

穷举攻击又称为蛮力攻击，是指攻击者依次尝试所有可能的密钥对所截获的密文进行解密，直至得到正确的明文。穷举攻击需要消耗大量的资源。1997 年 6 月 18 日，美国科罗拉多州 Rocket Verser 工作小组宣布，首次通过网络利用数万台计算机历时 4 个多月以穷举攻击方式攻破了 DES。

2. 统计分析攻击

统计分析攻击是指攻击者通过分析密文和明文的统计规律来攻击密码系统。统计分析攻击在历史上为破译密码做出过极大的贡献。许多古典密码都可以通过分析密文字母和字母组的频率及其他统计参数而被破译。例如，在英语里，字母 E 是英文文本中最常用的字母，字母组合 TH 是英文文本中最常用的字母组合。在简单的替换密码中，每个字母只是简单地被替换成另一个字母,那么在密文中出现频率最高的字母就最有可能是 E,出现频率最高的字母组合就最有可能是 TH。抵抗统计分析攻击的方式是在密文中消除明文的统计特性。

3. 数学分析攻击

数学分析攻击是指攻击者针对加密算法的数学特征和密码学特性,通过数学求解的方法来破译密码。按照从密文推导明文的方式,数学分析攻击包括唯密文攻击、已知明文攻击、选择明文攻击、自适应选择明文攻击、选择密文攻击和自适应选择密文攻击(如表3-3所示)。

表 3-3 数学分析攻击类型

攻击类型	攻击者拥有的资源
唯密文攻击	密文
已知明文攻击	明文-密文对
选择明文攻击	选择的明文-密文对
自适应选择明文攻击	可调整的选择的明文-密文对
选择密文攻击	选择的密文-明文对
自适应选择密文攻击	可调整的选择的密文-明文对

3.3 加密方法及技术

加密方法是指使用算法和密钥加密信息的方法,加密体制是指通过采用适当的加密方法使通信双方能在不安全的信道上进行信息的秘密交换。一种加密体制由使用适当的密钥把明文转换成密文的过程和它的反过程组成,密钥是完成转换的基本因素。

3.3.1 基于共享密钥的加密方法及技术

基于共享密钥的加密方法又称为对称密钥加密方法,对称密码学的基本思想就是密钥共享。用户 Alice 和 Bob 相互通信,采用双方共享的密钥和对称密钥加密方法保护消息,攻击者即使截获密文,也会因为没有适当的密钥不能得到任何关于通信内容的有效信息。通常使用流密码(Stream Cipher)和分组密码(Block Cipher)实现对称密钥加密。

1. 流密码

设 K 为密钥的集合,M 为明文的集合。一个流密码

$$E^*: M^* \times K^* \to C^*, \quad E^*(k,m) = c = c_1 c_2 c_3 \cdots$$

利用密钥流 $k = k_1 k_2 k_3 \cdots \in K^* (k_i \in K)$ 把明文序列 $m = m_1 m_2 m_3 \cdots \in M^* (m_i \in M)$ 加密为密文序列 $c = c_1 c_2 c_3 \cdots \in C^* (c_i \in C)$。因此,存在加密映射

$$E_k: M \to C$$

使得对任意的密钥 k,有 $c_i = E_{k_i}(m_i) = E(k_i, m_i)$,$i = 1, 2, \cdots$。流密码加密通信的流程图如图3-4所示。

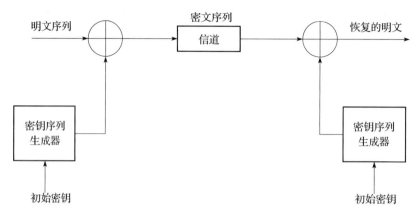

图 3-4 流密码加密通信流程图

流密码又称序列密码，是对称密码学中的重要体制之一，它的起源可以追溯到 20 世纪 20 年代的 Vernam 密码。Vernam 密码简单且易于实现，Vernam 密码的关键是生成随机的密钥序列。设 $M=K=C=\{0,1\}$，并且

$$E:\{0,1\}\times\{0,1\}\to\{0,1\},(m,k)\mapsto m\oplus k$$

是消息比特和密钥比特的简单异或运算。为了加密消息，$m=m_1m_2m_3\cdots$ 需要一个密钥流 $k=k_1k_2k_3\cdots$，$k_i\in\{0,1\}$。

加密函数定义如下：

$$E^*(k,m)=c=c_1c_2c_3\cdots, \quad 其中\ c_i=m_i\oplus k_i$$

解密函数定义如下：

$$D^*(k,c)=m=m_1m_2m_3\cdots, \quad 其中\ m_i=c_i\oplus k_i$$

例 3-4 流密码应用示例

明文：01100001B	密文：00101111B
加密密钥：01001110B	解密密钥：01001110B
加密算法：$c_i=m_i\oplus k_i$	解密算法：$m_i=c_i\oplus k_i$
密文：00101111B	明文：01100001B

流密码是一种方便快捷的加密方法，在现实中得到了广泛的应用。RC4 密码是目前普遍使用的流密码之一，是美国麻省理工学院的 Ron Rivest 于 1987 年设计的密钥长度可变的流密码算法。RC4 密码不仅已应用于 Microsoft Windows 和 Lotus Notes 等应用程序中，而且已应用于安全套接层（Secure Sockets Layer，SSL）保护因特网的信息流，还应用于无线局域网通信协议 WEP（Wired Equivalent Privacy）以及蜂窝数字数据包规范中。祖冲之序列密码算法是中国自主研发的流密码算法，是运用于移动通信 4G 网络中的国际标准密码算法，该算法包括祖冲之算法、加密算法（128-EEA3）和完整性算法（128-EIA3）三个部分。被国际组织 3GPP 推荐为 4G 无线通信的第三套国际加密和完整性标准的候选算法。

2. 分组密码

分组密码是将明文分成一些固定长度的段落（分组），在密钥作用下逐段进行加密的方法，这样做的好处是处理速度快、可靠性高、软（硬）件都能实现，而且节省资

源、容易标准化。因此，分组密码得到了广泛的应用，同时也成为许多密码组件［比如 MAC（消息认证码）系统］的基础。

分组密码满足 $M=C=\{0,1\}^n$，n 称为密码的分组长度。这是一个二元分组密码的概念，一般地，码元不限于二元，且 M 和 C 的长度不一定相等。对于密钥 k，加密函数 E 是 $\{0,1\}^n$ 上的一个置换，消息空间由分组长度为 n 的 2^n 个明文消息构成。分组密码的加密原理是：将明文按照某一规定的 n 比特长度分组，最后一组长度不够时要用规定的值填充，使其成为完整的一组，然后使用相同的密钥对每一分组分别进行加密。典型的分组加密方法有 DES、三重 DES、AES 和 IDEA，以及国密算法 SM1、SM4 和 SM7。

（1）DES

1973 年美国国家标准局（National Bureau of Standards，NBS）公开征集用于保护商用信息的密码算法，并于 1975 年公布了数据加密标准（Data Encryption Standard，DES）。随后人们陆续设计了许多成熟的分组密码算法，如 IDEA、SAFER、Skipjack、RC5、Blowfish、Rijndael 等。分组密码的核心问题就是设计足够复杂的算法，以实现香农提出的混乱和扩散准则。DES 是最著名的、使用最广泛的对称密钥分组加密算法。1977 年 1 月 15 日，美国联邦信息处理标准版 46（FIPS PUB 46）中给出了 DES 的完整描述。DES 算法首开先例成为第一代公开的、完全说明实现细节的商业级密码算法，并被世界公认。

DES 处理 $n=64$ 比特的明文分组并产生 64 比特的密文分组（如图 3-5 所示）。密钥的有效长度为 56 比特，更准确地说，输入密钥为 64 比特，其中 8 比特（8,16,…,64）可用作校验位。

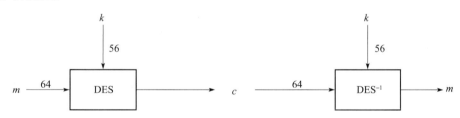

图 3-5 DES 工作原理图

DES 算法由一个映射

$$\text{DES}: \{0,1\}^{64} \times \{0,1\}^{56} \to \{0,1\}^{64}$$

构成，若选好密钥 k，则有

$$\text{DES}_k: \{0,1\}^{64} \to \{0,1\}^{64}, x \mapsto \text{DES}(k,x)$$

DES 加密过程要经过 16 圈迭代，从 56 比特的有效密钥生成 16 个子密钥 $\{k_1,\cdots,k_{16}\}$，每个子密钥 k_i 的长度是 48 比特，在 16 圈迭代中使用。解密和加密采用相同的算法，并且所使用的密钥也相同，只是各个子密钥的使用顺序不同（如图 3-6 所示）。

在图 3-6 的 DES 算法描述中，64 比特明文经过初始置换（Initial Permutation）IP 后，分成左半部和右半部两块，每块 32 比特，进入 16 圈迭代。在 DES 的 16 圈迭代

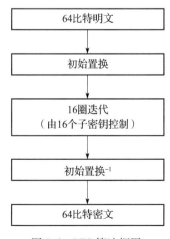

图 3-6 DES 算法框图

中，映射
$$f: \{0,1\}^{32} \times \{0,1\}^{48} \to \{0,1\}^{32}$$
是建立分组的基础之一。f 取决于 32 比特的明文和 48 比特的密钥，它由一个替换 S 和一个置换 P 构成：
$$f(x, \tilde{k}) = P(S(E(x) \oplus \tilde{k}))$$
32 比特的明文 x 经
$$x \mapsto E(x)$$
扩展为 48 比特，并将其与 48 比特的密钥 $\tilde{k}$ 异或，然后把所得的 48 比特分成 8 组，每组 6 比特。用 S 将每组替换为 4 比特，最后对得到的 32 比特（即 8 组×4 比特）进行 P 置换。对于每一个子密钥 k_i，可得
$$f_{k_i}: \{0,1\}^{32} \to \{0,1\}^{32}, x \mapsto f(x, k_i), i = 1, 2, \cdots, 16$$

对于 $i = 1, 2, \cdots, 16$ 中的每一轮迭代，对左半部 32 比特明文 x 和右半部 32 比特明文 y 的加密密文 $f_i(y)$ 进行异或，可得
$$\varphi_i: \{0,1\}^{32} \times \{0,1\}^{32} \to \{0,1\}^{32} \times \{0,1\}^{32}, (x, y) \mapsto (x \oplus f_i(y), y)$$

函数 DES_k 由 $\varphi_1, \cdots, \varphi_{16}$ 及
$$\mu: \{0,1\}^{32} \times \{0,1\}^{32} \to \{0,1\}^{32} \times \{0,1\}^{32}, (x, y) \mapsto (y, x)$$
组合而成，即
$$\text{DES}_k: \{0,1\}^{64} \to \{0,1\}^{64}$$
$$\text{DES}_k(x) = \text{IP}^{-1} \circ \varphi_{16} \circ \mu \circ \cdots \circ \mu \circ \varphi_2 \circ \mu \circ \varphi_1 \circ \text{IP}(x)$$
其中 IP 是公开的已知置换，符号"∘"表示组合操作。

由于 $\varphi_i^{-1} = \varphi_i$ 及 $\mu^{-1} = \mu$，因此，对所有的明文消息 $x \in \{0,1\}^{64}$，恒有
$$\text{DES}_{k_{16}, \cdots, k_1}(\text{DES}_{k_1, \cdots, k_{16}}(x)) = x$$

DES 使用 16 个不同的密钥通过 16 轮相同类型的加密而得到密文，其中，16 个密钥是由 56 比特的初始密钥生成的，φ_i 称为第 i 轮加密函数，除最后一轮之外，每一轮加密后左半部和右半部都互换。DES 算法的密码强度取决于 f 的设计，特别是 8 个著名的处理替换的 S 盒的设计。

例 3-5 DES 加密示例

设明文 $m =$ "computer"，密钥 $k =$ "program"，相应 ASCII 码用二进制表示为：
$$m = 01100011\ 01101111\ 01101101\ 01110000$$
$$01110101\ 01110100\ 01100101\ 01110010$$
$$k = 01110000\ 01110010\ 01101111\ 01100111$$
$$01110010\ 01100001\ 01101101$$

因为 k 只有 56 比特，所以必须在第 8、16、24、32、40、48、56、64 位插入奇偶校验位，合成 64 比特。当然，这 8 位对加密过程没有影响。

m 经过初始置换得到：
$$L_0 = 11111111\ 10111000\ 01110110\ 01010111$$
$$R_0 = 00000000\ 11111111\ 00000110\ 10000011$$

k 经过子密钥生成过程得到第 1 轮 48 位子密钥：

k_1 = 00111101 10001111 11001101 00110111 00111111 00000110

m 经过 16 轮迭代, 再经过逆初始置换, 得到密文:

$$c = \text{0xb2dcc3be594c571d}$$

相应二进制表示为:

$$c = 10110010\ 11011100\ 11000011\ 10111110$$
$$01011001\ 01001100\ 01010111\ 00011101$$

(2) 三重 DES

三重 DES (记为 3DES) 加密算法是一种改进的 DES 算法, 它使用 3 组密钥 k_1、k_2 和 k_3 对同一组明文进行多重加密 (如图 3-7 所示), 密钥长度为 168 比特 (即 56 比特×3)。

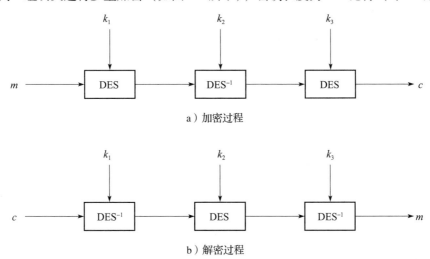

a) 加密过程

b) 解密过程

图 3-7 三重 DES 工作原理图

加密算法定义如下:

$$c = E_{k_3}(D_{k_2}(E_{k_1}(m)))$$

解密算法定义如下:

$$m = D_{k_1}(E_{k_2}(D_{k_3}(c)))$$

在 DES 的标准报告 FIPS46-3 中推荐使用 $k_1 = k_3$ 进行多重加密, 此时密钥长度为 112 比特 (即 56 比特×2)。

加密算法定义如下:

$$c = E_{k_1}(D_{k_2}(E_{k_1}(m)))$$

解密算法定义如下:

$$m = D_{k_1}(E_{k_2}(D_{k_1}(c)))$$

例 3-6 三重 DES 加密示例

设明文 m = "computer", 密钥 k = "programgramproprogram", 经过 3DES 加密之后, 得到密文 c = 0x95c560a3a9591798。

(3) AES 和 IDEA

DES 已走到了生命的尽头, 56 比特密钥实在太短, 三重 DES 只是在一定程度上解决了密钥长度的问题。另外, DES 的设计主要针对硬件实现, 而今在许多领域都需要有软件的实现方法,在这种情况下,DES 的效率相对较低。1997 年 4 月 15 日,美国国家标准技术研究所(NIST)发起征集高级加密标准(Advanced Encryption Standard,AES)算法的活动,并成立了 AES 工作组,目的是确定一个非保密的、公开的、全球免费使用的加密算法,用于保护敏感信息。AES 的基本特点是:比三重 DES 快,至少和三重 DES 一样安全,分组长度为 128 比特,密钥长度为 128、192、256 比特。

2000 年 10 月,美国国家标准技术研究所选择 Rijndael 密码作为高级加密标准。Rijndael 密码是一种迭代型分组密码,由比利时密码学家 Joan Daemon 和 Vincent Rijmen 设计,使用了有限域上的算术运算。该密码的数据分组长度和密钥长度都可变,并可被独立指定为 128、192 或 256 比特,分组长度不同,迭代次数也不同。可在很多处理器和专用硬件上高效地实现 Rijndael 密码。

国际数据加密算法(International Data Encryption Algorithm,IDEA)是由瑞士联邦理工学院的 Xuejia Lai 和 James Massey 等人于 1990 年提出的,能够抵抗差分密码分析。IDEA 算法使用 128 比特的输入密钥 k,将 64 比特的明文分组 m 加密成 64 比特的密文分组 c。著名的电子邮件安全软件 PGP(Pretty Good Privacy)就采用了 IDEA 算法进行数据加密。

(4)SM1、SM4 和 SM7

SM1 算法是一种分组对称算法,分组长度和密钥长度都为 128 比特,算法安全性能与 AES 相当,算法不公开,仅以 IP 核的形式存在于芯片中,需要通过加密芯片的接口调用该算法时。该算法已经参与研制了系列芯片、智能 IC 卡、智能密码钥匙、加密卡、加密机等安全产品,广泛应用于电子政务、电子商务及国民经济的各个应用领域。

SM4 为无线局域网标准的分组加密算法,用于替代 DES、AES 等国际算法,SM4 算法与 AES 算法具有相同的密钥长度和分组长度,均为 128 比特。

SM7 算法是一种分组密码算法,分组长度和密钥长度均为 128 比特。它跟 SM1 一样,是不被公开的,需要添加加密芯片才能调用。SM7 适用于非接触式 IC 卡,应用包括身份识别类应用(门禁卡、工作证、参赛证)、票务类应用(大型赛事门票、展会门票)、支付与通卡类应用(积分消费卡、校园一卡通、企业一卡通等)。

3.3.2 基于公钥的加密方法及技术

公钥密码学的基本思想是公开密钥。为了保证公钥密码系统的安全,必须确保从公钥 k_e 计算私钥 k_d 是不可行的、密钥空间足够大,以及存在有效的算法实现随机选择密钥。公钥密码的安全性取决于某些困难数学问题的难解性。公钥密码中常用的难解问题有大整数分解问题、离散对数问题、椭圆曲线上的离散对数问题等。RSA、ElGamal 和 ECC 是国际上普遍使用的公钥加密方法的典型代表,国密算法中的 SM2 和 SM9 也属于公钥加密体制。

1. RSA 加密方法

1977 年,美国麻省理工学院的三位数学家 Ron Rivest、Adi Shamir 和 Len Adleman 成功地设计了一个公钥密码算法,该算法根据设计者的名字被命名为 RSA 算法。在其后的 30 年中,RSA 成为世界上应用最为广泛的公钥密码算法。RSA 密码的安全性基于大整数分解的困难性。若已知两个大素数 p 和 q，求 $n=pq$ 是容易的，而反过来由 n 求 p 和 q 则是困难的，这就是大整数分解问题。

RSA 算法分为密钥生成、加密和解密三个阶段。在密钥生成阶段，密钥生成算法执行以下 3 个步骤。

1) 选择不同的大素数 p 和 q，计算 $n=p \cdot q$，$\varphi(n)=(p-1)(q-1)$。
2) 选择 e，满足 $1<e<\varphi(n)$，且 $\gcd(e,\varphi(n))=1$，(n,e) 作为公钥。
3) 通过 $ed \equiv 1 \bmod \varphi(n)$ 计算 d，满足 $e \neq d$，(n,d) 作为私钥。

其中，n、e、d 分别为模数、加密指数和解密指数，$\varphi(n)$ 是 n 的欧拉函数值，d 是 e 在模 $\varphi(n)$ 下的乘法逆元，即 $d = e^{-1} \bmod \varphi(n)$。

在加密和解密阶段，加密时首先对明文比特串分组，使每个分组对应的十进制数小于 n，即分组长度小于 $\log_2 n$。对 $Z_n = \{0,1,\cdots,n-1\}$ 范围内的消息 m 进行加密。

加密函数定义如下：

$$E: Z_n \rightarrow Z_n, x \mapsto x^e$$

解密函数定义如下：

$$D: Z_n \rightarrow Z_n, x \mapsto x^d$$

映射 E 和 D 彼此互逆，即对于任意明文 $m \in Z_n$，

加密算法定义如下：

$$c \equiv m^e (\bmod \ n)$$

解密算法定义如下：

$$m \equiv c^d (\bmod \ n)$$

例 3-7 RSA 应用示例：Alice 向 Bob 发送加密消息

Bob：选取 $p=101$、$q=113$，计算

$$n = p \cdot q = 101 \times 113 = 11\ 413$$
$$\varphi(n) = (p-1)(q-1) = 100 \times 112 = 11\ 200$$

选取 $e=3533$，验证

$$\gcd(e, \varphi(n)) = \gcd(3533, 11\ 200) = 1$$

计算

$$d \equiv e^{-1} \bmod \varphi(n) = 3533^{-1} \bmod 11\ 200 = 6597$$

Bob 公钥 $(n,e) = (11\ 413, 3533)$，私钥 $(n,d) = (11\ 413, 6597)$。

Alice：想加密明文 $m=9726$，计算

$$c \equiv m^e (\bmod \ n) = 9726^{3533} (\bmod \ 11\ 413) = 5761$$

并把密文 $c=5761$ 传送给 Bob。

Bob：收到密文 $c=5761$ 后，计算

$$m \equiv c^d (\bmod \ n) = 5761^{6597} (\bmod \ 11\ 413) = 9726$$

2. ElGamal 加密方法

ElGamal 密码是 1985 年由 T. ElGamal 提出的，它是基于离散对数问题的最著名的公钥密码体制。若给定一个大素数 p，$p-1$ 有一个大素数因子，则可构造一个乘法群 Z_p^*，Z_p^* 是一个 $p-1$ 阶循环群。设 g 是 Z_p^* 的一个本原根，且 $1<g<p-1$，若已知 x 求 $y=g^x \bmod p$

是容易的,而由 y、g、p 求 x,使得 $y=g^x \bmod p$ 成立则是困难的,这就是离散对数问题。

ElGamal 算法分为密钥生成、加密和解密三个阶段。在密钥生成阶段,密钥生成算法执行以下 3 个步骤。

1) 选择大素数 p,使 $p-1$ 有大素数因子,选择 $g \in Z_p^*$ 为本原根。
2) 随机选择整数 d,满足 $1 \leq d \leq p-2$,d 为私钥。
3) 计算 $e \equiv g^d (\bmod p)$,e 为公钥。

其中,p、g 和 e 公开,为所有用户所共享,d 保密。

在加密和解密阶段,对消息 $m \in Z_p^*$ 进行加密,随机选择整数 k,满足 $1 \leq k \leq p-2$。加密函数定义如下:

$$E: Z_p \rightarrow Z_p, x \mapsto xe^k$$

解密函数定义如下:

$$D: Z_p \rightarrow Z_p, x \mapsto x(g^k)^{-d}$$

即对于任意明文 $m \in Z_p^*$,随机整数 $1 \leq k \leq p-2$,加密算法定义如下:

$$c_1 \equiv g^k (\bmod p)$$
$$c_2 \equiv me^k (\bmod p) \equiv mg^{dk} (\bmod p)$$

解密算法定义如下:

$$m \equiv c_2(c_1)^{-d} (\bmod p) \equiv mg^{dk}(g^k)^{-d} (\bmod p)$$

加密结果依赖于消息 m、公钥 e 和随机整数 k。如果随机整数 k 的选择与消息 m 无关,那么几乎不可能出现两个明文生成同一个密文的情况。

例 3-8 ElGamal 应用示例:Alice 向 Bob 发送加密消息

Bob:选取素数 $p=2357$,Z_{2357}^* 上的本原根 $g=2$,私钥 $d=1751$,计算

$$e \equiv g^d (\bmod p) = 2^{1751} (\bmod 2357) = 1185$$

$e=1185$ 为 Bob 公钥。

Alice:想加密明文 $m=2035$,随机选取整数 $k=1520$,计算

$$c_1 \equiv g^k (\bmod p) \equiv 2^{1520} (\bmod 2357) = 1430$$
$$c_2 \equiv me^k (\bmod p) \equiv 2035 \times 1185^{1520} (\bmod 2357) = 697$$

将密文 $(c_1, c_2) = (1430, 697)$ 传送给 Bob。

Bob:收到密文 $(c_1, c_2) = (1430, 697)$ 后,计算

$$m \equiv c_2 \cdot (c_1)^{-d} (\bmod p)$$
$$\equiv c_2 \cdot (c_1^d)^{-1} (\bmod p)$$
$$\equiv 697 \times (1430^{1751})^{-1} (\bmod 2357)$$
$$\equiv 697 \cdot 872 (\bmod 2357)$$
$$= 2035$$

算法中离散对数的复杂性决定了系统的安全,然而,算法的设计是基于 Z_p^* 群是 p 为模的同余乘法群,对乘法满足封闭性,且存在乘法逆元。如果 p 不是素数,则(模 p)同余类群 Z_p^* 只能是以加法为运算的整数群,只存在加法逆元且只对加法满足封闭性,离散对数的关系就不存在了。

3. ECC 加密方法

椭圆曲线理论是代数几何、数论等多个数学分支的定义,曾被认为是一个纯理论学科,20 世纪 80 年代被引入密码学后,由于它的复杂性高、密钥短、占用资源少等优点,引起了人们的极大兴趣。在移动通信中的应用进一步推动了对该领域研究的进展。

1985 年,Koblitz 和 Miller 分别提出利用椭圆曲线来开发公钥密码体制。椭圆曲线密码(Elliptic Curve Cryptography,ECC)的安全性基于椭圆曲线离散对数求解的困难性。目前普遍认为,椭圆曲线离散对数问题要比大整数因子分解和有限域上的离散对数问题难解得多。

椭圆曲线是满足一类方程的点的集合,通过在点间定义一种特殊的运算,可以得到一个群,称为椭圆曲线群。设 E 是某有限域上的椭圆曲线,G 是椭圆曲线 E 的一个素数阶循环子群,α 是该循环子群 G 的一个生成元,$\beta \in G$ 是该循环子群 G 的一个元素。已知 α 和 β,求满足 $\beta = n\alpha$ 的唯一整数 n,称为椭圆曲线上的离散对数问题。

与 RSA 密码相比,ECC 密码能用较短的密钥实现较高的安全性。也就是说,要达到同样的安全强度,ECC 算法所需的密钥长度远比 RSA 算法短,并且随着加密强度的提高,ECC 的密钥长度变化不大(如表 3-4 所示)。

表 3-4 RSA 和 ECC 的性能比较

RSA 密钥长度(比特)	ECC 密钥长度(比特)	RSA 与 ECC 密钥长度之比	攻破时间(MIPS 年)[①]
512	106	5∶1	10^4
768	132	6∶2	10^8
1024	160	7∶1	10^{11}
2048	210	10∶1	10^{20}
21 000	600	35∶1	10^{78}

① MIPS 年是指以 MIPS(Millions of Instructions Per Second,CPU 的速度达到每秒执行百万条指令)级的计算机来运算所需的攻破时间。

为了用好 ECC 加密方法,需要先来认识椭圆曲线。设 p 是一个大于 3 的素数,F_p 是模 p 的有限域,F_p 上的椭圆曲线 E 定义为

$$E: y^2 \equiv x^3 + ax + b \pmod{p}$$

其中,$a, b, x, y \in F_p$ 且满足

$$4a^2 + 27b^3 \neq 0 \pmod{p}$$

$E(F_p)$ 表示椭圆曲线 E 上的所有点 (x, y) 和无穷远点 O 的集合,也记为 $E_p(a, b)$,或者直接记为 E。

在椭圆曲线 E 上按如下法则定义加法运算:

- 定义无穷远点 O 为加法单位元,对于任意点 $P \in E$,有
$$P + 0 = 0 + P$$
- 若 $P = (x, y) \in E$,定义 $-P = (x, -y)$,$(x, y) + (x, -y) = O$。
- 若 $P = (x_1, y_1) \in E$,$Q = (x_2, y_2) \in E$,定义 $P + Q = (x_3, y_3)$,其中,

$$x_3 \equiv \lambda^2 - x_1 - x_2 \pmod{p}, \quad y_3 \equiv \lambda(x_1 - x_3) - y_1 \pmod{p}$$

$$\lambda = \begin{cases} \dfrac{y_2 - y_1}{x_2 - x_1}, & P \neq \pm Q \\ \dfrac{3x_1^2 + a}{2y_1}, & P = Q \end{cases}$$

例 3-9 椭圆曲线点乘示例

设 $a=1$、$b=6$、$p=11$，椭圆曲线方程为

$$E: y^2 \equiv x^3 + x + 6 \pmod{11}$$

计算 $E_{11}(1,6) = \{O, (2,4), (2,7), (3,5), (3,6), (5,2), (5,9), (7,2), (7,9), (8,3), (8,8), (10,2), (10,9)\}$。

为了求得椭圆曲线 E 上的点 $E_{11}(1,6)$，取 $P=(2,7)$，计算

$$\lambda = \frac{3 \times 2^2 + 1}{2 \times 7} \pmod{11} = 8$$

$$x_3 = 8^2 - 2 - 2 \pmod{11} = 5$$

$$y_3 = 8 \times (2-5) - 7 \pmod{11} = 2$$

进一步计算点乘

$P=(2,7)$，$2P=(5,2)$，$3P=(8,3)$，$4P=(10,2)$，$5P=(3,6)$，$6P=(7,9)$，$7P=(7,2)$，$8P=(3,5)$，$9P=(10,9)$，$10P=(8,8)$，$11P=(5,9)$，$12P=(2,4)$，$13P=O$

结果表明：椭圆曲线 E 有 13 个点，$E_{11}(1,6)$ 是一个循环群，$P=(2,7)$ 是椭圆曲线 E 的生成元。研究表明，任意素数阶的群是循环群，任何非无穷远点都是 E 的生成元。

椭圆曲线上的公钥加密方法有两种方案：方案 1，将明文 m 编码为椭圆曲线上的点 $P_m = (x_m, y_m)$；方案 2，将明文 m 限定为 $m \in F_p$。每种方案都包括密钥生成、加密和解密三个阶段，下面分别介绍这两种方案。

方案 1

在密钥生成阶段，Alice 和 Bob 在椭圆曲线 $E_p(a,b)$ 上选取大的素数阶 n 和生成元 P，Alice 和 Bob 共享椭圆曲线的公共参数。Bob 随机选取整数 a，满足 $1 \leq a \leq n-1$，计算 $Q = a \cdot P$ 则 Q 为 Bob 的公钥，a 为 Bob 的私钥。

在加密阶段，Alice 将明文 m 编码为椭圆曲线 $E_p(a,b)$ 上的点 $P_m = (x_m, y_m)$，然后随机选取整数 k，满足 $1 \leq k \leq n-1$，计算

$$c_1 = k \cdot P = (x_1, y_1)$$
$$c_2 = P_m + k \cdot Q = (x_2, y_2)$$

得到密文为 (c_1, c_2)，并将密文 (c_1, c_2) 传送给 Bob。

在解密阶段，Bob 收到密文 (c_1, c_2) 后，计算

$$P_m = c_2 - a \cdot c_1$$

再对 P_m 解码得到明文 m。

方案 2

在密钥生成阶段，密钥生成算法与方案 1 相同。在加密阶段，Alice 随机选取整数 k，

满足 $1 \leqslant k \leqslant n-1$，计算
$$(x_2, y_2) = k \cdot Q$$
直到 $x_2 \neq 0$，计算
$$c_1 = k \cdot P = (x_1, y_2)$$
$$c_2 \equiv x_2 \pmod{p}$$
得到密文为 (c_1, c_2)，并将密文 (c_1, c_2) 传送给 Bob。

在解密阶段，Bob 收到密文 (c_1, c_2) 后，计算
$$(x_2, y_2) = a \cdot c_1$$
然后计算
$$m \equiv c_2 \cdot c_2^{-1} \pmod{p}$$
得到明文 m。

例 3-10 设有限域 F_{11} 上的椭圆曲线
$$E: y^2 = x^3 + x + 6$$
所有的点关于加法构成循环群，$P = (2, 7)$ 是生成元。

密钥生成：Bob 随机选取私钥 $a = 2$，计算公钥 $Q = a \cdot P = 2(2, 7) = (5, 2)$。

加密：Alice 要将明文 $m = 9 (m \in F_{11})$ 加密传送给 Bob，Alice 随机选取 $k = 3$，并计算
$$c_1 = k \cdot P = 3(2, 7) = (8, 3), \quad k \cdot Q = 3(5, 2) = (7, 9),$$
$$c_2 \equiv m \cdot x_2 \pmod{p} \equiv 9 \times 7 \pmod{11} = 8$$
得到密文 $(c_1, c_2) = (8, 3, 8)$，并将密文 $(c_1, c_2) = (8, 3, 8)$ 传送给 Bob。

解密：Bob 收到密文 $(c_1, c_2) = (8, 3, 8)$ 后，计算
$$(x_2, y_2) = a \cdot c_1 = 2(8, 3) = (7, 9)$$
$$m \equiv c_2 \cdot x_2^{-1} \pmod{p} \equiv 8 \times 7^{-1} \pmod{11} = 9$$

4. SM2 和 SM9

SM2 算法是我国在吸收国际先进成果的基础上研制的具有自主知识产权的椭圆曲线公钥密码算法（ECC），在我国商用密码体系中被用来替换 RSA 算法。相较于 RSA 算法，SM2 算法是一种更先进、更安全的算法，256 比特的 SM2 密码强度已经比 2048 比特的 RSA 密码强度要高。SM2 算法就是 ECC 椭圆曲线密码机制，但在签名、密钥交换方面不同于 ECDSA、ECDH 等国际标准，而是采取了更为安全的机制。另外，SM2 还推荐了一条 256 比特的曲线作为标准曲线。

SM9 算法是在有限域中利用椭圆曲线上双线性对构造的基于标识的密码算法。不同于传统的公钥密码算法，SM9 算法不需要通过传统公钥基础设施（PKI）体系中的证书认证中心（CA）等保证用户公钥来源的真实性，SM9 算法将用户的唯一标识信息（如手机号码、邮箱地址等）作为公钥，省略了交换数字证书和公钥的过程，极大地减少了计算和存储资源的开销。SM9 算法适用于互联网各种新兴应用的安全保障，如基于云技术的密码服务、电子邮件安全、智能终端保护、物联网安全、云存储安全等。这些安全应用可采用手机号码或邮件地址作为公钥，实现数据加密、身份认证、通话加密、通道加密等。在商用密码体系中，SM9 主要用于用户的身份认证，SM9 的加密强度等同于 3072 比特密钥的 RSA 加密算法。

3.4 密钥管理方法及技术

19 世纪,荷兰语言学家 Auguste Kerckhoffs von Nieuwenhoff 在他的著作 *La Cryptographie Militaire* 中首先提出了密码分析学的 Kerckhoffs 原则:攻击者可以知道密码系统的所有细节,包括算法及其实现过程,而密码系统的安全完全依赖于密钥的安全。

现代密码体系的一个基本概念是算法可以公开,而私有密钥必须是保密的。不管算法多么强大,一旦密钥丢失或者出错,不但合法用户不能提取信息,而且可能导致非法用户窃取信息,甚至系统遭到破坏。

一个安全系统不仅要阻止入侵者窃取密钥,还要避免密钥的未授权使用、有预谋地修改和其他形式的操作,并且希望当这些不利的情况发生时,系统能及时察觉。因此密钥管理应解决密钥从产生到最终销毁的整个过程中所涉及的各种问题,包括产生、装入、存储、备份、分配、更新、吊销和销毁。其中最重要且最棘手的是密钥的分配和存储。

3.4.1 基于共享密钥系统的密钥管理方法及技术

密钥必须经常更换,这是安全保密所必需的,否则,即使采用很强的密码算法,同一份密钥使用时间越长,攻击者截获的密文越多,破译密码的可能性就越大。密钥管理就是要在参与通信的各方中建立密钥并保护密钥的一整套过程和机制。密钥管理包括密钥产生、密钥注册、密钥认证、密钥注销、密钥分发、密钥安装、密钥储存、密钥导出及密钥销毁等一系列技术问题。密钥管理的目的是确保使用中的密钥是安全的,即保护密钥的秘密性,防止非授权使用密钥。许多标准化组织提出了一些密钥管理技术的标准,如 ISO 11770-X 和 IEEE 1363。

每个密钥都有其生命周期,有其自身的产生、使用和消亡的过程。在密钥的生命周期中有 4 个主要的状态:即将活动状态(Pending Active)、活动状态(Active)、活动后状态(Post Active)和废弃状态(Obsolete),如图 3-8 所示。在即将活动状态,密钥已经生成,但还未投入实际使用。活动状态是密钥在实际的密码系统中使用的状态。在活动后状态,密钥已不能像在活动状态中一样正常使用了,如只能用于解密和验证。废弃状态是指密钥已经不可使用了,所有与此密钥有关的记录都应被删除。

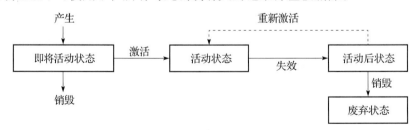

图 3-8 密钥的生命周期

密钥安全概念分为两级:第一级是长期的密钥,称为主密钥;第二级和一次会话有关,称为会话密钥。主密钥的管理涉及密钥的产生、注册、认证、注销、分发、安装、存储、导出及销毁等一系列技术问题。会话密钥只与当前的一次会话有关,是为了保证安全通信会话而建立的临时性密钥。所谓密钥的建立就是参与密码协议的双方或多方都得到可用的共享密钥的过程。主密钥的建立由专门的密钥管理机构完成，会话密钥的建立则由参与会话的各方协商完成。密钥的建立是信息安全通信中的关键问题，对安全通信的实现有着重要的影响。下面着重介绍会话密钥的建立方法。

密钥的建立是一个复杂的过程，参与协议的各方可能用直接或者间接的方式进行交流，可能属于同一个信任域，也可能属于不同的信任域，还可能使用可信第三方（Trusted Third Party，TTP）提供的服务。

1. 点对点的密钥建立

最常见的密钥建立模型是点对点的密钥建立模型（Point-to-Point Key Establishment），如图 3-9 所示。如果使用对称密码技术，在点对点的密钥建立模型中，要求在建立密钥之前参与协议的双方事先共享一个对称密钥，以便使用此共享的对称密钥来保护建立密钥时双方的通信。如果使用公钥密码技术，那么参与协议双方也要事先知道对方的公钥。

图 3-9 点对点的密钥建立模型

如果用户和可信第三方之间建立了共享密钥，那么可以通过可信第三方的帮助，在任何两个互不认识的用户之间建立一个共享密钥。

2. 同一信任域中的密钥建立

信任域是指在一个安全策略约束下的安全环境，参与密钥建立的用户 Alice 和 Bob 处于同一信任域内，表明 Alice 和 Bob 处于同一个安全策略约束下的安全环境内。设 TTP 提供密钥的产生、密钥的鉴别、密钥的分发等服务。发送者 Alice 和接收者 Bob 分别与 TTP 共享一个密钥，Alice 与 TTP 的共享密钥为 k_{AT}，Bob 与 TTP 的共享密钥为 k_{BT}，Alice 和 Bob 可以有两种方案建立密钥。

方案 1：Alice 产生与 Bob 共享的密钥 k_{AB}，将密钥 k_{AB} 用 Alice 与 TTP 的共享密钥 k_{AT} 加密，然后把加密的结果

$$E_{k_{AT}}(k_{AB})$$

传送给 TTP。TTP 接收到 Alice 发送的加密消息后，用与 Alice 共享的密钥 k_{AT} 解密后得到 k_{AB}，再用与 Bob 共享的密钥 k_{BT} 加密 k_{AB}，然后把加密的结果 $E_{k_{BT}}(k_{AB})$ 传送给 Bob，或者把加密的结果传送给 Alice 再由 Alice 传给 Bob。Bob 用与 TTP 共享的密钥 k_{BT} 解密后得到 k_{AB}，如图 3-10 所示。

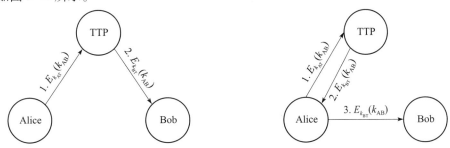

图 3-10 方案 1 的密钥建立过程

方案 2：Alice 要求 TTP 产生密钥 k_{AB}，TTP 产生密钥 k_{AB} 后分别用与 Alice 共享的密钥 k_{AT} 和与 Bob 共享的密钥 k_{BT} 加密 k_{AB}，然后把加密的结果

$$E_{k_{AT}}(k_{AB}) \text{ 和 } E_{k_{BT}}(k_{AB})$$

分别传送给 Alice 和 Bob，或者 TTP 把加密的结果都传送给 Alice 再由 Alice 传送给 Bob。Alice 和 Bob 分别用与 TTP 共享的密钥 k_{AT} 和 k_{BT} 解密后得到 k_{AB}，如图 3-11 所示。

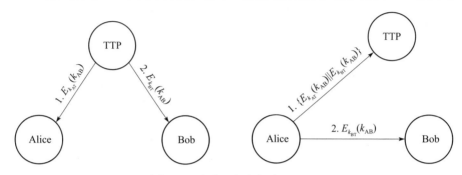

图 3-11　方案 2 的密钥建立过程

3. 不同信任域中的密钥建立

若参与密钥建立的 Alice 和 Bob 处于不同的信任域，应如何实现密钥的建立呢？每个信任域都有各自不同的安全策略，如果可信第三方 TTPA 和 TTPB 之间存在信任关系，如共享某个密钥，则 Alice 和 Bob 可以通过一系列可信任的通信来建立 Alice 和 Bob 之间的共享密钥。

设 Alice 处于信任域 A 中，TTPA 是信任域 A 中的可信第三方，Bob 处于信任域 B 中，TTPB 是信任域 B 中的可信第三方，Alice 和 TTPA 之间的共享密钥为 k_{AT}，Bob 和 TTPB 之间的共享密钥为 k_{BT}，TTPA 和 TTPB 之间存在共享密钥 k_{PAB}，如图 3-12 所示。

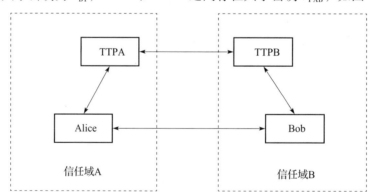

图 3-12　不同信任域中的密钥建立模型

Alice 和 Bob 密钥建立过程如下。

1）Alice 产生与 Bob 的共享密钥 k_{AB}，将密钥 k_{AB} 用 Alice 与 TTPA 的共享密钥 k_{AT} 加密，然后把加密结果

$$E_{k_{AT}}(k_{AB})$$

传送给 TTPA。

2)TTPA 用与 Alice 共享的密钥 k_{AT} 解密后得到 k_{AB},再用与 TTPB 共享的密钥 k_{PAB} 加密 k_{AB},然后把加密的结果

$$E_{k_{PAB}}(k_{AB})$$

传送给 TTPB。

3)TTPB 用与 TTPA 共享的密钥 k_{PAB} 解密后得到 k_{AB},再用与 Bob 共享的密钥 k_{BT} 加密 k_{AB},然后把加密的结果

$$E_{k_{BT}}(k_{AB})$$

传送给 Bob。

4)Bob 用与 TTPB 共享的密钥 k_{BT} 解密后得到 k_{AB}。

4. Shamir 三次密钥传递协议

Shamir 设计了一种三次密钥传递协议,使 Alice 和 Bob 无须事先交换任何密钥即可进行保密通信。这里假设存在一种可交换的对称密码算法,即存在

$$E_A(E_B(m)) = E_B(E_A(m))$$

Shamir 三次密钥传递协议描述如下(如图 3-13 所示)。

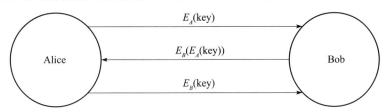

图 3-13　Shamir 三次密钥传递协议

1)Alice 用自己的密钥加密 key 得到密文

$$c_1 = E_A(\text{key}),$$

将密文 c_1 传送给 Bob。

2)Bob 用自己的密钥加密 c_1 得到密文

$$c_2 = E_B(E_A(\text{key})),$$

将密文 c_2 传送给 Alice。

3)Alice 用自己的密钥解密 c_2 得到

$$c_3 = D_A(E_B(E_A(\text{key}))) = D_A(E_A(E_B(\text{key}))) = E_B(\text{key})$$

将 c_3 传送给 Bob。

4)Bob 用自己的密钥解密 c_3 得到 key。

3.4.2　基于公钥系统的密钥管理方法及技术

在公钥密码系统中,公钥是公开传播的。公钥的这种公开性为信息安全通信带来了深远的影响,同时也为攻击者提供了可乘之机。例如,攻击者可以用一个假公钥替换用户的真实的公钥。因此,发展安全公钥密码系统的关键问题是如何确保公钥的真实性。我们将从密钥协商和公钥证书两个方面来讨论基于公钥密码系统的密钥管理方法和技术。

公钥密码系统的一个重要应用是分配会话密钥,使两个互不认识的用户可以建立一个共享密钥,然后双方就可以利用该共享密钥保障通信的安全。例如,Alice 和 Bob 相互

发送消息，Alice 首先建立一个共享密钥 key，并用 Bob 的公钥 k_e 加密 key 得到密文 $c = E(k_e, \text{key})$，然后把密文 c 传送给 Bob。接收方 Bob 用自己的私钥 k_d 解密密文 c 得到共享密钥 $\text{key} = D(k_d, c)$。最终，Alice 和 Bob 可以利用共享密钥 key 来保障双方会话的安全。在这种密钥建立的过程中，只有 Alice 对密钥的建立有贡献，Bob 只是被动地接收 Alice 发送的密钥。为了增加密钥的随机性，有时需要通信双方都对密钥的建立做出贡献。密钥协商就是这样的一种密钥建立方法。

1. Diffie-Hellman 密钥协商协议

Diffie-Hellman 密钥协商提供了对密钥分发的第一个实用的解决办法，使互不认识的双方通过公共信道交换信息建立一个共享的密钥。Diffie-Hellman 密钥协商是一种指数密钥交换，其安全性基于循环群 Z_p^* 中离散对数难解问题。

假设 p 是一个足够大的素数，g 是 Z_p^* 中的本原根，p 和 g 是公开的。Alice 和 Bob 可以通过执行下面的协议建立一个共享密钥。

Diffie-Hellman 密钥协商协议如下。

1) Alice 随机选择 a，满足 $1 \leq a \leq p-1$，计算 $c = g^a$ 并把 c 传送给 Bob。
2) Bob 随机选择 b，满足 $1 \leq b \leq p-1$，计算 $d = g^b$ 并把 d 传送给 Alice。
3) Alice 计算共享密钥 $k = d^a = g^{ab}$。
4) Bob 计算共享密钥 $k = c^b = g^{ab}$。

例 3-11 Diffie-Hellman 密钥协商示例

设 Alice 和 Bob 确定了两个素数 $p = 11$、$g = 7$。

1) Alice 随机选择 $a = 3$，计算 $c = g^a = 7^3 \bmod 11 = 343 \bmod 11 = 2$，并把 $c = 2$ 传送给 Bob。
2) Bob 随机选择 $b = 6$，计算 $d = g^b = 7^6 \bmod 11 = 117\,649 \bmod 11 = 4$，并把 $d = 4$ 传送给 Alice。
3) Alice 计算共享密钥 $k = d^a = 4^3 \bmod 11 = 64 \bmod 11 = 9$。
4) Bob 计算共享密钥 $k = c^b = 2^6 \bmod 11 = 64 \bmod 11 = 9$。

Diffie-Hellman 密钥协商防止了被动敌人的攻击。但是，一个主动攻击者 Eve 可以截获 Alice 发送给 Bob 的消息然后扮演 Bob 的角色，因为该协议没有提供参与方的认证。在实际应用中，Diffie-Hellman 密钥协商可以结合认证技术使用。

2. 椭圆曲线 Diffie-Hellman 密钥协商协议

设 E 是有限域 F_p 上的椭圆曲线，点 $P \in E$，并且点 P 的阶 n 足够大，使得由 P 生成的循环群上的离散对数问题难解，E 和 P 是公共参数。

椭圆曲线 Diffie-Hellman 密钥协商协议如下。

1) Alice 随机选择 a，满足 $1 \leq a \leq n$，计算 $Q = aP$ 并把 Q 传送给 Bob。
2) Bob 随机选择 b，满足 $1 \leq b \leq n$，计算 $R = bP$ 并把 R 传送给 Alice。
3) Alice 计算共享密钥 $k = aR = abP$。
4) Bob 计算共享密钥 $k = bQ = abP$。

例 3-12 椭圆曲线 Diffie-Hellman 密钥协商示例

设有限域 F_{11} 上的椭圆曲线为

$$E: y^2 \equiv x^3+x+6 \pmod{11}$$

其中，$p=11$，椭圆曲线 E 上点的个数 $n=13$，$P=(2,7)$ 是椭圆曲线 E 的生成元。

1) Alice 随机选择 $a=3$，计算 $Q=aP=3(2,7)=(8,3)$，并把 $Q=(8,3)$ 传送给 Bob。
2) Bob 随机选择 $b=6$，计算 $R=bP=6(2,7)=(7,9)$，并把 $R=(7,9)$ 传送给 Alice。
3) Alice 计算共享密钥 $k=aR=3(7,9)=(3,6)$。
4) Bob 计算共享密钥 $k=bQ=6(8,3)=(3,6)$。

3. Station-to-Station 协议

端-端（Station-to-Station）协议是 1992 年由 Diffie、Oorschot 和 Wiener 提出的，结合了 Diffie-Hellman 密钥协商和认证，增加了通信双方实体间的相互认证和密钥的相互确认。端-端协议的实现过程如图 3-14 所示。

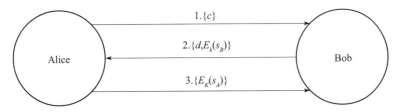

图 3-14 端-端协议的实现过程

假设 p 是一个足够大的素数，g 是 Z_p^* 中的本原根，p 和 g 是公开的。Alice 有密钥对 (sk_A, pk_A)，sk_A 为私钥，pk_A 为公钥。Bob 有密钥对 (sk_B, pk_B)，sk_B 为私钥，pk_B 为公钥。

1) Alice 随机选择 a，满足 $1 \leq a \leq p-1$，计算 $c=g^a$ 并把 $\{c\}$ 传送给 Bob。
2) Bob 随机选择 b，满足 $1 \leq b \leq p-1$，计算 $d=g^b$，$k=c^b=g^{ab}$，然后 Bob 用私钥 sk_B 和签名算法 Sign 对 g^a 和 g^b 进行签名，得到

$$S_B = \text{Sign}_{sk_B}(g^a \| g^b)$$

然后把 $\{d, E_k(s_B)\}$ 传送给 Alice。

3) Alice 收到 $\{d, E_k(s_B)\}$ 后，计算 $k=d^a=g^{ab}$，解密 $E_k(s_B)$ 得到 S_B，并用 Bob 的公钥 pk_B 和验证算法 Verify 验证签名 S_B。如果验证成功，Alice 认为她与 Bob 共享密钥 k。然后，Alice 用私钥 sk_A 和签名算法 Sign 对 g^b 和 g^a 进行签名，得到

$$S_A = \text{Sign}_{sk_A}(g^b \| g^a)$$

然后把 $\{E_k(s_A)\}$ 传送给 Bob。

4) Bob 收到 $\{E_k(s_A)\}$ 后，解密 $E_k(s_A)$ 得到 s_A，并用 Alice 的公钥 pk_A 和验证算法 Verify 验证签名 s_A。如果验证成功，Bob 认为他与 Alice 共享密钥 k。

4. 公钥证书

数字证书在公钥管理技术中扮演了基本的角色，使公钥通过不安全的媒介存储和传输而不会被篡改。数字证书由可信任的签证机构（Certification Authority，CA）使用私钥签名方案签署。每个人都知道签证机构的公钥，签证机构的公钥可以用于验证由该签证机构签署的证书。

公钥证书（Public Key Certificate）是一种包含持证主体标识、持证主体公钥等信息，

并由可信任的签证机构签署的信息集合。公钥证书主要用于确保公钥及其与用户绑定关系的安全。

创建证书的时候,首先由用户提出申请,CA 审查用户信息,特别是验证用户的公钥是否与用户的私钥匹配。若检查通过,则生成证书并用 CA 的私钥签名,然后发给用户。领到证书的用户、实体或应用程序使用 CA 的公钥对证书进行验证,以确保证书的可靠性。因为证书只有具有 CA 的数字签名,才能保证证书的合法性和权威性(同时也就保证了持有者的公钥的真实性),所以 CA 必须确保证书签发过程的安全,以保证签名私钥的高度机密,防止他人伪造证书。

公钥证书能以明文的形式进行存储和分配,任何一个用户只要知道可信任的签证机构的公钥,就能验证证书的合法性。如果验证正确,那么用户就可以相信该证书所携带的公钥是真实的,而且这个公钥就是证书所标识的那个主体的合法的公钥。

存储在公钥证书中的最重要的信息有:
- 证书持有者的标识。
- 证书持有者的公钥。
- 签证机构的标识。
- 证书的序列号。
- 证书的有效期。
- 签证机构的签名。

CA 的主要任务是:验证与一个公钥相连的实体的真实性;把每个公钥和可识别的名字绑定并注册;为实体颁发公钥证书。当用户 Alice 向 CA 申请公钥证书时,Alice 需要向 CA 证明身份,产生公钥和私钥对,并把公钥的一个副本交给 CA,或者由 CA 产生公钥和私钥对,并把私钥交给 Alice,然后,CA 把公钥和必需的信息一起放在证书里,用 CA 的私钥签名证书。

Alice 可以把公钥证书存储在家里,当需要的时候提供证书。在开放系统中,一种更好的存储公钥证书的方法是证书目录。Alice 可以把公钥证书存储在证书目录里以方便查寻。证书目录是一种分布式数据库,通常由 CA 维护,以确保证书的搜寻和检索的可信。

如果 Bob 想加密一条消息给 Alice 或者验证一个据称是 Alice 产生的签名,Bob 可以从证书目录或者从 Alice 那儿检索证书并验证签证机构的签名。如果验证成功,Bob 确信从证书中得到了 Alice 的公钥并且可以使用这个公钥。

如果 Alice 的私钥被泄露了,对应的公钥就再也不能用来加密消息了,同时,Alice 再也不能用这个私钥签署任何消息。而且,Alice 可能否认从此以后用这个私钥产生的任何签名。因此,Alice 私钥泄露的事实必须被公布。当然,签证机构需要从证书目录里撤销 Alice 的证书。然而,证书可能已经被检索,并且还没有过期,不可能通知所有持有 Alice 证书副本的用户,因为签证机构不知道这些用户。对这个问题的一种解决办法是维护一个证书撤销列表。证书撤销列表登记了相应被撤销的证书的名单。为了保证可信性,签证机构必须对列表签名。

公钥密码技术与对称密钥技术的最大区别就是:用公钥技术加密消息,通信双方不需要事先通过共享的安全信道协商密钥。加密方只要得到接收方的公开密钥就可以加密消息，并将加密后的消息发送给接收方。由于公钥是公开的，因此需要一种机制来保证用户得到的公钥是正确的，即需要保证一个用户的公钥在发布的时候是真实的，在发布以后不会被恶意篡改。公钥管理技术为公钥的分发提供可信的保证。

3.5 Hash 函数与 MAC 算法

信息技术为现代社会带来的一个重大改变是电子商务，它极大地促进了传统商务模式的改变和结构的更新。而电子商务的发展，对信息安全技术又提出了多方位的新要求，主要表现在形形色色的签名与认证需求方面。

3.5.1 Hash 函数

Hash 函数又称哈希函数，也被称为散列算法。其主要功能是把任意长度的输入通过散列算法变换成固定长度（如 128 位、160 位）的代码串输出，该输出就是散列值。或者说 Hash 函数就是一种将任意长度的消息压缩到某一固定长度的消息摘要的函数。Hash 算法没有一个固定的公式，只要符合散列思想的算法都可以被称为 Hash 算法。

Hash 函数（在不严格意义下）是满足下列三条性质的函数 h。

- 压缩性：h 将任意有限比特长度的输入 x 映射为固定长度为 n 的输出 $h(x)$。
- 单向性：给定 h 和输入 x，容易计算出 $h(x)$，而由 h 和 $h(x)$ 计算 x 是不可行的。
- 抵抗碰撞：找到两个不同的输入 x 和 x'，使等式 $h(x)=h(x')$ 成立。这在计算上不可行（注意：这里两个输入可以自由选择）。

单向 Hash 函数用于产生信息摘要。信息摘要简要地描述了一份较长的信息或文件，它可以被看作一份长文件的"数字指纹"。信息摘要用于创建数字签名，对于特定的文件而言，信息摘要是唯一的。信息摘要可以被公开，它不会透露相应文件的任何内容。

MD5 算法（Message Digest Algorithm5，信息摘要算法第 5 版）是一种通过计算机程序将任意长程序压缩为 128 比特消息摘要的算法，是由 Ron Rivest 设计的专门用于加密处理，并被广泛使用的 Hash 函数。

MD5 首先将明文 x 按 512 比特分组，最后不足 512 比特的部分，扣除末尾 64 比特后添一个 1 和 d 个 0，凑成 448 比特，再把这 64 比特加在末尾，使之也成为 512 比特的一部分。明文共分为 N 组，且每一分组又被划分为 16 个 32 位子分组，经过一系列的处理后，算法的输出由 4 个 32 位分组组成，将这 4 个 32 位分组级联后生成一个 128 位散列值（即 128 位的信息摘要）。MD5 可以对任何文件产生一个唯一的 MD5 码，如同每个人的指纹一样，每个文件的 MD5 码都是不同的，这样，一旦这个文件在传输过程中，其内容被损坏或者被修改，那么该文件的 MD5 码就会发生变化，通过对文件 MD5 的验证，可以得知获得的文件是否完整。

MD5 算法曾经被认为是牢不可破的，如果采用常规的计算方式，即使用当时最快的巨型计算机也要运算 100 万年以上才能破解。美国一直在向全世界推广 MD5 算法，而且多次声称"没人能破解我们的 MD5 密码"，就连国际著名的密码学家 Biham 也把破解 MD5 密码作为一生的梦想。但在 2004 年 8 月的国际密码学会议上，我国王小云院士团队宣布破译了 MD5 算法在内的四个在国际上有着举足轻重地位的 Hash 函数算法，在密码学界引起巨大轰动。使用王小云院士的方法，普通计算机只需要一个多小时就能破解国际密码标准 MD5。仅仅半年后，2005 年 2 月，王小云院士团队又成功破译了被美国国家标准技术研究院（NIST）称为"没有任何人能破解"的 SHA-1 密码。至此，世界上公认的两种最安全、最先进、应用最广泛的密码算法都被中国人破译。王小云院士和她的团队在密码学领域做出的巨大贡献，增强了中国人在信息安全领域的话语权。后来在王小云院士的带领下，她的团队设计出了我国基于 Hash 函数标准的 SM3 算法，这项算法很快就在我国金融、交通、国家电网等重要经济领域广泛使用。这项算法也于 2018 年 10 月正式成为 ISO 国际标准，被世界各国广泛采用。

SM3 算法采用哈希函数标准，用于替代 MD5、SHA-1、SHA-2 等国际算法，是在 SHA-256 基础上改进实现的一种算法，消息分组长度为 512 比特，摘要值长度为 256 比特，其中使用了异或、模、模加、移位、与、或、非运算，由填充、迭代过程、消息扩展和压缩函数。在商用密码体系中，SM3 主要用于数字签名及验证、消息认证码生成及验证、随机数生成等。据国家密码管理局表示，其安全性及效率要高于 MD5 算法和 SHA-1 算法，与 SHA-256 相当。

3.5.2 MAC 算法

消息认证码（Message Authentication Code，MAC）是消息和密钥的公开函数，它产生定长的值，以该值作为认证符。利用密钥和消息生成一个固定长度的短数据块，并将其附加在消息之后。消息认证包含以下三个方面。

- 对消息内容的认证。接收方可以相信消息未被修改，因为如果攻击者改变了消息，由于不知道 k，无法生成正确的 MAC。
- 对消息来源的认证。接收方可以相信消息的确来自确定的发送方。因为其他人不能生成和原始消息相应的 MAC。
- 对消息时效性的认证。消息在传输过程中可能被重传或延迟，接收方可通过消息认证码验证消息发送的先后顺序以及是否实时发送。

消息认证过程没有第三方参与，只在通信双方之间进行。消息认证的实质是：发送方通过双方协商某种函数，以待发消息作为输入产生一个叫作消息认证码的认证信息，该信息值对于要保护的消息来说是唯一的，它与原始消息一起在公开信道上传送；接收方收到消息后，使用相同的函数再次计算收到的消息，也得到一个认证信息码；如果两个认证信息码相同，则说明消息是合法可信的。典型的消息认证系统如图 3-15 所示。

图 3-15 典型的消息认证系统

MAC 函数与加密函数类似,都需要明文、密钥和算法的参与。但 MAC 算法不要求可逆性,而加密算法必须是可逆的。例如:使用 100 比特的消息和 10 比特的 MAC,那么总共有 2^{100} 个不同的消息,但仅有 2^{10} 个不同的 MAC。也就是说,平均每 2^{90} 个消息使用的 MAC 是相同的。因此,认证函数比加密函数更不易被攻破,因为即便攻破也无法验证其正确性。关键就在于加密函数是一对一的,而认证函数是多对一的。

3.5.3 算法应用

1. 完整性服务解决方案

数据完整性检验通常是通过密码学中的单向散列函数(Hash 函数)来实现的。单向散列函数能够将任意长度的输入转化为一个固定大小的消息摘要,记为:

$$h: \{0,1\}^* \to \{0,1\}^n, m \mapsto h(m)$$

上式表明,单向散列函数 h 将任意长度的比特串 $\{0,1\}^*$ 映射成长度为 n 的比特串 $\{0,1\}^n$。单向散列函数具有错误检测的能力,即改变输入数据的任何一位或者多位,都会导致消息摘要的改变。根据消息 m 和消息摘要 $h(m)$ 的对应关系,接收者可以判断消息在传输过程中是否被篡改过。

美国国家标准技术研究所和一些国际组织不断地制定和颁布单向散列函数标准。1991 年,美国麻省理工计算机科学实验室(MIT Laboratory for Computer Science)和 RSA 数据安全公司(RSA Data Security Inc.)的 Ronald L. Rivest 教授开发出 MD5 算法(Message Digest Algorithm 5)。1993 年,美国 NIST 公布了 FIPS PUB 180,通常称为 SHA-0(Secure Hash Algorithm)。1995 年,美国 NIST 对 SHA-0 进行了改进,公布了 FIPS PUB 180-1,称为 SHA-1。SHA-1 对输入按 512 比特进行分组,并以分组为单位进行处理,输出为 160 位的数据摘要。为了增加单向散列函数的安全性并与加密标准 AES 配套,2002 年,美国 NIST 公布了 SHA 的修订版 FIPS PUB 180-2,称为 SHA-2。SHA-2 包含若干单向散列函数,其输出的数据摘要长度分别为 256、384 和 512 比特,分别称为 SHA-256、SHA-384 和 SHA-512。

例 3-13 单向散列函数示例

hash('abc','MD5') = 900150983cd24fb0d6963f7d28e17f72

hash('abc','SHA-1') = a9993e364706816aba3e25717850c26c9cd0d89d

hash('abc','SHA-256') = ba7816bf8f01cfea414140de5dae2223b00361a396177a9cb41
                        0ff61f20015ad

hash('abc','SHA-384') = cb00753f45a35e8bb5a03d699ac65007272c32ab0eded1631a
                        8b605a43ff5bed8086072ba1e7cc2358baeca134c825a7

hash('abc','SHA-512') = ddaf35a193617abacc417349ae20413112e6fa4e89a97ea20a9
                        eeee64b55d39a2192992a274fc1a836ba3c23a3feebbd454d44
                        23643ce80e2a9ac94fa54ca49f

2. 认证性服务解决方案

为了认证消息的完整性,需要对消息生成某种形式上的鉴别符,通过对鉴别符的分析,可以得知原始消息是否完整。在密码学中,消息加密、单向散列函数和消息认证码

（Message Authentication Code，MAC）都是消息认证的重要手段。消息加密是将需要认证的消息加密，以加密的结果作为鉴别符。单向散列函数是将需要认证的消息通过一个公共函数映射为定长的消息摘要，以消息摘要作为鉴别符。消息认证码是将需要认证的消息通过一个公共函数的作用，以产生的结果和密钥作为鉴别符。

利用消息认证码对消息进行认证的过程是这样的：发送者 Alice 利用 MAC 函数 f 和密钥 k 把需要认证的消息 m 变换成 n 比特的消息认证码 $f(k,m)$，将消息认证码 $f(k,m)$ 作为鉴别符附加在消息 m 之后，发送消息序列 $\{m\|f(k,m)\}$ 给接收者 Bob，如图 3-16 所示。接收者 Bob 收到 Alice 发送的消息序列 $\{m\|f(k,m)\}$ 后，按照与发送者 Alice 相同的方法对接收的数据 m 进行计算，得到 n 比特的消息认证码 $f'(k,m)$，然后比较 $f'(k,m)$ 和 $f(k,m)$ 是否一致。如果一致，则消息认证成功；否则，消息认证失败。在该认证过程中，即使攻击者 Eve 篡改了消息 m，在不知道密钥 k 的情况下，Eve 也不可能计算出正确的消息认证码 $f(k,m)$。接收者 Bob 通过比较 $f'(k,m)$ 和 $f(k,m)$ 是否一致，可以判断消息 m 在传输过程中是否被篡改。

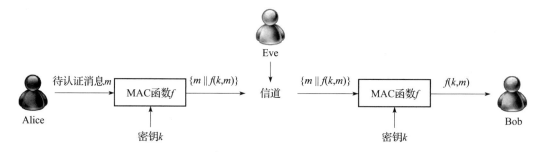

图 3-16 利用消息认证码进行认证的过程

实现消息认证码可以有多种方法。基于单向散列函数的消息认证码（Hash-based Message Authentication Code，HMAC）算法和基于分组密码的消息认证码（Cipher-based Message Authentication Code，CMAC）算法是目前广泛使用的两种消息认证码算法。HMAC 算法像单向散列函数算法一样输出一个固定大小的消息标记，但是，与单向散列函数算法不同的是，HMAC 算法需要使用密钥来阻止任何对消息标记的伪造，记为

$$h:\{0,1\}^* \to \{0,1\}^n, m \mapsto h(k,m)$$

CMAC 算法以分组加密为基础，将完整性校验消息 m 进行分组得到 $m = \{m_1\|m_2\|\cdots\|m_n\}$，利用完整性校验密钥 k 和初始向量（IV）对消息 m 进行递进分组加密，最后输出消息认证码 MAC，如图 3-17 所示。

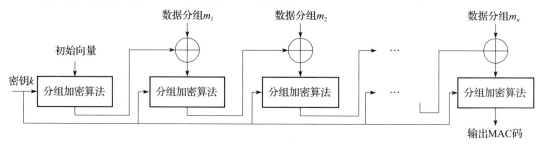

图 3-17 CMAC 算法原理

公钥算法是实现认证的另一种方法，与 HMAC 算法和 CMAC 算法不同的是，基于公钥的认证算法不需要通信双方在通信之前共享私有信息。采用什么样的认证算法取决于认证系统的构造。在传输信道安全的情况下，使用 HMAC 算法和 CMAC 算法可以提高通信效率，节省通信资源。基于公钥的认证算法通常用于通信双方的初始认证。

3.6 本章小结

密码学的主要任务是隐藏信息的含义，保证存储和传输中信息的保密性，防止截获者（非授权用户）获得有关明文的信息。对称密钥算法主要用来解决保密性和数据完整性问题，公开密钥算法主要用来解决对称密钥算法不能解决的密钥分发和不可否认问题。在实际应用中，只有解决了密钥分发问题才能很好地运用对称密钥和公开密钥密码系统。

本章系统地论述了现代密码学的基本原理、加密技术和密钥管理方法，强调现代密码学在保密与认证两方面的功能。

习题

1. 在保密通信中混淆与扩散有什么区别？请分别举两个加密算法示例，说明它们使用了混淆与扩散技术。
2. 网络的加密方式有哪些？每种加密方式的优缺点及适合范围是什么？
3. 密码的破译方法和防止密码被破译的方法都有哪些？
4. 无线网络加密技术有哪些？它们的优缺点和适用范围是什么？
5. 为什么说混合加密体制是保证网络上传输信息安全的一种较好的可行方法？
6. 简述密码体制的构成。
7. 在 RSA 密码体制中，取 $e=3$ 有何优缺点？取 $d=3$ 安全吗？为什么？
8. 对 DES 和 AES 进行比较，说明两者的特点和优缺点。
9. 简述公钥证书的作用。
10. 简述对称加密体制与公钥加密体制的特点。
11. 简述 DES 算法的加密过程。
12. 简述 MAC 算法的特点和分类。
13. 简述对称密钥密码体制的原理和特点。
14. 简述公开密钥密码机制的原理和特点。
15. 在公钥密码的密钥管理中，公开的加密钥 k_e 和保密的解密钥 k_d 的秘密性、真实性和完整性都需要确保吗？为什么？
16. 简述 MAC 算法的消息认证过程。

第4章

数字签名

随着公钥密码应用的发展，数字签名作为验证数字和数据真实性、完整性的加密机制，越来越多地代替手写签名应用于电子交易、电子政务、电子证券、密钥分配等领域，实现对信息的签署和鉴别。数字签名是传统手写签名方式的数字化版本，提供了一系列行之有效的安全措施，这些安全措施是其他方式很难达到的。本章将介绍数字签名的基本思想、方法和分类。

4.1 数字签名概述

数字签名，又称为公钥数字签名、电子签章，是现代密码学的一个重要发明应用，是非对称密钥加密技术与数字摘要技术的重要应用，由签名算法和验证算法两部分组成，可解决手写签名中的签字人否认签字或其他人伪造签字等问题。其初衷就是实现在网络环境中对手写签名和印章的模拟。在实际应用中，数字签名比手写签名具有更多的优势，因此在信用卡、电子政务、电子银行、电子证券等领域有着重要的应用。

4.1.1 数字签名原理

数字签名的概念最早在 1976 年由 Diffie 和 Hellman 提出，其目的是使签名者对文件进行签署且无法否认该签名，而签名的验证者无法篡改已被签名的文件。1978 年，Rivest、Shamir 和 Adleman 给出了数字签名的具体应用方案。

简单地说，数字签名的功效与手写签名类似，它对数字信息进行密码变换，使数据的接收者可以确认数据的来源和完整性，它可以解决电子文件签署盖章等问题，实现电子文件的完整性、可靠性和不可抵赖性（非否认）。

从技术本质上讲，数字签名是一个字符串，它将一条数字形式的消息与某发送者实体进行关联。数字签名实现的基础是加密技术，它依赖于只有签名者知道的某个特定值以及待签的消息内容。简单地说，数字签名就是附加在数据单元上的一些数据，或是对数据单元所做的密码变换。数据单元的接收者可以用这种数据或变换来确认数据单元的来源和完整性。它是对电子形式的消息进行签名的一种方法，一个签名消息能在一个通信网络中传输。

数字签名技术既可以基于公钥密码系统，也可以基于对称密码系统，目前以公钥密码系统的数字签名为主。基于公钥的数字签名是指发送方用自己的私钥对信息摘要（数字指纹）进行加密后所得的数据，其中包括非对称密钥加密和数字签名两个过程，可以在数据加密的同时验证发送方身份的合法性。采用基于公钥的数字签名时，发送者的公钥可以很方便地得到，而私钥则需要发送者秘密持有，接收方需要使用发送方的公钥才能解开数字签名得到信息摘要。信息摘要又称为数字指纹，是指发送方通过散列算法对明文信息计算后得出的数据。采用数字指纹时，发送方会将本方对明文进行散列运算后生成的数字指纹（还要经过数字签名），以及采用对方公钥对明文进行加密后生成的密文一起发送给接收方，接收方用同样的散列算法对明文计算生成的数字指纹，与收到的数字指纹进行匹配，如果一致，便可确定明文信息没有被篡改。数字签名的加解密过程如图 4-1 所示，发送方需要事先获得接收方的公钥，具体说明如下（对应图中的数字序号）。

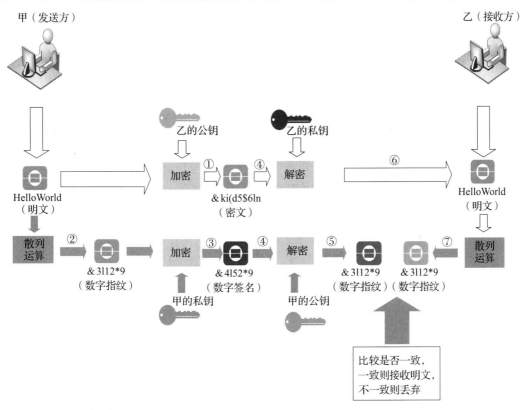

图 4-1　数字签名的加解密过程示意图

①甲使用乙的公钥对明文进行加密，生成密文信息。
②甲使用散列算法对明文进行散列运算，生成数字指纹。
③甲使用自己的私钥对数字指纹进行加密，生成数字签名。
④甲将密文信息和数字签名一起发送给乙。
⑤乙使用甲的公钥对数字签名进行解密，得到数字指纹。
⑥乙接收到甲的加密信息后，使用自己的私钥对密文信息进行解密，得到最初的明文。
⑦乙对还原出的明文使用与甲所使用的相同的散列算法进行散列运算，生成数字指

纹。然后，乙将生成的数字指纹与从甲得到的数字指纹进行比较，如果一致，乙接收明文；如果不一致，乙丢弃明文。

从以上数字签名的加解密过程可以看出，数字签名技术不但证明了信息未被篡改，还证明了发送方身份的真实性。

4.1.2 数字签名功能

数字签名技术在网络中可以作为保障安全的一种有效手段，它可以帮助用户抵制信息的伪造、篡改、重放、抵赖等威胁，还可以保证消息的机密性。

- 防伪造。采用公钥的数字签名技术可以防范信息伪造。由于私钥由签名者秘密保管，所以由该私钥进行签名的文件可以表示该签名者的身份，任何其他人都不可能正确地伪造出该签名结果。
- 防篡改。在防范信息篡改方面，数字签名比手写签名更具有优势。假如有一份上百页的文件需要签署，为了保证文件不被篡改，需要在文件的每一页上手动进行签署，显然这样做很烦琐。数字签名技术使用户签名与文件成为一个整体，任何改动都会对签名结果产生影响。因此数字签名技术可以更有效地防止文件的篡改。
- 防重放。在防范信息重放方面，数字签名具有很重要的作用。例如，在债务方面，数字签名可以防止债主重复利用一张收据对借款人进行勒索。因为数字签名可以利用对借条添加流水账号和时间戳等技术来有效防止重放攻击。
- 防抵赖。数字签名可以有效防止签名者抵赖曾经签署过文件，从而实现防范抵赖。同时可以通过要求接收者回送一个报文表明收到了文件，或者引入第三方仲裁机制防止接收者抵赖已经接收到文件。这样收发双方都无法抵赖曾经发送或者接收过文件。

由数字签名的这些功能，可以总结出数字签名的性质。

- 性质 1：数字签名是无法伪造的。签名中应该包括签名者若干个表征唯一特性的信息，从而使接收方能够验证签名是否真实有效。
- 性质 2：数字签名是无法被重用的。签名者对某一个文件签名表明只对该文件负责，而该签名不能被移植到其他文件上。
- 性质 3：被签名的文件内容是无法改变的。数字签名使用户签名与文件成为一个整体，任何改动都会对签名结果产生影响。因此当签名生效后，文件内容就不能改动。
- 性质 4：数字签名是无法抵赖的。只要签名者对某一文件进行了签署，签名者就无法声称自己没有对此文件签名。

4.1.3 数字签名与手写签名

数字签名是手写签名的数字模拟，但这种模拟不是简单的替代，尤其是当发送方和接收方互相不完全信任的时候。数字签名在许多方面比手写签名具有更高的安全性。但就签名的本质而言，两者都需要具备以下特性。

- 不可否认性。必须可以通过签名来验证消息的发送者、签名的日期及时间。

- 不可抵赖性。必须可以通过签名对所签署消息的内容进行认证。
- 可仲裁性。必须可以由第三方通过验证签名来解决争端。

虽然数字签名和手写签名在某些要求上具有相同的特性,但是在复杂而虚拟的网络环境中,数字签名担负更为严峻的任务,它与手写签名有不同之处且很多方面是手写签名很难达到的,主要有以下不同。

- 签名的对象不同。手写签名的对象是纸质文件,而数字签名的对象是传输在网络中的数字信息,是肉眼不可读的。
- 实现的方法不同。手写签名是将一串字符串附加在文件上,数字签名则是对整个消息进行某种运算。这一点在防篡改方面就凸显出数字签名的优势。数字签名与文件成为一个整体,任何的改动都会对整个签名结果产生影响,从而免去了手写签名需要对文件的每一页进行手签的烦琐劳动。因此数字签名技术可以更有效地防止文件被篡改。
- 验证的方式不同。手写签名的验证是通过和一个已有的签名进行对比,而模仿他人签名不是一件困难的事情,所以它的安全性得不到有效的保证。数字签名的验证则是通过一种公开的验证算法对签名进行计算,任何的不一致都会被发现,因此具有很高的安全性。

另外,在保证机密性方面,数字签名比手写签名更具有优势。因为数字签名可以实现对文件的加密,这样文件内容的机密性就得到了保证。显然,手写签名很难实现这一点。

综上所述,数字签名比手写签名具有更高的安全性,因此在电子政务、电子商务等重要场合发挥着不可估量的作用。并且,数字签名技术结合认证技术可以解决单凭认证技术无法解决的问题。

4.1.4 对数字签名的攻击

对数字签名发起攻击的主要目的是伪造合法的数字签名。按照被攻破的程度,可以分为以下三种类型。

- 完全攻克,即攻击者能计算出私钥或者能找到一个产生合法签名的算法,从而可以对任何消息产生合法的签名。
- 选择性攻克,即攻击者可以实现对某些特定的消息或者预先选定的消息构造出合法的签名。
- 存在性伪造,即攻击者能够至少伪造出一个消息的签名,但对被伪造签名所对应的消息几乎没有控制力。

按照攻击途径,攻击者有以下四种不同类型的攻击。

- 唯密钥攻击,即攻击者只知道签名者的公钥。
- 已知消息攻击,即攻击者可以获得签名者用同一密钥对若干不同消息的签名,但消息不能由攻击者自由选择。
- 选择消息攻击,即攻击者可以自由选择若干消息,并获得这些消息的签名,但是这些消息是在产生签名前就已经选定的。

- 适应性选择消息攻击,即攻击者可以自由选择一个消息,获得其签名,经过分析后,再选择一个对他有利的消息再次获得该消息的签名,如此反复,直到能够攻破系统。

4.2 数字签名体制

信息系统中的威胁形形色色又时时存在,而数字签名需要在此环境中保证信息传输的完整性,并且对发送者的身份进行认证,以及防止交易中的抵赖行为。因此,需要完善的数字签名体制以实现这些功能。

4.2.1 数字签名的过程

数字签名体制又称为数字签名方案,一般由两部分组成,即签名算法和验证算法。签名算法或签名密钥是由签名者秘密持有的,而验证算法或验证密钥应当公开,以方便他人进行验证。一般来讲,数字签名方案包括3个过程:系统的初始化过程、签名生成过程和签名验证过程。

在系统的初始化过程中,需要产生数字签名所需要的基本参数,包括秘密的参数和公开的参数。这些基本参数为 (M, S, K, SIG, VER),其中,M 代表明文空间,S 代表签名空间,K 代表密钥空间,SIG 为签名算法集合,VER 为验证算法集合。

在签名生成过程中,用户利用某种特定的算法对消息进行签名从而产生签名消息,这种签名方案可以是公开的,也可以是私密的。该过程主要包含两个步骤:第一步,选取密钥 $k \in K$;第二步,计算消息摘要,并对该摘要进行签名。

在签名验证过程中,验证者利用公开的验证方法对消息签名进行验证,从而判断签名的有效性。首先,验证者获得签名者的可信公钥;然后,根据消息产生摘要并对该摘要利用验证算法进行验证;最后,比较由验证算法计算出的消息与原始消息是否一致,若一致则该签名为有效,否则签名无效。数字签名在具体实施过程中,发送方对信息进行数学变换,使所得信息与原始信息唯一对应;接收方进行逆变换,得到原始信息。只要数学变换优良,变换后的信息在传输过程中就具有很强的安全性,可以有效地防止干扰者的破译和篡改。该数学变换过程就是签名过程,通常对应某种加密措施;而接收方的逆变换过程为验证过程,通常对应某种解密措施(如图 4-2 所示)。

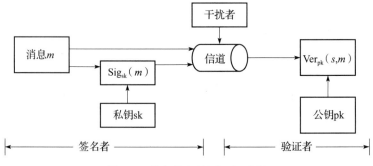

图 4-2 数字签名的原理与过程

在传递签名时,通常要把签名附在原始消息之后一起传送给接收者。为了使签名方案在实际中便于使用,要求它的每一个签名算法 $Sig_{sk} \in SIG$ 和验证算法 $Ver_{pk} \in VER$ 都是多项式时间的算法。

4.2.2 签名技术的要求

基于数字签名的功能和应用,可以归结出数字签名技术的如下具体要求。

- 数字签名是比特的模式,且依赖于所签的消息。因为数字签名需要能够在网络中进行传输,因此它应该是比特模式的二进制代码,且数字签名是对整个消息进行某种运算得到的结果,因此它依赖于所签的消息。
- 数字签名对于签名者来说必须具有一些独一无二的信息,以此来防止伪造和抵赖。因为数字签名需要达到的重要目的之一就是不可抵赖性,签名必须是对签名者的表征,因此每个人的数字签名必须是唯一的。
- 产生数字签名的过程应该是容易实施的。因为考虑到可行性,数字签名的生成必须是简单易行的,且过于复杂的系统的生命力都是脆弱的。
- 对数字签名的识别和验证的过程也必须是容易实施的。
- 伪造一个合法的数字签名必须是计算上不可行的。无论这种伪造是通过利用已有的数字签名来构造一个新的消息,还是由一个消息来构造一个新的合法的签名,在计算上都是不可行的。
- 存储数字签名的副本必须是可实施的。因为有了数字签名的副本,就可以在需要的时候出示给第三方进行仲裁使用。

一种内嵌有安全散列函数的数字签名方案可以满足以上要求。值得一提的是,并非任何一种加密算法都可以应用于数字签名,它必须满足以下条件:

$$E_{pk}(D_{sk}(m)) = m$$

其中,E_{pk} 和 D_{sk} 为公钥加密系统的加密变换和解密变换。

4.2.3 数字签名的分类

数字签名的分类有很多种方法,这里主要介绍四种分类方法。

- 基于数学难题。基于离散对数问题的签名方案主要分为基于有限域上的离散对数问题的签名(ElGamal 签名算法)和基于椭圆曲线上离散对数问题的签名(ECDSA 签名算法),还有基于素因子分解难题的签名(RSA 签名算法)。
- 基于签名用户个数。根据签名方案中签名用户的数目分为单用户数字签名和多用户数字签名(又称为多重数字签名)。根据签名过程的不同,多重数字签名又可分为有序多重数字签名和广播多重数字签名。
- 基于签名所具有的性质。根据数字签名方案中是否具有消息自动恢复机制可分为带消息自动恢复的数字签名和不带消息自动恢复的数字签名。
- 基于签名方式分为直接方式的数字签名和具有仲裁的数字签名。

4.3 直接方式的数字签名技术

直接方式的数字签名方案中参与的实体只包括通信收发双方，通常使用公钥密码技术作为数字签名的基础。假设接收方知道发送方的公钥，数字签名就是将消息用发送方的私钥进行加密，或者是用私钥对经过散列运算后的消息所产生的摘要进行加密运算。在此，利用 RSA 公钥密码体制来说明直接数字签名的大致过程。

若选择发送方的公钥 $e=17$、模 $n=143$、私钥 $d=113$、待签名的消息 $m=7$，则发送方的签名为

$$s = m^d \bmod n = 7^{113} \bmod 143 = 24$$

然后将签名 $s=24$ 和原始消息 $m=7$ 都发送给接收方。接收方收到这些信息后，根据发送方的公钥和模可以对签名进行验证，如果

$$m' = s^e \bmod n = 24^{17} \bmod 143 = 7 = m$$

成立，则签名有效，否则，签名无效。

消息的保密性可以通过使用接收方的公钥或者两者共有的密钥进行加密来实现。值得注意的是，必须先进行数字签名然后再实施保密性加密措施。这是因为如果发生纠纷，第三方必须可以读取签名和消息。如果之前的签名是在加密的消息上进行的，那么第三方还需要借助于收发双方的密钥才可以读取消息本身。如果签名是在加密之前进行的，那么可以直接由接收方提供他所接收到的消息明文和签名给第三方来进行签名的验证。

所有直接方式的数字签名都存在一个弱点，即签名方案的有效性取决于发送方私钥的安全性。如果发送方随后称他的私钥被窃了，那么它就可以对自己所签署的文件予以否认，因为其他人可以利用它丢失的私钥构造出合法的签名。私钥管理机构可能会对此行为起到一定的管制作用，但是却不能解决该问题。一个较好的解决方案是要求签名者对签署消息的日期和时间都进行签名，并且私钥丢失后需要及时报送给密钥管理中心。然而，随之也会产生这样一种威胁：一些私钥的确在某一时刻被窃取了，然后盗窃者可以用该密钥伪造一个签名并且把签署时间改成盗窃之前的时刻。

直接方式的数字签名可以基于对称密码技术或基于公钥密码技术来实现。基于对称密码技术的数字签名系统中比较著名的有 Lamport-Diffie 系统，但是它的签名很长，长度是消息长度的两倍，且每次签名都会泄露其中一半的签名密钥，因此在实际系统中很难被采用。另外，还有一些对称密码签名系统需要仲裁者，容易造成通信系统中的瓶颈并且无法防止仲裁者与某一方的合谋行为。而基于公钥的数字签名技术可以有效地解决这些问题。

4.3.1 RSA 数字签名

RSA 签名方案是第一个基于公钥的数字签名方案，也是至今最通用的一种数字签名技术。RSA 签名方案基于整数（大数）因子分解的困难性，它属于确定性的数字签名方案，即对于同一个消息签名结果相同，该算法经受了多年深入的密码分析，密码分析者

既不能证明也不能否认 RSA 的安全性，这恰恰说明该算法有一定的可信度。RSA 签名过程如图 4-3 所示。

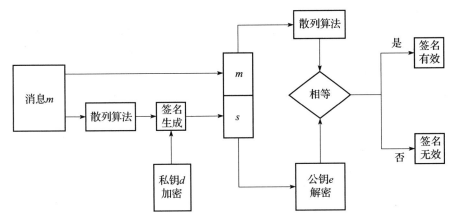

图 4-3　RSA 签名过程

发送方密钥的生成过程如下。
1）随机产生两个不同的大素数 p 和 q，计算 $n=p \times q$ 和 $\varphi(n)=(p-1)(q-1)$。
2）随机选择数 e，满足 $1<e<\varphi(n)$，且 $\gcd(e,\varphi(n))=1$，那么公钥就是 (e,n)。
3）计算 d，满足 $ed=1 \bmod \varphi(n)$，私钥就是 d。

其中 $\varphi(n)$ 为欧拉函数，$\varphi(n)=(p-1)(q-1)$，函数 gcd 表示最大公因子。

签名过程的步骤如下。
1）计算 $h(m)$，其中 $h(m)$ 为散列函数。
2）计算 $s=(h(m))^d \bmod n$，则 s 为消息 m 的签名。
3）发送 (m,s) 给接收方。

验证过程如下。
1）取得发送方的公钥 (e,n)，计算 $h'=s^e \bmod n$。
2）计算消息 m 的散列值 $h(m)$。
3）若 $h'=h(m)$ 则签名有效，否则签名无效。

例 4-1　举例说明 RSA 数字签名及验证过程。若选择 $p=7$、$q=17$，则有 $n=pq=7\times 17=119$，$\varphi(n)=96$，选择公钥参数 $e=5$，

$$\gcd(e,\varphi(n))=\gcd(5,96)=1$$

计算私钥参数 $d=77$，因为

$$ed=5\times 77=4\times 96+1=1 \bmod 96$$

假如消息 $m=66$，简单起见选择 $h(m)=m$，则签名为

$$s=m^d \bmod n=66^{77} \bmod 119=19$$

验证

$$m'=s^e \bmod n=19^5 \bmod 119=66=m$$

因此签名有效。

RSA 签名具有如下特性及安全性。
- RSA 是基于公钥的数字签名，因此加密和解密的速度比较慢，尤其当消息比较长

的时候。因此采用散列函数对消息进行散列运算，然后再对散列值进行签名，可以克服这一缺点。
- 由于 RSA 的保密原理是利用整数因子分解，因此如果敌手能够分解发送者的模数 n，那么就能计算出 φ，最后推导出私钥 d，从而造成系统被完全攻破。所以为了 RSA 的安全性，n 应该足够大，但考虑到系统加密的速度，n 的长度应该符合实际情况。
- RSA 的乘法特性，也称作同态特性，是由 Davida 首先发现的。通过乘法特性，攻击者可以在不知道签名者私钥的情况下，伪造出某些消息的有效签名。签名者可以利用某些冗余函数对原始消息进行变换，再进行签名，以此确保非乘性。

4.3.2 Rabin 数字签名

Rabin 数字签名由 Rabin 提出，与 RSA 类似，Rabin 数字签名也是基于公钥的加密技术，但是它要求指数 e 是偶数。简单起见，选择 e 为 2。

发送方密钥的生成过程如下：随机产生两个数值不同但尺寸大致相同的大素数 p 和 q，两者都是模 4 余 3，计算 $n=p\times q$，则发送方的公钥是 n，私钥是 (p,q)。

那么有明文分组为 M，且 M 是 $[0, n-1]$ 上的整数。实体 A 签署消息 m，任何实体 B 都可以验证 A 的签名，并从中恢复消息 m。

签名过程如下。

1) 把明文 M 映射为 M'，$M'=f(M)$。M' 是模 p 的平方剩余（QR_p），也是 q 的平方剩余（QR_q）。由数论的知识可得：QR_p 有 $(p-1)/2$ 个元素，QR_q 有 $(q-1)/2$ 个元素。最简单的方法是把 M 的不同值或值域区间映射到 $(QR_p \cap QR_q)$ 即可。收发双方的映射函数 f 保持一致。

2) 计算签名 s：$s=\sqrt{m' \bmod n}$，则 s 为消息 m 的签名。

验证过程如下。

1) 获得发送方的公钥 n，计算 $m''=s^2 \bmod n$。
2) 计算消息 $m'=f(m)$。
3) 若 $m'=m''$ 则签名有效，否则签名无效。

例 4-2 Rabin 数字签名应用实例。两个素数选为 $p=7$、$q=11$，此例中选择 $f(m)=m$，则私钥为 $(p,q)=(7,11)$，公钥为 $n=pq=77$，消息 $m=23$。为便于解释，我们定义消息的明文空间为：

$$QR_{77} = \{1,4,9,15,16,23,25,36,37,53,58,60,64,67,71\},$$

即 QR_{77} 是模 77 的平方剩余集合。例如：存在 9，使得 $9^2 = 4 \bmod 77$；存在 12，使得 $12^2 = 67 \bmod 77$；其中 4 和 67 都属于 QR_{77}。

签名生成过程如下。

1) 计算 $m'=f(m)=f(23)=23$。
2) 计算签名 $s=\sqrt{m' \bmod n} = 23^{1/2} \bmod 77$，可以得到 $s=10$、32、45 或 67，选择 $s=45$。

签名验证过程如下。

1) 计算 $m''=s^2 \bmod n = 45^2 \bmod 77 = 23$。

2）计算消息 $m'=f(m)=f(23)=23$。

3）可以得到 $m'=m''$，所以接受该签名。

Rabin 签名具有如下特性及安全性。

- Rabin 签名生成算法比模数尺寸相同的 RSA 签名生成算法的计算量增加不多。但当 e 为 2 的时候，Rabin 算法只需要一次模运算，因此签名验证速度较快。总体来讲，Rabin 签名算法与 RSA 签名算法的速度具有可比性。
- Rabin 签名方案容易遭到伪造攻击，因此建议慎重选择 $f(m)$ 函数以及在签名之前使用散列函数，以使 Rabin 签名方案抵御此种攻击。

4.3.3 ElGamal 数字签名

ElGamal 签名方案由斯坦福大学的 Elgamal 在 1984 年提出，这是基于有限域上离散对数运算基础的公钥体制，其安全性基于有限域上离散对数求解的困难性。该算法既可用于签名又可用于加密，且该数字签名是随机化的签名方案，即对于给定的消息，其签名结果不是确定值。

发送方密钥的生成过程如下。

1）随机产生一个大素数 p，以及乘法群 Z_P^* 上的一个生成元 g。

2）随机选择整数 a，$1 \leqslant a \leqslant p-2$，计算 $y=g^a \bmod p$，则公钥是 (p,g,y)，私钥是 a。

签名过程如下。

1）随机选择一个数 k，并满足 $1 \leqslant k \leqslant p-2$ 和 $\gcd(k,p-1)=1$，计算 $r=g^k \bmod p$。

2）计算 $k^{-1} \bmod (p-1)$。

3）计算 $s=k^{-1}\{h(m)-ar\} \bmod (p-1)$，则对消息 m 的签名为 (r,s)。

验证过程如下。

1）获得公钥 (p,g,y)，验证 $1 \leqslant r \leqslant p-1$，否则拒绝该签名。

2）计算 $v_1=y^r r^s \bmod p$。

3）计算 $h(m)$ 和 $v_2=g^{h(m)} \bmod p$，当且仅当 $v_1=v_2$ 时，接受签名。

例 4-3 利用 ElGamal 签名方案完成签名。

密钥生成过程如下。

1）发送方选择素数 $p=2357$ 和 Z_P^* 的生成元 $g=2$。

2）发送方选择私钥 $a=1751$，并计算
$$y=g^a \bmod p = 2^{1751} \bmod 2357 = 1185$$

则公钥为 $(p=2357, g=2, y=1185)$。

签名生成过程如下。

为简单起见，选择散列函数为 $h(m)=m$。

1）发送方选择随机数 $k=1529$，计算
$$r=g^k \bmod p = 2^{1529} \bmod 2357 = 1490$$

2）计算 $k^{-1} \bmod (p-1) = 245$。

3）计算 $s=k^{-1}\{h(m)-ar\} \bmod (p-1) = 245\{1463-1751 \times 1490\} \bmod 2356 = 1777$ 则对消息 $m=1463$ 的签名为 $(r=1490, s=1777)$。

签名验证过程如下。

1）接收方计算

$$v_1 = y^r r^s \bmod p = 1185^{1490} \times 1490^{1777} \bmod 2357 = 1072$$

2）计算

$$h(m) = 1463 \text{ 和 } v_2 = \partial^{h(m)} \bmod p = 2^{1463} \bmod 2357 = 1072$$

因为 $v_1 = v_2$，所以接受签名。

ElGamal 签名的安全性如下。

- 在 ElGamal 签名方案中，伪造一个签名成功的概率为 $1/p$，当 p 很大时，成功概率可以忽略。
- 对于不同的消息，必须选择不同的随机数 k，因为多次使用相同的随机数，可以推算出私钥。
- 签名的验证者需要验证 $0<r<p$，因为不满足此条件的系统，可以根据一个有效的签名为任意的消息生成有效的签名。
- 在签名前，必须使用散列函数对消息 m 进行计算，否则敌手很容易成功伪造出其他消息的有效签名：任选一整数对 (u,v)，$\gcd(v,p-1) = 1$。计算 $r = a^u y^v \bmod p = a^{u+av} \bmod p$ 和 $s = -rv^{-1} \bmod (p-1)$，则 (r,s) 就是对消息 $m = su \bmod (p-1)$ 的一个有效签名，因为 $(a^m a^{-ar})^{s^{-1}} = a^u y^v = r$。

4.3.4 DSA 数字签名

DSA 是 ElGamal 签名方案的一种演变方案，它由 Kravitz 提出，由美国国家标准技术研究所在 1991 年 8 月提议成为美国联邦信息处理标准（FIPS 186），即数字签名标准（DSS），这是第一个被政府所认可的数字签名方案。DSS 的安全性是基于离散对数问题的，DSA 是 DSS 的签名算法。DSA 数字签名过程如图 4-4 所示。

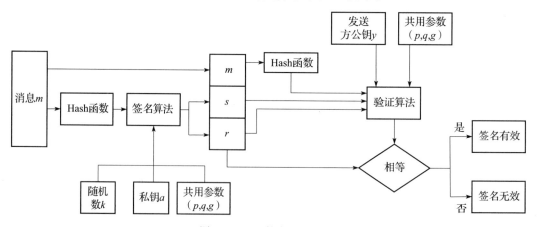

图 4-4 DSA 数字签名过程

发送方密钥的生成过程如下。

1）选择一个大素数 q，满足 $2^{159}<q<2^{160}$。

2）选取参数 t，使得 $0 \leq t \leq 8$，并选择素数 p 满足 $2^{511+64t}<p<2^{512+64t}$，且 q 整除 $(p-1)$。

3) 计算 $g=h^{(p-1)/q} \bmod p$，其中 h 是一个整数，$1<h<(p-1)$，且要求 $h^{(p-1)/q} \bmod p>1$。
4) 随机选择一个数值 a，使得 $1 \leq a \leq q-1$，用户的私钥是 a。
5) 计算 $y=g^a \bmod p$，用户的公钥是 (p,q,g,y)。

签名过程如下。
1) 选择一个随机整数 k，满足 $0<k<q$ 计算 $r=(g^k \bmod p) \bmod q$。
2) 计算 $k^{-1} \bmod q$。
3) 计算 $s=k^{-1}\{h(m)+ar\} \bmod q$，则消息 m 签名为 (r,s)。

验证过程如下。
1) 验证者获得发送方的公钥 (p,q,g,y)，验证 $0<r<q$ 和 $0<s<q$，否则拒绝该签名。
2) 计算 $w=s^{-1} \bmod q$ 和 $h(m)$。
3) 计算 $u_1=w \cdot h(m) \bmod p$ 和 $u_2=rw \bmod p$。
4) 计算 $v=(g^{u_1} y^{u_2} \bmod p) \bmod q$，当且仅当 $v=r$ 时接受签名。

例 4-4 利用 DSA 签名方案完成签名。

发送方密钥的生成过程如下。
1) 发送方选择素数 $p=124\,540\,019$，$q=17\,389$，满足 q 整除 $(p-1)$。
2) 选择 $h=110\,217\,528$，计算
$$g=h^{7162} \bmod p=10\,083\,255$$
3) 选择随机数 $a=12\,496$，满足 $1 \leq a \leq q-1$，计算
$$y=g^a \bmod p=10\,083\,255^{12\,496} \bmod 124\,540\,019=119\,946\,265$$

则生成的私钥是 $a=12\,496$，公钥是 $(p=124\,540\,019, q=17\,389, g=10\,083\,255, y=119\,946\,265)$。

签名生成过程如下。
1) 选择随机数 $k=9557$，计算
$$\begin{aligned} r &= (g^k \bmod p) \bmod q \\ &= (10\,083\,255^{9557} \bmod 124\,540\,019) \bmod 17\,389 \\ &= 27\,039\,929 \bmod 17\,389 \\ &= 34 \end{aligned}$$
2) 计算 $k^{-1} \bmod q=7631$，并利用设定好的散列函数 $h(m)=5246$。
3) 计算
$$s=7631 \times \{5246+12\,496 \times 34\} \bmod q=13\,049$$

则签名为 $(r=34, s=13\,049)$。

签名验证过程如下。
1) 接收方计算 $w=s^{-1} \bmod q=1799$。
2) 计算
$$u_1=w \cdot h(m) \bmod p=5246 \times 1799 \bmod 17\,839=12\,716$$
和
$$u_2=rw \bmod p=34 \times 1799 \bmod 17\,839=8999$$
3) 再计算

$$v=(g^{u_1}y^{u_2} \bmod p) \bmod q = 34$$

因为 v=r,所以接受签名。

DSA 签名的特性及安全性如下。

- 由于 DSA 是 ElGamal 签名方案的一种变体,所以 4.3.3 节有关 ElGamal 签名方案的安全性讨论都适用于 DSA。
- 在 DSA 签名方案中,可以对签名运算的指数部分进行预运算而不必在签名生成时进行,因为指数运算中的参数与原始消息无关,所以它可在签名前就进行运算,从而减少签名过程耗费的时间。
- DSA 签名方案是基于两个不同又相关的离散对数问题,因此想从签名结果推算出发送者的秘密参数是不可能的。
- 在 1996 年推荐的 DSA 安全模数至少为 768 比特,而 1024 比特的 DSA 系统具有更高的安全性。
- DSA 的隐信道最早由 Simmons 发现,它在签名中可以传递额外的少量信息,因此对于重要的应用,不建议接收由信任度不高的团体利用 DSA 生成的数字签名。

DSA 与 RSA 有如下区别。

- DSA 虽然是一种公钥密码技术,但是它不能用于加密解密,也无法用于密钥分配,因为它是专门设计用作数字签名的,而 RSA 算法既可以用于加密解密,也可以用于数字签名。
- DSA 在签名时使用了随机数,因此它是随机化的数字签名,即对于同一个消息每次签名的结果不一样,而 RSA 是确定性的数字签名,对于同一个消息签名结果相同。

4.4 具有仲裁的数字签名技术

具有仲裁的数字签名是在通信双方的基础上引入了第三方仲裁者参与,因为在直接签名方式中数字签名者能够否认他的签名,这个问题可以通过在系统中添加仲裁者来解决。仲裁数字签名是在数字签名者、数字签名接收者和仲裁者之间进行的,其中仲裁者是数字签名者和数字签名接收者所共同信任的第三方。

4.4.1 仲裁方式的一般实施方案

仲裁数字签名是一种要求无条件信任的第三方(仲裁者)作为签名生成和验证的一部分的数字签名机制。正如直接方式的数字签名一样,仲裁数字签名技术也有很多种实施方案。但是一般情况下,所有的方案都是这样进行的:将每一个已签名的消息都发送给仲裁者,由仲裁者对消息和签名进行验证以确认消息的来源和内容,通过验证后,仲裁者将消息标上日期然后发送给签名接收者,并且附上一个说明表示该消息已经通过仲裁者的验证(如图 4-5 所示)。因此,仲裁者的出现解决了直接数字签名中的签名否认和信息伪造的问题。

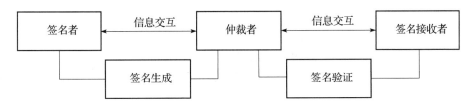

图 4-5 仲裁者签名系统

仲裁者在此方案中扮演着极其重要又敏感的角色,所有的通信方必须对仲裁者具有高度的信任以使仲裁机制得以顺利地执行。下面将详细介绍三种仲裁方案。

4.4.2 基于传统密钥明文可见的仲裁方案

第一种方案利用传统密钥(对称密钥)进行数字签名,仲裁者可以看到消息明文。X 代表签名的发送方,Y 代表签名的接收方,A 代表仲裁者,M 代表待签消息,发送方 X 和仲裁者 A 之间的对称密钥记为 K_{XA},接收方 Y 和仲裁者 A 之间的对称密钥为 K_{AY},符号"‖"代表信息的连接。则主要过程包括:

$$X \rightarrow A: M \| E_{K_{XA}}[\mathrm{ID}_X \| H(M)]$$

$$A \rightarrow Y: E_{k_{AY}}[\mathrm{ID}_X \| M \| E_{K_{XA}}[\mathrm{ID}_X \| H(M)] \| T]$$

发送方 X 创建一条消息 M,计算该消息的散列值 $H(M)$,然后将该消息 M 以及对该消息的签名 $E_{K_{XA}}[\mathrm{ID}_X \| H(M)]$ 发送给仲裁者 A。签名 $E_{K_{XA}}[\mathrm{ID}_X \| H(M)]$ 包括消息的散列值 $H(M)$ 和发送者 X 的 ID 值,并用发送方 X 和仲裁者 A 之间的对称密钥 K_{XA} 进行加密。

仲裁者 A 收到发送方 X 发送的消息后,用对称密钥 K_{XA} 进行解密,然后对签名进行验证,若为真,则构建一条消息并用 K_{AY} 加密后发送给接收者 Y。该消息包括发送者 X 的 ID、原始消息 M、数字签名 $E_{K_{XA}}[\mathrm{ID}_X \| H(M)]$ 和时间戳 T。

接收者 Y 收到仲裁者 A 发送的消息后,解密该消息,得到原始消息 M、时间戳 T 和签名 $E_{K_{XA}}[\mathrm{ID}_X \| H(M)]$。通过消息中的时间戳 T,接收者 Y 可以得知该消息是最新的而不是重放攻击(重放攻击是指攻击者发送一个目的主机已接收过的包,来达到欺骗系统的目的,这种攻击使系统的可用性受到损害)。然后接收者 Y 将原始消息以及签名保存起来,以便在以后发生争端时作为验证的依据。

在解决纠纷时,声称接收到由发送者 X 发送的消息的接收者 Y 将消息 $E_{k_{AY}}[\mathrm{ID}_X \| M \| E_{K_{XA}}[\mathrm{ID}_X \| H(M)] \| T]$ 发送给仲裁者 A。仲裁者 A 将根据这个消息判断 Y 接收到的消息是否的确来自 X:仲裁者利用对称密钥 K_{AY} 对该消息解密,得到发送者 X 的 ID、原始消息 M 以及签名 $E_{K_{XA}}[\mathrm{ID}_X \| H(M)]$,然后利用对称密钥 K_{XA} 对签名进行验证,判断消息 M 的散列值是否相等。

例 4-5 以移位密码体制为基础介绍上述签名实施过程。移位密码是对称加密方法的一种,它的明文空间和密文空间都是 26 个英文字母的集合,密钥空间 $K = \{0, 1, 2, \cdots, 25\}$。设 m 为待加密的明文,k 为加密密钥,c 为对应的密文。

加密过程:

$$E_k(m) = (m+k) \bmod 26$$

解密过程:

$$D_k(c) = (c-k) \bmod 26$$

在数字签名过程中,假定发送者 X 和仲裁者 A 之间的对称密钥 $K_{XA}=3$,接收方 Y 和仲裁者 A 之间对称密钥 $K_{AY}=4$。为简单起见,设消息 m 的散列函数值 $h(m)=m$、消息 $m=8$、对应的字母为 I。在此把身份信息和时间信息都略去,身份信息的验证与消息的验证过程一样。

首先,X 对消息 $m=8$ 进行签名

$$(8+3) \bmod 26 = 11$$

对应的字母为 L,于是

$$X \to A : I \| L$$

其次,A 收到 X 发送的信息后,验证消息的有效性,得到

$$8 = (11-3) \bmod 26$$

从而确认该消息有效。于是,A 对消息 $m=8$ 进行加密得到

$$(8+4) \bmod 26 = 12$$

对应字母 M,

$$(11+4) \bmod 26 = 15$$

对应字母 P,于是

$$A \to Y : M \| P$$

最后,Y 收到 A 发送的信息后,进行解密得到

$$(12-4) \bmod 26 = 8$$

对应字母 I,

$$(15-4) \bmod 26 = 11$$

对应字母 L,则原消息为 I,签名为 L。

在这个方案中,接收方无法直接对签名进行验证,签名是解决分歧的唯一凭证。只要消息来自仲裁者,接收者就认为消息已经得到了验证。因此在这个方案中,收发双方都对仲裁者有很高的信任度。发送者必须相信仲裁者不会泄露它们之间的密钥并且不会利用它的密钥伪造合法签名;接收方必须相信只有当消息的散列值正确且签名确实来自发送者 X 时,仲裁者才将消息转发给他;收发双方都必须信任仲裁者在解决分歧时是公正无私的。

在这个方案中,由于仲裁者可以看到发送消息的明文,因此不利于确保消息的保密性。因此又产生了两种仲裁体系,在这两种体系中仲裁者均不能看到消息明文。下面分别介绍这两种方法。

4.4.3 基于传统密钥明文不可见的仲裁方案

第二种方案利用传统密钥,仲裁者不能看到消息明文。在这种方案中,收发双方还要共享一个对称密钥 K_{XY},X 代表签名的发送方,Y 代表签名的接收方,A 代表仲裁者,M 代表待签消息,则主要过程包括:

$$X \to A : \mathrm{ID}_X \| E_{K_{XY}}[M] \| E_{K_{XA}}[\mathrm{ID}_X \| H(E_{K_{XY}}[M])]$$

$$A \to Y : E_{K_{AY}}[\mathrm{ID}_X \| E_{K_{XY}}[M] \| E_{K_{XA}}[\mathrm{ID}_X \| H(E_{K_{XY}}[M]) \| T]]$$

可以看到，在该方案中，仲裁者自始至终都无法看到消息明文，因为消息一直由收发双方的密钥 K_{XY} 加密。

例4-6 以例4-5为基础进行该签名过程的介绍。在此增加 X 与 Y 之间的密钥 $K_{XY}=5$。

首先，X 对消息 m 利用 K_{XY} 进行加密

$$E_{K_{XY}}(m)=(8+5) \bmod 26=13$$

对应于字母 N，然后对加密后的结果进行签名得到

$$E_{K_{XA}}(E_{K_{XY}}(m))=(13+3) \bmod 26=16$$

对应于字母 Q，于是

$$X \rightarrow A: N \| Q$$

其次，A 收到 X 发送的信息后，验证消息的有效性，得到

$$13=(16-3) \bmod 26$$

从而确认该消息有效。然后 A 利用 K_{AY} 对信息进行加密得到

$$(13+4) \bmod 26=17$$

对应于字母 R，

$$(16+4) \bmod 26=20$$

对应于字母 U，于是

$$A \rightarrow Y: R \| U$$

最后，Y 接收到 A 发送的信息后，两次解密

$$(17-4) \bmod 26=13, (13-5) \bmod 26=8$$

得到原消息为 $m=8$，签名为

$$(20-4) \bmod 26=16$$

该方案可以实现消息对于仲裁者的保密性，但是仍存在一些问题：一是仲裁者仍可以与发送方合谋以否认签署过某个消息，二是仲裁者仍可以与发送方合谋来伪造发送方的签名。这些问题，可以利用基于公钥密码体制的数字签名方案加以解决。

4.4.4 基于公钥的仲裁方案

第三种方案利用公钥体系，仲裁者无法看到消息明文。X 代表签名的发送方，Y 代表签名的接收方，A 代表仲裁者，M 代表待签消息，则主要过程包括：

$$X \rightarrow A: ID_X \| E_{sk_X}[ID_X \| E_{pk_Y}(E_{sk_X}[M])]$$

$$A \rightarrow Y: E_{sk_A}[ID_X \| [ID_X \| E_{pk_Y}(E_{sk_X}[M])] \| T]$$

其中，sk_X 为发送方的私钥，pk_Y 为接收方的公钥，sk_A 为仲裁者私钥。

例4-7 利用 RSA 公钥密码体制，若发送方的公钥为 (5,119)、私钥为 (77,119)，接收方的公钥为 (17,2773)、私钥为 (157,2773)，仲裁者的公钥为 (3533,11 413)、私钥为 (6597,11 413)，传送的消息 $m=2$。按照本节介绍的方案进行签名。

首先，X 对消息 $m=2$ 利用自己的私钥 sk_x 进行加密

$$E_{sk_x}(m)=2^{77} \bmod 119$$

然后利用接收方 Y 的公钥 pk_Y 再次加密得到

$$E_{\text{pk}_Y}(E_{\text{sk}_X}(m)) = (2^{77} \bmod 119)^{17} \bmod 2773$$

最后利用自己的私钥 sk_X 对二次加密后的结果进行签名得到

$$E_{\text{sk}_X}(E_{\text{pk}_Y}(E_{\text{sk}_X}(m))) = ((2^{77} \bmod 119)^{17} \bmod 2773)^{77} \bmod 119$$

于是,X 将签名后的结果发给仲裁者 A。

其次,A 收到 X 发送的信息后,利用 X 的公钥 (5,119) 对信息进行解密得到

$$E_{\text{pk}_Y}(E_{\text{sk}_X}(E_{\text{pk}_Y}(E_{\text{sk}_X}(m)))) = (((2^{77} \bmod 119)^{17} \bmod 2773)^{77})^5 \bmod 119$$

$$= (2^{77} \bmod 119)^{157} \bmod 2773$$

可以得到发送者的身份,并对根据身份与密钥是否对应来验证发送者的身份。通过验证后,利用自己的私钥对信息加密得到

$$E_{\text{sk}_A}(E_{\text{pk}_Y}(E_{\text{sk}_X}(m))) = (((2^{77} \bmod 119)^{17} \bmod 2773)^{77} \bmod 119)^{6597} \bmod 11\,413$$

然后将此信息发给 Y。

最后,Y 接收到 A 发送的信息后,先利用 A 的公钥 (3533,11 413) 和自己的私钥 (157,2773) 进行解密得到

$$E_{\text{sk}_x}(m) = 2^{77} \bmod 119$$

然后再利用 X 的公钥对此信息解密得到

$$m = (2^{77})^5 \bmod 119 = 2$$

在此方案中,发送方利用自己的私钥和接收方的公钥对消息进行加密,从而实现消息的签名和保密。利用这种方式,仲裁者将无法看到消息明文。仲裁者收到发送方发来的信息后,利用发送方的公钥对信息进行解密,将解密得到的 ID_X 和接收到的 ID_X 进行比较,看两者是否相同,从而可以判断消息是否确实来自此发送方。为了防止重放攻击,仲裁者在发往接收者的信息中增加了时间戳。

与前两个方案相比,利用公钥体制的数字签名至少有以下三个优点。

- 方案执行前,三方之间都不必有共享的信道,有利于防止合谋。
- 只要仲裁者的私钥不被泄露,任何人都不能实施重放攻击。
- 对于仲裁者来说,消息是保密的。

仲裁者签名方案的安全性基于所选的对称密钥加密方案的安全性以及密钥以可信方式分配给共享者的安全性。由于对称密钥算法的运算速度通常比公钥技术快得多,因此基于对称密钥的仲裁系统签名的生成和验证效率比较高。具有仲裁者的签名系统的缺点是签名的收发双发都需要与仲裁者进行交互,使仲裁者的负载大大增大,系统的负载也随之增大。

4.5 其他数字签名技术

数字签名有很多种实现方案,除了前面介绍的几种方案之外,还有许多在特殊领域具有重要用途的数字签名方式。例如,为了保护信息拥有者的隐私,产生了盲签名;为了实现签名权的安全传递,产生了代理签名;等等。下面将介绍其中几种重要的签名方式。

4.5.1 盲签名

盲签名是一种特殊的数字签名，由 Chaum 提出，其目的是避免签名者看到消息和自己对该消息的签名，从而无法将所签的消息和求取签名者联系起来。当用户 A 发送消息给签名者 B 时，一方面要求 B 对消息签名，另一方面又不让 B 知道消息的内容，即签名者 B 所签的消息是经过盲化处理的。这一点在数字现金、电子投票等领域有着很大的应用价值。例如，在数字现金交易中，求取签名者为付款用户 A，签名者为银行 B。在用户进行消费时，用户在支付之前需要向银行求取对消费金额 m 的签名 $S_B(m)$；然后某一实体（如 A 进行消费的商店）将消费金额和银行的签名都提交给银行以便进行支付。利用盲签名，银行无法根据提交的信息判断该用户是谁，从而保证了用户 A 的匿名性，因此用户的消费模式不被监视。在此可以把银行对消费金额的签名看成电子支票，就像你用来付款的人民币上不需要也不应该有你的名字一样，银行也无法根据电子支票追踪到用户本人。因此，盲签名除具有一般数字签名的特点外，还有下面两个特征。

- 匿名性：签名者无法知道所签消息的具体内容，虽然他为这个消息签了名。
- 不可跟踪性：即使后来签名者见到这个签名，也不能将其与盲消息对应起来。

盲签名的思想是：求取签名者发送一个消息给签名者，签名者对其签名后发送给求取签名者；根据这个签名，求取签名者可以计算出签名者对于预选消息的签名；这样，当签名完成时，签名者既不知道自己所签的消息，也不知道对该消息的签名。其中，预选消息与发送消息之间的映射称为盲化函数，其逆函数称为反盲化函数。盲签名的原理如图 4-6 所示。

图 4-6 盲签名的原理

盲签名的实现有多种方式，在此只介绍最经典的基于 RSA 的盲签名。这种签名方式由 Chaum 在 1985 年提出，它也是第一个盲签名方案。

假设用户 A 向用户 B 求取对消息 m 的签名，用户 B 的私钥为 d、公钥为 e、模为 n，盲签名的过程如下。

1) A 选用盲因子 k，$1<k<m$，计算 $t=mk^e \bmod n$，并将 t 传给 B。
2) B 对 t 进行签名得到 $s(t)=t^d=(mk^e)^d \bmod n$，并将签名 $s(t)$ 传给 A。
3) A 计算 $S=t^d/k \bmod n = m^d \bmod n$，得到消息 m 的签名 S。

例 4-8 举例说明盲签名过程。假设 A 的公钥为 $e=5$、私钥为 $d=77$、模为 $n=119$、消息 $m=3$，盲签名的步骤如下。

1) A 选用盲因子 $k=2$，满足 $1<k<m$，计算 $t=mk^e \bmod n = 3\times2^5 \bmod 119$，并将 t 传给 B。
2) B 对 t 进行签名得到 $s(t)=t^d=(mk^e)^d \bmod n = (3\times2^5)^{77} \bmod 119$，并将签名 $s(t)$ 传给 A。
3) A 计算 $S=t^d/k \bmod n = m^d \bmod n = (3\times2^5)^{77}/2 \bmod 119 = 3^{77}\times2/2 \bmod 119 =$

$3^{77} \bmod 119$，从而得到 A 对消息 m 的签名 S。

4.5.2 不可否认签名

不可否认签名最先由 Chaum 和 Antwerpen 提出，他们同时也提出了拒绝协议（Disavowal Protocol）。不可否认签名的本质是：若要验证签名的有效性，必须有签名者参与，否则验证将无法进行。利用该签名方案，可以在一定程度上防止由某一实体签署的文件被任意复制和散布，从而保护该实体的合法权益。该特性在电子出版系统知识产权保护方面有着比较重要的作用。例如，某家著名咨询公司 A 发布了一份研究报告，然后将该报告签名后卖给另一实体 B，而实体 B 打算将其副本卖给第三方 C。在这种情况下，没有 A 的参与，C 就无法验证签名的有效性，从而无法判断该报告是否真实。

在该签名方案中，在得不到签名者配合的情况下，其他人不能正确地进行签名验证，即验证时需由验证者与签名者合作才可证明其正确性（签名的验证必须要签名者参与），这一特性既是该方案的优点又是它的缺点。例如，签名确实出自某实体，但他却拒绝合作来验证签名，从而导致签名的有效性无法被证实。为了防范这一情况，可以在第三方的监督下采用拒绝协议来验证签名的真假。如果该实体不愿参加拒绝协议，那么可以认为该签名就是他的；如果签名不是该实体的，则通过拒绝协议可以确认他没有签署过该文件。

不可否认签名方案由三部分组成：数字签名算法、验证协议、拒绝协议。下面将详细介绍不可否认签名方案的实施过程以及拒绝协议的实施过程。首先介绍不可否认签名方案。

发送方密钥的生成过程如下。

1）随机产生两个不同的大素数 p、q，且 $p=2q+1$，在 Z_p^* 中构造一个 q 阶的乘法子群 G，g 为 Z_p^* 的一个生成元。

2）用户的私钥为 x，且满足 $1 \leqslant x \leqslant q-1$。

3）用户的公钥为 y，$y = g^x \bmod p$。

签名过程：对消息 m 的签名为 $s = m^x \bmod p$。

显然，没有签名者的配合，签名接收者无法验证签名的有效性。在签名者的配合下，验证签名的过程如下。

1）接收者收到消息和签名 (m,s) 后，选择两个随机数 a 和 b，$0 \leqslant a \leqslant p$，$0 \leqslant b \leqslant p$。

2）计算 $c = s^a (g^x)^b \bmod p$，然后将 c 发送给签名者。

3）签名者计算 $d = c^{x^{-1} \bmod q} \bmod p$，将 d 发送给签名接收者。

4）接收者验证等式 $d = m^a g^b \bmod p$ 是否成立。若成立，则签名有效，否则签名无效。

若签名者拒绝合法的验证过程，则需要启用拒绝协议进行验证。拒绝协议的实施过程如下。

1）签名接收者选择随机数 a 和 b，$0 \leqslant a \leqslant p$，$0 \leqslant b \leqslant p$。

2）签名接收者计算 $c = s^a y^b \bmod p$，然后将 c 发送给签名者。

3）签名者计算 $d = c^{x^{-1} \bmod q} \bmod p$，然后将 d 发送给签名接收者。

4）签名接收者验证 $d = m^a g^b \bmod p$，若成立，则说明该签名有效，终止协议。

5) 签名接收者选择随机数 i 和 j,$0 \leq i \leq p$,$0 \leq j \leq p$。

6) 签名接收者计算 $C = s^i y^j \mod p$,然后将 C 发送给签名者。

7) 签名者计算 $D = C^{x^{-1} \mod q} \mod p$,然后将 D 发送给签名接收者。

8) 签名接受者验证 $D = m^i g^j \mod p$,若成立,则说明该签名有效,终止协议。

9) 若 $(dg^{-b})^i = (Dg^{-j})^a \mod p$ 成立,则接收者可以判定签名 s 是伪造的,否则,签名有效,只是签名者故意拒绝签名。

拒绝协议的实施过程如图 4-7 所示。签名者可以以四种理由(行为)拒绝签名。

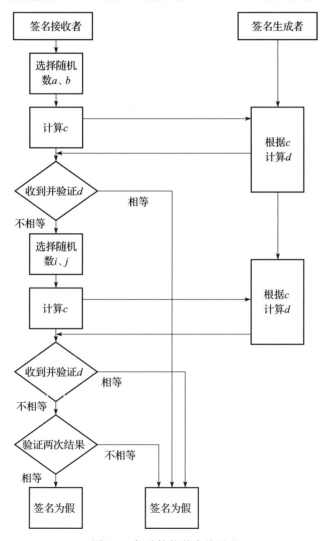

图 4-7 拒绝协议的实施过程

- 行为(一):拒绝参与验证算法。显然这种做法可以被视为明显的抵赖,因此可以判定签名是有效的。
- 行为(二):成功执行验证协议,但还声称签名是伪造的。
- 行为(三):签名确实是伪造的。
- 行为(四):故意错误执行验证协议。

拒绝协议总体来讲可以实现对行为（二）、行为（三）以及行为（四）的防范。对于行为（二），若能够正确执行验证协议，且签名为真，则在协议的第 4 步就停止了，因此可以判定签名是真实有效的（不管签名者如何声称它的真伪）；对于行为（三），若正确地执行了验证协议且签名为真，则在协议的第 4 步或者第 8 步就停止了，而现在却执行到了步骤 9，并且通过了该步骤的验证，因此可以判定收发双方都正确执行了拒绝协议，只是该签名是伪造的；对于行为（三），如果拒绝协议执行到了第 9 步，且无法通过该步骤的验证，则可以证明，签名者故意否认他的签名，则需要在验证过程中采取行动，错误执行某些步骤。例如，不遵守步骤 3 和 7，则有 $d \neq c^{x^{-1} \bmod q} \bmod p$ 以及 $D \neq m^i g^j \bmod p$，在这种情况下通过步骤 9 是很难的，即不满足 $(dg^{-b})^i = (Dg^{-j})^a \bmod p$ 的概率 $(1-1/p)$。

请注意，步骤 9 最主要的作用是来验证收发双方是否正确执行了拒绝协议。因为只要遵循协议，无论签名是否为真，都有 $(dg^{-b})^i = (Dg^{-j})^a \bmod p$。关于签名真伪的鉴别关键步骤在第 4 步和第 8 步。若签名为假，则第 4 步和第 8 步都不会停止，从而执行到第 9 步。

例 4-9 假如签名者的参数选择为 $q=3$、$p=7$、$g=2$、$x=2$，传递的消息 $m=2$，则 $y=g^x \bmod p = 4$；正确的签名为 $s = m^x \bmod p = 2^2 \bmod 7 = 4$。

若签名者正确地进行签名，则接收方接收到的消息和签名为 (2,4)。根据接收到的这个消息，执行否认协议。

1）签名接收者选择随机数 $a=1$ 和 $b=2$。
2）签名接收者计算 $c = s^a y^b \bmod p = 4^1 \times 4^2 \bmod 7 = 1$，然后将 $c=1$ 发送给签名者。
3）签名者计算 $d = c^{x^{-1} \bmod q} \bmod p = 1^{1/2} \bmod 7 = 1$，然后将 $d=1$ 发送给签名接收者。
4）签名接收者验证 $d = m^a g^b \bmod p = 2^1 2^2 \bmod 7 = 1$，若成立，则说明该签名有效，终止协议。

若签名是伪造的，假设此时签名为 5，则否认协议的执行过程如下。

1）签名接收者选择随机数 $a=1$ 和 $b=2$。
2）签名接收者计算 $c = s^a y^b \bmod p = 5^1 \times 4^2 \bmod 7$，然后将 c 发送给签名者。
3）签名者计算 $d = c^{x^{-1} \bmod q} \bmod p = (5 \times 4^2)^{1/2} \bmod 7$，然后将 d 发送给签名接收者。
4）签名接收者验证 $d \neq m^a g^b \bmod p = 2^1 2^2 \bmod 7 = 1$，所以还要进行第 5 步及以下步骤。
5）签名接收者选择随机数 $i=2$ 和 $j=2$。
6）签名接收者计算 $C = s^i y^j \bmod p = 5^2 4^2 \bmod 7$，然后将 C 发送给签名者。
7）签名者计算 $D = C^{x^{-1} \bmod q} \bmod p = (5^2 \times 4^2)^{1/2} \bmod 7$，然后将 D 发送给签名接收者。
8）接收者验证 $D \neq m^i g^j \bmod p = 2^2 2^2 \bmod 7 = 2$。
9）由于 $(dg^{-b})^i = [(5 \times 4^2)^{1/2} \times 2^{-2}]^2 \bmod 7 = 5^2 \bmod 7$
$\qquad (Dg^{-j})^a = [(5^2 \times 4^2)^{1/2} \times 2^{-2}]^1 \bmod 7 = 5^2 \bmod 7$

所以 $(dg^{-b})^i = (Dg^{-j})^a \bmod p$ 成立，因此接收者可以判定签名 $s=5$ 是伪造的。至于签名者故意错误执行第 3 步或者第 7 步，情况比较多而且相对来说比较简单，在此不做举例说明。

4.5.3 批量签名

批量签名是指能够一次完成对若干个消息的签名,并且可以对每一条消息的签名进行验证。该算法的突出特点是可以批量对文件进行签署,从而提高签名的效率。因此在电子政务、电子商务等领域有着重要的应用价值。较早的批量签名方案是 Amos Fiat 在 1990 年提出的 Batch RSA 方案,随后,有人提出了基于 DSA 批量签名以及二叉树批量签名等方案。这里主要介绍基于 RSA 的 Batch RSA 方案。

在 Batch RSA 方案中,签名者拥有若干个两两互素的私有密钥指数,根据这些密钥指数生成 RSA 签名结果。签名分为以下三个阶段进行。

- 阶段 1:通过求解每个需要签名消息的低指数幂的乘积,将所有文件合并成一个待签消息。
- 阶段 2:对合并后的消息进行签名。
- 阶段 3:在总的签名上划分出每一条消息的签名。

具体来讲,两个消息分别为 m_1、m_2,相应的公钥指数分别为 e_1、e_2,则批量签名是这样进行的:

1) 计算公钥 $E=e_1 \times e_2$,然后合并这两个消息 $M = m_1^{E/e_1} m_2^{E/e_2} \bmod n$。
2) 对合并后的消息进行签名 $S = M^{1/E} \bmod n = m_1^{1/e_1} m_2^{1/e_2} \bmod n$。
3) 划分出每一条消息各自的签名。先求出中间量 X,满足 $X = 0 \bmod e_1$、$X = 1 \bmod e_2$,则 m_2 的签名为

$$m_2^{1/e_2} \bmod n = S^X / (m_1^{X/e_1} m_2^{(X-1)/e_2}) \bmod n$$

m_1 的签名为

$$m_1^{1/e_2} \bmod n = S / (m_2^{X/e_2}) \bmod n$$

例 4-10 假如两个消息分别为 m_1、m_2,相应的公钥指数为 3 和 5,则根据上面的步骤:

1) 有 $E = 3 \times 5 = 15$,$M = m_1^5 m_2^3 \bmod n$。
2) 计算 $S = M^{1/15} \bmod n$。
3) 计算得 $X = 6$,则 m_2 的签名为 $m_2^{1/5} \bmod n = S^6 / (m_1^2 m_2) \bmod n$,$m_1$ 的签名为 $m_1^{1/5} \bmod n = S / m_2^{1/5} \bmod n$。

4.5.4 群签名

群签名又称团体签名,由 Chaum 和 van Heijst 在 1991 年首次提出,允许组中合法用户以用户组的名义签名,具有签名者匿名、只有权威者才能辨认签名者等多种特点,在实际中有广泛的应用。它可以应用于群体中的任意一个成员,使其以匿名的方式代表整个群体对消息进行签名,而签名的验证可以是公开的且可以利用单个群公钥来验证。例如,在投标过程中,所有的投标公司组成一个群,且以群签名的方式对投标书进行签名,所以无法从签名上辨别出是哪家投标公司,但是当标书被选中之后,可以对签名进行验证从而辨识出是哪家公司中了标。群签名具有以下性质。

- 只有预先规定的群内成员才能生成合法的数字签名。
- 任何人都可以验证签名的有效性。但是,不可能由签名识别出该签名出自哪个群内成员。
- 如果发生争端,无论是否有群成员的协助,都可以打开签名以追查签署文件的群成员的身份。

下面介绍一个简单的群签名协议,该协议的实施需要一个可信的第三方,它将在密钥生成和解决纠纷时起作用。

1) 第三方产生 $n \times m$ 个公钥私钥对,然后分给群内每个成员,并把所有的公钥以随机的顺序公开作为群的公钥表。在此过程中,第三方记录下每个群内成员与密钥对的对应关系。

2) 当群内某一成员需要签名时,他随机从自己的 m 个私钥中选取一个进行签名。

3) 验证签名时,利用该群的公钥表进行验证。

4) 发生争端时,由于第三方知道密钥对和群成员的对应关系,因此它可以识别出该签名具体出自哪位成员。

例 4-11 假设由两个成员 X 和 Y 组成一个群,仲裁者为每个成员产生两个公钥私钥对,即:(1)公钥 $e=17$,模 $n=143$,私钥为 $d=113$;(2)公钥 $e=5$,模 $n=119$,私钥为 $d=77$;(3)公钥 $e=17$,模 $n=1334$,私钥为 $d=157$;(4)公钥 $e=3533$,模 $n=11413$,私钥为 $d=6597$。其中成员 X 分配(1)(2),成员 Y 分配(3)(4)。

利用 RSA 公钥密码体制,若 A 选择发送方的公钥 $e=17$、模 $n=143$ 来发送消息 $m=7$,则发送方的签名为

$$s = m^d \bmod n = 7^{113} \bmod 143 = 24$$

接收方知道公钥和模,因此可以验证签名

$$m' = s^e \bmod n = 24^{17} \bmod 143 = 7 = m$$

所以签名有效。

当发生争端时,仲裁者根据公钥表可以得知,该消息的签名利用的公私钥对是(1),因此可以判定签名出自 X。

4.5.5 代理签名

代理签名的思想最早出现于 1991 年。代理签名是通过指定的代理人(受委托人)来代替自己实施签名的技术,有时也称作委托签名。原始签名人把他的签名权授给代理人,代理人代表原始签名人行使他的签名权,当验证者验证代理签名时,验证人既能验证这个签名的有效性,也能确信这个签名是原始签名人认可的签名,如图 4-8 所示。在这个签名方案中,需要解决的主要问题是如何在不暴露自己私钥的情况下,使代理人获得足够的能力来代替自己进行合法的签名。例如,当你不在本地而有一份重要的文件需要你即刻签署时,可以使用该协议来委托指定的代理人完成文件签署。

图 4-8 代理签名示意图

代理签名可以根据授权的权限分为三类：完全授权方式、部分授权方式和许可证授权方式。完全授权方式是指委托人将自己所有的秘密参数都交给受委托人，此时委托人和受委托人不分彼此。部分授权方式是指委托人将自己的秘密参数进行某种变换后得到一个值，将此值交给受委托人用于签名。当然通过这个变换值无法反算出委托人的私有参数。许可证授权方式又可以分为两种：一种是授权代理签名，它表示委托人用自己的私钥按普通的数字签名方式签署一份文件（许可证）声明授权某人作为代理人代替自己签名；另一种是持票签名，委托人用自己的私钥签署一份文件（许可证），里面包含一个全新的公钥，而私钥则秘密交给受委托人保存，受委托人利用该私钥来代替委托人进行签名。

下面主要介绍部分授权方式的代理签名方案。

委托人（原签名者）密钥的产生过程如下。

1）选择一个大素数 p，满足 $2^{511}<p<2^{512}$，以及乘法群 Z_P^* 上的一个生成元 g，公开 (p,g) 作为全局参数。

2）选择秘密数 s，满足 $0<s<p-1$，则公钥为 $v=g^s \bmod p$，私钥为 s。

部分授权签名协议的过程如下。

1）原签名者产生参数 k，满足 $0<k<p-1$，则公钥为 $K=g^k \bmod p$，$\sigma=s+kK \bmod (p-1)$。

2）原签名者将参数 (σ,K) 发给代理者从而授予代理者部分权限。

3）代理者计算并比较 $g^\sigma \bmod p$ 与 $vK^K \bmod p$ 是否相等。若相等，则表明自己得到了合法的授权，否则，授权不合法。

4）代理者用 σ 进行签名 $(\text{Sign}(\sigma,m),K)$。

5）接收方计算 $v'=vK^K \bmod p$，然后将 v' 看作公钥参数，进行普通的验证算法即可。

例 4-12 利用小参数来举例说明代理者密钥的产生过程。

假设委托人选择 $p=7$、$g=2$，并选择秘密参数 $s=3$，所以可以得到 $v=g^s \bmod p=2^3 \bmod 7=1$。

按照协议有：

1）原签名者产生参数 $k=2$，满足 $0<k<p-1$，则公钥为 $K=g^k \bmod p=2^2 \bmod 7=4$，$\sigma=s+kK \bmod (p-1)=3+2\times 4 \bmod 6=5$。

2）原签名者将参数 $(5,4)$ 发给代理者从而授予代理者部分权限。

3）代理者计算并比较 $g^\sigma \bmod p$ 与 $vK^K \bmod p$ 是否相等。在此，有 $2^5 \bmod 7=4$、$1\times 4^4 \bmod 7=4$，所以两者相等，表明自己得到了合法的授权。从而代理可以用 σ（为 5）来进行签名。

代理签名一般具有以下特点。

- 可区分性。受委托人所进行的代理签名结果与委托人自己的签名结果是可以区分的。
- 不可伪造性。只有委托人和受委托人才能构造出合法的签名。
- 代理签名的差异。由于代理签名和某个实体亲自的签名是可以区分的，因此代理签名者无法构造出一个无法辨别其代理身份的签名。
- 可证实性。从代理的签名中，验证者可以相信委托人确实授权了该代理的签名权。
- 可识别性。委托人能够从签名中识别出受委托人的身份。

- 不可抵赖性。代理人在合法签名后不能对该签名进行否认。

4.5.6 同时签约

在实际生活中,如果签约双方同意合同,通常希望双方能够同时进行合同的签署。但是在网络环境中,签约双方不可能像在日常生活中一样,面对面进行合同的签署,因此需要特定的签名技术加以解决。同时签约技术就是解决这种问题的有效方法,它主要有三种实现方式:有仲裁的同时签约、无仲裁的同时签约、利用单钥密码实现的无仲裁的同时签约。这里主要介绍前两种签约方式。

1. 有仲裁的同时签约

有仲裁的同时签约,即签约双方 A 和 B 不是面对面的,引入一个公正的第三方仲裁者,可以很好地进行同时签约。现在举例说明该协议的执行过程。

1) 签约方 A 签署合同的一份副本,然后将其发送给仲裁者。
2) 签约方 B 也签署合同的一份副本,然后将其发送给仲裁者。
3) 仲裁者分别给 A、B 发送消息告知对方已经进行了签约。
4) 签约方 A 再签署合同的两份副本,并将其都发送给签约方 B。
5) 签约方 B 对接收到的这两份合同副本进行签署,然后一份自己保存,一份发送给 A。
6) 签约方 A 和 B 都通知仲裁者,各自拥有了双方签名的合同文件。
7) 仲裁者销毁最初两份仅有一个签名的合同副本。

协议执行的过程如图 4-9 所示。

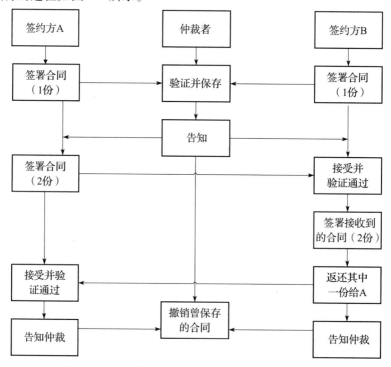

图 4-9 有仲裁的同时签约协议执行过程(签约成功)

在上述协议中的第 3 步之前，仲裁者可以保证双方都不受合约的约束。在此之后，A、B 双方中的任何一方不继续上述协议，另一方都可以向仲裁者索要有对方单独签名的合同副本，从而保证了双方都受到约束。

2. 无仲裁的同时签约

无仲裁的同时签约，即该协议采用了一种不确定的概率方式签名，签约双方轮流采用小步骤签署，直到双方都完成签约为止，该协议不需要仲裁者。在这个协议中，A、B 双方交换一系列经过签名的信息，并且信息中写明"我同意以概率 p 的程度接受该合同"，然后双方通过不断增大 p 值来最终完成合同签署。协议执行的过程如图 4-10 所示。

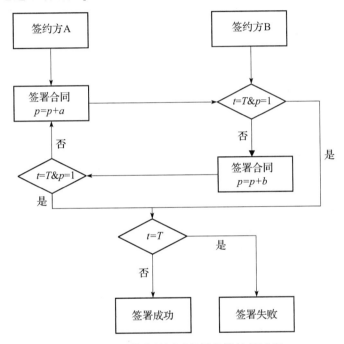

图 4-10 无仲裁的同时签约协议执行过程

该协议的实施过程如下。

1）签约双方 A 和 B 商定在某个时刻 T 之前完成合同的签署。

2）确定一个双方都接受的概率增量，例如 A 决定每一次以概率增量 a 接受，B 以每一次以概率增量 b 接受合同。

3）签约方 A 向 B 发送已经签署的消息，接受概率 $p=a$。

4）签约方 B 签署消息并发送给 A，消息中注明接受的概率 $p=a+b$。

5）当 $p<1$ 时，A 每一次都把接受概率增大 a，然后签署消息发送给 B。

6）当 $p<1$ 时，B 每一次都把接受概率增大 b，然后签署消息发送给 A。

7）将上面的步骤 5 和步骤 6 交替进行，直到双方都接收到 $p=1$ 的消息，此时双方都承认合同生效，或者是超过的了规定的时刻 T，表示合同签署失败。

例如，签约方 A 的接受概率 a 为 $1/2$，签约方 B 的接受概率 b 为 $1/3$，假如 T 足够大来完成此次签约。那么在签约过程中，因为 $1/2+1/3+1/2>1$，则当进行到第三次签署时（由 A 完成），满足概率为 1，则合同生效。

在此方案中，签约双方都以某种概率增量一步一步地确认合同，从而防止了一方对另一方的欺骗。

4.6 本章小结

数字签名在密钥的分配、电子交易等方面提供的身份认证、数据完整性、不可抵赖等安全服务都有很重要的、广泛的应用。它在签名过程中，一般都利用散列函数对消息进行预处理，然后对处理后的消息进行加密运算，加密后的信息就相当于发送方的签名。接收方可以对收到的签名结果进行验证，以判断签名是否有效。现在使用的数字签名系统几乎都建立在公钥密码体制之上，虽然也可以在对称密钥体制上建立签名系统，但因为其原理和实现都比较复杂，所以不适用于实际系统。

习题

1. 什么是数字签名？它有什么用途？数字签名与传统的手写签名相比有哪些不同？
2. 数字签名的过程是怎样的？对数字签名的攻击有哪些类型？
3. 数字签名需要具有哪些特性？
4. 如何保证数字签名的法律有效性？
5. 《中华人民共和国电子签名法》是如何规范电子签名行为的？
6. 查阅资料并说明目前数字签名还存在哪些问题。
7. 利用公钥体制的数字签名有哪些优点？
8. 已知公钥参数为 $n=15$、$e=3$，私钥参数为 $d=11$。现在有一个消息为"love"，我们把 $a,b,c,\cdots,z$ 分别用 $01,02,03,\cdots,26$ 表示。请求取对该消息的签名（其中签名过程对每个字母逐个进行），并说明对签名的验证过程。讨论 RSA 的安全性。
9. 请简述 DSA 数字签名的原理，它的安全性和特点有哪些？
10. DSA 签名与 RSA 签名的区别有哪些？
11. 解释盲签名和不可否认签名的原理。
12. 举例说明群签名协议过程。
13. 代理签名的三种权限方式是什么？代理签名有哪些特点？
14. 哪三种方式可以实现同时签约？

第 5 章

身 份 认 证

身份认证即身份识别与验证和鉴权,是信息安全理论的重要组成部分;身份认证是网络安全的核心,有效的身份认证是信息安全的保障。身份认证的目的是判断当前声称为某种身份的用户是否确实是所声称的用户,防止未授权非法用户访问网络资源。鉴别远程实体的身份是困难的,密码学通常能为身份认证提供良好的安全保障。

5.1 身份与认证

身份是信息系统中的一种标识,用于区分不同的实体,一个实体指定一个唯一的身份标识。认证就是将一个身份与一个实体进行绑定。基于网络的认证机制要求实体利用网络向某个单一的系统进行认证,这个系统可以是本地的,也可以是远程的。认证技术的共性是对某些参数的有效性进行检验,即检验这些参数是否满足某种预先确定的关系。身份认证是证实主体的真实身份与其所声称身份是否相符的过程,这一过程是通过特定的协议和算法来实现的。身份认证是保障信息系统安全的第一道关卡,也是信息安全交互的基础。

5.1.1 身份及身份鉴别

在信息安全系统中,一个身份就对应一个用户。身份可以是由包含任意长度的字母和数字的字符串表示的名字,它可能在某些方面是受限制的(如访问控制中不同身份拥有的访问权限可能不同)。一个身份可以指由多个实体组成的一个主体,即群组。群组是可以快速对实体集执行访问控制和其他安全策略的一种简便方法,可以作为把实体关联起来的基础。群组模型包括静态模型和动态模型,如 Alice 属于某个实体集合就是静态模型,而动态模型将实体集动态组建成分组,某个身份可能对应着一个角色集合。例如,当 UNIX 用户登录后,他们被分配到一个群组,成为该群组的成员。用户参与的每个进程都具有两种身份,即用户身份和群组身份。

身份鉴别,也称"身份认证""身份验证",是指在计算机及计算机网络系统中确认操作者身份的过程,通过该过程确定用户是否具有对某种资源的访问和使用权限,进而使计算机和网络系统的访问策略能够可靠、有效地执行,防止攻击者假冒合法用户获得资源的访问权限,保证系统和数据的安全及授权访问者的合法利益。简单来说,身份鉴别是向信息安全系统表明某个身份的过程，是通过将一个证据与实体身份绑定来实现的。证据与身份之间是一一对应的关系，在双方通信过程中，一方实体向另一方实体提供证据证明自己的身份，另一方实体通过相应的机制来验证证据，以确定该实体是否与证据所宣称的身份一致。

对身份标识符的信任一般通过证书实现，对证书的信任依赖于签证机构（Certification Authority, CA）的可信度以及 CA 隐含的信任保障等级。CA 隐含的信任保障等级可能很高，如颁发护照和办理签证的部门信任保障等级就很高，而一个不知名的政府部门的信任保障等级就可能很低。在基于桥 CA 的交叉证书和交叉认证技术中，CA 的可信度非常重要。桥 CA 是多信任域 PKI 体系（连接多个信任域）中的核心，是不同信任域之间的桥梁，主要负责为不同信任域的主 CA 管理交叉认证证书。通过交叉认证证书，每个 CA 的用户可以信任另一个 CA 的用户，从而实现信任的扩展和互通。交叉认证依次让每一方根据交叉认证证书来仔细检查另一方事先颁布的身份审查策略、私钥保护策略、认证机构和目录基础设施操作策略等。可见，身份标识符和证书是相互关联的，但身份标识符和证书都会面临信任问题。由 CA 产生的用户证书有两个特点：一是任何有 CA 公开密钥的用户都可以恢复并证实用户公开密钥，二是除了 CA 没有任何一方能不被察觉地更改证书。正是基于这两个方面的特点，证书是不可伪造的。因此可以将证书放在一个目录内，而无须对目录提供特殊的保护。

5.1.2 身份认证的定义

当用户登录计算机、自动柜员机、电话银行系统或者其他通信终端时，如何确认该用户是谁呢？身份认证可以确认用户身份，防止恶意用户对信息的主动攻击。

1. 身份认证的基础

身份认证就是某个实体证明他/她就是他/她所说的某个身份的过程。通过认证，可以将一个实体绑定为信息安全系统内部的一个身份。认证与身份鉴别的区别在于，认证协议中 Alice 可以向 Bob 证明她是 Alice，但是任何其他人都无法向 Bob 证明她也是 Alice，即其他人不能在 Bob 面前冒充 Alice；身份鉴别协议中 Alice 可以向 Bob 证明她是 Alice，但是 Bob 无法从中得到额外的信息，以便向其他人证明他也是 Alice，即 Bob 不能在其他人面前冒充 Alice。

身份认证的基本方法主要有以下四种。

- 基于你所知道的：实体知道什么，如身份证号码、个人识别码（Personal Identification Number, PIN）、出生日期（Date Of Birth, DOB）、密码口令等。
- 基于你所拥有的：实体拥有什么，如证章、信用卡、ID 卡和密钥等。
- 基于你的个人特征：实体是什么，如指纹、声音、虹膜等。
- 基于你的特殊性：实体在哪儿，如特定的大门、特殊的终端、特别的访问设备等。

认证系统最少由三个部分组成，如图 5-1 所示。第一部分为认证信息集合 A，用于生成和存储认证信息的集合；第二部分为补充信息集合 C，系统用于存储并验证认证信息的集合；第三部分为补充函数集合 F，根据认证信息生成补充信息的函数集合，即对 $f \in F$，$f: A \rightarrow C$。还有两个可选部分：第四部分为认证函数集合 L，用于验证身份的函数集合；第五部分为选择函数集合 S，使得一个实体可以创建或修改认证信息和补充信息。

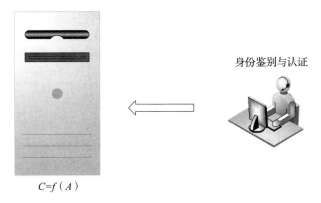

图 5-1　认证原理图

CA 颁发的证书可以标识身份。比如，个人可以从三种级别的 CA 获得证书（称为数字 ID）。级别 1 的 CA 认证个人 E-mail 地址，级别 2 的 CA 通过在线数据库对个人实名和地址进行鉴别，级别 3 的 CA 通过某种调查服务机构对背景进行检测。认证的目的有很多，其中两个主要目的是访问控制和可追查性。访问控制要求身份能用于访问控制机制，以确定是否允许特定的操作或操作类型。可追查性要求身份能够跟踪所有操作的参与者，以及跟踪其身份的改变，使参与者的任何操作都能被明确地标识出来。实现可追查性要依赖日志与审计两种技术。

2. 认证的分类

单向认证是指 A、B 双方在网上通信时，B 只需要认证 A 的身份即可。在简单的认证协议中，往往是一方主动提问并验证对方的身份，而另一方则被动接受检验，许多访问控制所用的认证协议就属于此类。但是，在很多网络应用场合中，通信的双方实际上是完全对等的实体，他们同样有权要求验证对方的身份以维护自身利益。这就是所谓的双向认证问题。

双向认证是指 A、B 双方在网上通信时，不但 B 要认证 A 的身份，A 也要认证 B 的身份。双向认证不是两个单向认证协议的简单重复。如果所用的加密算法和密钥是安全的，那么可以认为相应的协议是安全的。但是，如果将质询-应答认证协议用两次，双向认证很容易被攻击者钻空子。例如，攻击者 X 为了骗取 A 的信任主动向 A 发出请求（如图 5-2 所示），X 接到应答后将 A 的反问转给 B，然后以 B 的应答作为给 A 的应答。数据流①②⑤是 X 用来攻击双向认证的攻击会话（attack session），而数据流③④则是攻击过程的参考会话（reference session）。

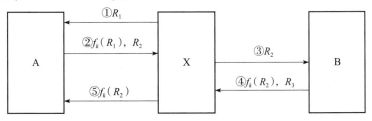

图 5-2　使用两次质询-应答认证协议时被攻击

可信第三方认证也是一种通信双方互相认证的方式,但是,认证过程必须借助于一个双方都信任的可信第三方。当双方要进行通信时,彼此必须先通过可信第三方的认证,然后相互交换密钥,再进行通信。由这种借助于可信第三方的认证方法变化而来的认证协议相当多,其中比较典型的就是 Kerberos 认证协议。

5.2 身份认证技术

身份认证一般涉及识别和验证两个方面的内容。识别是指要明确访问者是谁,即必须对系统中的每个合法用户都具有识别能力。要保证识别的有效性,必须保证任意两个不同的用户都不能具有相同的识别符。所谓验证是指在实体声称自己的身份后,信息安全系统对他所声称的身份进行确认,以防假冒。识别信息一般是非秘密的,而验证信息必须是保密的。身份验证技术是指计算机及网络系统确认操作者身份的过程所应用的技术手段,身份验证技术有很多形式,包括口令、质询-应答认证协议、利用信物的认证技术、生物认证技术等。

5.2.1 口令

口令是与特定实体相关联的信息,用来证明实体所声称的身份确实属于该实体。基于口令的认证方法根据"实体知道什么"进行认证。实体提供一个口令,安全系统检查该口令的有效性。如果该口令和该实体相关联,那么该实体的身份被认证通过;否则,该实体被拒绝,认证失败。口令保护不允许存储口令的明文,即对 $f \in F$, $f:A \rightarrow C$ 是单向 Hash 函数。

另一种与口令类似并根据"实体知道什么"进行身份认证的方法是:当某用户第一次进入系统时,系统向他提出一系列问题,如他曾就读的高中全称、他父母的血型、他喜欢的作者的名字以及他喜欢的颜色等。不是所有的问题都必须回答,但是,要回答足够多的问题。有些系统还允许用户添加自己定义的一些问题与答案。系统要记住用户的问题与相应的答案,以后当该用户再访问该系统时,系统向他提出这些问题,只要他能够正确地回答出足够多的问题,系统就认为该用户具有他所声称的合法身份。这种方法的优点是对用户比较友好,用户可以选择自己非常熟悉而其他人又不容易获得正确答案的信息作为问题,所以,它的安全性是有一定保障的。它的缺点是在系统与用户之间需要交换的认证信息比较多,会比较麻烦。另外,这种方法还需要在系统中占据较大的存储空间来存储认证信息,认证时间也会相应增加。这种方法的安全性完全取决于对手对用户的背景知道多少,所以,在高度安全的系统中,这种方法仍不太适用。

1. 口令攻击

口令是网络系统的第一道防线。当前网络系统大多通过口令来验证用户身份进而实施访问控制。口令攻击是指黑客以口令为攻击目标,破解合法用户的口令或避开口令验证,冒充合法用户潜入目标网络系统,夺取目标系统控制权的过程。口令攻击的主要方法有猜测攻击、字典攻击、穷举攻击、混合攻击等,其中最常见的是字典攻击。字典攻击通过重复试验和连续排错的方法来猜测一个口令。常见的字典攻击有两种类型：一是如果可以获得补充信息 C 和补充函数 F，那么对每一个猜测 p 和每一个 $f \in F$，计算 $f(p)$，直到计算的结果与保存的同一实体的补充信息 C 相匹配为止；二是如果可以获得验证身份的认证函数集合 L，那么对每一个猜测 p 和每一个 $l \in L$ 计算 $l(p)$，如果计算结果为真，则 p 就是正确的口令。防范口令攻击最根本的方法是用户做好保护口令的工作，例如口令不过于简单且定期更换口令，保存和传输口令时都进行加密操作等。

2. 对抗口令猜测

对抗口令猜测的目的是最大限度地增加攻击者猜测出正确口令所花费的时间。假设 P 是攻击者在一段确定的时间内口令猜测成功的概率（以单位时间数来统计），G 是一个单位时间内能够测试口令的次数，T 是测试过程中所花费的单位时间数，N 是可能的口令数，Anderson 公式为 $P \geq TG/N$。

口令猜测的一个通用情景是：R 是通信信道上每分钟可以发送的字节数，E 是登录时需要交互的字符数，S 是口令的长度，A 是口令字符表中的字符数，M 是口令猜测可持续的月数。那么可能的口令数 $N = A^S$，每分钟可以猜测的口令数目为 $G = R/E$，测试过程中所经历的时间为 $T = 4.32 \times 10^4 M$，则

$$P \geq 4.32 \times 10^4 M(R/E)A^S$$

或者

$$A^S \geq 4.32 \times 10^4 \times M \times R/(P \times E)$$

例 5-1 已知一个字母表包含的字符数为 96 个，每秒能测试的猜测次数为 10^4 次，希望做到在 365 天内猜测成功的概率是 0.5。假设用于猜测口令的时间是连续的，所有口令被选择的机会是相等的，口令的最小长度必须是多少？

根据以上公式，计算的结果是 $N \geq TG/P = 6.31 \times 10^{11}$。因此，必须选择一个整数 S 满足 $\sum_{i=0}^{S} 96^i \geq 6.31 \times 10^{11}$，当 $S \geq 6$ 时不等式成立。所以，为了满足期望的要求，口令的长度至少要为 6 个字符。

这个例子中隐含了若干假设。首先，测试一个口令的时间必须是一个常数；其次，所有口令等概率地被选取。

如果不能公开得到实际的补充信息或者补充函数，那么猜测口令的唯一方法就是使用系统提供的、授权用户用于登录系统的认证函数。虽然这听起来很难，但是有些攻击者会耐心等待时机。

口令猜测攻击是不能防止的，因为认证函数必须公开可用，使合法用户可以访问系统。除了通过验证口令，系统无法区分授权用户与非法用户。

要对抗这种攻击，就必须要求对攻击者而言，认证函数的使用是非常困难的，或者使认证函数以非常规的方式进行交互。对抗口令猜测攻击通常有以下 4 种实现技术。

- "后退"技术。最常见的是指数后退技术。当一个用户尝试认证并失败后，指数后退技术就会迫使该用户等待一段时间后再次尝试认证。假设 x 是系统管理员选择的参数，在用户第 n 次登录失败后，系统会等待 x^{n-1} 秒才允许重新登录。如果用户第一次登录失败，那么系统等待 $x^0 = 1$ 秒重新提示用户输入用户名和认证数

据；如果用户再次被认证失败，那么系统等待 $x^1=x$ 秒才提示用户；以此类推，如果用户被认证失败 n 次之后，那么系统会等待 x^{n-1} 秒。
- 断开连接。经过设定次数失败的认证尝试后，连接断开，用户必须重新建立连接。
- 禁用机制。如果一个账户连续 n 次登录失败后，这个账户就被禁用了，直到安全管理者重新允许其使用。
- 监禁。让非认证用户访问系统的有限部分，并欺骗他，使他相信自己拥有了系统的所有访问权限，然后记录下攻击者的行为。这种技术可用于确定攻击者想做什么，或者仅仅是浪费攻击者的时间。监禁技术的另一种形式是在一个运行系统中植入一些假的数据，当攻击者侵入系统后，他就会获取这些数据。下载这些伪造文件所需的时间足够监控者用来跟踪攻击者。这种技术也称为蜜罐，经常被用于入侵检测系统。

3. 口令的生成与管理

口令验证是根据"用户知道什么"来进行的。口令验证方法已广泛应用于日常生活中的各个方面，从《阿里巴巴和四十大盗》中的开门咒语到军事领域的哨兵口令，再到目前计算机系统中的注册口令。在各种各样的口令验证方法中，人们主要关注的是口令的生成与管理。

（1）口令的生成

目前口令的生成主要有两种方法：一种是由口令拥有者自己选择口令，另一种是由计算机自动生成随机口令。前者的优点是用户很容易记忆，一般不会忘记，缺点是易于猜测；后者的优点是随机性好，难于猜测，缺点是用户记忆困难。用户自己选择的口令大多是用户的姓名、街道名、城市名、汽车牌照、房间号码、手机号码等。对于想要窃取别人口令的人来说，这些都是要优先猜测的目标。

用户可以选择容易记忆的口令，但是要避免容易被猜到的口令。容易猜测的口令包括以下类型。
- 基于账号名的口令。
- 词典里的词。
- 翻转字典里的单词。
- 把字典单词的其中一部分或者全部字母大写。
- 将字典里的词中任意字母替换为控制字符。
- 对字典里的词进行简单的变换：a→2 或者 4，e→3，h→4 或者 $ 。
- 对字典里的词进行动词变化或者词形变换。
- 短于 6 个字母的口令。
- 仅包含大写或者小写字母，或者字母和数字，或者字母和标点符号。
- 像许可证号码的口令。
- 首字母简略词（如"ATM""IEEE""APQP""ISO"）。
- 过去用过的口令。
- 字典单词的连接。
- 在字典单词前面或者后面添加一些数字、标点符号或者空格。

- 把字典单词所有的元音字母删除。
- 把字典单词中的空格删除。

例如，字符串"good"和"yoursystem"是弱口令，因为它们符合上述第二种类型和第十三种类型。好的口令可以通过若干方法构造出来。强口令至少包含一个数字、一个字母、一个标点符号和一个控制字符。

(2) 口令的管理

对口令的管理至关重要。对于一个采用口令方法来认证用户身份的信息系统来说，如果同时有许多用户在其中注册，那么相应地，每个用户都要有一个自己的口令，并且原则上不同用户具有不同的口令。口令要严格保密，不能被其他用户得到（不管用什么方法）。系统要想对用户的身份进行认证，就必须保存用户的口令，但是显然不能将口令以明文的形式存放在系统中，否则很容易泄露口令。如果采用通常的加密方法对存放在系统中的口令进行加密（如 DES 算法），那么加密密钥的保存就成了一个验证的安全问题，一旦加密密钥被泄露，系统中所有口令都可能被泄露。所以，口令在系统中的保存应该满足如下要求，即利用密文形式的口令恢复出明文形式的口令在计算上是不可能的。口令一旦被加密，就永远不会以明文的形式在任何地方出现。也就是说，要求对口令进行加密的算法是单向的，只能加密，不能解密。系统利用这种方法对口令进行验证时，首先将用户输入的口令进行加密运算，将运算结果与系统中保存的密文进行比较，若两者相等就认为口令是合法的，否则就认为口令是非法的。

口令管理的第二个问题是关于口令的传送问题。口令一定要以安全的方式传送，否则就可能被泄露。用加密的方法无法解决这个问题，因为即使采用加密方法，也必须对接收者的身份进行认证，如果不对接收者的身份加以认证，就无法保证口令会被正确地传送到合法用户手中。而对接收者的身份进行认证是口令要解决的问题，所以，在口令建立起来之前无法对接收者的身份进行认证，也就无法保证口令能够被传送到正确的用户手中，所以必须考虑采用其他方法。通常采用寄信的方式，许多银行就是利用这种方法向客户发送个人 PIN 码的。银行系统通常采用夹层信封，由计算机将口令印在中间纸层上，外边看不到该口令，只有拆封才能读出。若用户收到的信封已被拆阅，可向银行声明拒用此口令。

当用户进入系统时，用户终端屏幕上会出现"请输入口令"的请求。某些与真实网页有相似域名并且版面看起来与原始网页十分相似的虚假网页以此诱惑用户输入口令，假如这时用户未能发现域名相差一个字符，就会不假思索地输入口令。由于系统没有向用户证明它是真正、正确的系统，因此用户面对的可能是一个专门设计的用于窃取用户口令的冒充者。

4. 口令的时效性

猜测口令需要能够访问补充信息、补充函数或者获得认证函数。当口令被猜测出来后，如果以上三种信息都不变，那么攻击者就可以使用猜测出来的口令访问系统。面对这种情况，通常采用的解决方法是：如果以上三种信息都不变，确保当口令被猜测出来后不再有效，即口令要有时效性。口令的时效性就是要求每隔一段时间或者经过一些事件后，必须改变口令。

(1) 最长口令期限

最长口令期限要求用户按照规定的计划改动口令，通过指定用户在一定时间之后必须改动口令来实现。假设期望猜测到改动一个口令的时间是 30 天，如果在不到 30 天的时间里就改变口令，理论上，这样做能够减少攻击者猜测出有效口令的概率。实际上，时效性本身并不能确保安全，因为猜测一个口令的估计时间是一个平均值，它均衡了容易猜测的口令的估计时间和不容易猜测的口令的估计时间。如果用户选择的是很容易猜测出来的口令，对期望猜测的时间估计应该选择最小值，而不是平均值。因此，口令的时效性只有与其他机制一起使用才能发挥更好的作用。实现口令时效性会涉及很多问题。首先，迫使用户改变口令；其次，需要提供改变口令的通知和一个友好的口令改变方法。

(2) 口令历史

要求严格时，用户需要不断地改变口令，这样可能导致用户重复使用口令。口令历史机制通过为每个用户记住最后几个口令来防止口令的重复使用。这种方式提供了一个清单，可以对用户使用的任何更新口令进行检查。清单中先前使用过的口令将被拒绝使用，可以为系统设置若干个先前使用过的口令。这种机制存在的问题是：如果用户在较短时间内改变了 n 次口令，然后又改变回原来的口令，口令时效性就失去了作用。

(3) 最短口令期限

在最短口令期限到期之前，用户不能改动口令。这样可以防止用户多次改动口令，耗尽口令历史并重复使用他们喜欢的口令，阻止口令的快速循环。然而，如果在某段时间内，用户口令被泄露了，这种方式会阻碍用户改变口令。如果由用户选择口令，那么提醒用户更改口令非常重要。必须给用户足够的时间想出一个好的口令，或者必须检测用户选择的口令。

(4) 账户更新

在许多机构中，一个大的问题是保持账户的更新。当用户离开某机构时，其账户至少应当被禁用。如果不给 IT 部门提供任何通知，继续让账户保持有效的话，该账户有可能被用来进行攻击。通过提供账户到期功能，实现账户的自动失效。在大的环境中，为每个成员更新账户可能导致维护困难，因为账户必须定期更新。一个折中的办法是，为所有临时、兼职和联系工作的人员提供到期期限，限制用户对系统的访问。一些系统允许对一天中的某些时间进行限制，还可以对特定账户能使用的工作站进行限制。

5.2.2 质询-应答协议

传统的身份认证机制建立在静态口令的识别基础之上，这种以静态口令为基础的常规身份认证方式口令被窃取的隐患包括以下几种。

- 社会工程学（Social Engineering）。通过人际交往这一非技术手段以欺骗、套取的方式来获得口令。避免此类攻击的对策是加强用户口令保护意识。
- 猜测攻击。首先使用口令猜测程序进行攻击。口令猜测程序往往根据用户定义口令的习惯猜测用户口令，如名字缩写、生日、宠物名、部门名等。在详细了解用户的社会背景之后，黑客可以列举出几百种可能的口令，并在很短的时间内就可以完成猜测攻击。

- 字典攻击。字典式攻击会使用一个预先定义好的单词列表（可能的密码），在破解密码或密钥时，逐一尝试用户自定义词典中的可能密码（单词或短语）。
- 穷举攻击，也称"暴力破解"，是对密码进行逐个尝试，直到找出真正密码为止的一种攻击方式。这种攻击方式理论上可破解任何一种密码，问题在于如何缩短破解时间。
- 混合攻击。结合了字典攻击和穷举攻击，先进行字典攻击，再进行暴力攻击。
- 网络数据流窃听。很多通过网络传递的认证信息是未经加密的明文（如 FTP、Telnet 等），容易被攻击者通过窃听网络数据分辨出认证数据，并提取用户名和口令。
- 认证信息截取、重放。对于简单加密后进行传输的认证信息，攻击者会使用截取、重放的方式推算出密码。

随着网络应用的深入和网络攻击手段的多样化，静态口令认证技术由于其自身的安全缺陷已不再适应安全性要求较高的网络应用系统。针对静态口令认证技术存在的安全缺陷，业界提出了一次性口令认证技术（One-Time Password Authentication），也称为动态口令认证技术。动态口令认证是指在登录过程中加入不确定因素，使每次登录时传送的认证信息都不相同，以提高登录过程的安全性。一次性口令是质询-应答协议采用的方法之一，一个口令一旦使用就失效了。质询-应答协议采用的另一种方法是硬件支持的质询-应答程序，根据输入质询，硬件设备计算出一个适当的应答。

质询-应答协议通过让验证者随机提出问题由用户回答以验证用户的真实性。基于质询-应答协议的身份验证机制就是每次鉴别时由鉴别服务器端给客户端发送一个不同的"质询"字符串，客户端程序收到这个"质询"字符串后，做出相应的"应答"。质询-应答协议的基本原理如图 5-3 所示，B 要对 A 进行认证，它首先向 A 发出随机提问 Rand 作为质询，接着 A 就质询 Rand 计算认证参数 $AP = f_k(Rand)$ 作为应答，这里 f 是 A、B 事先约定的加密算法，k 是双方的共享密钥。收到应答后，B 计算 $AP' = f_k(Rand)$，以 AP 和 AP' 是否一致来判定 A 的身份是否合法。

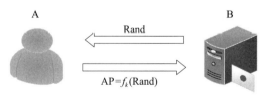

图 5-3　质询-应答协议的基本原理

质询-应答协议的目的是对抗重放攻击。在质询-应答协议的每一步均有一个历史时间戳，保证了协议可以有效地抵抗重放攻击。质询-应答协议消除了传统口令认证技术的大部分安全缺陷，能有效抵抗传统口令认证技术所面临的主要安全威胁和攻击，为网络应用系统提供了更加安全可靠的用户身份验证保障。

1. 一次性口令

为了解决静态口令问题，20 世纪 80 年代初，Leslie Lamport 首次提出了利用散列函数产生一次性口令的思想。一次性口令又称"一次性密码"，即一个口令只对应一次使用有效，使用之后就变为无效的口令，这是口令时效性的一种极端形式。在某些场合，质询-应答机制使用一次性口令。把应答作为口令，由于连续认证的质询是不同的，因此应答也是不同的，并且每个应答在被使用后就变为无效。

一次性口令的基本思想是：用户每次与服务器连接过程中使用的口令在网上都被加密成密文传输，且这些密文在每次连接时都是不同的，也就是说，密文是一次有效的。当一个用户在服务器上首次注册时，系统给用户分配一个种子值（Seed）和一个迭代值（Iteration），这两个值构成了一个原始口令。同时，在服务器端保留只有用户自己知道的口令，该口令是由数字、字母、特殊字符、控制字符等组成的长为 58 个字符的字符串。当用户每次向服务器发出连接请求时，服务器把用户的原始口令传给用户。用户接到原始口令以后，利用口令生成程序，采用散列算法（如 MD5），结合口令计算出本次连接实际使用的口令，然后再把口令传回服务器。服务器保留用户传来的口令，然后调用口令生成器，采用同一散列算法，利用用户保存在服务器端的口令和它刚刚传给用户的原始口令自行生成一个口令。服务器把该口令与用户传来的口令进行比较，进而对用户进行身份确认。每一次身份成功认证后，原始口令中的迭代值自动减 1。由于该机制每次登录时的口令是随机变化的，每个口令只能使用一次，彻底防止了前面提到的各种窃听、重放、假冒、猜测等攻击方式。

采用一次性口令质询-应答机制通信的两个用户，当双方需要发送加密信息时，如果他们各自有一份一次性填充的副本，可以各自使用这个口令或者用其他的方法来决定使用哪一个口令。当然，对于这种系统来说，其好处是即使密钥被破解了或者被演绎出来了，也只能对当前的信息有用，下一个信息需要使用不同的密钥。

2. 支持质询-应答程序的硬件

使用硬件支持一次性口令相对简单，因为不需要将口令打印在纸上或者输出到某些中间媒体。支持质询-应答程序的硬件有两种形式：专门的硬件和通用的计算机。两者实现相同的功能。

第一种类型的硬件有一个非正式的名称——令牌（token），它提供了一种对消息进行散列和加密的机制。使用这种设备时，系统首先发送一个质询，用户把该质询输入设备里，设备返回一个适当的应答。一些设备要求用户输入个人口令，并把质询作为密钥，或者结合质询一起用来产生应答。

第二种类型的硬件基于时间。每隔 60s 就显示一个不同的数字，这些数字的变化范围是 $0 \sim 10^{n-1}$，n 为系统参数。有一个设备与计算机相连，它知道设备为每个注册用户显示的数字是什么。为了进行认证，用户提交他的登录名，系统请求一个口令，接着用户输入硬件显示的数字，后面跟一个固定的口令。系统验证该数字是否为系统在当时期望用户提交的数字，同时验证固定口令是否正确。比如，我们常用的聊天工具中经常会碰到这样的情况：系统对话框请求用户输入账户名，同时系统请求用户输入个人账户和密码，单击"确定"后，会随机蹦出一个空白框，旁边附有一组随机数字、字母或汉字，要求用户键入相同的字符，如果用户键入的字符与旁边出现的字符相同，则登录成功，否则无法登录。

3. 质询-应答和字典攻击

质询-应答技术是否容易受到字典攻击，取决于质询和应答的本质。一般而言，如果字典攻击者知道了质询和应答，字典攻击就如同攻击一个重用口令系统。实际上，许多质询是由随机数据结合公开数据产生的，而且攻击者可以获得这些公开的数据，所以攻击者没必要知道 r 的值。

例 5-2 假设一个用户使用质询-应答系统来认证自己。系统产生一个随机的质询 r，用户用 $E_k(r)$ 来应答，即用密钥 k 来加密 r。

对这种质询-应答系统的字典攻击情形为：如果攻击者知道了 r 和 $E_k(r)$，他就可以穷举 k 的值，直到对 r 的加密和 $E_k(r)$ 匹配。

5.2.3 利用信物的身份认证

对大多数人来说，利用授权用户所拥有的某种东西即信物进行访问控制的方法并不陌生。在日常生活中，几乎所有的人都有钥匙，有的钥匙用于开房门，有的钥匙用于开抽屉，有的钥匙用于开车子，在这里钥匙就是信物。对信息系统的访问控制也可以利用这种方法。我们可以在信息系统终端加一把锁，使用该终端的第一步就是用钥匙打开相应的锁，然后再进行相应的注册工作。但是，对信息系统来讲，这种方法的一个最大的缺点是它的可复制性。我们所用的普通钥匙是可以任意复制的，并且很容易被人偷走。为了克服这个缺点，人们想了许多办法。

1. 磁卡

磁卡是目前广泛使用的一种设备，它是一种卡片状的磁性记录介质，利用磁性载体记录字符与数字信息。目前磁卡已经广泛用于身份识别，如信用卡、校园一卡通、第二代身份证、公交卡等。ISO 发布了相关标准，对磁卡的尺寸、磁条的大小等都有具体的规定，该组织还制定了几个其他的标准，对相应的数据记录格式做了规定。磁卡中最重要的部分是磁条，磁条中不仅存储着数据，还存储着用户的身份信息。

普通的磁卡很容易被复制，复制品可以和真品非常像，大多数人很难区分出真假。可以将磁卡上的内容从一张卡转移到另一张卡，而不需要很昂贵的设备。因此，研制不可伪造的磁卡是很重要的，但是绝对的不可伪造是不可能的，人们只能想些办法增加伪造的难度。目前，防止伪造的方法主要集中在如何阻止磁卡上的数据重新生成上，人们为此研发了很多方法以提高磁性记录的安全性。

2. 智能卡

目前，人们常用的是智能卡。这种卡与普通磁卡的区别在于，这种卡带有智能化的微处理器与存储器，具有更高的防伪能力，一般不易伪造，因而更加安全。智能卡已经广泛应用于银行、电信、交通等各个领域，非接触式智能卡已被证明是处理大量交易时最有效率的工具。最明显的例子是北京市政交通一卡通，如图 5-4 所示。市民只要拥有一张市政交通一卡通卡，就可以实现日常交通出行及一卡付费，因此这是一种真正方便、快捷的付费方式。

图 5-4 北京市政交通一卡通

在基于证书的认证系统中，对私钥的保护是极为重要的。一个设计得更好的系统会将私钥保护起来，并将它和计算机隔开，智能卡就可以做到这一点。用于认证的智能卡看起来就像信用卡，但它包含一块用来保存私钥和证书副本的计算机芯片，并且能进行相关处理。在为特定的应用选择合适的智能卡时，必须特别注意它们的应用场合。一些额外的硬件令牌可以使用基于 USB 的接口来实现类似的用途。智能卡需要特殊的智能卡读卡器来提供智能卡和计算机系统之间的通信。

在一个典型的智能卡实现中，对客户端的认证步骤如下。

1）用户将智能卡插入或者接近读卡器。

2）读卡器提示用户输入独一无二的 PIN 码（PIN 码的长度根据智能卡的不同类型而有所不同）。

3）用户输入 PIN 码。

4）如果 PIN 码是正确的，系统就会与智能卡进行通信。私钥被用来对一些数据进行加密，这些数据可能是询问，也可能是客户端计算机的时间戳。加密过程在智能卡上进行。

5）加密后的数据被传送到计算机中，也可能被传送给网络中的服务器。

6）公钥（可用来获得证书）用来对数据进行解密。由于只有智能卡的处理器拥有私钥，并且必须输入有效的 PIN 码来启动处理过程，因此，能够成功解密数据就意味着用户通过了认证。

智能卡还对强力攻击和字典攻击有极强的抵抗力，因为一小段不正确的 PIN 码输入就会导致智能卡无法通过认证。通过要求提供智能卡以维护会话，就可以获得额外的安全保障，当智能卡被拔出之后，系统将被锁住。用户离开时可以拔下他们的智能卡，这样就可以将系统锁住，以防止任何其他人（物理地）访问到该系统。

智能卡的问题通常是管理方面的问题，如智能卡的发放、用户培训、成本核算、丢卡处理等。此外，为了保证系统的配置达到使用智能卡的要求，需要检查实施方案。一些实施方案允许口令的选择使用，这会削弱系统的安全性，因为只要针对口令的攻击就会消除智能卡所提供的附加安全性。对于系统是否有这种缺陷，可以通过检查这个选项的文档来确定，并查找不能使用智能卡的区域，比如用于管理的命令或者辅助登录。

5.2.4 生物认证

前面讨论了利用口令与信物进行身份认证的方法，由于口令可能被不经意地泄露，而信物又可能丢失或者被人伪造，所以，在对安全性要求较高的情况下，这两种方法都不太恰当。为此，人们把注意力放到了利用人类特征进行认证的方法上。

人类的特征可以分为两种：一种是人的生物特征，另一种是人的行为特征。可以使用生物特征作为身份证明，例如通过声音、外表来识别一个人或通过易容术来冒充一个人，这在古代就被广泛使用。利用人类的生物特征进行身份识别历史悠久，特别是在侦破犯罪案件中。法国在 18 世纪 30~70 年代，一直使用一种称作 Bertillon 的系统，它通过测量人体各部分的尺寸来识别不同的罪犯，如前臂长度、各手指长度、身高、头的宽度、脚的长度等。

生物认证就是通过生物学特征和行为特征来辨识每一个人的自动化方法。常用的特征有指纹、声音、眼睛、脸部、击键动作或者以上特征的综合。当给定用户一个账号，系统管理员要采用一系列的措施，在一个可接受的错误范围内识别该用户。只要该用户访问系统，生物认证机制就要验证该用户的身份。只要与声明用户身份关联的已知数据进行比较，就可以确定该用户是应该得到认证还是应该被拒绝。世界上没有两个人的特征是完全相同的，所以这种方法的安全性极高，几乎不能伪造，对此方法的不经意使用也没有什么影响，但一般来讲，这种方法费用较高。

1. 指纹

我们都知道，可以利用人的指纹进行身份认证。人的指纹是与生俱来的，并且一般不会改变，如图 5-5 所示。世界上几乎没有两个人的指纹是完全一样的，所以利用指纹就能唯一地认证每个人。利用指纹来验证身份的技术已得到广泛使用，如指纹打卡机（如图 5-6 所示）、计算机指纹登录器（如图 5-7 所示）。

图 5-5 指纹

图 5-6 指纹打卡机

图 5-7 计算机指纹登录器

指纹认证离不开指纹采集设备，目前常用的指纹采集设备有三种，即光学式指纹采集设备、硅芯片式指纹采集设备、超声波式指纹采集设备。其中，光学指纹采集器是最早的也是使用最为普遍的指纹采集器，还出现了用光栅式镜头替换棱镜和透镜系统的采集器。光电转换的 CCD 器件有的已经换成了 CMOS 成像器件，从而省略了图像采集卡，直接得到数字图像。

指纹识别过程包括登记过程和识别过程。用户需要先采集指纹，然后计算机系统自动进行特征提取，提取后的特征将作为模板保存在数据库或其他指定的位置。在识别或验证阶段，用户首先要采集指纹，然后计算机系统自动进行特征提取，提取后的待验证特征将与数据库中的模板进行比对，并给出比对结果。在很多场合，用户可能要输入其他的一些辅助信息，以帮助系统进行匹配，如账号、用户名等。这是一个通用过程，对所有的生物特征识别技术都适用。

2. 声音

不同频率的声波会使我们感觉到不同的声音，如图 5-8 所示。人类的声音是靠口腔内声带的振动发出的，正常人的声带是与生俱来的，不同人的声带、声带附近的肌肉组织等是不同的。所以，不同人发出声音的频率成分、各频率成分的多少以及它们的持续时间都是不同的，根据这种差异就可以识别出不同的人。

图 5-8　声波

声音认证，也称为说话者验证或者说话者识别，涉及识别一个人的声音特征或者口头信息验证。声音认证技术使用统计技术来测试这个假设：说话人的身份和他所声明的身份是一样的。系统首先用固定的通行证短语或者可以结合的因素进行训练。认证时，说话人或者重复一遍通行证短语，或者复述一个由已知因素构成的词（或者一系列单词）。语言信息验证则是验证说话内容的一致性。系统提问一系列的问题，如"你的小学全名是什么？""你的出生地是哪里？"等，接着验证回答和数据库中的相应记录是否一致。说话者验证技术与语言信息验证技术的主要区别在于前者是与说话人相关的，而后者与说话人无关，只与说话的内容相关。

3. 眼睛

通过眼部特征来认证，使用的是眼睛的视网膜和虹膜。视网膜认证是一种比较可靠的认证方法。研究人员发现，人眼视网膜中的血管分布模式具有很高的个体性，如图 5-9 所示，可以利用这一性质对不同的人进行身份认证。视网膜识别技术要求激光照射眼球的背面以获得视网膜特征的唯一性。这种方法一般只用于需要最高级别的安全设备。虹膜识别技术基于眼睛中的虹膜进行身份识别，通常应用于安防设备（如门禁等），以及有高度保密需求的场所。研究表明，虹膜在胎儿发育阶段形成后，在整个生命历程中将保持不变。这些特征决定了虹膜特征

图 5-9　视网膜

的唯一性，同时也决定了身份识别的唯一性。因此，可以将人眼的虹膜特征作为每个人的身份识别对象。

4. 脸部

脸部也可以作为生物认证时采用的特征之一，其中最广泛应用脸部特征进行身份认证的技术是人脸识别技术，如图 5-10 所示。脸部识别由几个步骤组成。首先是脸部定位，用户把脸放在一个事先确定好的位置上，比如把下巴放在一个支架上，人脸识别技术对用户的脸部特征进行识别，对于难以被识别的脸部特征，比如头发和眼镜，可以使用神经网络和模板技术。然后把所得图像与数据库中相关的图像进行比较，相关性会受到当前图像与参考图像光线、扰乱、噪声、对脸部的观察等因素的影响，相关性机制必须得到"训练"。广泛使用的脸部识别相关性方法有很多，其中一种方法注重于脸部特征，如鼻子和下巴之间的距离、两者之间连线的角度等。

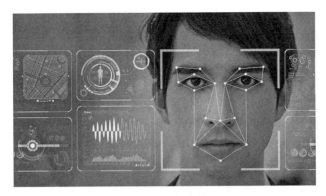

图 5-10　人脸识别技术

5. 行为特征

人的下意识动作也会留下一定的特征，不同的人对同一个动作会留下不同的特征，这方面最常见的例子是手写签名。手写签名是一种历史悠久的身份认证方法。商人之间签订合同、政府之间签署协议、组织下发文件等活动都需要有相应负责人的签字，以表明签字人对文件的认可。频繁进行签名的人对这一动作已经司空见惯，所以，签名已经成为一种条件反射的动作，它已经不受手臂肌肉的控制，从而成为一种下意识的动作。这种动作的结果会留下许多特征，如书写时的用力程度、笔迹的特点等，根据这些特征就能够认证出签名人的身份。图 5-11 所示为一个手写签名识别系统。

动态击键需要使用基于击键间隔、击键压力、击键持续时间、击键位置的"签名"，如图 5-12 所示。这种签名和手写签名一样是唯一的。击键识别可以是动态的，也可以是静态的。静态识别一次性完成，通常在认证时输入一个固定的或者一致的字符串。认证结束后，攻击者可以在不被察觉的情况下获取这个连接（或者控制终端）。动态识别则贯穿整个会话过程，所以类似静态识别的攻击不可能发生。不过，系统必须选择合理的签名，考虑用户会话期间的某些变化不会引起认证失败，例如，击键间隔也许变化很大。从某个用户的击键行为得到的统计信息用于整个统计测试过程，统计测试说明数据中可接受的变化量。

图 5-11　手写签名识别系统

图 5-12　动态击键识别

一些研究人员结合上述几种技术来提高生物认证的准确性。结合多种特征的认证可以获得比使用单一特征认证更高的准确率。

6. 对生物认证的攻击

生物认证测定一个用户的私人特征，因此人们往往相信攻击者无法模仿授权用户来访问一个使用生物测定技术认证的系统。这基于两个假设。第一个假设是生物测定设备在它所运用的环境中是准确的。例如，指纹扫描在监督下进行，使用别人的手指来代替自己的认证当然能被发现。但是如果没有监督，就不能发现这种欺骗，未授权的用户就可以入侵系统。第二个假设是从生物测定设备到计算机分析过程的传输是防篡改的，否则，攻击者可以记录一个合法的认证，并在以后进行重放。

生物认证还存在一些让人怀疑的地方，如攻击者可能从真人身上割下某个部位，并使用该部位来通过系统的认证。但生物测定设备制造商认为，这是不可能的，因为通过这种方式得到的指纹将很快失去足够的生物特征。一些厂商制造的指纹阅读器还要求脉搏的再现，或者要求其他一些生物特征。

5.3 Kerberos 认证系统

当用户一次又一次地使用同样的密钥与另一个用户交换信息时，将会产生以下两种不安全的因素。

- 如果某人偶然地接触到了该用户所使用的密钥，那么，该用户曾经与另一个用户交换的每一条消息都将失去保密的意义。
- 该用户所使用的一个特定密钥加密的量越多，则相应地提供给偷窃者的内容也越多，这就增加了偷窃者破解成功的机会。

因此，人们一般要么仅将一个会话密钥用于一条信息或一次与另一方的对话中，要么建立一种按时更换密钥的机制，尽量减小密钥被暴力破解的可能性。另外，如果在一个网络系统中有 1000 个用户，他们之间的任何两个用户都需要建立安全的通信联系，则每个用户需要 999 个密钥与系统中的其他人保持联系，可以想象管理如此一个系统的难度有多大。这只是让每一对用户使用单独的密钥，还未考虑允许不同的会话密钥的情况。

Kerberos 认证系统是由麻省理工学院开发的网络访问控制系统，Kerberos 主要用于在时间同步的前提下基于公钥密码体制，解决保密密钥管理与分发的问题，以实现集中的身份认证和密钥分配，保证通信的保密性和完整性。Kerberos 认证协议适用的情景有如下四个要求。

- 一个系统由一个中心认证服务器（AS）、一个票据发放服务器（TS）和一组应用服务器 $S_1, S_2, \cdots, S_n$ 组成。
- 一个中心认证服务器可以向 Kerberos 系统认证一个用户。
- 一个票据发放服务器向用户发布可以访问应用服务器的票据。
- 对于一个或者多个应用服务器 $S_1, S_2, \cdots, S_n$，用户可以通过显示票据发放服务器颁发的票据来访问这些应用服务器。

Kerberos 认证系统的原理如图 5-13 所示。

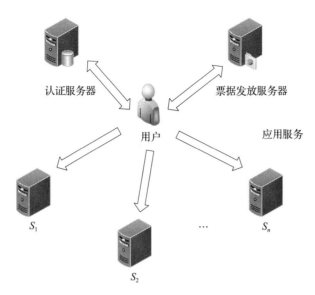

图 5-13 Kerberos 认证系统的原理

Kerberos 协议主要由三个部分组成，即密码学、票据和认证。

1. 密码学

密码学是研究如何隐秘地传递信息的科学。密码是通信双方按约定的法则进行信息特殊变换的一种重要保密手段。依照这些法则，变明文为密文，称为加密变换；变密文为明文，称为解密变换。进行明密变换的法则称为密码的体制。指示这种变换的参数称为密钥。认证服务器与每个用户及票据发放服务器共享密钥。

2. 票据

票据是相对特定应用的访问凭证，又称为服务票据，在协议中只限定一次认证有效，即使对票据进行攻击，也会因为票据的失效不会对应用造成威胁。$K_{\text{Alice,Server}}$ 是票据发放服务器产生的会话密钥，用户 Alice 与服务器 Server 共享会话密钥并使用该密钥访问服务器提供的服务。K_{Server} 是服务器与认证服务器共享的密钥。票据 $T_{\text{Alice,Server}}$ 是对 Alice、Alice 的地址、有效期和 $K_{\text{Alice,Server}}$ 用 K_{Server} 加密的结果，即

$$T_{\text{Alice,Server}} = \{\text{Alice} \| \text{Alice 的地址} \| \text{有效期} \| K_{\text{Alice,Server}}\} K_{\text{Server}}$$

3. 认证

Alice 可以用密钥 $K_{\text{Alice,Server}}$ 访问 Server 提供的服务，t 是认证开始的时间，K_t 是备用会话密钥。$A_{\text{Alice,Server}}$ 是 Alice、t 和 K_t 用 $K_{\text{Alice,Server}}$ 加密的结果，即

$$A_{\text{Alice,Server}} = \{\text{Alice} \| t \| K_t\} K_{\text{Alice,Server}}$$

Kerberos 协议的过程如图 5-14 所示，步骤①至步骤⑥中发送的消息如下，其中步骤⑥是可选的。

① Alice∥AS

② $\{K_{\text{Alice,TS}}\} K_{\text{Alice}} \| \{T_{\text{Alice,TS}}\} K_{\text{Alice}}$

③ $S \| A_{\text{Alice,TS}} \| T_{\text{Alice,TS}}$

④ Alice $\| \{K_{\text{Alice},S}\} K_{\text{Alice,TS}} \| T_{\text{Alice},S}$

⑤ $A_{\text{Alice},S} \| T_{\text{Alice},S}$
⑥ $\{t+1\}K_{\text{Alice},S}$

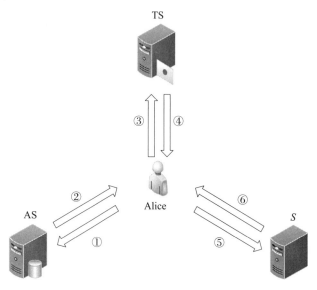

图 5-14　Kerberos 协议的过程图

步骤①：为了开始一个会话，Alice 自选一台公共的工作站，输入她的名字登录 AS。该工作站把她的名字以明文方式发送给 AS。

步骤②：AS 返回给 Alice 的是一个会话密钥和一个票据 $T_{\text{Alice,TS}}$，该票据是 Alice 需要向 TS 出示的。这两个数据项被封装在一起，并且用 Alice 的秘密密钥加密，所以只有 Alice 才能解密这个消息。只有步骤②完成，工作站才会请求 Alice 输入口令。然后工作站利用该口令生成 Alice 的秘密密钥，从而解密消息②并获得该消息内的会话密钥和 TS 票据。同时，工作站覆盖 Alice 的口令，以确保口令的明文在工作站内至多停留几毫秒。

步骤③：Alice 登录以后，她会告诉工作站想要和 AS 通信。然后工作站给 TS 发送消息③，请求使用 AS 的一个票据。这个消息中的关键要素是 $A_{\text{Alice,TS}}$，它用 Alice 与 TS 共享的会话密钥来加密，其作用是证明发送方真的是 Alice。

步骤④：TS 收到消息③后，创建并返回一个会话密钥 $K_{\text{Alice},S}$ 和一个票据 $T_{\text{Alice},S}$，用于 Alice 和 S 通信使用。会话密钥 $K_{\text{Alice},S}$ 仅仅用 Alice 与 TS 共享的会话密钥加密，所以只有 Alice 可以读取 $K_{\text{Alice},S}$。

步骤⑤：现在 Alice 可以将 $A_{\text{Alice},S}$ 发送给 S 以便和 S 建立一个会话。步骤⑤和步骤⑥使用了时间戳。

步骤⑥：S 给 Alice 发送应答消息⑥，向 Alice 证明，Alice 确实在与 S 通信，而不是与其他别人通信。

Kerberos 协议的重要意义在于阐明了单点登录的思想，并提高了金融系统和网络应用系统的安全性。单点登录有以下特征：首先用户只需登录 AS 一次，然后给用户颁发密钥来访问 TS；其次用户可以用 TS 颁发给用户的密钥来访问一个或者多个应用服务器 S。

5.4 其他身份认证方式

5.4.1 RADIUS 认证

RADIUS（Remote Authentication Dial-In User Server，远程认证拨号用户服务）是由 Livingston 公司开发、经 Merit 大学扩展功能的一种分布式、C/S 架构的信息交互协议，能保护网络不受未授权访问的干扰，常应用于既要求较高安全性又允许远程用户访问的各种网络环境。

该协议定义了基于 UDP（User Datagram Protocol）的 RADIUS 报文格式及其传输机制，并规定 UDP 端口 1812、1813 分别作为认证、计费端口。RADIUS 最初仅是针对拨号用户的 AAA 协议，后来随着用户接入方式的多样化发展，RADIUS 也适应多种用户接入方式，如以太网接入等。它通过认证授权来提供接入服务，通过计费来收集、记录用户对网络资源的使用。AAA 是一种管理框架，是认证（Authentication）、授权（Authorization）和计费（Accounting）的简称，是网络安全中进行访问控制的一种安全管理机制，提供认证、授权和计费三种安全服务，可以用多种协议来实现。在实践中，人们最常使用 RADIUS 来实现 AAA。

RADIUS 的架构采用客户端/服务器（C/S）模式。RADIUS 客户端和 RADIUS 服务器之间认证消息的交互是通过共享密钥的参与来完成的，并且共享密钥不能通过网络来传输，增强了信息交互的安全性。另外，为防止用户密码在不安全网络上传递时被窃取，RADIUS 协议利用共享密钥对 RADIUS 报文中的密码进行了加密。

接入设备作为 RADIUS 客户端，负责收集用户信息（例如用户名、密码等），并将这些信息发送到 RADIUS 服务器。RADIUS 服务器则根据这些信息完成用户身份认证以及认证通过后的用户授权和计费。用户、RADIUS 客户端和 RADIUS 服务器之间的交互流程如图 5-15 所示。

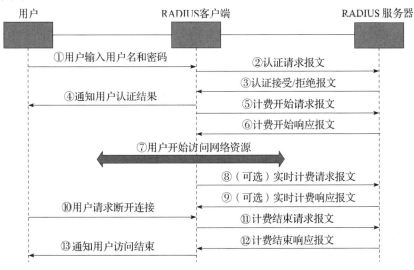

图 5-15　用户、RADIUS 客户端和 RADIUS 服务器交互流程

5.4.2 HTTP 认证

服务器需要通过某种方式了解访问用户的身份。一旦服务器知道了用户身份，就可以判断该用户可以访问的事务和资源。认证意味着要证明客户端访问的用户是谁。通常情况下是通过提供用户名和密码来认证的。HTTP 提供了一个原生的质询/响应框架，简化了对用户的认证过程。HTTP 的认证模型如图 5-16 所示。

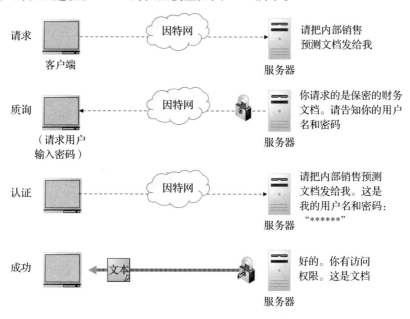

图 5-16　HTTP 认证模型

Web 服务器接收到一条 HTTP 请求报文时，服务器没有直接响应请求的资源，而是以一个"认证质询"进行响应，要求用户提供一些保密信息来证明其身份。用户再次发起请求时，要附上保密证书（用户名和密码）。如果不满足要求，服务器可以再次质询客户端，或者产生一条错误信息。如果证书匹配则返回请求的资源。

HTTP 的四种认证方式如下。

1. BASIC 认证（基础认证）

基础认证使用 Base64 对密码、用户名进行加密，并将加密后的信息放在 Header 中，本质上还是以明文方式传输用户名、密码等，基本流程如下。

1）客户端发起 GET 请求。

2）服务器响应 401Unauthorized，WWW-Authenticate 指定认证算法，realm 指定安全域。

3）客户端重新发起请求，Authorization 指定用户名和密码信息。

4）服务器认证成功，响应 200。

2. SSL 认证

SSL 认证是借由 HTTPS 的客户端证书认证的方式。凭借客户端证书认证，服务器可确认访问是否来自自己的客户端。

3. FormBase 认证（基于表单认证）

基于表单认证本身是通过服务器端的 Web 应用，将客户端发送过来的用户 ID 和密码与之前登录过的信息做匹配来进行认证。

4. DIGEST 认证（摘要认证）

摘要认证使用随机数+MD5 加密哈希函数来对用户名、密码进行加密，服务器返回随机字符串 nonce，之后客户端发送摘要 = MD5（HA1：nonce：HA2），其中 HA1 = MD5（username：realm：password），HA2 = MD5（method：digestURI）。

5.4.3 SET 认证

SET 主要是为了解决用户、商家、银行之间通过信用卡交易而设计的，它具有保证交易数据完整性、交易不可抵赖性等优点，因此它成为目前公认的信用卡网上交易的国际标准。SET（Secure Electronic Transaction）协议也被称为安全电子交易协议，是为了实现更加完善的即时电子支付而生的，是一种新的电子支付模型。SET 协议也是一个基于可信的第三方认证中心的方案，采用公钥密码体制和 X.509 数字证书标准，主要应用于 B2C 模式以保障支付信息的安全性。SET 协议中的核心技术主要有非对称加密、双重签名技术、安全数字证书、数字信封、数字时间戳等。

SET 身份认证不仅要对客户的信用卡进行认证，而且要对在线商家进行认证，实现客户、商家和银行之间的相互认证。SET 协议保证支付信息的机密性、支付过程的完整性、商家和持卡人的合法身份及可操作性。具体认证过程如图 5-17 所示。

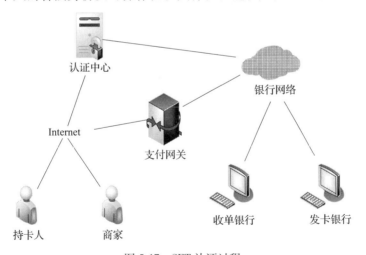

图 5-17 SET 认证过程

1）持卡人到发卡银行申请电子商务活动软件，并且到 CA（认证中心）申请数字证书。

2）商家也到 CA 申请数字证书，证明己方不是"黑店"。

3）发卡银行是负责为持卡人建立账户并发放支付卡的金融机构。发卡银行在分理行和当地法规的基础上保证信用卡支付的安全性。

4）收单银行是商家建立账户并处理支付卡认证和支付的金融机构。

5) 支付网关是银行与 Internet 之间的专用系统，负责接收处理从商家传来的扣款信息，并通过专线发送给银行，银行对支付信息的处理结果再通过这个专用系统反馈给商家。

6) 为了保证 SET 交易的安全，SET 协议规定参加交易的各方都必须持有数字证书，在交易过程中，每次交换信息都必须向对方出示自己的数字证书，而且都必须验证对方的数字证书。CA 的主要工作是负责 SET 交易数字证书的发放、更新、废除、建立证书黑名单等。

5.4.4 零知识证明

零知识证明是指证明者能够在不向验证者提供任何有用信息的情况下，使验证者相信某个论断是正确的。通俗来讲，就是既证明了自己想证明的事情，同时又透露给验证者的信息为"零"。

零知识证明需要满足以下三个属性。

- 如果语句为真，诚实的验证者（即正确遵循协议的验证者）将由诚实的证明者确信这一事实。
- 如果语句为假，不排除有概率欺骗者可以说服诚实的验证者它是真的。
- 如果语句为真，证明者的目的就是向验证者证明并使验证者相信自己知道或拥有某一消息，而在证明过程中不可向验证者泄露任何有关被证明消息的内容。

零知识证明可以分为交互式和非交互式两种。交互式零知识证明中，零知识证明协议的基础是交互式的。它要求验证者不断对证明者所拥有的"知识"进行一系列提问。例如，如果有人声称自己知道数独游戏的答案，零知识证明的过程就是验证者需要随机指定要通过列、行或 9 个正方形进行验证。每轮测试不需要知道具体的答案，只需要检测数字 1~9 是否包含在内。只要验证的次数足够多，就有理由相信证明者是知道数独问题答案的。然而，这种简单的方法并不能使人相信证明者和验证者都是真实的。在数独这种情况下，两者可以提前串通，以便证明者可以在不知道答案的情况下依然通过验证。如果他们想要说服第三方，验证者还必须要证明验证过程是随机的，并且他不会向证明者泄露答案。因此，第三方难以验证交互式零知识证明的结果，要向多人证明某些东西则需要额外的努力和成本才行。非交互式零知识证明，即不需要交互过程，避免了串通的可能性，但是可能需要额外的机器和程序来确定实验的顺序。例如，在数独的例子中，由程序决定要验证的列或行。验证序列必须保密，否则验证者可能会在不知道真正"知识"的情况下通过验证。

零知识证明最通俗的例子是图 5-18 所示的山洞问题。R 和 S 之间存在一道密门，并且只有知道咒语的人才能打开。Peggy 知道咒语并想对 Victory 证明，但证明过程中不想泄露咒语。他该怎么办呢？

1) 首先 Victory 走到 P，Peggy 走到 R 或者 S。

2) Victory 走到 Q，然后让 Peggy 从洞穴的一边或者另一边出来。

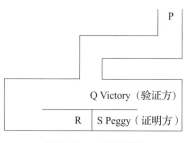

图 5-18　山洞问题

3) 如果 Peggy 知道咒语，就能正确地从 Victory 要求的那一边出来。

Victory 重复上述过程很多次，直到他相信 Peggy 确实知道打开密门的咒语为止。在这里，Peggy 是证明方，Victory 是验证方。Peggy 通过上述方法证明了自己确实知道咒语，但是没有向 Victory 透露任何咒语的相关信息，这一过程就是零知识证明。

5.5 本章小结

在日常生活中，身份认证并不罕见，比如，当两个实体需要通信时，它们必须相互认证对方的身份，如果有必要还要建立一个共享的会话密钥。通过认证可将一个实体绑定为安全系统内部的一个身份。通信的双方都有权要求验证对方的身份以维护自身的利益。身份认证的方法有很多，基本上可分为三类：基于共享密钥的身份验证、基于生物学特征的身份验证和基于公开密钥加密算法的身份验证。

习题

1. "身份"在安全系统中的定义是什么？意义何在？
2. 身份有哪两种？说说两者的区别。
3. 认证的定义是什么？Kerberos 认证系统的组成是什么？
4. 目前身份认证方法主要分为哪几类？分别是什么？
5. 我国有哪些法律对身份认证技术提出了要求？
6. 描述一种最常见的口令攻击方式。
7. 为什么口令的长度至少要为 6 个字符？说出两种抵抗口令猜测的方法。
8. 简单描述设置和选择口令的常用规则及注意事项。
9. 质询-应答协议的目的是什么？通常采用什么方法来实现？
10. 你使用过哪些利用信物的身份认证？这种认证在使用过程中存在哪些问题？怎样解决这些问题？
11. 列举两个以上生活中使用过的生物特征认证方法，说出其中的工作原理。
12. 什么是一次性口令？实现一次性口令有哪几种方案？请简述它们的工作原理。

第 6 章

访问控制

访问控制技术是保障网络信息系统安全的核心技术之一，是信息安全中对系统和网络信息实施有效保护的核心，是防止对信息系统进行未经授权访问的有效手段。访问控制保证用户对信息、资源和服务的访问与使用在可控条件下有条不紊地进行，确保网络资源最大限度地得到共享以及实现对各类资源和用户隐私的有效保护。访问的目的可以是获取信息、修改信息或者完成某种操作，一般是读、写或执行。

6.1 基本概念

6.1.1 访问控制的概念

访问控制是指主体依据某些控制策略对客体进行的授权访问。访问控制包括三个要素：主体（Subject）、客体（Object）和控制策略（Control Strategy）。控制策略是主体对客体的访问规则集。规则集定义了主体对客体的作用行为和客体对主体的条件约束。访问控制策略体现了一种授权行为，即客体对主体的权限允许，这种允许不能超越规则集。

主体、客体、控制策略三者需要满足如下的基本安全原则。

- 最小特权原则：根据主体所需权限进行最小化分配，能少不多。最小特权原则的优点是最大限度地限制主体实施授权行为，可以避免来自突发事件、错误和未授权主体的危险。
- 最小泄露原则：主体执行任务时，使其获得的信息量最小。也就是说，要保护敏感信息不被无关人员知道，别人知道得越少越好。
- 多级安全原则：将主体和客体之间的数据流向和权限控制按照级别划分，分别为绝密（TS）、秘密（S）、机密（C）、限制（RS）和无级别（U）。多级安全原则的优点是避免向低级别主体泄露高级别敏感信息，只有安全级别比它高的主体才能够访问。

访问控制的主要功能包括保证合法用户在系统安全策略下正常工作、拒绝非法用户的非授权访问、拒绝合法用户的越权访问。

6.1.2 访问控制与身份认证的区别

访问控制是在用户经过身份认证的前提下，根据用户的身份对提出的资源请求进行控制。访问控制保证了网络资源合法、可控地被使用，合法用户只能根据自身的权限来访问系统资源。所以，访问控制是身份认证后的第二道关卡。访问控制与身份认证的区别在于身份认证是防止非法用户进入系统，访问控制则是防止合法用户对系统资源进行非法使用。

访问控制与其他安全机制的关系如图 6-1 所示。

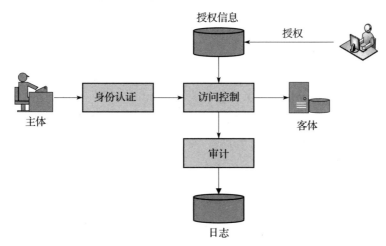

图 6-1　访问控制与其他安全机制的关系

6.1.3　访问控制的目标

访问控制的目标分为以下几个方面。

1. 机密性要求

防止将信息泄露给未授权的用户。一般来说，系统中的某些信息非常重要，如公司的财务信息、个人用户的信用卡账号等。对于这些信息来说，任何未经授权的信息泄露都会给企业和个人带来损失。

2. 完整性要求

防止未授权的用户对信息进行修改。完整性要求是为了维护系统资源处于有效的、预期的状态，防止资源被不正确或不适当地修改。同时，也为了维护系统不同部分的一致性。

3. 可用性要求

保证授权用户对系统信息的可访问性。可用性是为了保证系统顺利工作，即保证已经获得授权的用户对系统信息的可访问性。当系统可用性要求有冲突时，必须创建新的安全规则。如果系统的安全性很好，但在某些情况下不可用，那么这个系统也不是一个成功的系统。

4. 可审计性要求

防止用户对访问过某信息或执行过某一操作进行否认。在实际的系统中，用户的任何操作都会从某一方面反映其操作目的，特别是对系统中敏感数据的操作。有时用户的错误操作会导致系统紊乱或数据丢失。

6.1.4 安全机制原则

Saltzer 和 Schroeder 研究了信息系统的信息保护问题，描述了设计与实现安全机制的基本原则。

1. 最小权限原则

分配给系统中的每一个程序和每一个用户的权限应该是它们完成工作所必须享有权限的最小集合，这与"需要知道"原则（如果主体不需要访问特定客体，则主体就不应该拥有访问该客体的权限）类似。

2. 自动防故障默认原则

访问判定应建立在显式授权而不是隐式授权的基础上。显式授权指定的是主体应该拥有的权限，隐式授权指定的是主体不应该拥有的权限。在默认情况下，没有明确授权的访问方式，应该视为不允许的访问方式。如果主体打算以该方式进行访问，结果将是失败的，系统仍然安全。

3. 机制经济性原则

保护机制应设计得尽可能简单和短小。如果设计和实现机制简单，则存在错误的可能性就小，进程的测试也就简单。有些设计和实现中的错误可能产生意想不到的结果，而这些错误在常规使用中察觉不到。简单而短小的设计是这类工作成功的关键。

4. 完全仲裁原则

对每一个客体的每一次访问都必须经过检查，以确认是否已经得到授权。只要主体发出对客体的访问请求，操作系统就对该操作进行仲裁。操作系统需要检查该主体是否被允许访问该客体。如果允许，操作系统将提供访问所需的资源。如果这个主体再次请求对该客体的访问，操作系统必须再次检查这个主体是否还被允许执行这种访问。

5. 开放式设计原则

不应该把保护机制的抗攻击能力建立在设计保密的基础上，而应在公开的环境中设法增强保护机制的防御能力，此原则有助于安全机制接受广泛的审查。

6. 权限分离原则

为一项权限划分出多个决定因素，仅当所有决定因素均具备时，才能行使该项权限。例如，一个档案柜设有两把钥匙，由两个人掌管，仅当两个人都提供钥匙时，档案柜才能打开。如果其中任何一人不提供钥匙，都无法打开档案柜。同样，系统在对资源进行访问授权时也应该满足所有条件。这种方法提供了一种资源的细粒度访问控制，同时也保证了访问的合法性，减弱了特权拥有者的权限。

7. 最小公共机制原则

把两个以上用户共用和所有用户依赖的机制数量减少到最小。每个共享机制都是一条潜在的用户间的信息通路，要谨慎设计，避免无意中破坏安全性。

8. 心理可接受性原则

为了使用户方便且正确地运用保护机制，用户界面应设计得易于使用。可以理解为安全机制可能给系统增加了额外的负担，但这种负担必须是最小且合理的。

6.2 访问控制实现机制

6.2.1 访问控制矩阵

访问控制可以通过使用和维护一个访问控制矩阵（Access Control Matrix，ACM）来实现。访问控制矩阵是通过矩阵形式表示访问控制规则和授权用户权限的方法，访问控制矩阵是二维的，包含三个元素：主体、客体和访问权限。对主体而言，应规定对客体的访问权限，而对客体而言，应规定主体对它的访问操作。将这种关联关系加以描述，就形成了访问控制矩阵。其中，特权用户或特权用户组可以修改主体的访问控制权限。访问控制矩阵的行对应于主体，列对应于客体。第 i 行第 j 列的元素是访问权限的集合，列出了允许主体 s_i 对客体 o_j 的访问权限。

访问控制矩阵通过矩阵的形式表达访问控制的规则以及授权用户权限的方法，准确、形象地描述了在哪些条件下被保护的系统是安全的，因此这些达到安全条件的系统被称为保护系统。访问控制矩阵模型是描述保护系统的经典方法，该模型的描述就是为了使信息系统处于安全状态，那么首先需要了解关于安全状态的一些基本概念。

1. 模型描述

1969 年，Butler Lampson 利用形式化的表示方法将系统中所有主体对客体的权限存储在矩阵中，第一次对访问控制问题进行了抽象。访问控制矩阵模型由三元组 (S,O,A) 表示。其中，S 表示系统中访问实体的集合，如系统中的用户、进程等；O 表示系统中需要保护的实体集合，如文件、设备、进程等；系统中所有主体对客体进行的访问操作的集合用 R 来表示，如读、写、执行、添加、删除、拥有、接收等；A 表示访问矩阵，矩阵元素 $a(s,o)$ 表示实体 s 在客体 o 上实施的操作，$s \in S$，$o \in O$，$a \in R$。

例 6-1 访问控制矩阵的示例如表 6-1 所示。该系统有两个文件和两个用户，访问权限包括读、写、执行、添加、拥有。在这个例子中，Alice 可以对文件 1 进行读、写操作；Bob 可以对文件 1 进行读、写操作，同时拥有文件 1，可以对文件 2 进行添加操作；Alice 可以读取 Bob 传给她的数据，Bob 则可以通过写数据的方式与 Alice 进行通信。可以看出，Alice 是文件 2 的拥有者，Bob 是文件 1 的拥有者，且每个用户都是自身的拥有者。值得注意的是，在此例中，用户既作为主体也作为客体，因为用户既可以是系统的操作者，也可以是系统实施保护的对象。

表 6-1 访问控制矩阵示例

主体	客体			
	文件 1	文件 2	Alice	Bob
Alice	读、写	读、拥有	读、写、执行、拥有	读
Bob	读、写、拥有	添加	写	读、写、执行、拥有

对客体的拥有权是一种特殊的权限。在通常情况下，创造一个客体的主体就是此客体的拥有者，用访问权限表达就是该主体对此客体具有拥有权。拥有权允许主体对所拥有的客体执行一些特殊的操作，比如增加或删减其他主体对该客体的访问权限。在表 6-1

中，Alice 可以修改 Bob 对于文件 2 的访问权限。

访问控制矩阵模型的简单性和直观性使它在信息安全的分析和应用中起着十分重要的作用。但是，这种安全机制在实际系统的实现和应用中存在着一定的局限性，如果系统中用户和资源都非常多，而每个用户可能访问到的资源又有限，这将会出现庞大的访问控制矩阵中存在很多空值的情况，从而造成矩阵的存储空间的浪费。简单的解决方式是将访问控制矩阵按行或按列进行划分。如果按行进行划分，得到访问控制能力表，即对于每个用户，访问控制能力表列出其可以使用的客体和对客体的访问能力。如果按列进行划分，可以得到广泛应用的访问控制列表，即对于每个资源，访问控制列表列出可能使用它的用户和用户的访问权限。在讨论信息保护问题时，从概念上说，可以为每个需要保护的客体建立一个坚固的保护墙。保护墙上留有一个门，门前有一名门卫，客体的访问者都先在门前接受门卫的检查。在整个系统中，有很多客体，因而有很多保护墙和门卫。对客体的访问控制机制的实现类型可分为两种：面向标签的（Ticket-Oriented）实现和面向名单的（List-Oriented）实现。在面向标签的实现中，门卫手中持有一份对一个客体的描述。在访问活动中，主体携带一张标签，标签上有一个客体的标识和可以访问的方式，门卫把主体所持标签中的客体标识与自己手中的客体标识进行对比，以确定是否允许访问。在整个系统中，一个主体可能持有多张标签。在面向名单的实现中，门卫手中持有一份所有授权主体的名单及相应的访问方式。在访问活动中，主体出示自己的身份标识，门卫从名单中进行查找，检查主体是否在名单中，以确定是否允许访问。

2. 保护状态

系统的当前状态是指系统中所有内存、存储器、二级缓存以及其他存储设备中当前数据值的集合。当前状态中涉及安全保护的子集称为保护状态。访问控制矩阵用来描述系统保护状态。

当对信息系统的访问和操作引起系统的状态发生改变时，保护状态也随之变换。对于任意一个系统，如果定义了一个被允许的状态集合，即安全状态集合，那么在这个集合上进行的操作就是被允许的。假设一个系统的初始状态是安全的，再执行所允许的操作，那么转换后的结果仍然是安全的。按此规则继续执行所允许的操作，系统将始终处于安全状态。

在实际运行中，任何针对系统的操作都会引起系统状态的转换。例如，读数据、修改数据和执行程序指令都会引起系统状态的变化。但是，值得关注的应该是那些引起保护状态（即安全状态）发生变化的操作，因为只有能够改变系统中实体被允许行为的状态转换才与访问控制矩阵相关。如果某个操作不改变系统的保护状态，那么就不需要考虑系统的状态转换，但是，如果某个操作可能影响到系统安全，导致系统进入不安全状态，就需要考虑和关心状态的转换。

3. 保护状态转换

系统的保护状态在系统执行操作后会发生转变。假设系统的初始状态为 $X_0 = (S_0, O_0, A_0)$，连续转变的状态表示为 $X_1, X_2, \cdots$，而引起一系列状态转变的操作表示为 $\tau_1, \tau_2, \cdots$。我们用表达式 $X_i \vdash \tau_{i+1} X_{i+1}$ 来表示系统的状态由于操作 τ_{i+1} 由状态 X_i 转变到状态 X_{i+1}。当系统由状态 X 经过一系列操作转变为状态 Y 时，我们可用表达式 $X \vdash^* Y$ 来表示。保护系统的表达式与访问控制矩阵一样是需要更新的。状态的转换可以通过一些命令来改变访问控制矩阵,这些转换命令指明了访问控制矩阵中需要改变的元素,因此转换命令可能需要参数。如果我们用 c_i 表示第 i 个转换命令,而它的参数是 $p_{i,1},\cdots,p_{i,m}$ 则系统的第 $i+1$ 个转换就可以表示为 $X_i \vdash_{c_{i+1}} (p_{i+1,1},\cdots,p_{i+1,m}) X_{i+1}$。对于每个命令,总是存在所对应的一系列状态转换操作,将系统从状态 X_i 转换为状态 X_{i+1}。转换命令的表达方式可以使状态转换及参数的描述更加方便。

系统的状态转换是由下面这些影响访问控制矩阵的基本命令来实现的。在这里,我们使用 Harrison、Ruzzo 和 Ullman 的方法来进行定义。假设安全系统的初始保护状态为 (S,O,A),命令执行后的保护状态为 (S',O',A')。

(1) 创建主体

前提条件:$s \notin S \cap o \notin O$。

基本命令:create subject s(创建主体 s)。

执行结果:$S' = S \cup \{s\}$,$O' = O \cup \{s\}$,
  $(\forall y \in O')[a'[s,y] = \varnothing]$,$(\forall x \in S')[a'[x,s] = \varnothing]$,
  $(\forall x \in S)(\forall y \in O)[a'[x,y] = a[x,y]]$

这个命令用于创建一个主体 s。在执行本命令之前,s 不是系统中已经存在的主体或者客体。本命令没有添加任何权限,只是改变了访问控制矩阵本身。

(2) 创建客体

前提条件:$o \notin O$。

基本命令:create object o(创建客体 o)。

执行结果:$S' = S$,$O' = O \cup \{o\}$,
  $(\forall x \in S')[a'[x,o] = \varnothing]$,$(\forall x \in S')(\forall y \in O)[a'[x,y] = a[x,y]]$

这个命令用于创建一个客体 o。在执行本命令之前,客体 o 不是系统中已经存在的客体。本命令没有添加任何权限,只是改变了访问控制矩阵本身。

(3) 添加权限

前提条件:$s \in S$,$o \in O$。

基本命令:enter r into $a[s,o]$(向 $a[s,o]$ 中添加权限 r)。

执行结果:$S' = S$,$O' = O$,$a'[s,o] = a[s,o] \cup \{r\}$,
  $(\forall x \in S')(\forall y \in O')[(x,y) \neq (s,o) \rightarrow a'[x,y] = a[x,y]]$

这个命令用于给访问控制矩阵元素 $a[s,o]$ 添加一个权限 r。在执行本命令之前,访问控制矩阵元素 $a[s,o]$ 可能已经有了某些权限,因此这里添加的含义可能是增加另一个权限,也可能是没有任何改变,要根据具体的系统实现以及目前已经存在的权限而定。

(4) 删除权限

前提条件:$s \in S$,$o \in O$。

基本命令:delete r from $a[s,o]$(从 $a[s,o]$ 中删除权限 r)。

执行结果:$S' = S$,$O' = O$,$a'[s,o] = a[s,o] - \{r\}$,
  $(\forall x \in S')(\forall y \in O')[(x,y) \neq (s,o) \rightarrow a'[x,y] = a[x,y]]$

这个命令用于将权限 r 从访问控制矩阵元素 $a[s,o]$ 中删除。在执行本命令之前,访

问控制矩阵元素 $a[s,o]$ 不一定包含权限 r，如果这样，该命令就没有对访问控制矩阵造成任何改变。

（5）撤销主体

前提条件：$s \in S$。

基本命令：**destroy subject** s（撤销主体 s）。

执行结果：$S'=S-\{s\}$，$O'=O-\{o\}$，
$$(\forall y \in O')[a'[x,y]=\varnothing], (\forall x \in S')[a'[x,s]=\varnothing],$$
$$(\forall x \in S')(\forall y \in O')[a'[x,y]=a[x,y]]$$

这个命令用于删除主体 s。执行该命令时，访问控制矩阵中与主体 s 相关的所有的行和列都要被删除。

（6）撤销客体

前提条件：$o \in O$。

基本命令：**destroy object** o（撤销客体 o）。

执行结果：$S'=S$，$O'=O-\{o\}$，
$$(\forall x \in S')[a'[x,o]=\varnothing], (\forall x \in S')(\forall y \in O')[a'[x,y]=a[x,y]]$$

这个命令用于删除客体 o。执行该命令时，访问控制矩阵中与客体 o 相关的列都要被删除。

这些命令由对系统中实体具有访问权限的用户发出，系统中的访问控制矩阵会根据命令做出改变，也可以把基本命令组合成复合命令，在执行复合命令时会多次调用、执行基本命令。访问控制矩阵模型的应用十分广泛，在 UNIX 系统、Windows NT 以及一些数据库安全问题中经常用到这一访问控制工具。

例 6-2 如果在 UNIX 系统中，进程 p 创建一个文件 f，则进程 p 是文件 f 的拥有者，同时令进程 p 对于文件 f 拥有读的权限 r 以及写的权限 w。这一操作对于访问控制矩阵的作用可以用以上介绍的基本命令来描述：

```
command create file (p,f)
    create object f;
    enter own into a[p,f];
    enter r into a[p,f];
    enter w into a[p,f];
end
```

然而，执行某些基本命令是需要一定前提条件的，可能要求主体对客体具有拥有权限或复制权限，这两个权限在访问控制中经常用到。下面简单介绍这两种访问权限。通常情况下，一个客体的拥有者是该客体的创建者，或者是由创建者直接赋予了拥有权限的其他主体。例如，主体 s_1 创建了客体 o，那么 s_1 就对 o 具有了拥有权限。如果 s_1 将对 o 的拥有权限赋予了主体 s_2，那么 s_2 就具有了对 o 的拥有权限。并且，客体的拥有者可以增加或者删减自身对所拥有客体的访问权限。复制权限则是指对某一客体拥有某种权限的主体将这种权限赋予其他主体。例如，主体 s_3 对客体 o 具有读的权限，系统允许 s_3 将这一权限赋予主体 s_4，则 s_4 对 o 也具有了对客体 o 读的权限，s_3 行使的这一权限就叫复制权限。

通过分析上面介绍的拥有权限和复制权限，我们可以知道下面的权限衰减规则，权限衰减规则是指某个主体不能将自己不拥有的访问权限赋予其他主体。例如，用户张三不能读取某个文件，也不是该文件的拥有者，则张三不能赋予李四读取该文件的权限。当然，存在一种特殊情况，即如果一个主体对某客体只具有拥有权限，那么该主体可以赋予其他主体对该客体的权限。只要拥有者将这种权限先赋予自己，然后复制给其他客体，最后删除自己的这个权限就可以实现。

6.2.2 访问控制列表

访问控制列表（Access Control List，ACL）是以文件为中心建立的访问权限表。目前，大多数 PC、服务器和主机都使用 ACL 作为访问控制的实现机制。ACL 的优点是实现简单、对系统性能影响较小。

访问控制列表是基于访问控制矩阵中列的自主访问控制区，它在一个客体上附加一个主体明细表来表示各个主体对该客体的访问权限，明细表中的每一项都包括主体的身份和主体对该客体的访问权限。访问控制列表机制适用于用户相对较少且这些用户大都比较稳定的情况。如果访问控制列表太大或者经常改变，那么维护访问控制列表就成为一个问题。

定义 6-1 S 表示主体集合，R 表示访问权限集合，访问控制列表 $l=\{(s,r),s\in S,r\in R\}$。定义 acl 为将特定客体 o 映射为访问控制列表 l 的函数。$acl(o)=\{(s_i,r_i),1\leq i\leq n\}$ 表示 s_i 可使用 r_i 中的任意权限访问客体 o。

例 6-3 主体集合是 Bob、Alice 和 John，客体集合是文件 1、文件 2、文件 3 和文件 4，访问控制矩阵如表 6-2 所示。

表 6-2 例 6-3 对应的访问控制矩阵

主体	客体			
	文件 1	文件 2	文件 3	文件 4
Bob	拥有	读、写		执行
Alice	写	拥有	拥有	执行
John	读、写		写	拥有

对应的访问控制列表如下。

$$acl(文件1)=\{(Bob,\{拥有\}),(Alice,\{写\}),(John,\{读,写\})\}$$
$$acl(文件2)=\{(Bob,\{读,写\}),(Alice,\{拥有\})\}$$
$$acl(文件3)=\{(Alice,\{拥有\}),(John,\{写\})\}$$
$$acl(文件4)=\{(Bob,\{执行\}),(Alice,\{执行\}),(John,\{拥有\})\}$$

例 6-4 主体集合是 Bill 和 Alice，客体集合是 Bill.doc、Edit.exe 和 Sun.com。
- Bill.doc 可以被 Bill 读和写，但不允许 Alice 访问。
- Edit.exe 可以被 Bill 和 Alice 执行。
- Sun.com 可以被 Alice 读和执行，可以被 Bill 读、写和执行。

访问控制矩阵如表 6-3 所示。

表 6-3 例 6-4 对应的访问控制矩阵

主体	客体		
	Bill.doc	Edit.exe	Sun.com
Bill	读、写	执行	读、写、执行
Alice		执行	读、执行

对应的访问控制列表如下。

$$acl(Bill.doc) = \{(Bill, \{读, 写\})\}$$
$$acl(Edit.exe) = \{(Bill, \{执行\}), (Alice, \{执行\})\}$$
$$acl(Sun.com) = \{(Bill, \{读, 写, 执行\}), (Alice, \{读, 执行\})\}$$

系统在创建客体的同时也创建了客体的 ACL，并且 ACL 具有初始值（可能是空值，但更常见的是客体的创建者被赋予对该客体的所有权限，包括拥有权）。通常，对客体具有拥有权的主体可以修改客体的 ACL。然而，某些系统允许任何拥有访问权的用户操作这些权限。

6.2.3 能力表

能力是访问控制中的一个重要概念，它是受一定机制保护的客体的标志，标记了某一主体对客体的访问权限。用二元组 (x, y) 表示对一个客体的访问能力，其中，x 是该客体的唯一的名字，y 是对客体 x 的一组访问权限集合。访问控制能力表是以用户为中心建立访问权限表，因此访问控制能力列表与访问控制列表的实现正好相反。

1. 能力表的概念及实例

定义 6-2 设 O 为客体集合，R 为权限集合，能力表 $c = \{(o, r), o \in O, r \in R\}$，cap 为将主体 s 映射为能力表 c 的函数，$cap(s) = \{(o_i, r_i), 1 \leq i \leq n\}$ 表示主体 s 可使用 r_i 中的任意权限访问客体 o_i。

例 6-5 主体集合是 Bob、Alice 和 John，客体集合是文件 1、文件 2、文件 3 和文件 4，访问控制矩阵如表 6-2 所示。

对应的能力表如下。

$$cap(Bob) = \{(文件1, \{拥有\}), (文件2, \{读, 写\}), (文件4, \{执行\})\}$$
$$cap(Alice) = \{(文件1, \{写\}), (文件2, \{拥有\}), (文件3, \{拥有\}),$$
$$(文件4, \{执行\})\}$$
$$cap(John) = \{(文件1, \{读, 写\}), (文件3, \{写\}), (文件4, \{拥有\})\}$$

例 6-6 主体集合是 Bill 和 Alice，客体集合是 Bill.doc、Edit.exe 和 Sun.com，访问控制矩阵如表 6-3 所示。

对应的能力表如下。

$$cap(Bill) = \{(Bill.doc, \{读, 写\}), (Edit.exe, \{执行\}), (Sun.com, \{读, 写, 执行\})\}$$
$$cap(Alice) = \{(Edit.exe, \{执行\}), (Sun.com, \{读, 执行\})\}$$

能力是为主体提供的对客体具有特定访问权限的标志，它决定主体是否可以访问客体以及用什么方式访问客体。主体可以将能力转移给为自己工作的进程，在进程运行期间，还可以添加或者修改能力。

能力和自主访问控制相关，能力表是最常用的基于行的自主访问控制。当主体创建新的对象时，它可以通过授予其他主体合适的能力以允许其他主体访问该对象。同样，当一个主体调用另一个主体时，该主体可以将它的能力或部分能力传递给被调用的主体。

2. 基于能力表的自主访问控制

能力(x,y)是一个标签，标签持有者可对客体 x 进行 y 中所允许的访问。在系统中，每个主体都拥有一个能力表。主体 s 的能力表如表 6-4 所示，表长 $n \geqslant 0$，其中，x_i 表示客体，y_i 表示访问矩阵 A 中 $A[s,x_i]$ 项所给出的权限。

表 6-4　主体 s 的能力表

客体	权限
x_1	y_1
x_2	y_2
$\vdots$	$\vdots$
x_n	y_n

例 6-7　表 6-5 所示的能力表，提供了对代码对象 A 的读权限和执行权限，对数据对象 B、C 的读权限，以及对数据对象 D 的读权限和写权限。

表 6-5　能力表示例

	客体	权限
A 代码	{读,执行}	{读,执行}
B 数据	{读}	{读}
C 数据	{读}	{读}
D 数据	{读,写}	{读,写}

根据每个主体 s 的能力表，可以决定 s 是否可以对给定的客体进行访问以及进行哪些访问。能力表在时间效率和空间效率上都优于访问控制矩阵，但是能力表也有自身的缺点：对于一个给定的客体，要确定所有有权访问它的主体，用户生成一个新的客体并对其授权或删除一个客体时都比较复杂。

3. 能力表的保护和权限的撤销

（1）能力表的保护

如果主体拥有某一对象的能力，那么该主体可以访问这一对象。能力本身就是被保护的对象，用户必须保护它们不被修改。有三种方法可以用于保护能力表：标签、受保护内存和加密技术。

1）标签。标签式结构中有一个与每一个硬件字相关的比特集合。标签有 set 和 unset 两种状态。如果标签的状态是 set，则普通进程可以读这个硬件字，但不能更改。如果标签状态是 unset，则普通进程可以读和修改。普通进程不能修改标签的状态，只有处于特权模式下的处理器才能修改。

例如，B5700 系统使用了标签式结构。标签域包含三个比特，标示了这种结构如何使用这个字（指针、描述符、类型等）。

2）受保护内存。该方法是使用与内存分页或分段相关联的方法保护比特。所有的能力表都存储在一个内存页中，进程只能读取但不能改变该内存。

例如，CAP 系统不允许进程修改存放指令的内存分段，它也将能力表存放在这个分段，一个防护寄存器将指令与能力表隔开。

3）加密技术。密码校验和是实现信息完整性检验的一种机制。每个能力表都有一个与之相关的密码校验和，该校验和由密码系统进行加密，而操作系统掌握密钥。当进程向操作系统提交能力表时，系统首先重新计算与能力表关联的密码校验和。然后，系统可以使用密钥加密该校验和，并且将结果与能力表中存储的校验和进行比较，或者解密能力表中的校验和，并将结果与计算得到的校验和进行比较。如果结果匹配，那么表明能力表没有被修改，允许相应的访问；否则，拒绝对能力表的相应访问。

例如，Amoeba 系统是一个使用能力表指定客体的分布式系统。在创建客体时，要返回一个与该客体关联的能力表。要使用客体时，程序要提交相关的能力表。能力表（共 128 比特）要编码客体的名字（24 比特）、创建客体的服务器（48 比特）和权限（8 比特），最后的 48 比特作为校验域使用，它是能力表创建时选用的一个随机数。该随机数存放在创建该客体的服务器的一个表中，当把能力表提交给服务器时，服务器将验证该随机数是否正确。攻击者如果想伪造能力表，就必须知道该随机数。

（2）能力表中权限的撤销

在能力表中，撤销对一个客体的访问权限时，需要撤销所有对该客体授权的能力表。理论上，要求对每一个进程进行检查，删除相关能力表。但这种操作开销过大，所以要使用其他替代方法。

最简单的机制是间接客体引用。定义一个或多个全局客体表，在此模式下，每一个客体在表中都有一个对应的条目。能力表不直接指定客体的名字，而是指定客体在全局客体表中的条目。该方法具有以下优点。

- 要撤销客体权限，只需将该客体在全局客体表中的条目设为无效，这样所有对该客体的引用都将返回一条无效条目，访问被拒绝。
- 如果只撤销客体的部分权限，则该客体可以有多个条目，每一个条目对应不同的访问权限集或不同的用户组，Amoeba 系统使用的就是这种方案。
- 要撤销一个能力表，客体的拥有者请求服务器改变能力表的随机数，并发布新的能力表。这样可将现有的能力表置为无效。

另一种撤销权限的机制是使用抽象数据类型管理器。每一种抽象数据类型中都包含一个权限撤销子程序。当访问权限被撤销时，类型管理器只需要禁止被收回权限的主体再次访问。这并不影响这种抽象数据类型的客体的其他访问方法。例如，一个文件的访问权限被撤销，这种方法不影响使用其他类型管理器对当前使用的分段进行访问。

4. 能力表和访问控制列表的比较

对于能力表来说，如果出示有效的能力，则允许访问，不会验证能力持有者的身份。用户持有有效能力对允许访问来说是足够的，但是能力必须防御修改。对于访问控制列表来说，如果用户名和合适的权限出现在对象 ACL 中，则允许访问。每次用户请求访问，它们都会由操作系统都会对它们进行身份识别。

能力表更适合分布式环境。保护机制和命名可以合为一体，使访问控制更加灵活。访问控制列表可以提供更好的保护，因为它总是在允许用户访问之前识别用户，也更容易跟踪使用资源的对象。

6.3 锁与钥匙

锁与钥匙的技术结合了访问控制列表和能力表的特性。一部分信息（锁）与客体相关联，另一部分信息（钥匙）与授权访问该客体的主体以及允许主体访问客体的方式相关联。当主体打算访问客体时，就检查主体的钥匙集。如果主体有一把钥匙与客体的任意一把锁相对应，就赋予主体正确的访问类型。

6.3.1 锁与钥匙的密码学实现

访问控制列表是静态的，必须人为进行修改。与此不同，锁与钥匙具有动态的特点，会因响应系统的约束、增加条目的通用指令或其他任何因素而发生改变，不需要人为修改。

锁与钥匙的密码学实现是由 Gifford 提出的。客体 o 由一个密钥加密，主体拥有解密密钥。为了访问客体，主体对客体进行解密。系统实现了一种名为 or-access 的方法，允许 n 个主体访问数据。该方法使用 n 个不同的密钥对数据的 n 个副本进行加密，每个主体拥有一个密钥。此时，客体 o 用 o' 表示，$o'=(E_1(o),\cdots,E_n(o))$。

系统也可以实现 and-access 方法，该方法中 n 个主体的访问请求同时发生才不会被拒绝访问。使用 n 个密钥进行迭代加密，每个主体拥有一个密钥。客体用 o' 表示，$o'=E_1(\cdots(E_n(o))\cdots)$。

例 6-8 IBM370 系统为每一个进程分配一个访问密钥，并且为每一个页面分配一个存储密钥及一个提取比特。如果提取比特被清零，则只允许读访问。如果提取比特置 1 且访问密钥是 0，则该进程可对任意页面进行写操作。如果不是上述情况，且访问密钥与特定页面的存储密钥匹配，则进程可对该页面进行写操作。如果访问密钥不是 0，也不与存储密钥匹配，则进程不能访问该页面。

6.3.2 机密共享问题

机密共享是指分派者将秘密分割成若干个子秘密给予多个互相不信任的参与者共享，使得这些参与者再出示足够个数或满足预先定义的子秘密数才可重建共享的秘密。

为了实现上述意义上的机密共享，人们引入了门限方案（Threshold Scheme）。$A(t,n)$ 门限方案是一种密码学方案，一个数据项被分成 n 部分，n 中的任何 t 项足以确定原始数据项，这 n 个部分称为数据项的影子。

例如，构建一个控制策略以允许任何十分之三的人获得一个文件的访问权限，则需要 $A(3,10)$ 门限方案以保护解密密钥。锁和钥匙方案结合 or-access 和 and-access 方法可以解决这个问题，但涉及的数据数目增长很快。另一种选择是使用加密方法设计机密共享。

Shamir 提出了基于拉格朗日插值多项式的机密共享算法。先选择一个阶为 $t-1$ 的多项式，并给机密值设置一个常量，影子是多项式在任意点上的值。根据多项式计算规则，由于多项式的阶是 $t-1$，因此至少需要 t 个值才能恢复多项式。

根据 $t-1$ 阶拉格朗日插值多项式，令

$$P(x) = (a_{t-1}x^{t-1} + a_{t-2}x^{t-2} + \cdots + a_1 x + a_0) \bmod p$$

其中，常量 a_0 为共享的机密 S，$a_0 = S$，$P(0) = S$。选择 $p > S$，且 $p > n$，任意选择 a_1，$a_2, \cdots, a_{t-2}, a_{t-1}$，将 $P(1), P(2), \cdots P(n)$ 作为 n 个影子。

例 6-9 设共享的密钥 $S=5$、$t=3$、$n=5$，门限方案为 $A(3,5)$。令 $p=6(p>S, p>n)$、$a_2=1$、$a_1=2$、$a_0=S=5$，故 $P(x) = (x^2+2x+5) \bmod 6$。5 个影子分别为：

$$P(1) = (1+2+3) \bmod 6 = 8 \bmod 6 = 2$$
$$P(2) = (4+4+5) \bmod 6 = 13 \bmod 6 = 1$$
$$P(3) = (9+6+5) \bmod 6 = 20 \bmod 6 = 2$$
$$P(4) = (16+8+5) \bmod 6 = 29 \bmod 6 = 5$$
$$P(5) = (25+10+5) \bmod 6 = 40 \bmod 6 = 4$$

将这 5 个影子分给 5 方，5 个影子中的任意 3 个可以恢复原始的共享密钥。

$$P(0) = S = 5$$

要恢复多项式，计算任意 t 个影子的插值。令 $k_r = P(x_r)$，插值多项式的公式为：

$$P(x) = \sum_{i=1}^{t} k_i \prod_{j=1, j \neq i}^{t} ((x - x_j)/(x_i - x_j)) \bmod p 。$$

例 6-10 由例 6-9 已知 3 个影子 $P(1)$、$P(2)$、$P(3)$，计算初始密钥。
令 $x_1=1$、$x_2=2$、$x_3=3$，则 $k_1 = P(x_1) = 2, k_2 = P(x_2) = 1, k_3 = P(x_3) = 2$。

$$P(x) = (2(x-2)(x-3)/(1-2)(1-3) + 1(x-1)(x-3)/(2-1)(2-3) +$$
$$\qquad 2(x-1)(x-2)/(3-1)(3-2)) \bmod 6$$
$$= ((x-2)(x-3) - (x-1)(x-3) + (x-1)(x-2)) \bmod 6$$
$$= ((x^2-5x+6) - (x^2-4x+3) + (x^2-3x+2)) \bmod 6$$
$$= (x^2-4x+5) \bmod 6$$
$$= (x^2-4x+5) \bmod 6$$

恢复的密钥为：$S = P(0) = 5 \bmod 6 = 5$。

6.4 访问控制模型

6.4.1 访问控制模型的基本组成

20 世纪 70 年代初，人们在开始进行计算机系统安全研究的同时，也开始了对访问控制的研究，最初是为了解决大型机上共享数据授权访问的管理问题。访问控制涉及的三个主要要素为客体、主体和控制策略，访问控制模型的基本组成如图 6-2 所示。

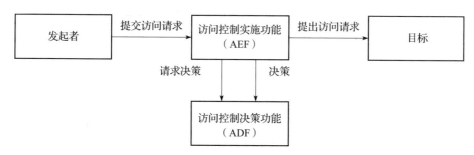

图 6-2 访问控制模型的基本组成

根据访问控制策略类型的差异,访问控制模型可以分为传统的访问控制模型[包括自主访问控制(Discretionary Access Control,DAC)和强制访问控制(Mandatory Access Control,MAC)两种]、基于角色的访问控制(Role-Based Access Control,RBAC)模型、基于属性的访问控制模型(Attribute-Based Access Control,ABAC)和基于信任的访问控制模型等。

6.4.2 传统的访问控制模型

对受保护的信息进行访问控制可以由信息的拥有者来决定,也可以由操作系统来决定。前一种访问控制是基于身份的,后一种访问控制是基于授权的,与身份无关。安全策略可以单一地使用某种类型的访问控制,也可以混合使用这两种类型的访问控制。下面来分别介绍这两种常见的访问控制。

1. 自主访问控制

自主访问控制又称为基于身份的访问控制,是指在确定访问主体的基础上根据身份与权限的关系进行授权。在该类型访问控制下的用户可以设置访问控制机制来许可或者拒绝对客体的访问。

DAC 的基本思想是允许对象的拥有者制定该对象的保护策略。这种访问控制是自主的,具有某种访问许可的主体能够将访问权限传递给其他主体。通常自主访问控制通过访问控制列表来限定哪些主体针对哪些客体可以执行什么样的操作,这样可以非常灵活地对策略进行调整。由于它的易用性与可扩展性,自主访问控制模型经常被用于 Windows NT Server、UNIX、防火墙等商业系统。

该模型的访问控制具有以下特点。
- 每个主体拥有一个用户名并属于一个组或者充当一个角色。
- 客体具有一个访问控制列表,用来存储对它拥有访问权限的主体。
- 每次访问发生时,客体都会基于访问控制列表检查用户标志以实现对其访问权限的控制。在该类访问控制策略下,客体的所有者可以决定哪些主体可以访问该客体以及相应的访问权限。

例 6-11 系统中存在 4 个主体,分别为 s_1、s_2、s_3、s_4,其中 s_1 拥有客体 o_1,s_3 拥有客体 o_2,主体与客体之间的访问关系如表 6-6 所示。s_1 作为 o_1 的拥有者,它可以改变 s_2、s_3 和 s_4 对于 o_1 的访问权限;同样地,s_3 也可以改变 s_1 和 s_2、s_4 对于 o_1 的访问权限。

表 6-6 例 6-11 中主体与客体之间的访问关系

客体	主体			
	s_1	s_2	s_3	s_4
o_1	拥有	读	读、写	
o_2			拥有	读

2. 强制访问控制

强制访问控制是根据主体和客体的安全属性来决定是否进行访问授权。该类型访问控制中主体和客体的拥有者都不能决定访问的权限，而是由系统本身来决定主体与客体的访问关系。MAC 给所有的主体和客体制定安全级别，比如绝密级、机密级、秘密级、无密级，可以规定高级别单向访问低级别，也可以规定低级别单向访问高级别，访问操作可以是读、写、修改等。访问控制机制通过比较安全标签来确定是否授予用户对资源的访问。由于强制型访问控制进行了很强的等级划分，因此经常用于军事领域。

这种访问控制方法用来保护系统确定的访问控制关系，用户是不能对这类访问控制关系进行更改的。也就是说，系统独立于用户行为强制执行访问控制，用户不能改变它们的安全级别。

例 6-12 强制访问策略虽然经常应用于军事领域，但其在 Web 服务中也会用到。假如 Web 服务以"秘密"的安全级别运行，攻击者在目标系统中以"机密"的安全级别进行操作，他将可以访问系统中安全级别为"秘密"的数据，但是不能访问系统中安全级别为"顶级机密"的数据（如图 6-3 所示）。

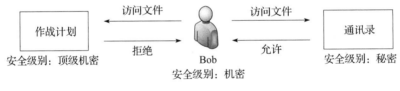

图 6-3 强制访问控制

强制访问控制和自主访问控制有时会结合使用。系统可能首先执行强制访问控制来检查用户是否具有访问一个文件组的权限，这种控制机制是强制的，这些策略不能被用户更改；然后再针对该组中的各个文件制定相关的访问控制列表，这部分机制则属于自主访问控制策略，例如 BLP 模型，这种模型针对读的方向和写的方向分别考虑了数据保密性和数据完整性，如图 6-4 所示。

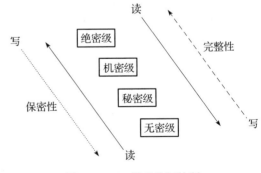

图 6-4 BLP 模型访问控制

6.4.3 基于角色的访问控制模型

随着计算机和网络技术的发展，DAC 和 MAC 已经不能满足实际应用的需求，为此出现了基于角色的访问控制模型，RBAC 的出现基本解决了 DAC 由于灵活性造成的安全问题和 MAC 不支持完整性保护所导致的局限性问题。RBAC 的概念最初产生于 20 世纪 70 年代的多用户、多应用联机系统中，20 世纪 90 年代初，美国国家标准技术研究所的安全专家们提出了基于角色的访问控制技术。1996 年，乔治梅森大学的教授在此基础上提出了 RBAC96 模型簇（如图 6-5 所示），RBAC0 是 RBAC 的核心，RBAC1、RBAC2、RBAC3 都是在此基础上扩展而来的。RBAC0 定义了构成 RBAC 系统的最小元素的集合，其模型如图 6-6 所示，其中包含四个基本元素：用户、角色、会话和许可。在一个用户被分配给一个角色时，该用户就拥有了此角色所包含的所有权限。会话是一个动态的概念，用户通过会话才能设置角色。

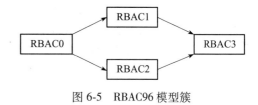

图 6-5 RBAC96 模型簇

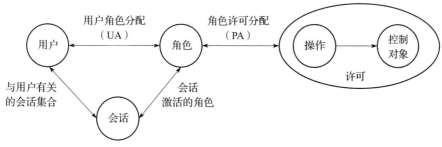

图 6-6 RBAC0 模型

1997 年，RBAC96 模型进一步扩展，出现了利用管理员角色来管理角色的思想，并出现了 Administration RBAC（ARBAC97）模型（如图 6-7 所示），此模型中的角色分为常规角色和管理角色，两者互斥。ARBAC97 模型由以下三部分组成。

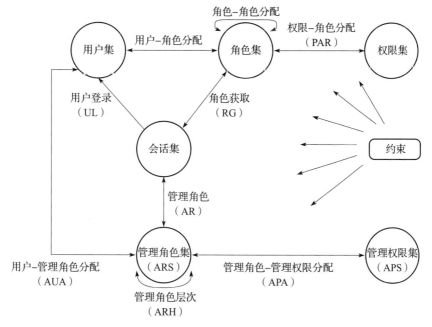

图 6-7 ARBAC97 模型

- 用户-角色分配：拥有层次更高的主体，对低级角色和用户的配置有操作权。
- 角色-角色分配：对角色和角色之间的继承关系进行更新，主要包括增删改三种操作。
- 权限-角色分配：对角色授权进行管理，包括分配权限和收回权限。

随后出现了 ARBAC99 和 ARBAC02。2001 年，标准的 RBAC 参考模型 NIST RBAC (National Institute of Standards and Technology RBAC) 被提出（如图 6-8 所示），进一步完善了基于角色的访问控制模型。NIST RBAC 模型的特点在于：一是静态职责分离，解决了角色系统中存在的利益冲突问题，在分配用户时实施限制；二是动态职责分离，用户会话时对激活的角色进行限制。

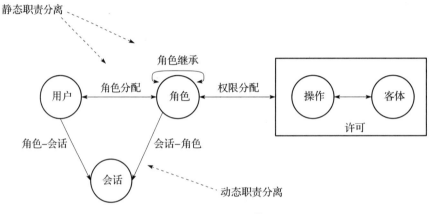

图 6-8 NIST RBAC 模型

RBAC 改变了自主访问控制和强制访问控制直接对用户授予资源访问权限的做法，引入"角色"作为一组访问权限的集合，用户通过担任角色获得资源访问权限。

上述三种基本访问控制的优缺点如表 6-7 所示。

表 6-7 三种基本访问控制的优缺点

类型	特点	优点	缺点
DAC	根据主体的身份及允许访问的权限进行决策，具有某种访问能力的主体能够自主地将访问权的某个子集授予其他主体	灵活性高，配置粒度小	信息在移动过程中其访问权限关系会被改变、配置的工作量大，效率低
MAC	关键规则是不能向上读也不能向下写，数据流只能从低安全级向高安全级流动	支持多级访问控制策略	配置粒度大，缺乏灵活性
RBAC	通过所分配的角色获得相应的操作权限，实现对信息资源的访问	可管理性强和策略灵活	授权静态性

6.4.4 基于属性的访问控制模型

基于属性的访问控制是根据用户、资源、操作和上文的属性提出的，将主体和客体的属性作为基本的决策依据，利用访问主体所具有的属性集合决定是否授予访问权限。因为属性是主体和客体的内在特征，所以不需要手动分配，同时访问控制是多对多的方式，使得 ABAC 在管理上相对简单。ABAC 中的属性可以用四元组的方式描述，即 (S, O, P, E)。其中 S 表示主体属性，即发出访问请求实体的属性，如年龄、职业、性别等；O

表示客体属性,即被访问实体的属性,如文档、网页等;P 表示权限属性,即主体对客体的操作,如读、写、删除等;E 表示环境属性,即访问过程中的环境信息,如用户发起访问请求时的时间、所处的网络环境等。

ABAC 中的属性通过使用属性表达式触发相应的访问控制策略并进行计算,实现对资源访问的管理。基于属性的访问控制机制的执行过程如图 6-9 所示。

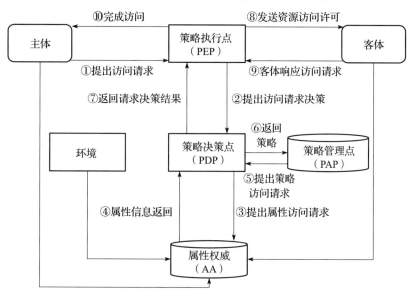

图 6-9 基于属性的访问控制机制的执行过程

传统的 ABAC 实现了用户对资源访问的有效控制,但是只实现了用户对访问过程的控制,随着新一代信息技术的发展,计算过程中产生的隐私信息日益增多,因此为了保护隐私数据、实现更细粒度的访问控制,基于属性的加密(Attribute-Based Encryption,ABE)机制应运而生。ABE 实现了对数据机密性的访问控制。ABE 是一种公钥加密算法,实现了一对多的加密,利用属性作为加解密的关键要素,当用户拥有的属性超过加密者所描述的预设门槛时,用户是可以解密的。

目前基于属性的加密主要有两类:基于密钥策略的 ABE(Key-Policy Attribute-Based Encryption,KP-ABE)和基于密文策略的 ABE(Ciphertext-Policy Attribute-Based Encryption,CP-ABE)。在 KP-ABE 中,密文和属性相关联,而密钥与访问策略相关联;在 CP-ABE 中,密文和加密者定义的访问策略相关联,密钥则是和属性相关联。KP-ABE 和 CP-ABE 的比较如表 6-8 所示。

表 6-8 KP-ABE 与 CP-ABE 的比较

比较项	KP-ABE	CP-ABE
访问策略	密钥	密文
属性集合	密文	密钥
属性来源	数据/文件属性	用户属性
数据拥有者是否可以设定访问策略	否	是
适用场景	付费电视、视频点播系统	电子医疗健康记录访问、社交网站访问

一个基于属性的加密机制包含四个实体：密钥生成中心（Authority）、加密者（DataOwner）、解密者（User）和数据存储服务器，具体如图 6-10 所示。密钥生成中心负责生成公钥（PK）和主密钥（MK）。当有 User 发出请求时，为其分配属性，生成与权限索引相关的解密钥（SK）。DataOwner 根据密文索引和自己要共享的数据（Data）生成密文 C，然后发送给数据存储服务器。User 想获取某个被共享的数据时，向服务器发起请求，服务器为 User 发送请求访问的密文 C。当 User 满足密文索引的要求时，可以利用 Authority 分配的解密钥 SK 和收到的密文 C，解密获得 Data。

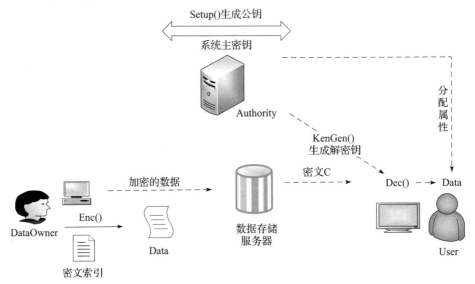

图 6-10　基于属性的加密机制的组成

基于属性的加密算法一般包含以下四个部分。
- Setup：用于系统初始化，输入系统安全参数，产生相应的公钥和系统主密钥。
- KeyGen：用于密钥生成，User 向系统提交自己的属性，获得属性相关联的用户密钥。
- Enc：用于加密，DataOwner 对 Data 进行加密得到密文并发送给用户或者发送到公共云上。
- Dec：用于解密，User 获得密文，用自己的解密钥进行解密。

基于属性的加密机制具有如下特点。
- 高效性：加解密计算成本和密文长度与相应属性个数相关。
- 动态性：用户的解密能力取决于属性集合是否满足密文的访问策略。
- 灵活性：在这个方案中的访问策略支持复杂的访问结构。
- 隐私性：数据所有者在加密数据时不需要知道解密者的身份信息。

6.5　本章小结

在认证和授权后，访问控制机制将根据预先设定的规则对访问的用户进行控制，只有规则允许的用户才能访问，从而确保只有符合控制策略的主体才能合法访问。访问控制涉及主体、客体和访问策略，访问控制列表将控制访问的数据与客体进行绑定，能力表将控制访问的数据与主体进行绑定，锁与钥匙在主体与客体之间分配这种数据。这些机制都适用于自主访问控制，因为这些机制一般由客体的拥有者决定客体的访问者是谁。如果访问的控制者是操作系统，那么这些机制也都能实现强制访问控制；基于角色的访问控制通过建立一个分层的间接映射关系，解决了自主访问控制和强制访问控制中用户与权限的直接映射管理，提高了灵活性；基于属性的访问控制引入属性的概念，将传统的访问控制包含其中，实现了细粒度的访问控制和动态授权。

习题

1. 李明能读写文件 1，能读文件 2，但不能访问文件 3；赵亮能读文件 1，能读写文件 2，且能执行文件 3。
   （1）写出这种情况下的访问控制列表。
   （2）写出这种情况下的访问控制能力表。
2. 信息保护机制有哪些设计原则？
3. 如何区分访问控制列表与访问控制矩阵？
4. 目前访问控制技术实现过程中面临哪些问题？
5. 如何测试实际应用中访问控制技术面临的安全问题？
6. 进程请求访问文件系统对象时，需要执行的两个步骤是什么？
7. 哪些方法可以用于保护能力表？
8. 能力表中撤销对一个课题的访问权限的机制是怎样的？它的优点是什么？
9. 比较能力表和访问控制列表。
10. 锁与钥匙和访问控制表之间有哪些区别？
11. RBAC96 模型簇由哪几个模型组成？各个模型的主要安全功能和区别是什么？
12. 强制访问控制的主要特点是什么？
13. 基于属性的访问控制的优势主要体现在哪里？
14. 大部分系统允许若干客体只有一个拥有者，但一个客体有两个或更多的拥有者也是可能的。考虑将拥有权作为允许访问控制表改动的权限，如何使用访问控制表实现这种权限？
15. 在军事和安全部门应用最多的访问控制方式是什么？
16. 请简述基于属性的加密机制的执行过程。
17. KP-ABE 与 CP-ABE 执行阶段输入与输出的区别是什么？
18. 什么是自主访问控制？什么是强制访问控制？这两种访问控制有什么区别？

第 7 章

信息流安全分析

安全策略是关于信息系统安全性的最高层次的指导原则,主要有访问控制策略和信息流控制策略两类。访问控制能够约束用户的权限,但是不能约束系统中主体和客体之间的信息流。如果系统的访问控制机制是完善的,但是缺乏适当的信息流策略或者缺乏实现信息流策略的适当机制,也会造成信息的泄露。因此,我们需要一些机制和策略来控制信息流。

7.1 基础与背景

信息系统会遭到各种入侵攻击,这些攻击大多数是通过挖掘操作系统或者应用程序的弱点和缺陷而实现的。在网络这样的开放式环境中,攻击者可以窃听信息并且对监听到的信息进行数据流分析。要实现信息系统的安全,需要解决系统中的访问控制问题和信息流控制问题。本章主要讨论信息流的分析控制问题。

7.1.1 信息流策略

信息流是由主体发起的对客体的操作而产生的,主体对客体的操作会改变客体的状态,进而产生信息的流动。对信息流的控制涉及主体、客体和相关操作。信息系统中所有的用户和进程形成主体集合,系统中被处理、被控制或者被访问的对象形成客体集合。根据制定的系统安全策略,形成了主体与客体、主体与主体、客体与客体相互间的关系。这些关系中有的属于访问性质问题,有的属于信息流动问题。

下面给出信息流的相关定义。

定义 7-1 信息流。信息从实体 A 转移至实体 B 的过程被称为信息流,用 A→B 表示。例如:进程写文件,即产生从进程至文件的信息流。

系统中信息流有两种:合法信息流和非法信息流。合法信息流是指符合系统安全策略的所有信息流,而不合法的信息流都属于非法信息流。

定义 7-2 主体。主体是引起信息流发生的活动实体,即系统中的用户和进程,用 s 表示。

定义 7-3 客体。客体是主体操作的对象,用 o 表示,如操作系统中的文件、缓存等信息交互的媒介。

定义 7-4 安全标签。安全标签用于表示主体和客体的安全等级，包括绝密（TS）、机密（S）、秘密（C）和普通（U）。

定义 7-5 操作。操作是主体对其他主体或客体所实施的动作。操作是信息流产生的根本原因，操作类型有读（read）、写（write）、生成（create）和删除（delete），用 op 表示操作的集合，有 op = {read, write, create, delete}。

信息流策略定义了信息在系统中流动的方式，是描述信息流动的合法路径的安全策略。当系统中存在规范信息流的安全策略时，系统就必须保证信息流不违反安全策略的约束。制定信息安全策略是一件非常复杂的事情，主要原因在于信息安全策略必须覆盖信息系统中存储、传输和处理的各个环节，否则安全策略就不会有效。例如，要保证数据在网络传输过程中的安全，并不能保证数据一定是安全的，因为最后要保存数据，如果存储系统不具备相应的安全性，那么数据也可能被泄露。在具体实现中，我们需要在保护信息安全和维护系统可用性之间寻找平衡，如果为了提高信息流的安全性和可管理性而制定过于复杂的信息流策略，可能会导致系统运行性能下降，从而忽略终端用户的需求，因此安全专家和用户之间需要耐心地沟通。

通常，设计这些信息流策略是为了保护数据的保密性和完整性。对于数据保密性，策略的目标是防止信息流向没有被授权接收该信息的用户。对于数据完整性，当信息流向进程 A 时，进程 A 的可信度必须不高于该数据的可信度。任何的保密性和完整性模型都体现了某种信息流策略。

例如，Bell-LaPadula 模型描述了一种基于格的信息流策略，指定系统的两个部分 A 和 B，信息能从 A 中的客体流向 B 中的主体，当且仅当 B 支配 A。

另一个简单的基于格的信息流策略是在政府或军事系统中，安全等级分为四个层次，即无密、秘密、机密、绝密，这四个安全等级是简单的线性关系，要求信息不能从安全等级高的客体流向安全等级低的客体。

在 Chinese Wall 模型中也存在着信息的流动。Chinese Wall 模型模拟了咨询公司的访问规则，分析员必须保证他们与不同客户的交易不会引起利益冲突，图 7-1 显示了该模型中可能存在的不应被允许的信息流。我们可以设置属性阻止以下情况的发生，但这里主要分析信息流问题。

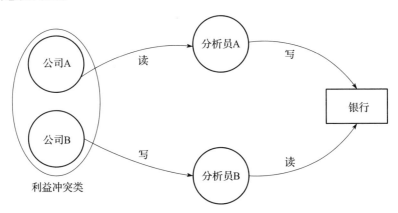

图 7-1 利益冲突类中的信息流

例 7-1 公司 A 和 B 为竞争关系，在同一家银行开有账户，处理 A 公司与银行业务的分析员 A，用 A 公司的敏感信息更新银行资产负债表，处理 B 公司与银行业务的分析员 B，现在可以访问竞争者的经营信息。

计算机的安全性部分依赖于信息流控制，即用规范的方法控制整个系统中对象之间的信息传播。下面给出信息流较为严格的定义。

定义 7-6 如果在命令序列 s 执行后，根据命令发生后客体 y 的值可以推导出命令发生前客体 x 的值，说明信息从客体 x 流向客体 y。可记为 $y \leftarrow x$，其中 x 称为信息流的来源，y 称为信息流的目标。

x 为程序中的一个变量，$\underline{x}$ 表示 x 的信息流等级，使用表达式 $\underline{x} \leqslant \underline{y}$ 表示信息能够从类型为 x 的元素流向类型为 y 的元素，也表示安全等级 $\underline{x}$ 的信息能够流向安全等级 $\underline{y}$，这里用 $y \leftarrow x$（当 $\underline{x} \leqslant \underline{y}$）表示将信息流视为可根据 y 的值推导 x 的值的信息。

例 7-2 考虑语句

$$y = x;$$

这条语句暴露了 x 的初始值，所以由 y 的值可推导出原来 x 的值，信息从 x 流向 y。再考虑下面的语句

$$y = x + z;$$

设定 z 的可能取值只能为 0、1、2，若知道 y 的值，则 x 的可能取值只能有 3 个，暴露了 x 的一些信息，不如第一条语句那样可直接得出 x 的值，但仍然有信息从 x 流向 y。

定义 7-7 信息从 x 流向 y，但不存在形如 $y = f(x)$ 的显式赋值，其中 $f(x)$ 是带变量 x 的算术表达式，称这种信息流为弱信息流。

弱信息流的产生并不是因为使用 x 值进行了赋值，而是语句中基于 x 值的控制流产生了弱信息流。这表明，通过对程序中赋值操作分析来检测信息流是不充分的。要检测所有的信息流，就必须检测弱信息流。

例 7-3 对于强信息流，x 的值直接影响 y 的值：

$$y = f(x)$$

其中 $f(x)$ 是一个算术表达式。对于弱信息流，x 的值不直接影响 y 的值，考虑以下语句：

```
If (f₁(x)) then y=f₂(a)
    else y=f₃(b)
```

其中 $f_1()$、$f_2()$、$f_3()$ 是算术表达式，a 和 b 是客体。条件语句中，查看 y 可以获得 x 的一些信息，如果 $y = f_3(b)$ 执行，则说明 $f_1(x)$ 为 0。

7.1.2 信息流模型与机制

信息流模型主要着眼于对客体之间的信息传输过程的控制。通过对信息流向的分析可以发现系统中存在的隐蔽通道，并设法予以堵塞。信息流是信息根据某种因果关系的流动，总是从旧状态的变量流向新状态的变量。信息流模型需要遵守的安全规则是在系统状态转换时，信息流只能从访问级别低的状态流向访问级别高的状态。信息流模型实现的关键在于对系统的描述，即对模型进行彻底的信息流分析以找出所有的信息流，并根据信息流安全规则判断其是否为异常流。若是，则反复修改系统的描述或模型，直到所有的信息流都不是异常流为止。

7.2 基于编译器机制的信息流检测

信息流控制机制是指对信息流安全控制的实现方法与技术。一个源程序的执行一般需要经过编译阶段和执行阶段。在编译阶段，源程序被翻译成可执行的目标代码。在执行阶段，操作系统分配资源后，将目标代码调入内存执行。信息流的控制机制相应有两种设计与实施方法：一种方法是在编译时刻对程序安全性进行检查与验证；另一种方法是把对信息流安全性的检查与验证放到执行时刻进行。

基于编译器的机制是 Denning 等人建立的，这种机制很容易被集成到任何一种编译器中。基于编译器的机制检验程序中的信息流是否经过授权，是否"可能"违反给定的信息流策略。这种判定不是精确的，安全的信息流路径也可能会被标示为违反策略，但是这种判定是安全的，即未经授权的信息流路径一定会被检测出来。

本节将对程序语句中的信息流进行分析。一个程序包含若干类型的程序语句，典型的语句有赋值语句、复合语句、条件语句、迭代语句、goto 语句、过程调用、函数调用、输入/输出语句。下面将从语句形式、信息流分析和安全的必要条件三方面来分析一个语句的信息流，从而检测出未经授权的路径。

1. 赋值语句

（1）赋值语句形式

赋值语句的形式为：

```
y=f(x₁,x₂,…,xₙ)
```

其中 y 和 $x_1,x_2,\cdots;x_n$ 是变量，f 是这些变量的函数。

（2）信息流分析

强信息流：

$$y \leftarrow x_1$$
$$y \leftarrow x_2$$
$$\vdots$$
$$y \leftarrow x_n$$

弱信息流：无。

（3）安全的必要条件

假定安全信息流通过某种外部方式（例如文件）提供给检验机制，安全信息流的规范要涉及语言结构的安全类型，某些语言结构要将程序中的变量与安全类型关联起来，把安全类型视为格，则用 $\text{lub}\{\underline{a},\underline{b}\} \leqslant \underline{x}$ 表示 x 的类型必须至少是类型 a 和 b 的最小上限。

在本赋值语句中，由于信息从每一个 x_i 流向 y，因此，要使信息流是安全的，就要求

$$\text{lub}\{\underline{x_1},\underline{x_2},\cdots,\underline{x_n}\} \leqslant \underline{y}$$

例 7-4 考虑赋值语句的例子。

赋值语句：`a=b+c-d`

信息流分析：
- 强信息流：

$$a \leftarrow b$$
$$a \leftarrow c$$
$$a \leftarrow d$$

- 弱信息流：无。

安全的必要条件：$\text{lub}(\underline{b},\underline{c},\underline{d}) \leq \underline{a}$。

2. 复合语句

（1）复合语句形式

复合语句的形式为：

```
begin
    S₁;
    ⋮
    Sₙ;
end;
```

其中，每一个 S_i 是一条语句。

（2）信息流分析

信息流包括语句 S_i 中的所有信息流，$1 \leq i \leq n$。

（3）安全的必要条件

如果每条语句的信息流都是安全的，则复合语句中的信息流就是安全的，因此复合语句中信息流安全的必要条件是：

- S_1 是安全的
  ⋮
- S_n 是安全的

例 7-5 考虑复合语句的例子。

复合语句：

```
begin
    x = a + b;
    y = x + z;
end;
```

信息流分析：

- 强信息流：$x \leftarrow a$，$x \leftarrow b$，$y \leftarrow x$，$y \leftarrow z$。
- 弱信息流：无。

安全的必要条件：使信息流安全，要求对 S_1 有 $\text{lub}\{\underline{a},\underline{b}\} \leq \underline{x}$ 以及对 S_2 有 $\text{lub}\{\underline{x},\underline{z}\} \leq \underline{y}$，所以安全信息流的必要条件是 $\text{lub}\{\underline{a},\underline{b}\} \leq \underline{x}$ 以及 $\text{lub}\{\underline{x},\underline{z}\} \leq \underline{y}$。

3. 条件语句

（1）条件语句形式

条件语句的形式为：

```
if f(x₁,x₂,…,xₙ) then
```

```
    S₁;
else
    S₂;
end;
```

其中 $x_1, x_2, \cdots, x_n$ 是变量，f 是关于这些变量的（布尔）函数，y 是赋值语句 S_1 或 S_2 的一个赋值对象。

（2）信息流分析

信息流包括复合语句 S_1 和 S_2 中的所有信息流。

- 强信息流：无。
- 弱信息流：$y \leftarrow x_1, y \leftarrow x_2, \cdots, y \leftarrow x_n$。

（3）安全的必要条件

根据 f 的值，S_1 和 S_2 中有一个要被执行，所以 S_1 和 S_2 都必须是安全的。如前面所讨论的，选择 S_1 或者 S_2 将泄露变量 $x_1, x_2, \cdots, x_n$ 的值，所以信息必须能够从这些变量流向 S_1 和 S_2 中的任意赋值目标。此条件满足当且仅当赋值目标的最低级类型支配变量 $x_1, x_2, \cdots, x_n$ 的最高级类型。这样信息流是安全的必要条件就是：

- S_1 是安全的。
- S_2 是安全的。
- $\text{lub}\{\underline{x_1}, \underline{x_2}, \cdots, \underline{x_n}\} \leq \text{glb}\{\underline{y}\}$。

y 是赋值语句 S_1 或 S_2 中的一个赋值对象。若语句 S_2 是空语句，则它是安全的而且没有任何的赋值。

例 7-6 条件语句的例子。

条件语句：

```
if x+y≤z then
    a = b;
else
    c = b;
end;
```

信息流分析：

- 强信息流：

$$a \leftarrow b, \quad c \leftarrow b$$

- 弱信息流：

$$a \leftarrow x, \ a \leftarrow y, \ a \leftarrow z$$
$$c \leftarrow x, \ c \leftarrow y, \ c \leftarrow z$$

安全的必要条件是：对于 S_1，要求 $\underline{b} \leq \underline{a}$，对于 S_2，要求 $\underline{b} \leq \underline{c}$，具体执行哪一条语句由 x、y 和 z 的值决定，因此，信息从 x、y 和 z 流向 a 和 c，要求 $\text{lub}\{x, y, z\} \leq \text{glb}\{\underline{a}, \underline{c}\}$。

4. 迭代语句

（1）迭代语句形式

迭代语句的形式为：

```
while f(x₁,x₂,⋯,xₙ) do
    S₁;
```

S_2;

其中 $x_1,x_2,\cdots,x_n$ 是变量，f 是这些变量的（布尔）函数。除了循环执行以外，这就是一个条件语句，所以对条件语句中信息流为安全的条件在此也适用。

（2）信息流分析

待分析的信息流包括复合语句 S_1 中的所有信息流。

弱信息流：

$$y \leftarrow x_1, y \leftarrow x_2, \cdots, y \leftarrow x_n$$

其中 y 是赋值语句 S_1 的一个赋值对象。

在循环中，循环的次数使信息通过对 S_1 中的变量赋值而流动。循环的次数由变量 $x_1,x_2,\cdots,x_n$ 的值控制，所以信息从这些变量流向 S_1 中的赋值对象，但这可通过验证条件语句的信息流要求而检测出来。

注意：安全信息流要求循环语句必须终止，如果迭代语句不能终止会怎么样？对 S_2 会有什么结果？如果程序跳不出这个迭代语句，则在此循环后的语句 S_2 将不会被执行。在这种情况下，信息就通过语句的"不执行"而从变量 $x_1,x_2,\cdots,x_n$ 中流出。

（3）安全的必要条件

安全的必要条件是：

- S_1 是安全的。
- $\text{lub}\{\underline{x_1},\underline{x_2},\cdots,\underline{x_n}\} \leq \text{glb}\{\underline{y}\}$，其中 y 是赋值语句 S_1 中的一个赋值对象。

5. goto 语句

（1）goto 语句形式

goto 语句的形式为：

```
if f(x₁,x₂,…,xₙ) then
    S₁;
goto label;
    S₂;
label:S₃;
```

（2）信息流分析

待分析的信息流包括复合语句 S_1、S_2、S_3 中的所有信息流。goto 语句不包含赋值，所以没有强信息流发生，但是，可通过检测得出是否存在弱信息流。

弱信息流：

$$y \leftarrow x_1, y \leftarrow x_2, \cdots, y \leftarrow x_n$$

其中 y 是赋值语句 S_1 的一个赋值对象。

（3）安全的必要条件

由于程序的每一条执行路径中语句的选用都是因为一个表达式的值，信息从表达式的变量流向语句中赋值的变量集合中，信息流安全的必要条件是：

- S_1 是安全的。
- S_2 是安全的。
- S_3 是安全的。
- $\text{lub}\{\underline{x_1},\underline{x_2},\cdots,\underline{x_n}\} \leq \text{glb}\{\underline{y}\}$，其中 y 是赋值语句 S_1 中的一个赋值对象。

6. 过程调用

(1) 过程调用形式

过程调用的形式为：

```
proc pname(i₁,i₂,…,iₙ:int;var o₁,o₂,…,oₙ:int);
begin
    S;
end;
⋮
pname(x₁,x₂,…,xₙ:y₁,y₂,…,yₙ);
```

其中，每一个 i_n 是一个输入参数，而每一个 o_n 是一个输入/输出参数。$x_1,x_2,\cdots,x_n$ 和 $y_1,y_2,\cdots,y_n$ 分别为实输入和输入/输出参数。

(2) 信息流分析及安全的必要条件

信息流包括复合语句 S_1 中的所有信息流，程序主体 S 中的信息流必须是安全的。注意，在缺乏过程调用细节的时候，在输入参数与输出参数之间也可能存在信息流关系，这些关系直接影响了 S 的安全性。要使调用是安全的，实参数也必须满足关系 S 是安全的。信息流为安全的条件是：

- S 是安全的。
- 如果 $\underline{i_j} \leqslant \underline{o_k}$，则 $\underline{x_j} \leqslant \underline{y_k}$，$1 \leqslant j \leqslant m$，$1 \leqslant k \leqslant n$。
- 如果 $\underline{o_j} \leqslant \underline{o_k}$，则 $\underline{y_j} \leqslant \underline{y_k}$，$1 \leqslant j \leqslant m$，$1 \leqslant k \leqslant n$。

7. 函数调用

(1) 函数调用形式

函数调用形式为：

```
int f(i₁,i₂,…,iₙ:int);
begin
    S;
end;
⋮
y=f(x₁,x₂,…,xₙ);
```

其中，每一个 i_n 是一个输入参数，$x_1,x_2,\cdots,x_n$ 为实输入和输入/输出参数。

(2) 信息流分析及安全的必要条件

信息流包括复合语句 S 中的所有信息流，程序主体 S 中的信息流必须是安全的。注意，在缺乏过程调用细节的时候，输入参数与函数之间可能存在信息流关系。信息流安全的条件是：

- S 是安全的。
- 如果 $\underline{i_k} \leqslant f(\ )$，则 $\underline{x_k} \leqslant y$，$1 \leqslant k \leqslant n$。

8. 输入/输出语句

以赋值语句为模型，对于输入语句，源可以是设备名或者是文件名，目标可以是文件名客体或者是通常的程序变量客体；对于输出语句，数据可以是文件名或者是通常的程序变量，目标可以是设备名或者文件名客体。

9. 其他信息流

除了以上各语句之外，以下几种情况也会产生信息流。

(1) 数组元素

对于 y=a[i]，强信息流：y←a[i]，y←I。

对于 a[i]=x，强信息流：a[i]←x。

(2) 异常和无限循环

异常情况也能导致信息的流动。

例 7-7 以下过程，将 x 的值复制到 y。

```
y = 0;
while(x = = 0) do
    y = 1;
```

分析：如果 x 等于 0，则 y 等于 1 并且过程进入无限循环；如果 x 不等于 0，则 y 等于 0 并且过程终止。

(3) 指针

以 &y=&x 为例，强信息流为 &y←&x，信息流的流动过程如下。

- 若 (x=z) 则有 (y=z)，即 x←z 则 y←z。
- 若 (y=z) 则有 (y=z)，即 y←z 则 x←z。

从信息流的角度来看，对地址的赋值使得 x 和 y 有相同的客体，因为两个不同的变量 x 和 y 表示的是同一个存储单元，信息流为 y↔x。

7.3 基于执行机制的信息流检测

基于执行的机制的目标是在执行时防止信息流违反安全策略。对于包含强信息流的语句，检验强信息流的安全条件可以达到这个目的。在赋值语句

$$y=f(x_1,x_2,\cdots,x_n)$$

被执行前，基于执行的机制验证

$$\text{lub}\{\underline{x}_1,\underline{x}_2,\cdots,\underline{x}_n\} \leq \underline{y}$$

这种检查机制能够保证强信息流 $\underline{x}_i \rightarrow \underline{y}$ 的安全性。如果结果为真，则赋值语句执行，否则产生一个报错信息，并跳过该赋值语句或者使程序中断，这样可以不泄露任何数据的信息。一种普通的方法就是在强信息流发生前检验信息流条件，弱信息流使这种检验变得更为复杂。

例 7-8 设 x 和 y 是两个变量，安全验证条件是 $\underline{x} \leq \underline{y}$。条件语句

```
if x = = 1 then y = 2;
```

导致信息从 x 流向 y。现在，假设当 x≠1 时，x=high 而 y=low。如果只验证强信息流，且 x≠1，则弱信息流将不会被发现。Fenton 使用一种特殊的抽象机器探讨了这个问题。

7.3.1 Fenton 的数据标记机

Fenton 在 1973 年提出的数据标记机是一种研究执行时生效机制的保护系统模型。这种被称为数据标记机的抽象机器用来研究弱信息流在执行时的处理。在此机器中的每一个变量都有一种关联的安全类型或标记，它包含为每一类寄存器的安全类别所做的标记。

Fenton 还为程序计数器（PC）设计了一种标记。

PC 的加入使 Fenton 可以将弱信息流作为强信息流来处理，因为程序分支仅仅是对 PC 的赋值。Fenton 定义了数据标记机的语义。

Skip 表示该语句不被执行，push$(x,\underline{x})$ 表示将变量 x 及其安全类型 $\underline{x}$ 压入程序栈中，而 pop$(x,\underline{x})$ 表示从程序栈中弹出顶部数值及其安全类型，并分别赋值给 x 和$\underline{x}$。

Fenton 定义了 5 种指令，指令与变量类型之间的关系表示如下。

（1）加 1 指令

```
x = x + 1
```

等价于

```
if PC≤x then x = x+1;
else skip
```

（2）条件语句

```
if  x==0then goto n
else x=x-1
```

等价于

```
if  x==0then {
    push(PC,PC);
    PC = lub(PC,x);
    PC = n;}
else{
    if PC≤x then{
        x=x-1;
    }
    else skip
    }
```

将 PC 及其安全类型压入程序栈中，通常 PC 增值，使得它弹出后，执行 if 语句之后的指令。

（3）返回语句

```
return
```

等价于

```
pop(PC,PC)
```

这条语句将控制返回给最后一个 if 语句之后的那个语句。因为控制流将会到达该语句，所以 PC 将不再包含 x 的信息，从而可以恢复旧的类型。

（4）分支语句

```
if x==0 then goto n
else x=x-1
```

等价于

```
if x==0 then {
```

```
        if x≤PC then { PC = n;}
        else skip
}
else {
     if PC≤x then { x = x-1;}
        else skip
}
```

此分支语句不保存 PC 进栈，如果分支发生，则 PC 的安全类型比条件变量 x 的更高，所以增加从 x 到 PC 的信息不会改变 PC 的安全类型。

（5）停机指令

```
halt
```

等价于

```
if program stac empty then halt execution
```

程序栈为空是要保证程序停止后，用户不能通过查看程序栈而获得信息。

例 7-9 考虑以下程序，其中 x 的初值为 0 或 1，y 和 z 的值为 0。

```
1. if x==0then goto 4 else x=x-1
2. if z==0then goto 6 else z=z-1
3. halt
4. z=z+1
5. return
6. y=y+1
7. return
```

该程序将 x 的值复制到 y。假设 x 的初始值为 1，以下表格显示了内存中的内容、每一步中 PC 的安全类型及对应的安全验证。

x	y	z	PC	$\underline{PC}$	栈	安全验证
1	0	0	1	Low	—	
0	0	0	2	Low	—	Low≤$\underline{x}$
0	0	0	6	$\underline{z}$	(3,Low)	
0	1	0	7	$\underline{z}$	(3,Low)	PC≤$\underline{y}$
0	1	0	3	Low	—	

Fenton 的方法是通过忽略错误来处理错误，假设在以上程序中，$\underline{y}$≤$\underline{z}$，则在第四步，由于 PC=$\underline{z}$，安全验证失败，赋值被跳过，而最终无论 x 的值为多少，都有 $y=0$，但如果机器报告出错，出错信息会告诉用户安全验证失败，即程序曾经试图执行第六步，而程序只有在第二步是选择分支时才会这样做，即意味着 $z=0$，则语句 1 中的 else 分支没有执行，即 x 的初值为 0。为了防止这种类型的判断，Fenton 的方法不顾错误的发生继续执行，但却忽略了违反安全策略的语句。异常中断程序或者产生用户可见的异常都将产生违反策略的信息流。如果出错信息被记录在系统日志中，可以将出错信息显示给有足够安全级别的用户看，比如系统管理员或者其他适合用户，这是不会违反安全策略的。

7.3.2 动态安全检查

在以上例子中，变量的类型是固定的，Fenton 的机器将 PC 的类型改变为与程序运行的类型一样。这实际上是一种动态类型的表达,其中变量能改变它自己的类型。假定每一客体都有可变的安全类型,客体的安全类型会随着信息的流动而变化,可用一个简单的方法控制客体安全类型的更改。当强信息流进入客体时才修改客体的安全类型,即在执行$f(x_1,x_2,\cdots,x_n)$时,置y的安全类型为$\text{lub}\{\underline{x}_1,\underline{x}_2,\cdots,\underline{x}_n\}$。弱信息流则会使这个问题复杂化。

例 7-10 考虑以下程序

```
proc copy(x:integer class{x};
        var y:integer class{u});
var z :integer class variable{low};
begin
        y=0;
        z=0;
        if x==0 then z=1;
        if z==0 then y=1;
end;
```

程序中,$\underline{z}$是变量且初始值为low,在为z赋值后$\underline{z}$将发生改变,当为y赋值时,信息流要被验证。假设$\underline{y}<\underline{x}$。

- 如果x初值为0,第一条语句验证$\text{low}\leqslant\underline{y}$(为真)。第二条语句置$z$为0且$\underline{z}$为low。第三条语句改变$z$为1且$\underline{z}$为$\text{lub}(\text{low},\underline{x})=\underline{x}$。第四条语句被跳过,因为$z$等于1。因此,程序退出时$y$被置为0。
- 如果x初值为1,第一条语句验证$\text{low}\leqslant\underline{y}$(为真)。第二条语句置$z$为0且$\underline{z}$为low。第三条语句被跳过,因为$x$等于1。第四条语句将$y$赋值为1,并验证$\text{lub}(\text{low},\underline{z})=\text{low}\leqslant\underline{y}$(为真)。因此,程序退出时$y$被置为1。

因此,即使$\underline{y}\leqslant\underline{x}$,信息也从$x$流向$y$,程序违反策略,却依然通过验证。Fenton的数据标记机能检测出这种安全问题。

7.4 信息流控制实例

无论是专用计算机系统还是通用计算机系统,都有系统层面上的信息流控制。在下面的实例中,邮件安全防护装置用于检验机密网络与非机密网络之间的电子邮件,从而达到防止系统之间的非法信息流的目的。安全网络服务器邮件防护具体工作过程如下。

假设存在这样的两种网络:机密网络和公共网络。在机密网络中存在标记为机密的数据(假设只有此种数据)。控制机密网络的管理者必须允许电子邮件进入非机密网络,但是同时不希望机密信息进入非机密网络。

安全网络服务器邮件防护装置(Secure Network Server Mail Guard,SNSMG)是置于机密网络和公共网络之间的一台计算机,它在这两类网络之间接收转发邮件,并在必要时无害化或者封锁邮件。SNSMG使用若干过滤器对邮件进行处理,使用哪一种特定的过滤器依赖于邮件的源地址、目标地址、发送者、接收者以及邮件内容。这些过滤器具有以下功能。

- 检验从机密网络中发出邮件的发送者是否被授权,是否允许向公共网络发送邮件。

- 扫描来自公共网络邮件的附件，定位并且删除所有的计算机病毒。
- 要求所有从机密网络发往公共网络的邮件都有等级标记，并且如果邮件标记不是"非机密"，就在转发之前加密邮件。

SNSMG 是同时运行两类不同的邮件转发代理（MTA）的计算机，一类是机密网络 MTA，另一类是非机密网络 MTA。SNSMG 使用一种安全管道将邮件从 MTA 传送到过滤器，或者从过滤器传送到 MTA。在这条管道中，从机密网络的 MTA 输出的邮件属于类型 a，从过滤器输出的邮件属于类型 b。公共网络的 MTA 只接受类型 b 的邮件。如果由于意外，有一封邮件从机密网络的 MTA 发往非机密网络的 MTA，非机密网络的 MTA 将会拒绝这封邮件，因为邮件的类型错误。

图 7-2 所示为 SNSMG 的工作原理。过滤器是高度可信系统的一部分，它负责检验以及无害化邮件。SNSMG 是一种信息流强制机制，它保证信息流不会从高安全级别系统流向低安全级别系统，也能实现其他功能，比如，限制来自非机密网络的不可信信息流向可信的机密网络。这种情况下的信息流关心的是完整性问题，而不是保密性问题。

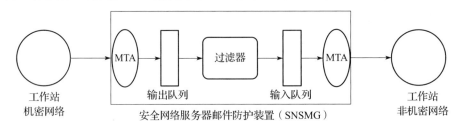

图 7-2 安全网络服务器邮件防护装置的工作原理

7.5 隐蔽信道

Lampson 指出信息沿着以下 3 种类型的信道流动。
- 正规信道（Legitimate Channel）：指设计者指定的信息传送渠道。
- 存储信道（Storage Channel）：指由多个进程或者程序共享的客体。
- 隐蔽信道（Covert Channel）：指不被设计者或者用户所知道的泄露系统内部信息的信道。

对通过正规信道与存储信道的信息流实施安全性保护是可能的，对于隐信道的信息流进行防护是比较困难的。

7.5.1 隐蔽信道的概念

隐蔽信道是系统中不受安全策略控制的、违反安全策略的信息泄露途径，是相对于公开信道而言的。公开信道是传输合法信息流的通道。隐蔽信道采用特殊编码，是在公开信道中一种能够进行隐蔽通信的信道。该信道的存在仅为确定的访问者所知，使不合法信息流（秘密信息）逃避常规安全检测从而被传给未授权者。隐蔽信道也是操作系统安全评估的一个重要衡量标准。如果一个系统中存在带宽较高的隐蔽信道，那么该系统就是不够安全的。

尽管隐蔽信道的一般概念在学术界已经达成一致，但不同的定义方法之间有一定的区别，本章中的定义采用《计算机信息系统安全保护等级划分准则》中的定义。

定义 7-8　隐蔽信道是允许进程以危害系统安全策略的方式传输信息的通信信道。

例 7-11　在某一系统中，限制进程 a 不能与进程 b 通信。然而，进程 a 和 b 共享一个文件系统，在这个文件系统中，系统对文件的权限控制分为三类：读、写、执行。目录也是文件，对目录来说，用户可以读取目录列表、建立或删除文件、在目录之间进行切换。此时，当进程 a 想发送一条消息给进程 b 时，它可以在 a、b 进程都能读的一个目录中创建一个名为 send 的文件，以此通知进程 b，将要传送信息给进程 b。此时进程 b 检测到文件 send，便准备接收进程 a 传递的信息，在进程 b 打开 send 文件之前，进程 a 删除文件 send，接着进程 a 创建一个文件，将该文件命名为 0 或者 1 来代表要传输的比特。当进程 b 检测到这个以 0 或 1 命名的文件时，它记录这个比特并且删除这个文件。此过程持续下去，直到进程 a 创建一个名为 send 的文件，到此通信结束。

由以上定义及例子可知，通过隐蔽信道发送信息需要信息的发送者、接收者以及资源共享。接收者和发送者使用合作的方式传递秘密信息，并且通常不被强制进行安全检查。上面的例子中，进程 a 和进程 b 通过隐蔽的方式进行通信，其通信模型如图 7-3 所示。

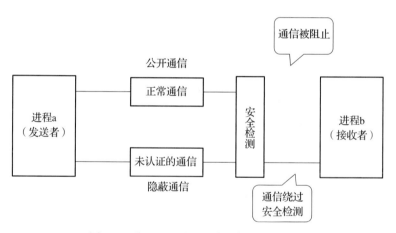

图 7-3　进程 a 和进程 b 隐蔽信道通信模型

从理论上讲，隐蔽信道是不可能完全消除的。隐蔽信道的使用总是伴随着公开信道的使用，从而避免被发现。在公开信道上传送的信息将是隐信息传播的载体。如果一个信道的存在没有公开应用信道的意义，那么它的存在将被怀疑。这种通过共享公开信道的隐蔽传输，从某种意义上称为寄生信道，因为它侵占了一些合法信道的未用带宽来传递隐蔽或者伪装的信息。而攻击者可以利用隐蔽信道绕过强制访问控制和系统的安全检查，从而达到窃取敏感信息的目的。例如，数字图像中存在大量的冗余信息，可以将隐匿数据藏在其中以达到传递非法信息的目的。

任何一个安全的操作系统都存在着低带宽的隐蔽信道，它们的存在是系统设计固有的。系统设计者将隐蔽信道所能泄露的信息量降到一定程度以下，以降低隐蔽信道的带宽。隐蔽信道的关键属性是存在性与带宽。存在性是指存在一条可以发送信息的信道，带宽表明能以多快的速度发送。一般用其最大带宽来衡量隐蔽信道所能泄露的最大信息量。隐蔽信道分析就是要确定这两项属性，进而消除隐蔽信道，降低隐蔽信道的带宽。

7.5.2 隐蔽信道的分类

隐蔽信道使用共享资源作为通信信道，它需要使用空间的共享或者时间的共享。隐蔽信道可以分为隐存储信道和隐定时信道。隐存储信道包括资源损耗信道和事件计数信道。当一个高安全级别进程对某客体（比如存储单元）进行写操作，另一个低安全级别进程可以观察到写的结果时，所采用的通信路径就是隐存储信道。当一个高安全级别进程对系统性能产生影响，而这种影响由另一个低安全级别进程观察到，并且低安全级别进程可以通过使用实时时钟来测量访问共享资源的间隔而通信时，所采用的通信路径就是隐定时信道。隐定时信道中的存储单元只能在短时间内保留前一个进程发送的信息，后一个进程必须迅速地接收信息，否则信息将消失。判别一个隐蔽信道是否是隐定时信道，关键是看它有没有一个实时时钟、间隔定时器或者其他计时装置，不需要时钟或者定时器的隐蔽信道是隐存储信道。

1. 隐存储信道

定义 7-9 隐存储信道利用对共享资源的属性的修改来传递信息。隐定时信道利用共享资源访问中的时态或有序关系来传递信息。

例 7-12 例 7-11 中的隐蔽信道是隐存储信道，其共享的资源是目录及目录中文件的文件名。进程通过不断修改共享资源的特征（文件名和文件的存在）而通信。磁盘移臂隐蔽信道是在 KVM/370（Kernel-based Virtual Machine 370）系统中发现的，可以将其看作隐存储信道，因为发送进程修改磁臂的方向，接收程序能够观察到其修改的结果。造成这个隐蔽信道的原因是系统支持不同安全级的用户共享资源（在本例中是共享磁盘空间）。可以将打印机连接隐蔽信道看作隐存储信道，发送进程使打印机处于"忙"或"空闲"状态，接收进程可以观察到该状态。

隐存储信道满足以下必要条件。

- 资源共享：发送进程和接收进程必须能够对某一共享资源的同一个属性进行访问。
- 发送信息：发送方必须能够改变共享资源的属性。
- 接收信息：接收方必须能够探测访问到资源的属性。
- 同步或者协同：必须存在一种机制来初始化发送进程和接收进程，并且对它们使用共享资源的次序进行同步或排序，以便告知接收者接收。

隐存储信道中的资源损耗信道通过占用共享资源来实现信息的发送和接收。

例 7-13 当共享资源为内存时，发送进程和接收进程可通过以下过程来实现信息的传递。

发送进程：

- 传递"1"：占用所有可用内存。
- 传送"0"：留一些内存给其他进程使用。

接收进程：

- 接收"1"：请求内存，请求失败。
- 接收"0"：请求内存，请求成功。

其中，发送进程一次传送一个比特给接收进程。

例 7-14 字处理器可以提供间距判定。用户在高安全级时能够用字处理器编辑一个文档，进而调制这些数据以传递信息。这种调制可基于间距属性，从而实现一种隐存储信道。比如，对于打印文本的每一行，第一字和第二字之间的间距表示一个比特，如果有两个间距，则一个表示信号"0"、一个表示信号"1"，而不需要关心文本的实际内容，这样一个简单的进程能够用于传递敏感信息。

资源损耗信道也有其特殊属性，它利用了资源是有限的并且是共享的这一特点。资源损耗是一个可以被接收方观察到的全局状态，从而可以接收到信息。在具体的通信过程中，发送方使用边界条件对信息进行编码，而且在现实情况下，通常不强制执行安全检查。

隐存储信道中的事件计时信道通过改变共享计数器的值来传递信息。

例 7-15 当共享资源为进程 ID 时，发送进程和接收进程可通过以下过程来实现信息的传递。

发送进程：
- 发送"1"：请求一个新的进程 ID，导致进程 ID 计数器的增值。
- 发送"0"：进程 ID 计数器不发生改变。

接收进程：
- 接收"1"：请求一个新的进程 ID 并观察增值。
- 接收"0"：请求一个新的进程 ID 并观察连续值，观察其是否发生改变。

事件计时信道也有其特殊属性，首先它利用计数器的值是递增分配的，发送方使用增量来编码信息，并且依赖于共享计数器的值是一个全局值，接收方可以观察到这个全局信息。由于现实情况下通常不强制执行安全检查，因此信息的传递成为可能。

2. 隐定时信道

隐定时信道需要满足以下必要条件。
- 资源共享。发送进程和接收进程必须能够对某一共享资源的同一个属性进行访问。
- 基准时间。发送进程和接收进程都必须按照同一个时间基准，比如实时时钟或是事件的顺序。接收者必须能够控制对发送者的属性变化进行检测的时机。
- 同步或者协同。必须存在一种机制来初始化发送进程和接收进程，并且对它们使用共享资源属性的次序进行同步或排序。

隐定时信道通过控制进程的执行来实现信息的传递，对处理器有效（空闲）时间的探测能力能够用于构造一个隐定时信道。如果其他进程能探测到该时间，那么就存在一个潜在的隐定时信道。

例 7-16 当共享资源是 CPU、共享基准时间是系统时钟时，进程通过使用实时时钟来测量访问共享资源的间隔而通信。发送进程和接收进程可以通过以下方式传递信息。

发送进程：
- 发送"1"：请求 CPU 时间片以执行进程。
- 发送"0"：不进行请求，释放 CPU。

接收进程：

- 接收"1":请求 CPU 时间片并观察获得 CPU 的速度,此时需要等待一个较长的响应时间。
- 接收"0":请求 CPU 时间片并观察获得 CPU 的速度,此时需要一个较短的响应时间。

在这种情况下,发送进程一次传送一个比特给接收进程。CPU 调度引起的隐定时信道如图 7-4 所示。

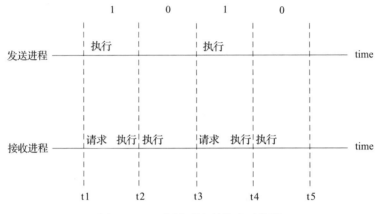

图 7-4 CPU 调度引起的隐定时信道

隐定时信道也有其特殊属性,它将 CPU 作为共享资源,发送进程通过调整自己使用 CPU 的时间来影响实际的响应时间,使用响应时间来进行编码,接收进程利用进程完成时间可以被观察到这一特性来进行观察,从而判断接收到的信息是什么,本例中将其解释为 0 和 1。由于现实情况下通常不强制执行安全检查,因此信息的传递成为可能。

3. 无噪声隐蔽信道和噪声隐蔽信道

从其他角度来看,隐蔽信道还可以分为无噪声隐蔽信道和噪声隐蔽信道。

定义 7-10 无噪声隐蔽信道是使用只有发送者和接收者可用的资源的隐蔽信道。噪声隐蔽信道是使用除了发送者和接收者能使用外,其他主体也可以使用的资源的隐蔽信道。

这两类隐蔽信道的差别在于是否需要过滤无关信息。无噪声隐蔽信道中,通过信道传递的信息只来自发送者。然而,在噪声隐蔽信道中,通过信道传递的信息混合着由其他用户或者主体产生的无意义甚至无用的信息(比如噪声)。

在目前的计算机系统安全标准中,我国的计算机信息系统安全保护等级分为五个等级,其中的第四级(结构化保护级)对与隐蔽信道相关的安全问题做了如下规定:本级计算机防护系统建立在一个明确的形式化安全策略模型上,要求第三级系统中的自主和强制访问控制扩展到所有的主体(引起信息在客体上流动的人、进程或设备)和客体(信息的载体)。系统的设计和实现要经过彻底的测试和审查。必须对所有目标和实体实施访问控制政策,要有专职人员负责实施。要进行隐蔽信道分析。

美国国家安全局(NSA)的国家计算机安全中心(NCSC)颁布的官方标准名为"受信任计算机系统评价标准"(Trusted Computer System Evaluation Criteria,TCSEC)。它将一个计算机系统可接受的信任程度给予分级,依照安全性从高到低划分为 A(A1)、

B(B3,B2,B1)、C(C2,C1)、D(D1)四个安全等级。TCSEC 中规定，对 B3 级和 A1 级要求必须同时识别和处理隐存储信道和隐定时信道，对 B2 级以上的高等级安全操作系统进行评估时，必须分析隐蔽信道，要求是系统能够对隐存储信道进行彻底搜查，应给出隐蔽信道分析的结果和与限定该信道有关的方案，并且随着安全级别的提高，对隐蔽信道分析的要求越来越严格。一般情况下，最大带宽在 1bit/s 以下的隐蔽信道在大部分环境下是可以接受的，应该对最大带宽在 0.1bit/s 以上的隐蔽信道利用事件进行审计。但目前对隐定时信道还没有有效的搜寻和检测方法。

7.5.3 隐蔽信道分析

我们可以比较容易地对正规信道实施安全防护，但是对存储信道的安全防护要困难得多，因为每一个客体都需要保护，对隐蔽信道的信息流进行防护是比较困难的。在设计操作系统时，考虑到系统的可用性、运行效率和设计成本等，不可能对系统信息中的每一个比特都实行强制访问控制。系统使用的非正规的、不受强制控制保护的通信方式或多或少地会造成信息泄露。在实际的系统中，由于进程存储数据，以备将来的检索，进程有可能泄露用户认为是机密的信息。不存储信息的进程不可能泄露信息，然而在极端情况下，这样的进程也不能完成计算，因为分析者可以观察控制流或者进程的状态，并从控制流中推导关于输入的信息。因此得出以下结论：不可观测且不与其他进程通信的进程不会泄露信息。Lampson 称之为"完全隔离"。

在实际应用中达到"完全隔离"是十分困难的，受限的进程通常与其他非受限进程共享资源，包括 CPU、网络和磁盘存储等。非受限进程可以通过这些共享资源传递信息。

B. W. Lampson 在 1973 年首次提出了隐蔽信道问题。由于系统中潜在的隐蔽信道可以绕开安全模型的监控，威胁到系统的安全，因此必须对隐蔽信道问题加以分析处理。隐蔽信道主要的威胁在于它可能被特洛伊木马利用，这种威胁的严重性通常是根据通道的带宽测量的。带宽越高，可能带来的危害越大。由于当前的硬件速度越来越快，隐蔽信道的带宽也增长得很快。事实上，人们正日益关注一些并行体系结构，它们甚至能够使通道的带宽达到几兆位/秒。为消除隐蔽信道的威胁，需要解决两个方面的问题。第一，以一种全面的、系统的方式标识隐蔽信道。人们提出了几种隐蔽信道的分析技术，通常这些技术是基于对代码或者高级规范的分析。第二，如何消除这些通道或者至少降低它们的带宽，同时尽量不降低系统的功能或者性能。

隐蔽信道通过改变共享资源的使用来传递信息。消除所有隐蔽信道的最明显的方法就是要求进程在运行前事先声明它要使用的资源，并且这些资源只能由该进程访问，一旦所声明的资源使用时间到达，就终止进程并释放资源，即使进程提早结束，资源在整个运行事件内仍保持已分配状态，否则，另一个进程可以根据资源释放时间（包括对 CPU 的访问）来推断信息。这种策略有效地实现了 Lampson 的"完全隔离"思想，但该方案的费用可能过高，在实际中通常是不能实现的。

在系统设计的过程中，对某一种对策考虑得越早，实现它们所付出的努力和代价就越低。原则上，可以在系统任何一个层次上进行隐蔽信道分析。分析的抽象层次越高，越容易在早期发现系统开发时引入的安全漏洞。我们需要尽量在系统设计之初就考虑消除隐蔽信道。图 7-5 显示了传统的系统开发生命周期（SDLC）的 6 个阶段，在设计的任何一个阶段出现漏洞都有可能导致最终的系统中出现隐蔽信道，我们可以根据需求进行不同程度的信息流的分析和隐蔽信道的消除。

处理隐蔽信道的手段包括清除隐蔽信道、降低带宽和审计使用等。尽管隐蔽信道的存在使系统面临严峻的安全威胁，但是在实际中，完全消除隐蔽信道几乎是不可能的，而且某些存储和定时信道是系统正常操作的必要组成部分，处理不慎会导致系统崩溃或者性能降低。Loepere 描述了一种消除隐蔽信道的标准方法，即移去资源共享能力，或者至少移去共享资源的表象，使带宽趋于 0。通过虚拟系统数据及其相关变量可以使一个进程不能探测内部数据的实际值。然而时间的虚拟化是不可能的，定时信道更难以实现虚拟化，所以不可能消除所有隐蔽信道。

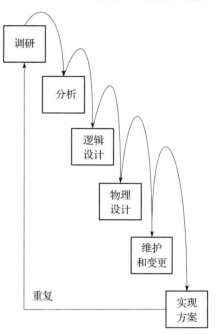

图 7-5　SDLC 瀑布模型

隐蔽信道的分析包括以下 4 个方面的内容：隐蔽信道标识，隐蔽信道带宽的检测，对被标识的隐蔽信道进行适当的处理，测试信道。下面具体介绍前三个方面。

1. 隐蔽信道标识

隐蔽信道分析首先要解决的是隐蔽信道的搜索问题，即从系统描述中抽象出潜在的信息流。目前的隐蔽信道分析方法多数是基于操作系统的，主要包括信息流分析法、共享资源矩阵法、无干扰法、隐信息流树法、基于源代码搜索方法。其中，信息流分析法是在信息流模型的基础上提出的，也是最基本的方法，包括符号信息流分析法和语义信息流分析法。该方法能检测出合法通道和存储隐蔽信道，不能检测时间隐蔽信道。无干扰法是在无干扰安全模型的基础上提出的，与信息流分析法类似，只是在信息流不同的状态下进行隐蔽信道分析。共享资源矩阵法是在存取控制模型的基础是提出的，采用矩阵数据结构对共享资源进行隐蔽信道分析。隐信息流树法和共享资源矩阵法类似，只不过是采用了不同的数据结构，对资源属性构造二叉树，采取不同的搜索算法进行隐蔽信道分析。

以上分析方法中，最具有代表性的是信息流分析法、共享资源矩阵法。下面对这两种方法进行简要的分析和比较。

信息流分析法（Information Flow Analysis，IFA）由 Denning 提出，她详细阐述了信息流的概念并提出了信息流的格模型，其特点是：从每一条实现语句中导出信息流语义，从导出的语义中判断非法流。分析从系统调用函数开始，找出信息流并检验是否违反信息流规则，直到函数中的每个表达式被分析过，并把每一对变量之间的信息流写作一个流语句，然后用信息流规则加以检验，找出非法流，将其标记为隐通道。该方法假定每个变量或者客体要么显式、要么隐式地带有特定安全级标签或者存取类。如果没有这种标签就强行指定安全级，则可能会导致伪非法流，因为有的变量不可能具有固定的安全级。信息流分析过程包括找出信息流并检验它是否违反信息流规则，分析的过程如下。

- 首先，每次分析一个函数，直到分析完函数中的每个表达式，并把每一对变量之间的信息流写成一个流语句，如定义 7-6 中所示，若有 $y=x$，则信息从变量 x 流向变量 y，记为 $y \leftarrow x$，这样就可以从一个函数产生很多信息流语句。
- 其次，根据信息流格模型（例如 Bell-LaPadula 模型）规则，若信息从 y 流向 x，则 x 的安全等级必然支配 y 的安全等级。
- 最后，对信息流加以检测，找出非法信息流，如果存在，则将其标记为隐蔽信道。

该方法的优点是搜索彻底，不会漏过非法流，缺点是工作量巨大，特别是由于强行指定安全级，导致大量伪非法流，需要用很多额外的工作来消除。实际上该方法仅具有理论意义，但是为以后出现的实用分析方法提供了借鉴。

共享资源矩阵法（Shared Resource Matrix，SRM）由 Kemmerer 提出，并成功用于几个项目（如 UNIX 2 和 DG/UX），其设计思想是：系统中因存在共享资源而产生隐蔽信道，如果找出所有用于读写的系统资源和操作，经过分析就容易找到隐蔽信道。此方法需要根据系统描述建立基本的共享资源矩阵，具体构造方法如下：首先，分析者标识出所有的共享资源及所有主体可见资源的属性，接着分析者确定引用（读）或修改（改变）这些属性的操作，这样就建立了一个表示系统资源与系统操作之间读写关系的矩阵，行项是系统资源及其属性，列项是系统的操作原语。矩阵中的每一项表示这项操作是否可以引用、修改或同时引用、修改。

Kemmerer 展示了共享资源矩阵（SRM）方法在软件生命周期各个不同阶段的使用，范围包括从文本需求与形式化规范到实现代码。该方法的优点是具有比较大的灵活性，不但可以用于代码分析，还可以用于规范分析甚至模型和机器代码分析。其缺点是构造共享资源矩阵工作量大，没有有效的构造工具，也不能证明单独一个原语是否安全。SRM 方法全面而不完全，它没有解决什么是共享资源和什么是访问资源的原语等问题。SRM 的普适性使得它可以适用于整个软件生命周期，在软件生命周期的不同阶段的使用是不同的，缺乏特定的细节使得它的应用敏感于软件开发的特定阶段分析：规范、设计或实现。

彻底搜索隐通道仍然是一项困难的任务，困难的程度依赖于具体的系统和所采用的分析方法。一般来说，系统规模越大、越复杂，分析的难度就越高。

2. 隐蔽信道带宽的检测

带宽是隐蔽信道传送数据的速率，单位是比特/秒。如果传输速率是每小时 1 比特，这种信道在大多数情况下是无害的。如果传输速率是每秒 1 000 000 比特，这种信道就是危险的。带宽的计算或者工程测量非常重要，因为隐蔽信道的处理策略依赖于隐蔽信道带宽的确定。影响带宽计算的因素有很多，其中最重要的有以下几个。

（1）噪声与延迟

在所有的系统、硬件平台上，噪声、延迟都会对隐蔽信道带宽造成重要影响。有噪声的隐蔽信道，信息接收者所接收的有效信息少于信息发送者所发送的信息，减少了隐蔽信道的带宽。延迟，减少了隐蔽信道单位时间内泄露的信息，即减少了带宽。我们也可以利用这些因素来达到降低隐蔽信道带宽的目的。

(2) 编码与符号分布

当传输信息 A 和信息 B 所花的时间不同时，假设传输信息 A 花的时间比传输信息 B 花的时间长得多，那么若用较短的编码表示信息 A，可以提高信息的传输率，以获得最大带宽。若传输两类信息所用的时间很接近，则编码技术对带宽基本无影响。

(3) TCB 原语的选择

在一个隐通道变量与多个 TCB 原语相关的情形下，应该选择能够达到最大带宽的原语计算带宽。理想情况下，还应考虑信道所处的环境。

(4) 系统配置与初始化

系统中硬件设备（如硬盘、内存和 CPU）的速度、设备的容量（如内存大小、缓冲区大小等也会影响到带宽）。

3. 隐蔽信道的处理

通常的处理策略是在具体环境允许的情况下尽可能使用消除法对非法信息流进行控制；采用降低带宽的方法，设法降低隐蔽信道的信息传输速率；噪声化也可以使操作结果难以预测。

我们可以采用一些方法来缓解隐蔽信道问题，每一种技术的使用都依赖于初始带宽、信道数量和现有的开发时间量。

(1) 消除法

消除隐蔽信道需要改变系统的设计或实现，改变包括消除潜在隐蔽信道参与者的共享资源，清楚导致隐蔽信道的借口和机制，增加存取控制策略等。对于资源损耗型信道，可以消除双方参与者的共享资源，对于隐定时信道，可以消除共享的统一定时器。

(2) 带宽限制

带宽限制的策略是降低信息传输速率，从而使隐蔽信道的可用性降低，甚至无用。限制带宽的方法包括引入噪声和引入延时。系统可以插入随机的资源分配及使用，使隐蔽信道成为有噪声隐蔽信道，并使这些噪声在信道中占据优势，这样做虽然不能消除隐蔽信道，但可以使它无效。引入噪声来控制隐蔽信道的带宽是可能的。噪声的引入不该妨碍系统的性能和功能。在实际应用中，可以引入额外的进程随机修改隐蔽信道的变量。引入时延可以减少隐蔽信道单位时间内泄露的信息，从而减少了隐蔽信道的带宽。

(3) 信息加密

加密能够提供抵抗隐蔽信道的能力，并能消减隐蔽信道的带宽。如果一个目标正在被一个进程读取并被发送到其他进程，使用加密可以提供有效的带宽消减作用。如果一个进程想要读取的信息被加密，这个信息几乎没有什么意义。共享资源的加密将会阻止正常功能，因而这种对策限制了应用。

(4) 减少信息流

减少不必要的介入，从而减少信息流来实现对带宽的限制。

(5) 审计法

采取审计跟踪的目的是对隐蔽信道进行审计并以此跟踪分析，无二义性地检测隐蔽信道的应用。监控系统中已知隐蔽信道的使用，要求对需要审计的隐蔽信道进行特征提取，记录大量的数据传输事件，但审计难以区分非正常应用（隐蔽信道）与 TCB 原语的正常使用，也难以区分隐蔽信道中用户的发送进程与接收进程，不太容易对要进行保存的数据项进行明确的限定，而且无法对有些隐蔽信道进行审计。

7.6 本章小结

采用信息流分析的方法找出系统或者网络中潜在的安全问题。系统中存在影响安全的隐蔽信道，消除隐蔽信道是困难的，隐蔽信道不仅难以检测和消除，而且在设计消除方案时，需要在保证系统安全的情况下减少对系统运行效率的影响。基于编译器的机制针对给定的信息流策略来评定程序中存在的信息流是否满足安全策略。基于执行的机制在运行时检验信息流。最后以安全网络服务器邮件防护装置为例，在系统层面上提供信息流检测。

习题

1. 根据本章的定义，信息流分为哪两类，分别有什么特点？
2. 基于硬件的信息流安全分析方法有哪些？
3. 互联网信息流发生了哪些变化？
4. 信息流技术在软硬件中有哪些应用？
5. 举例说明什么是信息流广告，并说明信息流广告存在的问题及监管对策。
6. 列举两类安全策略。
7. 如何验证信息流的安全性？
8. 如何理解制定信息安全策略的复杂性？
9. 什么是信息流的安全格模型？如何建立信息流的格模型？
10. 列出 Lampson 指出的三种类型的信道流动。
11. 进程处于什么样的状态称为"安全隔离"？
12. 本章中主要将隐蔽信道分哪两类？分别说出它们的内容。
13. 隐存储信道的必要条件是什么？隐定时信道的必要条件是什么？
14. 为消除隐蔽信道的威胁，需要解决两个什么问题？
15. 隐蔽信道的分析包括哪四个方面的内容？
16. 比较信息流分析法和共享资源矩阵法。
17. 有哪些影响带宽计算的重要因素？
18. 我们可以采用怎样的方法来缓解隐蔽信道问题？
19. 信息流策略的必要条件是什么？
20. 信息流的控制机制对应的两种设计与实施方法是什么？
21. 列出三个信息流程序语句，并分别指出它们的类型。
22. 描述一个简单的可以控制客体安全类的更改的方法。
23. 列举过滤器的功能。

第 8 章
安 全 保 障

在现实世界中,没有一个系统可以说是绝对安全的。信息安全保障技术存在于信息系统的整个生命周期中,使用安全保障技术可以使系统在安全性、可靠性和鲁棒性方面都得到增强。为了满足现代信息系统和应用的安全保障需求,除了防止信息被泄露、修改和破坏,还应当对潜在风险进行评估和检测入侵行为,计划和部署针对入侵行为的防护措施;同时,制定相关法律法规为指导信息安全工作提供依据。

8.1 信息安全保障相关概念

8.1.1 信息安全保障的定义

信息安全保障技术存在于信息系统的整个生命周期中,通过对信息系统的风险评估,依据信息安全的法律法规,制定并执行相应的安全保障策略。信息安全保障从技术、管理、工程和人员等方面来维护和确保信息系统的保密性、完整性和可用性,从而保障系统实现组织机构的使命。

8.1.2 生命周期保障

为了某种应用而考虑开发系统的时候,系统的生命周期就开始了。生命周期包括一系列的阶段,每个阶段包括若干工作以及如何管理这些工作。系统设计和编码就是工作的例子,计划、配置以及规范的选择和使用都是管理工作的例子。所有这些工作都贯穿于从系统基本构想到项目确定、系统开发、系统实施、系统维护,最后到系统退役的整个过程中。通常将生命周期划分为若干阶段,有些阶段与上一个阶段是相关的,而有些阶段是独立的。每个阶段描述本阶段的工作并控制和其他阶段的交互。在项目进行的过程中,理想的情况是系统从生命周期的一个阶段不断转移到下一个阶段,但是在实践中,经常有迭代的情况,比如当后面阶段中发现了前面阶段存在的错误或者遗漏时,就需要重新执行前一阶段的工作。

生命周期的瀑布模型是分阶段开发的模型,在开发过程中,一个阶段总是在前一个阶段结束以后才开始。生命周期的瀑布模型包括 5 个阶段,如图 8-1 所示,其中曲线箭头代表系统开发的过程,折线箭头代表错误回传的过程。

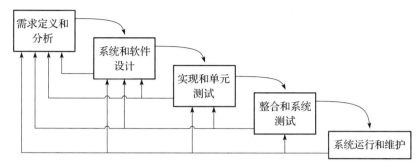

图 8-1 生命周期的瀑布模型

(1) 需求定义和分析阶段

该阶段更加详细地展开高层次需求分析,同时在对系统进行整体架构设计时也有可能会产生新的、具体的需求。所以在需求定义和系统整体设计未完成之前,两者之间很有可能有一个反复迭代的过程。

需求可以分为功能需求和非功能需求。功能需求描述系统与运行环境之间的交互。非功能需求是对系统本身的一些限制,会影响设计和实现。

(2) 系统和软件设计阶段

进行系统和软件设计时,一般需要建立外部功能规范和内部功能规范。外部功能规范描述系统的外部特征,如输入、输出和函数的约束;内部功能规范描述使用的算法、数据结构以及需要的内部函数。

该阶段也分为两个子阶段:系统设计阶段和程序设计阶段。系统设计阶段设计整个系统,程序设计阶段设计单个程序。

(3) 实现和单元测试阶段

实现是在前面系统设计的基础上实现系统程序,单元测试是测试程序中的单元是否满足其设计规范。

(4) 整合和系统测试阶段

整合是将经过单元测试的程序组装成完整系统的过程。系统测试是测试整个系统是否满足系统需求的过程。系统测试也是一个迭代的过程,因为在测试中经常会发现问题,然后要进行问题的修正。对修改后的程序进行重新组装,再进行系统测试。

(5) 系统运行和维护阶段

系统在开发完成之后投入运行。系统维护包括修正系统在运行过程中发现的错误以及以前发现的还未修正的错误。

在实际的工程项目中,各个阶段之间都会有迭代,后一个阶段经常发现前一个阶段中存在的不足之处,因此需要重新对前一个阶段的工作进行修正。将安全保障贯穿于系统开发的整个生命周期中,有助于使系统实现满足安全需求。使用生命周期模型并不能保障没有错误发生,但是有助于减少错误发生的次数。建造安全可信的系统,要求在系统设计和实现过程中的每一个阶段都适当地考虑安全保障。

1. 需求定义和分析中的安全保障

网络中存在的四种基本安全威胁为信息泄露、完整性破坏、拒绝服务和非法使用。

安全威胁可能来自系统外部，也可能来自系统内部；可能来自授权的用户，也可能来自非授权的用户。非授权用户可以伪装成合法的用户，或者使用欺骗手段来绕开安全机制。安全威胁还可能来自人为的错误，或者是不可预测的因素。

对每一种被识别出来的安全威胁都应该有相应的应对手段。例如，设定一个安全目标，在访问任何系统资源之前，所有用户都必须通过用户标识和身份认证，以此来应对非法使用系统的威胁。有些情况下，安全目标并不足以应对所有的安全威胁，这时需要对系统的运行环境做出一些系统假设，比如增加物理保护手段等，以应对所有的威胁。将安全威胁映射成安全目标和系统假设，可以部分解决系统安全需求的完整性问题。

安全策略就是一系列安全需求的规范说明，提供安全服务的一套准则。概括地说，一种安全策略要表明当系统在进行一般操作时，什么操作是安全范围内允许的，什么操作是不允许的。要准确地描述需求并不是一件容易的事情。定义安全策略和安全需求的方法有很多：第一种可行的方法是从现有的安全标准中精选出一些可行的需求；第二种方法是结合现有的安全策略和对系统安全威胁的分析得出新的安全策略；第三种方法是将系统映射到一个现有的模型上。当完成了安全策略的定义和规范之后，就必须对安全策略的完整性和一致性进行验证。

2. 系统和软件设计中的安全保障

设计中的安全保障是确认系统设计满足系统安全需求的过程。设计保障技术需要用到系统需求规范和系统设计规范，模块化与分层的设计和实现方法可以简化系统的设计和实现，从而使系统的安全分析更为可行。如果一个复杂的系统有很好的模块化结构，则它在安全分析中也将更为可行。分层的方法也简化了设计，便于人们更加深入地理解系统。另外，撰写设计文档和规范也是必要的，为了进行安全分析，设计文档中至少应该包括如下三方面的内容：安全函数、外部接口、内部设计。规范可以是非形式化的、半形式化的或者形式化的。非形式化的规范使用自然语言来描述。半形式化的规范也使用自然语言来描述，同时使用一个整体的方法施加某种限制。形式化的规范使用数学语言和可用机器解释的语言来描述。形式化方法的语义可以帮助检查出规范撰写中被忽略的一些问题。

描述规范的方法决定了验证规范所能够使用的技术。非形式化和半形式化的规范描述是不能用形式化的验证方法来分析和验证的，因为这些规范描述使用了并不十分准确的语言。不过可以做一些非形式化的验证工作。对于非形式化的规范描述，可以验证其是否满足需求，可以验证不同层次的规范文档是否一致。常用的非形式化验证方法有需求跟踪、非形式化对照和非形式化讨论。能得出更可信结论的方法从本质上讲都是形式化的，例如形式化的规范描述和使用数学工具的正确性证明。

需求跟踪是标识在某个规范中的不同部分满足特定安全需求的过程。非形式化对照的作用是展示设计规范与相邻层次设计规范的一致性。将这两种方法结合起来，可以更大程度地保证规范文档完整地、一致地满足为系统定义的安全需求。图8-2显示了在分层设计中使用需求跟踪和非形式化对照的步骤。

撰写形式化的设计规范开销很大，所以撰写形式化设计规范的开发者都喜欢使用一些自动化工具来完成这项任务，比如使用基于证明的技术或者模型检验器。对形式化的

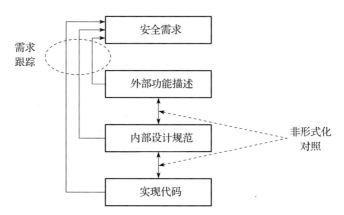

图 8-2 在分层设计中使用需求跟踪和非形式化对照的步骤

规范进行需求跟踪可以检查规范描述是否满足需求。在使用形式化方法之前先做非形式化论证有利于为形式化的证明提供思路。

形式化证明技术是一种通用的技术，通常基于一些逻辑演算，如谓词演算。这些技术通常是交互式的，有时被称为"证明检验者"，这是因为这种技术只是验证证明的步骤是否正确。形式化证明技术被用于证明一个规范是否满足某个性质，自动化的证明工具可以自动处理规范和相应的性质。

模型检验则是检验特定规范是否满足特定模型的约束。模型检验器是一种自动化的工具，对于一个特定的安全模型，模型检验器检查一个规范是否满足该模型的约束条件。这种检验常常应用于操作系统。模型检验器一般都基于时态逻辑理论。

3. 实现和整合中的安全保障

证明一个实现是否满足安全需求的最好方法就是测试。安全测试的方法可以使系统实现和整合过程有更多的安全保障。

系统是模块化的，在可能的情况下，尽量将与安全无关的功能从实现安全功能的模块中去掉。系统所使用的语言也会对安全保障产生一定的影响。有些语言对安全的实现有很好的支持，使用这样的语言可以避免一些常见的错误，提高系统的可靠性。例如使用 C 语言实现的系统可靠性有限，因为 C 语言没有适当地限制指针的使用，并且只有最基本的错误处理机制。支持安全实现的语言则能够检查出许多实现上的错误，使用强类型、具有越界检查的、模块化的、具有分段和分段保护的、具有垃圾回收和错误处理机制的编程语言所实现的系统是更为可信、更有安全保障的，例如 Java 就是以实现安全代码为目标的程序设计语言。但是有时候使用高级语言的效率比较低，此时编程规范可以弥补语言在安全方面的不足，比如限制低级语言只能在不适合使用高级语言的地方使用。

对模块化的系统进行整合时，良好的模块和模块接口的设计显得尤为重要，使用一些管理方面的支持工具也很有帮助。配置管理是在系统开发和使用期间对任何系统硬件、软件、固件、文档和测试文档的变动所实施的管理。它一般由若干工具或者手工处理过程组成，必须执行以下操作：版本控制和跟踪，修改授权，合并程序，实现系统的工具。

有两种典型的测试技术：功能测试和结构化测试。功能测试，也被称为黑盒测试，用于测试一个实体满足设计规范的程度。结构化测试，也被称为白盒测试，其测试用例都是在对代码分析的基础上得出的。此外还有单元测试、系统测试和第三方测试。单元测试是程序员在系统整合之前对代码模块进行的测试，一般都是结构化测试。系统测试是对整合后的系统进行的功能测试。第三方测试也称为独立测试，是由开发团队之外的其他方进行的测试。

安全测试是解决产品安全问题的测试。安全测试包括三个部分：安全功能测试，主要测试相关文档中描述的安全功能；安全结构测试，主要对实现安全功能的代码进行结构化的测试；安全需求测试，主要针对用户需求中的安全需求部分进行测试。一般地，安全功能测试和安全需求测试是单元测试和系统测试中的一部分。第三方测试可能会包括安全功能测试或者只包括安全需求测试。安全结构测试可以是单元测试和系统测试的一部分。

4. 系统运行和维护中的安全保障

系统实现完成后进入运行阶段，运行时可能会出现错误，所以还需要对系统进行维护。热修复是指即时修改错误，然后发布修正版本。对于不是十分严重的错误，通常采用常规修复的方式，一般是对错误的修复累积到一定的程度才发布。

8.1.3 国内情况

为构建信息安全保障体系，我国已经在信息安全标准化、应急处理与信息通报、等级保护、风险评估和人才队伍建设等方面展开工作，并取得了一些成果。

可将我国信息安全保障工作的开展划分为三个阶段，即启动阶段、积极推进阶段和深化落实阶段。

1. 启动阶段

2001—2002年是我国网络与信息安全事件频发且性质严重的时期，鉴于严峻的信息安全形势，国家信息化领导小组重组，网络与信息安全协调小组成立，我国信息安全保障工作正式启动。

2. 积极推进阶段

2003—2005年是国家信息安全保障体系建设逐步展开和推进的阶段，国家出台指导政策，召开第一次全国信息安全保障会议，发布国家信息安全战略，国家网络与信息安全协调小组召开了四次会议，保障各项工作积极推进。

2003年7月，国家信息化领导小组召开会议，讨论了《国家信息化领导小组关于加强信息安全保障工作的意见》（中办发〔2003〕27号）。

2004年1月9日，国家信息安全保障工作会议召开。

2005年3月29日，国家网络与信息安全协调小组第四次会议召开。

2005年12月16日，国家网络与信息安全协调小组第五次会议召开。会议高度重视信息安全风险评估、网络信任体系以及保密和密码工作，进一步完善各项措施和政策规定，提高信息安全建设和管理水平。

3. 深化落实阶段

2006年至今，围绕《国家信息化领导小组关于加强信息安全保障工作的意见》开展的各项信息安全保障工作迈出了新的坚实步伐。信息安全法律法规、标准化和人才培养工作取得了新成果。
- 指导政策从完善到落实：等级保护工作取得重要进展，信息安全风险评估工作更加深入，推进机制从实践到成型。
- 标准规范从研究到实施：在全国信息技术标准化技术委员会信息安全技术分委员会和各界、各部门的努力下，本着积极采用国际标准的原则，转化了一批国际信息安全基础技术标准。

8.1.4 国际情况

当前，随着信息化的不断深入，各国纷纷重视信息安全保障工作，从战略、组织结构、军事、外交、科技等各个方面加强信息安全保障工作力度。在战略方面，发布网络安全战略、政策评估报告、推进计划等文件；在组织方面，通过设立网络安全协调机构、设立协调官，强化集中领导与综合协调；在军事方面，陆续成立网络战司令部，开展大规模攻防演练，招募网络战精英人才，加快军事网络和通信系统的升级改造，网络战成为热门话题；在外交方面，信息安全问题的国际交流与对话增多，美欧盟友之间网络协同攻防倾向愈加明显，信息安全成为国际多边或双边谈判的实质性内容；在科技方面，各国寻求走突破性跨越式发展路线推进技术创新，力求在科技发展上保持和占据优势地位。

1. 美国信息安全保障概况

1998年5月，克林顿政府发布了第63号总统令（PDD63）《克林顿政府对关键基础设施保护的政策》。2000年1月，克林顿政府发布了《信息系统保护国家计划V1.0》，提出了美国政府在21世纪之初若干年的网络空间安全发展规划。2001年10月16日，美国政府意识到了信息安全的严峻性，发布了第13231号行政令《信息时代的关键基础设施保护》，宣布成立"总统关键基础设施保护委员会"，简称PCIPB，这代表政府全面负责国家的网络空间安全工作。2003年2月，在征求国民意见的基础上，发布了《保护网络空间的国家战略》的正式版本，对原草案版本做了大篇幅的改动，重点突出国家政府层面上的战略任务。2008年1月2日，美国发布国家安全总统令54/国土安全总统令23，建立了国家网络安全综合计划（CNCI）。2009年2月，美国政府发布了《网络空间政策评估》报告，设置网络安全协调官职位。2016年出台的《国家网络安全应急预案》，标志着美国网络安全战略、法律和制度体系基本建成。

2. 英国信息安全保障概况

2009年6月，英国发布首份国家《网络安全战略》，宣布成立"网络安全办公室"和"网络安全运行中心"，提出建立新的网络管理机构的具体措施。英国注重信息安全标准组织建设，重视将本国标准向海外推广，积极参与国际信息安全标准制定，其BS7799标准已成为国际标准，并主导ISO/IEC 27000系列标准。2015年11月，英国政府发布《2015年国家安全战略、战略防御与安全评估：安全繁荣的英国》，将网络安全风险认定为破坏经济和国家安全的一级威胁。2016年11月，英国政府发布了《2016—2021年国家网络安全战略》，明确了2021年网络安全的愿景目标以及未来5年的行动方。

英国在其信息安全保障工作中强调网络监控，规定警方和国家安全、税务等监察部门有权监控电子邮件和移动电话等系统,成为西方大国中唯一的政府可以要求网络用户交出加密资料密钥的国家。

3. 德国信息安全保障概况

德国是世界上第一个建立电子政务标准的国家。1991年,德国建立BSI,负责处理与网络空间相关的所有问题。德国重视关键基础设施信息安全保障,建立"基线"防御。1997年建立部际关键基础设施工作组,2005年出台《信息基础设施保护计划》和《关键基础设施保护的基线保护概念》。2011年2月23日,德国政府发布了首份《德国网络安全战略》,成为指导德国网络安全建设的纲领性文件。为适应信息技术的快速发展和网络安全威胁的不断演变,在2016年11月9日,德国政府颁布了新版《德国网络安全战略》,有效弥补了首份战略中保障措施不够细化的问题,成为德国网络安全行动的新指南。

4. 法国信息安全保障概况

2003年12月,法国总理办公室提出《强化信息系统安全国家计划》并得到政府批准实施,其中四大目标为:确保国家领导通信安全,确保政府信息通信安全,建立计算机反攻击能力,将法国信息系统安全纳入欧盟安全政策范围。

2009年7月7日,法国成立国家级"网络和信息安全局",置于总理领导之下,隶属国防部。2011年,法国政府发布了《法国信息系统防御和安全战略》,规定了七项重点工作,七项重点工作从网络技术研发、网络空间管理、网络人才培养、网络风险监控、网络管理立法、网络国际合作等方面进行详细阐述,构成了法国网络安全立体防御体系。2015年10月19日,法国总理亲自签署并发布新版《法国国家数字安全战略》,反映当前和未来法国对网络空间和数字安全的核心主张和总体安排。2018年2月,法国国防和国家安全总秘书处发布《网络防御战略评论》。

5. 俄罗斯信息安全保障概况

俄罗斯信息安全重点保护对象包括:经济、国内和外交政策、科学和技术、国家信息和通信系统、国防、司法、灾难响应等。

俄罗斯的信息安全管理机构包括:俄罗斯联邦安全理事会,俄罗斯联邦安全局(国家安全管理机关,信息安全工作主管和执法机关),俄罗斯技术和出口控制局,俄罗斯联邦保卫局、信息技术和通信部。

俄罗斯制定了《俄罗斯国家安全纲要》,将其作为国家信息安全战略,工作中注重安全测评和实施信息安全分级管理。2000年6月,俄罗斯总统普京主持的联邦安全会议通过首份《俄联邦信息安全学说》,明确指出"国家安全主要取决于信息安全",将信息安全拉升到国家安全的战略高度。2008年2月,俄罗斯总统普京批准《俄联邦信息社会发展战略》(2008—2015年),成为俄首份确立信息社会发展目标、原则和主要方向的战略文件。2017年5月,普京批准了《2017—2030年俄联邦信息社会发展战略》。

8.2 信息安全管理体系

8.2.1 信息安全管理的定义

信息安全管理是组织为了完成信息安全目标,对信息系统按照一定的安全策略和规定的程序，运用恰当的方法而进行的规划、组织、指导、协调和控制等活动。

信息安全是一个多层面、多因素的过程。如果组织凭着一时的需要，想当然地去采取一些控制措施和引入某些技术产品，难免存在挂一漏万、顾此失彼的问题，导致信息安全这只"木桶"出现若干"短板"，从而无法提高信息安全水平。正确的做法是参考国内外相关信息安全标准与最佳实践过程，根据组织对信息安全的各个层面的实际需求，在风险分析的基础上引入恰当控制，建立合理、安全的管理体系，从而保证组织赖以生存的信息资产的保密性、完整性和可用性。

信息安全管理是通过维护信息的保密性、完整性和可用性来管理和保护组织所有的信息资产的一项体制，是组织中用于指导和管理各种控制信息安全风险的一组相互协调的活动，有效的信息安全管理要尽量做到在有限的成本下，保证将安全风险控制在可接受的范围内。

8.2.2 信息安全管理体系现状

ISO/IEC 27001 是国际权威的信息安全管理体系标准。新版 ISO/IEC 27001:2013 于 2013 年正式发布。我国按照等同采用的原则，由全国信息安全标准化技术委员会（SAC/TC260）将 ISO/IEC 27001:2013 转换为国家标准，以代替 GB/T 22080—2008。

信息安全管理体系（Information Security Management System，ISMS）的两个核心基础标准 ISO/IEC 27001 和 ISO/IEC 27002 于 2005 年发布第一版。近年来，随着云计算、物联网、区块链等新型技术与应用的迅速普及，随之而来的安全问题也越来越得到重视，为适应新的网络安全形势，结合多年来积累的标准应用成果，ISO/IEC JTC1 SC27 积极着手相应安全管理与控制的研究，并于 2013 年 10 月 19 日发布了两个标准的最新版本。

根据中国国家合格评定中心（CNAS）的相关要求，新版 27001 国家标准发布后，我国启动了新版 27001 的认可工作。

1. 国家标准修订工作情况

2013 年年底，全国信息安全标准化技术委员会下达了 GB/T 22080—2008 和 GB/T 22081—2008 两个标准的修订项目。该修订项目的主要目的就是要跟踪转换 ISO/IEC 27001 和 ISO/IEC 27002 两个标准的最新版本，及时修订我国国家标准。

2014 年 3 月，编写修订项目工作组正式成立，讨论修改标准文本，多次召开专家评审会，并与 ISMS 认证机构代表当面沟通交流，充分听取大家对标准文本的修改意见和建议。按照全国信息安全标准化技术委员会的工作程序，两个标准文本通过全体委员函审，形成报批稿。

2. 标准的主要变化

（1）采用通用框架

ISO/IEC 27001:2013 标准采用管理体系标准新通用框架（ISO/IEC 导则第一部分的附录），也称为"高级结构"，包括以下三个方面：管理体系标准通用结构和格式、相关条款的核心文本内容以及通用术语定义。

管理体系标准新通用框架的运用可以保持今后编制或修订管理体系标准的持续性、整合性和简单化，未来在 ISO 其他标准改版中会普遍采用这个结构。

(2) 控制类别变化

在 ISO 27001:2013 附录中的控制措施调整为 114 个，对原标准中的一些控制措施进行了一些合并、调整或删除，主要是结合原标准的使用经验进行修订，以更好地反映行业的发展变化。同时，在 ISO/IEC 27001:2013 中也增加了几个新的控制措施。其中主要变化方面如下。

- 项目管理方面。
- 软件开发方面。
- 供应链管理方面。
- 事件管理方面。

新版标准将旧版中的 11 个控制类别扩展至 14 个，新增了"密码""供应商关系"两个控制域，将旧版的"通信和操作管理"拆分为"通信安全""运行安全"两个领域。同时将旧版的"业务连续性管理"更新为"业务连续性的管理信息安全方面"，表述更准确。

新版标准对旧版标准的控制类别进行了优化，删除了一些旧版中重复的和操作级的控制项，更好地适应了网络安全技术发展的新趋势，使组织能够更容易地理解和操作。

(3) 风险评估变化

风险评估是信息安全管理的核心部分，新标准引入了 ISO 31000 风险管理的思想，给信息安全管理体系中的风险评估也带来了一些变化和影响。

首先，在风险的定义上，新的风险被定义为"不确定性的影响"，同时在备注中明确"影响是针对预期目标的偏离——既有正面的，也有负面的"。这个定义改变了传统风险评估中只考虑负面影响的特点，要求组织在新的风险管理框架中不仅需要识别带来负面影响的风险，也需要识别提高组织能力、可带来正面影响的机会。对于风险和机会，标准要求均需要采取相关处置措施。对于负面的风险而言，处置措施的目标是减少负面的影响。对于正面的机会而言，处置措施是希望扩大其正面影响。

其次，在风险识别过程中，ISO/IEC 27001:2013 版标准的"6.1.2 信息安全风险评估"条款中，删除了信息资产的相关描述，以及对威胁和脆弱性术语的介绍，这个变化意味着风险识别过程不仅可以依据资产来进行风险识别，而且不需要去识别资产的威胁和脆弱性。当然，依据资产的风险评估也符合新标准的要求，只是新标准的变化为组织识别风险方法提供了更多选择，组织可以结合自身特点，基于风险管理的核心思想去运用适合自身的风险识别方法和风险评估方法。

随着新一代信息技术的不断演进，新的信息安全问题将会不断涌现，相关标委会将持续跟踪 ISMS 系列标准的最新发展动态，及时修订我国相关国家标准。

8.2.3 信息安全管理体系认证

信息安全管理体系是组织整体管理体系的一部分，是基于风险评估建立、实施、运行、监视、评审、保持和持续改进信息安全等一系列的管理活动，是组织在整体或特定范围内建立信息安全方针和目标，以及完成这些目标所用的方法的体系。

GB/T 22080、ISO/IEC 27001 是建立和维护信息安全管理体系的标准，它要求组织通过一系列的过程，如确定信息安全管理体系范围、制定信息安全方针和策略、明确管理职责，以风险评估为基础选择控制目标和控制措施等，是动态的、系统的、全员参与的、制度化的、以预防为主的信息安全管理方式。

信息安全管理体系认证可有效保护信息资源，保护信息化进程健康、有序、可持续发展。随着世界范围内信息化水平的不断发展，信息安全逐渐成为人们关注的焦点，世界范围内的各个机构、组织、个人都在探寻如何保障信息安全的问题。英国、美国、挪威、瑞典、芬兰、澳大利亚等国均制定了有关信息安全的本国标准，国际标准化组织也发布了 ISO 17799、ISO 13335、ISO 15408 等与信息安全相关的国际标准及技术报告。

一个组织可以仅遵从 ISO 17799 来建立和发展 ISMS，因为实践指南中的内容是普遍适用的。然而，由于 ISO 17799 并非基于认证框架，它不具备关于通过认证所必需的信息安全管理体系的要求。ISO/IEC 27001 则包含这些具体的管理体系认证要求。从技术层面来讲，这就表明一个正在独立运用 ISO 17799 的机构组织完全符合实践指南的要求，但是这并不足以让外界认可其已经达到认证框架所制定的认证要求。不同的是，一个正在同时运用 ISO 27001 和 ISO 17799 标准的机构组织，可以建立一个完全符合认证具体要求的 ISMS，同时该 ISMS 也符合实践指南的要求，于是，这一组织就可以获得外界的认同，即获得认证。

1. ISO 27001 认证要求

ISO 27001 标准是为了与其他管理标准（比如 ISO 9000 和 ISO 14001 等）相互兼容而设计的，这一标准中的编号系统和文件管理需求的设计初衷就是为了提供良好的兼容性，使组织可以建立起这样一套管理体系，能够在最大程度上融入该组织正在使用的其他任何管理体系。一般来说，组织通常会使用为其 ISO 9000 认证或者其他管理体系认证提供认证服务的机构来提供 ISO 27001 认证服务。正因如此，在 ISMS 建立的过程中，质量管理的经验举足轻重。但是有一点需要注意，一个组织如果没有事先拥有并使用任何形式的管理体系，并不意味着该组织不能进行 ISO 27001 认证。这种情况下，该组织就应当从经济利益考虑，选择一个合适的管理体系的认证机构来提供认证服务。认证机构必须得到一个国家鉴定机构的委托授权，才能为认证组织提供认证服务，并发放认证证书。大多数国家都有自己的国家鉴定机构（比如英国的 UKAS），任何获得该机构授权进行 ISMS 认证的机构均记录在案。

2. 风险评估应对计划

任何一个 ISMS 的建立和开发都应当满足组织独特的需求。每个组织不仅都有自己独特的业务模式、运营目标、形象特点和内部文化，它们对待风险的态度也大相径庭。换句话说，对于同一个东西，一个机构组织认为是必须提防的威胁，在另一个组织看来可能是一个必须抓住的机遇。同样地，各个机构组织对于既有风险防护的投入也参差不齐。基于以上或者其他原因，每个运行 ISMS 的组织，其内部成员必须对风险评估有一个共识，这个风险评估的方法论、结果发现和推荐解决方式都必须得到董事会的首肯。

3. ISMS 项目和 PDCA 流程

ISMS 项目很复杂，可能持续若干个月甚至若干年，涉及整个机构组织以及从管理层到收发部门的每个成员。ISO 27001 认证诞生时间短，成功的案例比较少。从务实的角度考虑，这表明在项目计划过程中，必须尽早对这些仅有的指导性的书籍和案例进行分析和研究。ISO 27001 标准指导一个企业如何着手开展 ISMS 项目，并且关注整个项目进程中的若干重要元素。1950 年，W. Edwards Deming 提出了 PDCA 流程，即计划（Plan）→执行（Do）→检查（Check）→提升（Act）过程，意在说明业务流程应当是不断改进的，该方法使职能部门经理可以识别出那些需要修正的环节并进行修正。这个流程以及流程的改进都必须遵循先计划，再执行过程，而后对其运行结果进行评估，紧接着按照计划的具体要求对该评估进行复查，再寻找任何与计划不符的结果偏差（即潜在改进的可能性），最后向管理层提出如何运行的最终报告。

4. ISO 27001 认证审核费用及周期

除了组织自身投入之外，ISO 27001 认证审核费用主要体现在聘请第三方认证机构及审核员方面。在组织向认证机构提出申请之后，认证机构会初步了解组织现状，确定审核范围，提出审核报价。认证机构的报价通常是根据其投入的时间和人员来确定的，决定因素包括：

- 受审核组织的员工数量；
- 纳入审核范围的信息量；
- 场所数量；
- 组织与外界的关联；
- 组织 IT 的复杂性；
- 组织类型和业务性质等。

除了费用问题之外，认证审核的周期通常也是组织比较关心的。一般来说，从组织启动 ISMS 建设项目开始，到最终通过审核，至少要有半年时间（不包括获取证书的时间）。对于很多因为外部驱动力而决心实施 ISO 27001 认证项目的组织来说，提早进行规划是必要的。

8.3 信息安全等级保护

8.3.1 等级保护的定义

信息安全等级保护，是对信息和信息载体按照重要性等级分别进行保护的一种工作。在中国，信息安全等级保护广义上是指涉及该工作的标准、产品、系统、信息等均依据等级保护思想的安全工作，狭义上一般是指信息系统安全等级保护。信息安全等级保护是国家信息安全保障的基本制度、基本策略、基本方法。开展信息安全等级保护工作是保护信息化发展、维护国家信息安全的根本保障，是信息安全保障工作中国家意志的体现。

8.3.2 等级划分

信息系统根据其在国家安全、经济建设、社会生活中的重要程度，遭到破坏后对国家安全、社会秩序、公共利益以及公民、法人和其他组织的合法权益的危害程度等，由低到高划分为 5 个级别。

- 第一级：用户自主保护级。完全由用户自己来决定如何对资源进行保护，以及采用何种方式进行保护。
- 第二级：系统审计保护级。本级的安全保护机制受到信息系统等级保护的指导，支持用户具有更强的自主保护能力，特别是具有访问审计能力。即能创建、维护受保护对象的访问审计跟踪记录，记录与系统安全相关事件发生的日期、时间、用户和事件类型等信息。所有和安全相关的操作都能够被记录下来，以便当系统发生安全问题时，可以根据审计记录分析追查事故责任人，使用户对自己行为的合法性负责。
- 第三级：安全标记保护级。除具有第二级系统审计保护级的所有功能外，它还要求对访问者和访问对象实施强制访问控制，并能够进行记录，以便事后进行监督、审计。通过对访问和访问对象指定不同安全标记，监督、限制访问者的权限，实现对访问对象的强制访问控制。
- 第四级：结构化保护级。将前三级的安全保护能力扩展到所有访问者和访问对象，支持形式化的安全保障策略。其本身构造也是结构化的，将安全保护机制划分为关键部分和非关键部分，对关键部分强制性的直接控制访问者对访问对象的存取，使之具有相当强的抗渗透能力。本级的安全保护机制能够使信息系统实施一种系统化的安全保护。
- 第五级：访问验证保护级。这个级别除了具备前四级的所有功能外，还特别增设了访问验证功能，负责仲裁访问者对访问对象的所有访问活动。根据仲裁访问者能否访问某些对象从而对访问对象实行专控，保护信息不能被非授权获取。因此，本级的安全保护机制不易被攻击、被篡改，具有极强的抗渗透保护能力。

8.3.3 实施原则

根据《信息安全技术 信息系统安全等级保护实施指南》（GB/T 25058—2010）的精神，明确了以下基本原则。
- 自主保护原则。信息系统运营、使用单位及其主管部门按照国家相关法规和标准，自主确定信息系统的安全保护等级，自行组织实施安全保护。
- 重点保护原则。根据信息系统的重要程度、业务特点，通过划分不同安全保护等级的信息系统，实现不同强度的安全保护，集中资源优先保护涉及核心业务或关键信息资产的信息系统。
- 同步建设原则。信息系统在新建、改建、扩建时应当同步规划和设计安全方案，投入一定比例的资金建设信息安全设施，保障信息安全与信息化建设相适应。
- 动态调整原则。要跟踪信息系统的变化情况，调整安全保护措施。由于信息系统的应用类型、范围等条件的变化及其他原因，安全保护等级需要变更的，应当根据等级保护的管理规范和技术标准的要求，重新确定信息系统的安全保护等级，根据信息系统安全保护等级的调整情况，重新实施安全保护。

8.3.4 测评流程

等级测评过程分为4个基本测评活动，即测评准备活动、方案编制活动、现场测评活动、分析及报告编制活动。
- 测评准备活动。本活动是开展等级测评工作的前提和基础，是整个等级测评过程有效性的保证。测评准备工作是否充分直接关系到后续工作能否顺利开展。本活动的主要任务是掌握被测系统的详细情况，准备测试工具，为编制测评方案做好准备。
- 方案编制活动。本活动是开展等级测评工作的关键活动，为现场测评提供最基本的文档和指导方案。本活动的主要任务是确定与被测信息系统相适应的测评对象、测评指标及测评内容等。
- 现场测评活动。本活动是开展等级测评工作的核心活动。本活动的主要任务是按照测评方案的总体要求，严格执行测评指导书，分步实施所有测评项目，包括单元测评和整体测评两个方面，以了解系统的真实保护情况，获取足够证据，发现系统存在的安全问题。
- 分析及报告编制活动。本活动是给出等级测评工作结果的活动，是总结被测系统整体安全保护能力的综合评价活动。本活动的主要任务是根据现场测评结果和《信息安全技术 信息系统安全等级保护实施指南》的有关要求，通过单项测评结果判定、单元测评结果判定、整体测评和风险分析等方法，找出整个系统的安全保护现状与相应等级的保护要求之间的差距，并分析这些差距导致被测系统面临的风险，从而给出等级测评结论，形成测评报告文本。

8.4 信息安全风险评估

8.4.1 风险的定义

风险是需要保护的资产丢失的可能性，是构成安全基础的基本观念。风险由漏洞和威胁两部分组成，漏洞是攻击的可能的途径，威胁是可能破坏网络系统环境安全的动作或事件。威胁的3个组成部分包含：目标、代理和事件。

比较典型的风险主要包括以下几个方面。

1. 软、硬件设计故障导致网络瘫痪

例如：防火墙意外瘫痪而导致失效，从而使安全设置的作用难以发挥出来；由于内外部人员同时访问导致服务器负载过大以致死机，严重则导致数据丢失等。

2. 黑客入侵

一些不怀好意的人强行闯入企业网络实施破坏，冒充合法的用户进入企业网内部，偷盗企业机密信息、破坏企业形象等。

3. 敏感信息泄露

企业内部的敏感信息被入侵者偷看，导致这种状况有几种原因，例如寻径错误的电子邮件、配置错误的访问控制列表、没有严格设置不同用户的访问权限等。

4. 数据被删除

一些存放在数据管理中心的数据在多种情况下都可能被删除，包括硬件故障、软件故障、入侵破坏、操作失误、物理损坏等。为了防止数据被丢失，应采取适当的数据备份和数据恢复服务。多数数据管理平台已经具有这种能力，也配置了这种服务。

5. 内部攻击

网络管理员对安全权限设置不当，导致某些怀有恶意的人故意破坏企业商业机密数据的完整性以及向竞争对手故意泄露商业机密等。

也就是说，互联网上的危险不仅来自外部，而且有时也来自内部。虽然在互联网上存在不同程度的危险，但为了企业的业务发展，很多企业不得不把企业的内部网连入互联网，向雇员提供互联网的访问。

8.4.2 风险评估模式

网络风险评估是一个综合的过程。网络风险评估的内容不仅涉及信息系统本身，还有机构的组织系统、管理制度、人员基本素质等问题。同时，风险评估工作又是一项十分个性化的工作，针对不同的客户，有不同的客户运营目标、运作环境、组织机构等，所以必须构建一个通用的、全面的、系统的、受环境驱动的信息安全风险评估运作模式。为了实现该目标，需要考虑以下问题，即评估目标、评估范围、评估原则、评估实施过程以及安全加固实施建议。

1. 评估目标

对信息系统而言，由于威胁是动态的，风险、安全也是动态的。所以需要明确的是，安全评估不是目的而是一个过程或实施手段，它是信息系统安全工程的一个重要环节。通过安全评估识别出风险大小，在安全评估的基础上制定信息安全策略，采取适当的控制目标与控制方式对风险进行管理，从而达到提高系统安全性、降低系统风险性的目的。

进行任何一次安全评估时都要明确评估目标，在对现有系统做出准确、客观、安全评价的同时量化现有系统的风险性，选择适当的安全保护措施以帮助组织机构建立起一个完善的、动态的信息系统安全防护体系，管理与控制风险，使风险被避免转移或降至一个可被接受的水平。

2. 评估范围

针对具体的组织机构，确定安全评估的范围有助于评估目标的实现。一般情况下，应该从以下3个方面进行评估，即组织层次、管理层次以及信息技术层次，具体如下。

- 组织层次。它包括各组织机构的安全重视情况、信息技术机构的安全意识、关键资产理解情况、当前组织策略和执行的缺陷、组织脆弱点等。
- 管理层次。它包括人员安全管理、安全环境管理、软件安全管理、运行安全管理、设备安全管理、介质安全管理及文档安全管理。
- 信息技术层次。硬件设备包括主机、网络设备、线路、电源等，系统软件包括操作系统、数据库、应用系统、备份系统等，网络结构包括远程接入安全、网络带宽评估、网络监控措施等，数据备份/恢复包括主机操作系统、数据库、应用程序等的数据备份/恢复机制。

3. 评估原则

- 标准性原则。风险评估理论模型的设计和具体实施应该依据国内外相关的标准进行。
- 规范性原则。风险评估的过程以及过程中涉及的文档应该具有很好的规范性，以便于项目的跟踪和控制。

- 可控性原则。在风险评估项目实施过程中,应该按照标准的项目管理方法对人员、组织项目进行风险控制管理,以保证风险评估在实施过程中的可控性。
- 整体性原则。从管理(组织)和技术两个角度对系统进行评估,保证评估的全面性。
- 最小影响原则。评估工作应对组织机构系统和网络的正常运行影响最小。
- 保密性原则。评估过程应该与组织机构签订相关的保密协议,以承诺对组织机构内部信息的保密。

4. 评估实施过程

风险评估的5个实施阶段如下。

- 前期准备阶段。本阶段的主要工作是明确风险评估的目标,确定项目的范围、具体的成果表现形式以及最终制订的项目计划,同时明确个人职责与任务分工,以及进行项目实施的相关工作。
- 现场调查阶段。本阶段主要进行现场的调查工作,该工作由人员访谈调查和技术调查两部分组成,分别对组织机构的信息系统、安全管理策略、关键资产的安全状况进行收集与整理,形成调查报告,为下一阶段的工作打好基础。
- 风险分析阶段。本阶段的主要工作是根据现场收集的资料,结合专业安全知识,对被调查组织机构的信息系统所面临的威胁、系统存在的脆弱性、威胁事件对信息系统以及组织的影响进行系统分析,以最终评估信息系统的风险。
- 安全规划阶段。本阶段的主要工作是根据第三阶段的成果选择适当的安全策略,并结合组织机构具体的应用特点形成策略体系,为最终的决策提供参考。
- 规避新风险阶段。本阶段的主要工作是指在进行风险规避工作的同时,也要规避一些其他的风险。新工作带来的风险如表8-1所示。

表8-1 新工作带来的风险

可能风险	影响属性	威胁程度	应对措施
内部信息外泄	保密性	高	评估机构资质、法律保证、评估过程控制(如核心部分不离开用户单位)
评估结果的有效性	可用性	中	评估机构资质、评估人员资质、案例经验
评估结果的准确性	完整性 可用性	中	评估机构资质、评估人员资质、案例经验
占用大量用户时间	可用性	低	成熟、量化的调查模式
安全检测意外中段业务	完整性 可用性	高	人员资质、测试环境、应急计划、恢复演练
安全测试影响正常业务(如网络、主机的可用性)	可用性	高	错开业务高峰、提高检测命中率
渗透测试影响正常业务	可用性	高	人员能力、黑白兼顾、应急预案和演练
其他可能意外原因			应急小组 7×24h 支持

8.4.3 系统风险评估

风险评估是信息安全管理的第二步,针对确立的风险管理对象所面临的风险进行识别、分析和评价。安全风险是一种潜在的、负面的东西,处于未发生的状态。与之相对应，安全事件是一种显在的、负面的东西，处于已经发生的状态。风险是事件发生的前提，事件在一定条件下由风险演变而来。风险的构成包括 5 个方面：起源、方式、途径、受体和后果。起源是威胁的发起方，叫作威胁源；方式是威胁源所采取的手段，叫作威胁行为；途径是威胁所利用的薄弱环节，叫作脆弱性或漏洞；受体是资产；后果是影响。

风险评估分为以下 4 个步骤。

1) 风险评估准备。制订风险评估方案、选择评估方法。
2) 风险要素识别。发现系统存在的威胁、脆弱性和控制措施。
3) 风险分析。判断风险发生的可能性和影响的程度。
4) 风险结果判定。综合分析结果判定风险等级。

在信息安全风险管理过程中，接受对象的输出，为风险控制提供输入，监控与审查和咨询与沟通贯穿 4 个阶段，如图 8-3 所示。

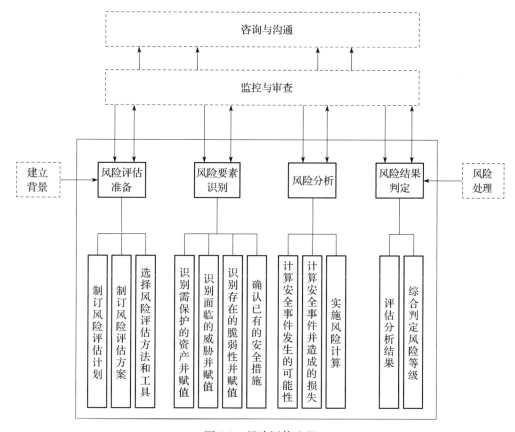

图 8-3 风险评估流程

8.5 信息安全法律法规

8.5.1 相关背景

在新基建、数字化转型加速的时代背景下，网络安全态势面临更复杂的挑战，数据安全问题日益严峻、安全防御体系随着数字化进程脆弱性凸显，网络与信息安全的法制建设和政策力量布局越来越受到国家的重视。为尽快制定适应和保障我国信息化发展的计算机信息系统安全总体策略，全面提高安全水平，规范安全管理，国务院、公安部等有关部门从1994年起制定并发布了一系列信息系统安全方面的法规，这些法规是指导信息安全工作的依据。

信息安全的法律保护不是靠一部法律所能实现的，而是要靠涉及信息安全技术各分支的信息安全法律法规体系来实现。因此，信息安全法律在我国法律体系中具有特殊地位，兼具安全法、网络法的双重地位，必须与网络技术和网络立法同步建设。因此，信息安全法律具有优先发展的地位。

1. 信息安全立法的必要性和紧迫性

- 没有信息安全就没有完全意义上的国家安全。
- 国家对信息资源的支配和控制能力，将决定国家的主权和命运。
- 对信息的强有力的控制是打赢未来信息战的保证。
- 信息安全保障能力是21世纪综合国力经济竞争力和生存发展能力的重要组成部分。

2. 信息安全法律规范的作用

- 指引作用，是指法律作为一种行为规范，为人们提供了某种行为模式，指引人们可以这样行为、必须这样行为或不得这样行为。
- 评价作用，是指法律具有判断、衡量他人行为是否合法或违法以及违法性质和程度。
- 预测作用，是指当事人可以根据法律预先估计到他们相互将如何行为以及某行为在法律上的后果。
- 教育作用，是指通过法律的实施对一般人今后的行为所产生的影响。
- 强制作用，是指法律对违法行为具有制裁、惩罚的作用。

8.5.2 基本原则

1. 谁主管谁负责的原则

例如，《互联网上网服务营业场所管理条例》第四条规定：

- 县级以上人民政府文化行政部门负责互联网上网服务营业场所经营单位的设立审批，并负责对依法设立的互联网上网服务营业场所经营活动的监督管理。
- 公安机关负责对互联网上网服务营业场所经营单位的信息网络安全，治安及消防安全的监督管理。
- 工商行政管理部门负责对互联网上网服务营业场所经营单位登记注册和营业执照的管理，并依法查处无照经营活动。
- 电信管理等其他有关部门在各自职责范围内，依照本条例和有关法律、行政法规的规定，对互联网上网服务营业场所经营单位分别实施有关监督管理。

2. 突出重点的原则

例如，《中华人民共和国计算机信息系统安全保护条例》第四条规定：计算机信息系统的安全保护工作，重点维护国家事务、经济建设、国防建设、尖端科学技术等重要领域的计算机信息系统的安全。

3. 预防为主的原则

例如，对病毒的预防、对非法入侵的防范（使用防火墙）等。

4. 安全审计的原则

例如，在《计算机信息系统安全保护等级划分准则》的第 4.4.6 款中，有关审计的说明如下。

- 计算机信息系统可信计算基能维护受保护的客体的访问审计跟踪记录，并能阻止非被授权的用户对它访问或破坏。
- 计算机信息系统可信计算基能记录下述事件：使用身份鉴别机制；将客体引入用户地址空间（例如打开文件、程序初始化）；删除客体；由操作员、系统管理员或（和）系统安全管理员实施的动作，以及其他与系统安全有关的事件。对于每一件事，其审计记录包括：事件的日期和时间、用户、事件类型、事件是否成功。对于身份鉴别事件，审计记录包含请求的来源（例如终端标识符）。对于客体引入用户地址空间的事件及客体删除事件，审计记录包含客体及客体的安全级别。此外，计算机信息系统可信计算机具有审计更改可读输出记号的能力。
- 对不能由计算机信息系统可信计算机独立分辨的审计事件，审计机制提供审计记录接口，可由授权主体调用。这些审计记录区别于计算机信息系统可信计算机独立分辨的审计记录。

5. 风险管理的原则

事物的运动发展过程中都存在着风险，它是一种潜在的危险或损害。风险具有客观可能性、偶然性（风险损害的发生有不确定性）、可测性（有规律，风险发生可以用概率加以测度）和可规避性（加强认识，积极防范，可降低风险损害发生的概率）。

信息安全工作的风险主要来自信息系统中存在的脆弱点（漏洞和缺陷），这种脆弱点可能存在于计算机系统和网络中或者管理过程中。脆弱点可以利用它的技术难度和级别来表征。脆弱点也很容易受到威胁或攻击。

解决问题的最好办法是进行风险管理。风险管理又名危机管理，是指如何在一个肯定有风险的环境里把风险降至最低的管理过程。

对于信息系统的安全，风险管理主要做的工作如下。

- 主动寻找系统的脆弱点，识别出威胁，采取有效的防范措施，化解风险于萌芽状态。
- 威胁出现后或攻击成功时，对系统所遭受的损失及时进行评估，制定防范措施，避免风险的再次出现。
- 研究制定风险应变策略，从容应对各种可能的风险的发生。

8.5.3 国内情况

1. 安全管理

为加强信息安全标准化工作的组织协调力度，国家标准化管理委员会批准成立了全国信息安全标准化技术委员会（简称"信安标委"，编号为 TC260）。在信安标委的协调与管理下，我国制定和引进了一批重要的信息安全管理标准，发布了国家标准《计算机信息系统安全保护等级划分准则》（GB 17895—1999）、《信息系统安全等级保护基本要求》等技术标准和《信息安全技术操作系统安全技术要求》（GB/T 20272—2019）、《信息系统通用安全技术要求》（GB/T 20271—2016）、《信息系统安全等级保护基本要求》等管理规范，并引进了国际上著名的《信息技术—信息安全管理实施规则》（ISO/IEC 17799:2000）《信息安全管理体系规范及应用规范》（BS7799-2:2000）等信息安全管理标准。

2. 等级保护

2019年12月1日，网络安全等级保护制度2.0（以下简称等保2.0）发布，等保2.0是我国网络安全领域的基本国策、基本制度。等级保护标准在1.0时代标准的基础上，注重主动防御，从被动防御到事前、事中、事后全流程的安全可信、动态感知和全面审计，实现了对传统信息系统、基础信息网络、云计算、大数据、物联网、移动互联网和工业控制信息系统等级保护对象的全覆盖。

等保2.0与等保1.0的对比如下。

（1）相同点
- 保护等级相同。保护等级由低到高依次为：用户自主保护级、系统审计保护级、安全标记保护级、结构化保护级、访问验证保护级。
- 规定动作相同。规定动作分别为：定级、备案、建设整改、等级测评、监督检查。
- 主体职责不变。等级保护的主体职责为：网安对定级对象的备案受理及监督检查职责、第三方测评机构对定级对象的安全评估职责、上级主管单位对所属单位的安全管理职责、运营使用单位对定级对象的等级保护职责。

（2）不同点
- 标准依据变化。从条例法规提升到法律层面，等保1.0的最高国家政策是中华人民共和国国务院147号令，而等保2.0标准的最高国家政策是《中华人民共和国网络安全法》。其中第二十一条要求，国家实施网络安全等级保护制度；第二十五条要求，网络运营者应当制定网络安全事件应急预案；第三十一条则要求，对关键信息基础设施，在网络安全等级保护制度的基础上，实行重点保护；第五十九条要求网络运营者不履行本法第二十一条、第二十五条规定的网络安全保护义务的，由有关主管部门给予处罚。因此不开展等级保护等于违法。
- 标准要求变化。等级2.0在1.0基本上进行了优化，同时对云计算、物联网、移动互联网、工业控制、大数据新技术提出了新的安全扩展要求。在使用新技术的信息系统需要同时满足"通用要求+扩展要求"。另外，针对新的安全形势提出了新的安全要求，标准覆盖度更加广，安全防护能力有很大提升。在通用要求方面，等保2.0标准的核心是优化，删除了过时的测评项，对测评项进行合理改写，新增对新型网络攻击行为防护和个人信息保护等新要求，调整了标准结构，将安全管理中心从管理层面提升至技术层面。扩展要求扩展了云计算、物联网、移动互联网、工业控制、大数据。
- 安全体系变化。等保2.0相关标准依然采用"一个中心、三重防护"的理念，从等保1.0被动防御的安全体系向事前防御、事中相应、事后审计的动态保障体系转变。建立安全技术体系和安全管理体系，构建具备相应等级安全保护能力的网络安全综合防御体系，开展组织管理、机制建设、安全规划、通报预警、应急处置、态势感知、能力建设、监督检查、技术检测、队伍建设、教育培训和经费保障等工作。

- 等级规定动作（如保护定级、备案、建设整改、等级测评、监督检查）的实施过程中，等保2.0进行了优化和调整。
  - 定级对象的变化。等保1.0定级的对象是信息系统，等保2.0的定级对象扩展至基础信息网络、工业控制系统、云计算平台、物联网、使用移动互联技术的网络、其他网络以及大数据等多个系统平台，覆盖面更广。
  - 定级级别的变化。公民、法人和其他组织的合法权益产生特别严重损害时，相应系统的等级保护级别从1.0的第二级调整到了第三级（根据GA/T 1389）。
  - 定级流程的变化。等保2.0标准不再自主定级，二级及以上系统定级必须经过专家评审和主管部门审核，才能到公安机关备案，整体定级更加严格。
  - 测评合格要求提高。相较于等保1.0，等保2.0测评的标准发生了变化，2.0中测评结论分为优（90分及以上）、良（80分及以上）、中（70分及以上）、差（低于70分），70分以上才算基本符合要求，基本分调高了，测评要求更加严格。

3. 风险评估

识别信息资产以及威胁和漏洞后，通过风险评估来评估每个漏洞的相关风险。风险评估给每项信息资产分配一个风险等级或者分数。此数字在绝对术语中没有任何意义，但可用于评估每项易受攻击的信息资产的相关风险，并在风险控制过程中促进比较等级的发展。

有关信息安全风险评估工作，都应遵循以下国家颁发的文件要求，该类文件包括：《信息安全技术 信息安全风险评估规范》（GB/T 20984—2007）、《信息安全技术 信息安全风险评估实施指南》（GB/T 31509—2015）、《信息安全技术 信息安全风险管理指南》（GB/Z 24364—2009）、《信息技术 安全技术 信息安全风险管理》（GB/T 31722—2015）、《信息安全风险评估实施规范》（DB32/T 1439—2009）。

4. 其他

前面从安全管理、等级保护和风险评估三个方面介绍了我国现行的有关法律法规，除了上面所提到的，根据党中央和国务院有关文件精神，还制定了其他一系列的信息安全的法律法规。

下面介绍几部现行重要的信息安全相关法律法规，如表8-2所示。

表8-2 现行法律法规汇总

名称	发布机构	适用范围	监督体系
《中华人民共和国保守国家秘密法》	全国人民代表大会常务委员会	国家秘密受法律保护 一切国家机关、武装力量、政党、社会团体、企业事业单位和公民都有保守国家秘密的义务 任何危害国家秘密安全的行为，都必须受到法律追究	国家保密行政管理部门依照法律、行政法规的规定，制定保密规章和国家保密标准

(续)

名称	发布机构	适用范围	监督体系
《中华人民共和国电子签名法》	全国人民代表大会常务委员会	数据电文中以电子形式所含、所附用于识别签名人身份并表明签名人认可其中内容的数据	国务院信息产业部门负责统筹协调电子签名保护工作和相关监督管理工作。国务院有关部门依照本法和行政法规的规定在各自职责范围内负责个人信息保护和监督管理工作
《全国人民代表大会常务委员会关于加强网络信息保护的决定》	全国人民代表大会常务委员会	业务活动中收集的公民个人电子信息的收集、存储等活动	对有违反行为的,依法给予警告、罚款、没收违法所得、吊销许可证或者取消备案、关闭网站、禁止有关责任人员从事网络服务业务等处罚,记入社会信用档案并予以公布;构成违反治安管理行为的,依法给予治安管理处罚。构成犯罪的,依法追究刑事责任。侵害他人民事权益的,依法承担民事责任
《中华人民共和国个人信息保护法》	全国人民代表大会常务委员会	组织、个人在中华人民共和国境内处理自然人个人信息的活动。包括个人信息的收集、存储、使信息传输、提供、公开等活动	国家网信部门负责统筹协调个人信息保护工作和相关监督管理工作。国务院有关部门依照本法和行政法规的规定在各自职责范围内负责个人信息保护和监督管理工作

8.5.4 国际情况

1. 安全管理

加拿大在 1988 年开始制定 *The Canadian Trusted Computer Product Evaluation Criteria* (CTCPEC)。最初 CTCPEC 非常依赖于 TCSEC,但在它的后续版本中融入了许多新的思想。

20 世纪 90 年代初,英、法、德、荷等针对 TCSEC 准则的局限性,提出了包含保密性、完整性、可用性等概念的《信息技术安全评估准则》(ITSEC),采用与 TCSEC 完全不同的分级评估方法,定义了从 E0 级到 E6 级的七个安全等级,用于标识不满足其他任何等级要求的产品。这就是 1991 年开始实施的欧洲标准。1995 年,欧共体委员会同意采用 ITSEC 作为欧共体官方认可的评估标准,被广泛使用长达 10 年之久。ITSEC 的目标是适用于更多的产品、应用和环境,为评估产品和系统提供一致的方法。在安全特征和安全保证之间提供了明显的区别。ITSEC 不提供功能标准。因此,ITSEC 要求软件商在安全目标(ST)中定义安全功能标准。这样将安全功能和安全保障划分到不同的类别中。

1993 年,美国在对 TCSEC 进行修改补充并吸收 ITSEC 优点的基础上,发布了美国信息技术安全评估联邦准则(FC)。FC 参照了 CTCPEC 及 TCSEC,在美国的政府、民间和商业领域得到广泛应用。1993 年 6 月,美、加、英、法、德、荷六个国家共同起草了一份通用准则(CC),并将 CC 推广为国际标准。

1999 年 10 月,CCv2.1 版发布,并且成为 ISO 标准。CC 结合了 FC 及 ITSEC 的主要特征,它强调将安全的功能与保障分离。CC 定义了功能需求和安全保障需求,然后在安全保障的基础上定义 EAL。功能需求和安全保障需求又划分为多个类,每个类进一步细分为族,族又可细分为组件,每个组件包含详细的需求定义、从属需求的定义以及需求等级定义。

(1) ITSEC 的分级

ITSEC 的等级由低到高分别是 E0、E1、E2、E3、E4、E5 和 E6。每个等级都包含前一等级中所有的需求。

- E0 级：如果一个产品或者系统不满足任意等级的需求，那么它的评估等级为 E0（相当于 TCSEC 中的等级 D）。
- E1 级：有安全目标和对体系结构设计的非形式化描述，功能测试。
- E2 级：对详细的设计有非形式化的描述。功能测试的证据必须被评估。有配置控制系统和认可的分配过程。
- E3 级：要评估与安全机制相对应的源代码和/或硬件设计图。还要评估测试这些机制的证据。
- E4 级：有支持安全目标的安全策略的基本形式模型。用半形式化的格式说明安全加强功能、体系结构和详细设计。
- E5 级：在详细的设计和源代码和/或硬件设计图之间有紧密的对应关系。
- E6 级：必须正式说明安全增强功能和体系结构设计，使其与安全策略的基本形式模型一致。

(2) ITSEC 的安全保障需求

ITSEC 安全保障需求在本质上类似于 TCSEC 的安全保障需求。有以下两个独特的需求。

- 适用性需求。该需求通过展示安全目标中的安全需求和各种环境假设如何有效地抵御安全目标中所定义的各种攻击，以说明安全目标的一致性和覆盖范围。
- 绑定需求。该需求分析了各种安全需求，以及实现这些安全需求的机制。它确保了需求和机制之间是相互支持的，并且提供了一个完整有效的安全系统。

(3) ITSEC 的评估过程

ITSEC 的评估过程首先根据适用性需求和绑定需求这两项安全保障需求对安全目标进行评估。在安全目标得到认可后，评估者按照安全目标对产品进行评估。ITSEC 对文档结构要求更为严格，在文档被证明不充分的情况下，ITSEC 评估者可以查看代码。ITSEC 并没有类似 TCSEC 的技术审查委员会所做的那些技术审查工作。

(4) CC 的分级

CC 共有 7 种安全保障级别，如表 8-3 所示。

表 8-3 CC 的分级

级别	功能需求和安全保障需求
EAL1	功能测试
EAL2	结构测试
EAL3	系统地测试和检查
EAL4	系统地设计、测试和复查
EAL5	半形式化设计和测试
EAL6	半形式化验证的设计和测试
EAL7	形式化验证的设计和测试

- EAL1：功能测试。该等级需要在安全功能分析的基础上，检查软件商提供的指南

和文档,然后进行独立的测试。EAL1 适用于操作中需要一定的保密性,而同时安全威胁不是很严重的系统。

- EAL2:结构测试。该等级建立在安全功能分析(这里的安全功能分析包括高层设计分析)的基础上,像 EAL1 一样,需要对产品或者系统进行独立的测试,并且需要软件商提供基于功能规范的测试证据、软件商测试结果的核实、功能强度分析、对明显缺陷的弱点检索。EAL2 适用于需要低级或者中级的独立安全保障,但是又没有完整的开发记录的系统,例如遗留系统。
- EAL3:系统地测试和检查。安全功能分析和 EAL2 中的完全一样。但是还需要在软件商测试中使用高层设计,并且使用开发环境控制和配置管理。
- EAL4:系统地设计、测试和复查。该等级中增加了低层设计、完整的接口描述和安全功能分析输入的实现的子集,并且还需要一个产品或系统的非形式化安全策略模型。对现存产品系列进行更新,可能得到的最高 EAL 就是 EAL4。EAL4 适用于需要中级或者高级独立安全保障的系统。
- EAL5:半形式化设计和测试。该等级在 EAL4 的安全功能分析的基础上,增加了完整的输入实现。这个等级需要有形式化模型、半形式化的功能规范、半形式化的高层设计以及在不同的规范层次之间半形式化的一致性描述等。产品或者系统的设计必须模块化。弱点搜索必须能够处理攻击者可能发起的中级攻击,必须提供隐通道分析。配置管理必须全面广泛。EAL5 是能够进行严格的由中等数量计算机安全专家支持的商业开发活动的最高 EAL 等级。
- EAL6:半形式化验证的设计和测试。该等级除了要求有与 EAL5 安全功能分析的输入相同的输入外,还要求有结构化的实现表达。在半形式化的一致性中,必须包含半形式化的低层设计。设计必须支持分层和模块化。弱点搜索必须能够处理攻击者可能发起的高级攻击,必须有系统化的隐通道分析。必须使用结构化的开发过程。
- EAL7:形式化验证的设计和测试。该等级为最高的安全等级,必须形式化地表达功能规范和高层设计,如果适用,还需要有形式化和半形式化的一致性证明。产品或系统的设计必须简单。安全功能分析要求测试建立在实现描述的基础上。开发者的测试结果的独立性确认必须完整。EAL7 适用于威胁极高的环境,需要实质性的安全工程。

表 8-4 给出了各种评估方法的可信级别之间粗略的比较。尽管各种评估方法中的可信级别不可能完全等价,但几乎是很接近的。

表 8-4 各种评估方法的可信级别之间粗略的比较

TCSEC	ITSEC	CC
D	E0	EAL1
C1	E1	EAL2
C2	E2	EAL3
B1	E3	EAL4
B2	E4	EAL5
B3	E5	EAL6

(5) CC 的安全功能需求

CC 安全功能需求以类-族-组件这种层次结构组织,以帮助用户定位特定的安全需求。类是安全需求的最高层次组合。一个类中所有成员关注同一个安全焦点,但覆盖的安全目的范围不同。族是若干组安全需求的组合,需要共享同样的安全目的,但在侧重点和严格性上有所区别。组件描述一个特定的安全要求集,它是 CC 结构中最小的可选安全要求集。组件部分以安全需求强度或能力递增的顺序排列,部分以相关的非层次关系的方式组织。

安全功能需求分为 11 类,每个类有一个或者多个族。其中有两个安全功能类,称为审计管理和安全管理。其他类中的许多需求都有可能产生审计和/或管理需求。

- 类 FAU:安全审计。该类包含 6 个族,分别是审计自动响应、审计数据生成、审计分析、审计审查、审计事件选择、审计事件存储。
- 类 FCO:通信。该类包含两个族,分别针对源不可否认性和接收不可否认性。
- 类 FCS:密码支持。该类包含两个族,分别是处理密钥管理和密码操作。
- 类 FDP:用户数据保护。该类包含 13 个族,分为两种不同类型的安全策略:访问控制策略和信息流策略。每种安全策略有两个族,一个族说明策略的类型,另一个族说明策略的功能。
- 类 FIA:身份标识和验证。该类包含 6 个族,分别是认证失败处理、用户属性定义、秘密规范、用户认证、用户身份标识、用户绑定。
- 类 FMT:安全管理。该类包含 5 个族,分别是安全属性的管理、TSF 数据管理、角色管理、TSF 功能管理、撤销管理。
- 类 FPR:隐私性。该类包含的族主要处理匿名性、伪匿名性、不可关联性、不可观测性。
- 类 FPT:安全功能保护。该类包含 16 个族。描述参考监视需求的族包括 TSF 物理保护、参考仲裁、域分离。其他的族处理基础抽象机测试、TSF 自检测、可信恢复、导出 TSF 数据的可用性、导出 TSF 数据的机密性、导出 TSF 数据的完整性、内部产品或系统 TSF 传输、重新播放检测、状态同步协议、时间戳、TSF 间数据一致性、内部产品或系统 TSF 数据重定位的一致性以及 TSF 自检测。
- 类 FRU:资源利用。该类包含 3 个族,分别是处理容错、资源分配、服务优先级。
- 类 FTA:TOE 访问。该类包含 6 个族,分别是多个并发会话的限制、会话锁定、访问历史记录、会话的建立、产品或系统访问标识以及可选属性范围限制。
- 类 FTP:可信路径。该类包含 2 个族,分别是 TSF 间的可信信道族和可信路径族。

(6) CC 的安全保障需求

CC 共有 10 个安全保障类,包括关于保护规范的安全保障类、关于安全目标的安全保障类、关于安全保障维护的安全保障类,另外 7 个类是直接针对产品或系统的安全保障类。

- 类 APE:保护规范评估。该类包含 6 个族。PP 的前面 5 个部分中的每个部分分别对应其中一个族,另一个族是为非 CC 需求准备的。
- 类 ASE:安全目标评估。该类包含 8 个族。ST 的 8 个部分中的每个部分分别对应其中一个族,包括产品或系统概要规范族、PP 声明族和非 CC 需求族。

- 类 ACM：配置管理（CM）。该类包含 3 个族：CM 自动化、CM 性能、CM 范围。
- 类 ADO：分发和操作。该类包含 2 个族：交付和安装、生成和启动。
- 类 ADV：开发。该类包含 7 个族：功能规范、底层设计、实现描述、TSF 内部组织、高层设计、描述一致性、安全策略模型。
- 类 AGD：指南文档。该类包含 2 个族：管理者指南、用户指南。
- 类 ALC：生命周期支持。该类包含 4 个族：安全性开发、缺陷消除、工具及技术、生命周期定义。
- 类 ATE：测试。该类包含 4 个族：测试范围、测试深度、功能测试、独立性测试。
- 类 AVA：脆弱性评估。该类包含 4 个族：隐通道分析、误用、功能强度、漏洞分析。
- 类 AMA：安全保障维护。该类包含 4 个族：安全保障维护计划、产品或系统组件分类报告、安全保障维护证据、安全影响分析。

(7) CC 的评估过程

CC 在美国的评估过程是由美国国家标准技术研究所授权的商业性实验室收费进行。评估小组可以评估保护规范，也可以评估产品或系统，或者它们各自的安全目标。首先，软件商选择一个有授权的商业性实验室来进行 PP 评估或者产品或系统的评估，然后实验室收费进行评估。双方协商并制定出最初的评估进度表，之后实验室马上与验证组织联系，就评估项目与其进行协调。CC 评估方法学（CEM）列出了详细的 PP 评估过程，评估小组可以根据评估实验室和 PP 开发者都认可的评估进度表，对 PP 进行评估。完成之后，实验室将评估的结果提交验证组织，由验证组织来决定 PP 的评估结果是否有效，以及是否授予相应的 EAL 等级。

2. 等级保护

美国国防部从 80 年代开始，针对国防部门的信息安全，开展了一系列有影响的工作。后来设立专门机构，即国家计算机安全中心（简称 NCSC）进行有关工作。1998 年 5 月，美国政府发布了总统令——《对关键基础设施保护的政策》，相继又制定了《信息保护技术框架》，对以前的总统保护委员会进行了改组，制定安全的保障法规，加强对安全的监控，用立法强化对网络的管理，且成立了国土安全部，将网络安全纳入反恐怖的范畴，又在第一版的基础上制定了第二版网络安全的国家战略，全方位规划美国网络与信息化安全的方向，再联合政府和社会的力量强化美国信息系统安全化的社会防线。在此基础上，信息安全保护制度的实施制定了一整套的标准和指南规定，为其具体实施提供了可靠依据。美国国家标准和技术研究所在 2005 年 12 月又推出了最新标准《联邦信息系统最小安全控制》（FIPS200），分别对信息安全对应的等级进行分级保护，进一步完善了信息系统的安全控制。2008 年 1 月发布的第 54 号国家安全总统令/第 23 号国土安全总统令，建立了国家网络安全综合计划（CNCI）。

3. 风险评估

(1)《信息技术系统风险管理指南》

《信息技术系统风险管理指南》（NIST SP 800-30）于 2002 年 1 月由 NIST 发布。本指南为制定有效的风险管理项目提供了基础信息，包括评估和消减 IT 系统风险所需的定义和实务指导。

NIST SP 800-30 定义了风险以及风险评估的概念：风险就是不利事情发生的可能性。风险管理是评估风险并采取步骤将风险消减到可接受的水平并且维持这一风险级别的过程。政府和企业日常的风险管理是金字塔形的。例如，为了使投资回报最大化，决定采用高速增长型（但是风险高）还是采用低俗增长型（但是更安全）的投资计划是最常见的商业决策。这些决策需要对风险、相应的潜在收益、对其他选择的考虑进行分析，最终实施管理层决定采取的最佳行动。

（2）《风险管理标准》

《风险管理标准》（AS/NZS 4360:1999）是澳大利亚和新西兰联合开发的风险管理标准，第一版于1995年发布。澳大利亚在风险管理方面的实施方法主要延续了英国BSI的思想，认为风险管理是风险评估基础上的一系列实施的动作，目标是维护所有者的利益。与BSI 7799不同的是，它将对象定位在"信息系统"；在资产识别和评估时，采取半定量化的方法将威胁、风险发生的可能性、造成的影响划分为不同的等级，并对不同等级的风险给出了相应的处理方法。

在《风险管理标准》中，风险管理过程分为建立环境、风险识别、风险分析、风险评价、风险处置等步骤。在每个步骤的实施过程中，通过交流与协商、监控与回顾两个基本环节进行不断调整，从而将整个过程连贯起来。

《风险管理标准》是风险管理的通用指南，它给出了一整套风险管理的流程，对信息安全风险评估具有指导作用。

4. 其他

美国作为当今世界信息大国，不仅信息技术具有国际领先水平，有关信息安全的立法活动也进行得比较早。因此，与其他国家相比，美国是拥有信息安全方面的法案最多而且较为完善的国家。美国的国家信息安全机关除人们所熟知的国家安全局（NSA）、中央情报局（CIA）、联邦调查局（FBI）外，还于1996年成立了总统关键设施保护委员会，1998年成立了国家设施保护中心，以及国家计算机安全中心、设立威胁评估中心。美国信息安全法律制度调整的对象涉及的范围比较广泛，大致可以分为以下3个方面：一是政府的信息安全，二是商业组织的信息安全，三是个人隐私信息的安全。

英国于1996年9月23日由互联网络服务提供商协会（ISPA）执委会、伦敦互联网络交换中心、互联网络安全基金会等部门提出并实施3R规则，分别代表分级认定、检举揭发和承担责任。

该规则是针对英国境内互联网络中的非法资料而提出的行业性倡议。规则提及的一系列管理措施由互联网络服务提供商协会（ISPA）、伦敦互联网络交换中心（LINX）和互联网络安全基金会共同制定，并经英国贸工部牵头协调，与各互联网络服务提供商、警察局、政府等部门充分协商后，作为行业性的倡议而公布的。该规则为英国网络行业的管理迈出了坚实而具体的一步，为行业管理的进一步发展打下基础。

在法国，1992年通过、1994年生效的新刑法典设专章"侵犯资料计算机犯罪"做了规定。根据该章的规定，共有以下3种计算机罪。

- 侵入资料自动处理系统罪。第323-1条规定："采用欺诈手段，进入或不肯退出某一资料数据自动处理系统之全部或一部的，处1年监禁并处10万法郎罚金。如造成系统内储存之数据资料被删除或被更改，或者导致该系统运行受到损坏，处 2 年监禁并处 20 万法郎罚金。"
- 妨害资料自动处理系统运作罪。第 323-2 条规定："妨碍或扰乱数据资料自动处理系统之运作的，处 3 年监禁并处 30 万法郎罚金。"
- 非法输入、取消、变更资料罪。第 323-3 条规定："采取不正当手段，将数据资料输入某一自动处理系统，取消或变更该系统储存之资料的，处 3 年监禁并处 30 万法郎罚金。"

此外，该章还规定：法人亦可构成上述犯罪，科处罚金；对自然人和法人，还可判处"禁止从事在活动中或活动时实行了犯罪的那种职业性或社会性活动"等资格刑；未遂也要处罚。

8.6 本章小结

目前，现有的大部分系统都是比较脆弱的。要建造安全可信的系统，就需要在系统开发的整个生命周期中的每一个阶段都采用相应的安全保障技术，使用安全保障技术可以增强系统的安全性、可靠性和鲁棒性。本章从信息安全管理体系、等级保护、风险评估三个方面论证了安全保障技术在系统开发中的重要作用。有效的信息安全管理体系可以保护信息不被偶然或者恶意地侵犯而遭到破坏和泄露。等级保护是国家信息安全保障的基本制度、基本策略、基本方法，是保护信息化发展、维护国家信息安全的根本保障，是信息安全保障工作中国家意志的体现。风险评估是参照风险评估标准和管理规范，对信息系统的资产价值、业务战略、安全需求等方面进行分析，判断安全事件发生的概率以及可能造成的损失，提出风险管理措施的过程。最后结合以上三个方面介绍了国内外信息安全的法律法规。

习题

1. 什么是信息安全保障？
2. 如何验证安全保障方法能够满足系统的安全需求？
3. 信息安全保障中如何定义风险？
4. 信息安全保障的必要性是什么？
5. 软件设计阶段中如何体现安全保障？
6. 信息系统安全分为几个等级？请分别简介绍。
7. 如何设计一个高信息安全等级的系统？
8. 网络中存在的四种基本安全威胁有哪些？如何解决？
9. 等级测评过程共有几个？请分别进行简单介绍。
10. 未来系统信息安全的发展方向是什么？

第 9 章 网络与信息安全

网络安全是指网络系统的硬件、软件及其系统中的数据受到保护，不因偶然的或者恶意的原因而遭受破坏、更改、泄露，系统连续、可靠、正常地运行，网络服务不中断。网络安全是一门涉及计算机科学、网络技术、通信技术、密码技术、信息安全技术、应用数学、数论、信息论等多种学科的综合性学科。本章将介绍网络面临的安全威胁和保障网络安全的技术及方法。

9.1 网络安全协议

网络安全协议是营造网络安全环境的基础，是构建安全网络的关键技术。设计并保证网络安全协议的安全性和正确性能够从基础上保证网络安全，避免因网络安全等级不够而导致网络数据信息丢失或文件损坏等信息泄露问题。安全协议为网络中的信息交换提供了强大的安全保护。

网络安全协议可用于保障计算机网络信息系统中信息的秘密安全传递与处理，确保网络用户能够安全、方便、透明地使用系统中的资源。目前，安全协议在金融系统、商务系统、政务系统、军事系统和社会生活中的应用日益普遍。本章主要讨论几个 TCP/IP 架构下具有代表性且应用较为广泛的安全协议（或协议套件），主要包括 IP 层安全协议 IPSec、传输层安全协议 SSL/TLS 以及应用层安全协议 SET。

9.1.1 IPSec

1. IPSec 概述

互联网安全协议（Internet Protocol Security，IPSec）是一个协议包，通过对 IP 的分组进行加密和认证来保护 IP 的网络传输协议族（一些相互关联的协议的集合）。由于所有支持 TCP/IP 的主机进行通信时都要经过 IP 层的处理，因此提供了 IP 层的安全性就相当于为整个网络提供了安全通信的基础。

引入 IPSec 有两个原因：第一，原来的 TCP/IP 体系中没有包括基于安全的设计，任何人只要能够搭入线路，即可分析所有的通信数据，IPSec 引进了完整的安全机制，包括加密、认证和数据防篡改功能；第二，随着 Internet 的迅速发展，宽带接入越来越方便，很多客户希望能够利用这种上网的带宽，实现异地局域网的互连，IPSec 通过包封装技术，能够利用 Internet 可路由的地址，封装内部网络的 IP 地址，实现异地网络的互通。

IPSec VPN 是基于 IPSec 协议族构建的在 IP 层实现的安全虚拟专用网。通过在数据包中插入一个预定义头部的方式，来保障上层协议数据的安全，主要用于保护 TCP、UDP、ICMP 和隧道的 IP 数据包。

IPSec 提供了以下 3 种不同的形式来保护通过公有或私有 IP 网络传送的私有数据。

- 认证。通过认证可以确定所接收的数据与所发送的数据是否一致，同时可以确定申请发送者实际上是真实的还是伪装的发送者。
- 数据完整验证。通过验证，保证数据在从原发地到目的地的传送过程中没有发生任何无法检测的丢失与改变。
- 保密。使相应的接收者能获取发送的真正内容，而无关的接收者无法获知数据的真正内容。

IPSec 协议族全体系框架如图 9-1 所示，IPSec 使用两种通信安全协议，即认证头（Authentication Header，AH）协议和封装安全载荷（Encryption Service Payload，ESP）协议，并使用 Internet 密钥交换（Internet Key Exchange，IKE）协议之类的协议来共同实现安全性，下面来详细介绍 IPSec 包括的主要安全协议。

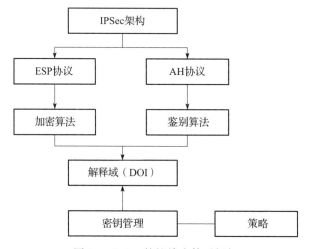

图 9-1　IPSec 协议族全体系框架

2. 认证头协议

设计认证头协议的目的是增加 IP 数据报的安全性，AH 协议提供无连接的完整性、数据源认证和防重放保护服务。然而，AH 协议不提供任何保密性服务，它不加密所保护的数据包。AH 协议的作用是为 IP 数据流提供高强度的密码认证，以确保被修改过的数据包可以被检查出来。

AH 协议使用消息验证码（Message Authentication Code，MAC）对 IP 进行认证。MAC 是一种算法，它接收一个任意长度的消息和一个密钥，生成一个固定长度的输出，称为消息摘要或指纹。如果数据报的任何一部分在传送过程中被篡改，那么，当接收端运行同样的 MAC 算法，并与发送端发送的消息摘要值进行比较时，就会被检测出来。

AH 协议的工作步骤如下。

1）IP 报头和数据负载用来生成 MAC。
2）MAC 被用来建立一个新的 AH 报头，并添加到原始的数据包上。
3）新的数据包被传送到 IPSec 对端路由器上。
4）对端路由器对 IP 报头和数据负载生成 MAC，并从 AH 报头中提取出发送过来的 MAC 信息，且对两个信息进行比较。MAC 信息必须精确匹配，即使所传输的数据包有一个比特位被改变，对接收到的数据包的散列计算结果都将改变，AH 报头也将不能匹配。

3. 封装安全载荷协议

封装安全载荷协议可以用来提供保密性、数据来源认证（签名）、无连接完整性、防重放服务，以及通过防止数据流分析来提供有限的数据流加密保护。实际上，ESP 协议提供与 AH 协议类似的服务，但是增加了两个额外的服务，即数据保密和有限的数据流保密服务。数据保密服务由通过使用密码算法加密 IP 数据报的相关部分来实现。数据流保密由隧道模式下的保密服务来提供。

ESP 协议中用来加密数据报的密码算法都毫无例外地使用了对称密钥体制。对称密码算法主要使用初级操作（异或、逐位与和位循环等），无论以软件还是以硬件方式执行都非常有效。而公钥密码算法采用计算量非常大的大整数模指数运算，大整数的规模超过 300 位十进制数字。所以相对公钥密码系统而言，对称密钥系统的加解密效率要高得多。ESP 协议通过在 IP 层对数据包进行加密来提供保密性，它支持各种对称加密算法。对于 IPSec 的默认算法是 56 比特的 DES。该加密算法必须被实施，以保证 IPSec 设备间的互操作性。ESP 协议通过使用消息认证码（MAC）来提供认证服务。

ESP 协议可以单独应用，也可以嵌套使用，或者和 AH 协议结合使用。

4. Internet 密钥交换协议

与其他任何一种类型的加密一样，在交换经过 IPSec 加密的数据之前，必须先建立起一种关系，这种关系被称为安全关联（Security Association，SA）。在一个 SA 中，两个系统就如何交换和保护数据要预先达成协议。IKE 过程是一种 IETF 标准的安全关联和密钥交换解析的方法。

IKE 协议实行集中化的安全关联管理，并生成管理授权密钥，授权密钥是用来保护要传送的数据的。除此之外，IKE 协议还使得管理员能够定制密钥交换的特性。例如，可以设置密钥交换的频率，可以降低密钥受到侵害的机会，还可以降低被截获的数据被破译的机会。

IKE 协议是一种混合协议，它为 IPSec 提供实用服务（IPSec 双方的鉴别、IKE 协议和 IPSec 安全关联的协商），以及为 IPSec 所用的加密算法建立密钥。它使用了以下 3 个不同协议的相关部分：Internet 安全关联和密钥交换协议（ISAKMP）、Oakley 密钥确定协议和 SKEME 协议。

9.1.2 SSL/TLS 协议

互联网的通信安全建立在 SSL/TLS 协议之上。安全套接层（Secure Sockets Layer，SSL）协议，及其传输层安全（Transport Layer Security，TLS）协议是为网络通信提供安全及数据完整性的安全协议，目的是为互联网通信提供安全及数据完整性保障。SSL 包含记录层和传输层，记录层协议确定传输层数据的封装格式。TLS 使用 X.509 认证，之后利用非对称加密演算来对通信方做身份认证，之后交换对称密钥作为会话密钥。这个会话密钥用来将通信双方交换的数据做加密，保证两个应用之间通信的保密性和可靠性，使客户与服务器应用之间的通信不被攻击者窃听。

安全套接字层为 Netscape 研发，用以保障在 Internet 上数据传输的安全，利用数据加密（Encryption）技术，专门为用户保护 Web 通信，可确保数据在网络传输过程中不会被截取。

SSL 协议位于 TCP/IP 与各种应用层协议之间，为数据通信提供安全支持。

SSL 协议可分为两层：SSL 记录协议（SSL Record Protocol），它建立在可靠的传输协议（如 TCP）之上，为高层协议提供数据封装、压缩、加密等基本功能的支持；SSL 握手协议（SSL Handshake Protocol），它建立在 SSL 记录协议之上，用于在实际的数据传输开始前，通信双方进行身份认证、协商加密算法、交换加密密钥等。

SSL 协议提供如下主要服务。
- 认证用户和服务器，确保数据被发送到正确的客户机和服务器。
- 加密数据以防止数据中途被窃取。
- 维护数据的完整性，确保数据在传输过程中不被改变。

SSL 协议的工作流程如下。

（1）服务器认证阶段

1）客户端向服务器发送一个开始信息"Hello"，以便开始一个新的会话连接。

2）服务器根据客户的信息确定是否需要生成新的主密钥，如需要则服务器在响应客户的"Hello"信息时将包含生成主密钥所需的信息。

3）客户根据收到的服务器响应信息，产生一个主密钥，并用服务器的公开密钥加密后传给服务器。

4）服务器恢复该主密钥，并返回给客户一个用主密钥认证的信息，以此让客户认证服务器。

（2）用户认证阶段

在此之前，服务器已经通过了客户认证，这一阶段主要完成对客户的认证。经认证的服务器发送一个提问给客户，客户则返回（数字）签名后的提问和其公开密钥，从而向服务器提供认证。

从 SSL 所提供的服务及其工作流程可以看出，SSL 运行的基础是商家对消费者信息保密的承诺，这就有利于商家而不利于消费者。在电子商务初级阶段，由于运作电子商务的企业大多是信誉较高的大公司，因此这个问题还没有充分暴露出来。但随着电子商务的发展，各中小型公司也参与进来，电子支付过程中的单一认证问题就越来越突出。虽然在 SSL 3.0 中通过数字签名和数字证书可实现浏览器和 Web 服务器双方的身份验证，但是 SSL 仍存在一些问题，比如，只能提供交易中客户与服务器间的双方认证，在涉及多方的电子交易中，SSL 协议并不能协调各方之间的安全传输和信任关系。在这种情况下，Visa 和 MasterCard 两大信用卡组织制定了 SET 协议，为网上信用卡支付提供了全球性的标准。

传输层安全协议（TLS）用于在两个通信应用程序之间提供保密性和数据完整性。该协议由两层组成：TLS 记录协议（TLS Record Protocol）和 TLS 握手协议（TLS Handshake Protocol）。较低的层为 TLS 记录协议，位于某个可靠的传输协议上面。

TLS 记录协议提供的连接安全性具有以下两个基本特性。

- 私有性：对称加密用以数据加密（DES、RC4 等）。对称加密所产生的密钥对每个连接都是唯一的，且此密钥基于另一个协议（如握手协议）协商，记录协议也可以不加密使用。
- 可靠性：信息传输包括使用密钥的 MAC 进行信息完整性检查。安全哈希功能（SHA、MD5 等）用于 MAC 计算，记录协议在没有 MAC 的情况下也能操作，但一般只能用于这种模式，即有另一个协议正在使用记录协议传输协商安全参数。

TLS 记录协议用于封装各种高层协议，作为这种封装协议之一的握手协议允许服务器与客户机在应用程序协议传输和接收其第一个数据字节之前彼此之间相互认证、协商加密算法和加密密钥。TLS 是独立于应用的协议，高层协议可以透明地分布在 TLS 上面。然而，TLS 标准并没有规定应用程序如何在 TLS 上增加安全性，它把如何启动 TLS 握手协议以及如何解释交换的认证证书的决定权留给协议的设计者和实施者来判断。

TLS 握手协议提供的连接安全具有三个基本属性：可以使用非对称的或公钥密码来认证对等方的身份，该认证是可选的，但至少需要一个节点方；共享加密密钥的协商是安全的，对偷窃者来说协商加密是难以获得的，此外经过认证过的连接不能获得加密，即使是进入连接中间的攻击者也不能；协商是可靠的，没有经过通信方成员的检测，任何攻击者都不能修改通信协商。

TLS 的主要目标是使 SSL 更安全，并使协议的规范更精确和完善。TLS 在 SSL 3.0 的基础上，提供了以下增强内容。

- 更安全的 MAC 算法。
- 更严密的警报。
- "灰色区域"规范的更明确的定义。

9.1.3 SET 协议

电子商务在提供机遇和便利的同时，也面临着一个最大的挑战，即交易的安全问题。针对这种情况，美国 Visa 和 MasterCard 两大信用卡组织联合国际上多家科技机构，共同制定了应用于 Internet 上的以银行卡为基础进行在线交易的安全标准，这就是"安全电子交易"（Secure Electronic Transaction，SET）。

它采用公钥密码体制和 X.509 数字证书标准，主要应用于保障网上购物信息的安全性。SET 协议主要应用于 B2C 模式中以保障支付信息的安全性。SET 协议本身比较复杂，设计比较严格，安全性高，它能保证信息传输的机密性、真实性、完整性和不可否认性。

SET 协议采用对称加密体制和非对称加密体制相结合的办法保证数据的保密性，它采用的公钥加密算法是 RSA 的公钥密码体制，私钥加密算法采用 DES。这两种不同加密技术的结合应用在 SET 中被形象地称为数字信封，RSA 加密相当于用信封密封，首先将消息以 56 位的 DES 密钥加密，然后将其装入使用 1024 位 RSA 公钥加密的数字信封在交易双方之间传输。这两种密钥相结合的办法保证了交易中数据信息的保密性。
- 采用信息摘要技术保证信息的完整性：SET 协议是通过数字签名方案来保证消息的完整性和进行消息源的认证的，数字签名方案采用了与消息加密相同的加密原则。
- 采用双重签名技术保证交易双方的身份认证：SET 协议应用了双重签名技术。

9.2 恶意攻击

9.2.1 概述

网络安全受资产、威胁和脆弱性这三个要素的影响。资产是有价值的资源，其概念范围宽泛，涵盖了与网络安全相关的所有资源。威胁是指可能对资产或组织造成损害的事故的潜在原因。例如，组织的网络系统可能受到来自计算机病毒和黑客攻击的威胁。无论多么安全的信息系统，威胁都是存在的。脆弱性与资产有关，它是指资产或资产组中能够被威胁利用的弱点。例如，企业的员工缺乏网络安全意识、系统用户使用简短且易被猜测的口令、操作系统本身存在安全漏洞等。脆弱性本身不会给资产带来危害，它仅是某些可被威胁利用来影响资产的条件。除非对资产本身进行修改，否则脆弱性不会消失。

恶意攻击是网络安全面临的主要威胁之一，恶意攻击将对网络安全造成直接危害，并破坏计算机的系统安全。

特洛伊木马、计算机病毒、计算机蠕虫是恶意代码的主要代表形式，是攻击计算机系统的有效工具。下面主要介绍一些常见的恶意代码，包括特洛伊木马、计算机病毒、计算机蠕虫等，使读者能够了解常见恶意代码的类型、危害和简单原理。本章对恶意代码进行简单介绍后，进而介绍一些恶意代码的分析方法，最后介绍一些恶意代码的防御措施。

9.2.2 特洛伊木马

特洛伊木马是指寄宿在计算机里的一种非授权的远程控制程序，由于特洛伊木马程序能够在计算机管理员未发觉的情况下开放系统权限、泄露用户信息，甚至窃取整个计算机管理使用权限，因此它成为黑客们最为常用的工具之一。它伪装成合法程序植入系统，对计算机网络安全构成严重威胁。区别于其他恶意代码，木马不以感染其他程序为目的，一般也不使用网络进行主动复制传播。常见的木马类型如表 9-1 所示。

表 9-1 常见的木马类型

名称	介绍
远程控制型	感染该类型木马的计算机连接入网络后自动与控制端程序建立连接，控制端程序远程控制被感染的计算机，对其进行破坏。如 BackOffice、NetSpy、冰河等
密码发送型	该类木马以盗取目标计算机上的各类密码为目标。感染该木马后，木马程序将自动搜索内存、Cache 临时文件夹及各种密码文件，并在被感染计算机不知情的情况下将密码发送到指定的邮箱中

（续）

名称	介绍
键盘记录型	该类木马将被感染计算机的键盘敲击记录下来，并在文件中查找密码。常见的如传奇黑眼等
破坏型	该类木马破坏被感染计算机的文件系统，自动删除其所有的 exe、doc、ppt、ini 和 dll 等文件，能够远程格式化被感染计算机的硬盘，使系统崩溃或重要数据丢失
FTP 型	该类木马能够打开被控计算机 FTP 服务监听的 21 号端口，使被控计算机允许匿名访问，并且能以最高权限进行文件操作（如上传和下载），从而破坏被控计算机文件的机密性
拒绝服务攻击型	该类木马通过控制大量的分布式节点，形成攻击平台（如僵尸网络 Botnet），以极大地通信量冲击网络，使网络资源消耗殆尽，最后导致合法用户的请求无法通过
代理型	黑客给受害计算机安装该类型木马，通过控制这个代理，达到防止审计发现自己的攻击足迹和身份，实现入侵的目的
反弹端口型	该类型木马主要针对在网络出口处设置了防火墙的用户，利用反弹窗口原理，躲避防火墙拦截，如灰鸽子、PcShare 等

一个完整的木马系统包括三个部分：硬件部分、软件部分和连接部分。硬件部分包括控制端、服务端（被控制端远程控制的一方）和传输的网络载体，软件部分包括控制端程序、木马程序和木马配置程序，连接部分包括控制端 IP、服务端 IP、控制端端口和木马端口。

下面介绍使用木马进行网络入侵的几个基本步骤。

1）配置木马。木马软件配置程序采用多种伪装手段（如修改图标、捆绑文件、定制窗口、自我销毁等）完成木马伪装，并通过设置信息反馈的方式或地址（如设置信息反馈的邮件地址、QQ 号等）完成信息反馈。

2）传播木马。木马主要通过两种方式传播：一种是通过 E-mail 的方式传播，木马程序被放置在邮件的附件中，当收件人打开附件后木马就开始感染计算机；另一种是通过软件下载的方式传播，将木马捆绑在软件安装程序中，然后放在提供软件下载的网站来传播木马。

3）运行木马。木马程序在服务端运行后，将自身复制到系统文件夹中，接着设置好木马程序的触发条件，完成其安装。

4）泄露信息。在木马成功安装之后，将收集到的一些服务端的软硬件信息通过 E-mail 等方式告知控制端，从而泄露服务端的信息。

5）建立连接。在服务端安装完木马程序之后，并且当控制端和服务端都在线时，控制端通过木马与服务端建立连接。

6）远程控制。在木马连接建立之后，控制端通过木马程序对服务器端进行远程控制，从而实现其破坏目的。

可以采用一些防范措施来防范木马，比如：提高防范意识，在打开下载文件之前，先确认文件来源是否可靠并进行杀毒；安装程序前使用杀毒软件对其进行查杀；当发现异常时立即挂断；检测系统文件和注册表的变化；经常对文件和注册表进行备份；等等。

随着技术的发展，木马出现一些新的发展方向。木马与病毒的结合使其具备更强的感染模式；反杀毒软件功能的增强使得木马与杀毒软件不断相互促进，相互发展；木马融入系统内核，与系统紧密结合；一些无法预料的更多更强大的功能。

9.2.3 计算机病毒

计算机病毒是利用计算机软件和硬件的脆弱性编制而成的具有特殊功能的程序。计算机病毒通过某种途径潜伏在计算机存储介质或程序之中,当达到某种条件时被激活,将自身的精确副本或可能演化的形式放入其他程序中,对计算机资源进行破坏。

1994年2月18日,我国正式发布《中华人民共和国计算机信息系统安全保护条例》,其中第二十八条明确了计算机病毒的定义:"计算机病毒,是指编制或者在计算机程序中插入的破坏计算机功能或者毁坏数据,影响计算机使用,并能自我复制的一组计算机指令或者程序代码。"

下面介绍几种常见的计算机病毒的工作原理。

1. 引导型病毒

引导型病毒是一类专门感染硬盘主引导扇区和软盘引导扇区的计算机病毒。这种病毒隐藏得很好,不以文件的形式存在,不能用类似del这样的命令来删除它。引导型病毒一般分为主引导区病毒和引导区病毒,它主要利用操作系统的引导模块放在某个固定的位置,以物理位置为依据转交控制权,病毒占据该物理位置即可获得控制权;将真正的引导区内容转移或替换,待病毒程序执行后,才将控制权交给真正的引导区内容;带病毒的系统看似正常运转,而病毒已隐藏在系统中并伺机传染、发作。

常见的主引导区病毒有"石头病毒"和"INT60病毒"等,常见的引导区病毒有"小球病毒"和"Brain病毒"等,这两种类型的病毒的原理基本相同。

2. 文件型病毒

文件型病毒又被称作寄生病毒,通常隐藏在宿主程序中,执行宿主程序时将会先执行病毒程序再执行宿主程序。主要感染对象是可执行文件(.exe)和命令文件(.com),典型代表是CIH病毒。

该病毒在操作系统执行文件时取得控制权并把自己依附在可执行文件上,然后,利用这些指令来调用附在文件中某处的病毒代码。当执行文件时,病毒回调出自己的代码来执行,接着又返回到正常的执行系列。通常,这些情况发生得快,以至于用户并不知道病毒代码已被执行。

3. 混合型病毒

混合型病毒在不同时期定义不同,在DOS时代,混合型病毒是指具有引导型病毒和文件型病毒特点的计算机病毒。随着网络的发展,混合型病毒的定义不断延伸,现在的混合型病毒是指集木马、蠕虫、后门及其他恶意代码于一体的恶意代码集,这里主要介绍前一种混合型病毒。

混合型病毒不是引导型病毒和文件型病毒简单的叠加,它通过引导型病毒的方法驻留在内存,然后修改INT8,监视INT21的地址是否改变。如果地址改变,则说明DOS系统已经加载,这样就可以通过修改INT21从而运行病毒。

4. Win32病毒

Windows操作系统是当前使用范围最广泛的操作系统,目前网络上的病毒大都是针对Windows系统的,而Win32病毒是其中的主要类型。Win32病毒在感染文件时修改PE

文件（PE 文件被称为可移植的执行体，是 Portable Execute 的全称，常见的 EXE、DLL、OCX、SYS、COM 文件都是 PE 文件）的入口点，使其指向病毒代码所在的节，病毒代码执行后再跳回正常的 PE 程序执行，这样使病毒能够随着文件的执行而运行。

5. 宏病毒

宏是一组命令的集合，是微软最早为 Office 设计的一个特殊功能。它能够把多个命令组合成一个命令，简化重复的操作。Office 的 Word 和 Excel 中都有宏，Word 中定义了一个共有的通用模板 normal.doc，该模板包含了基本的宏，只要 Word 一启动，normal.doc 就会自动运行，宏病毒就是利用这个特性运行的。当一个宏病毒运行时，首先会将文档中的病毒代码导出，接着将病毒代码导入通用模板，当用户在这台计算机上打开一个干净的文档时，病毒代码就会写入该文档，从而达到病毒感染的目的。

计算机病毒的分类方法有很多，按操作系统类型可以分为 DOS 病毒、Windows 病毒、UNIX 病毒、OS/2 病毒等，按病毒的破坏程度可以分为恶性病毒和良性病毒，按传播方式可以分为单机病毒和网络病毒。表 9-2 展现了一些常见的计算机病毒类型。

表 9-2 常见的计算机病毒类型

名称	介绍
系统病毒	前缀是 Win32、PE、Win95、W32、W95 等，一般可以感染 Windows 操作系统的 *.exe 和 *.dll 文件并通过这些文件传播，如 CIH 病毒等
蠕虫病毒	前缀是 Worm，特点是通过网络或系统漏洞进行传播，很多蠕虫病毒都会向外发送带病毒的邮件，或阻塞网络的特性，如冲击波（阻塞网络）、小邮差（发送带病毒的邮件）等
后门病毒	前缀是 Backdoor，特点是通过网络传播，通过给系统开后门带来计算机安全隐患，常见的如 IRC 的后门病毒 Backdoor.ICRBot 等
破坏程序病毒	前缀是 Harm，特点是用好看的图标诱使用户点击，当用户点击后，病毒对计算机进行破坏，常见的如格式化 C 盘（Harm.formatC.f）、杀手命令（Harm.Command.Killer）等
玩笑病毒	前缀是 Joke，也叫恶作剧病毒，特点是用好看的图标诱使用户点击，当用户点击后，病毒做出各种的破坏动作来吓唬用户，但不对计算机进行破坏，常见的如女鬼病毒等
捆绑机病毒	前缀是 Binder，特点是病毒作者使用特定的捆绑程序将病毒与一些应用程序捆绑起来，使其看上去是一个正常的文件，但当运行这些文件时，会隐藏运行捆绑在一起的病毒，从而给用户造成危害
脚本病毒	前缀是 Script，特点是使用脚本语言编写，通过网页传播，如红色代码（Script.Redlof）。脚本病毒也有以 VBS 或 JS 为前缀的，表明了脚本病毒是用何种脚本编写的（其中 VBS 表示用 VBScript 脚本语言编写，JS 表示用 JavaScript 脚本语言编写），如欢乐时光（VBS.Happytim）等
病毒种植程序病毒	特点是运行时会释放出一个或几个新的病毒到系统目录下，由释放出的新病毒产生破坏，常见的如冰河传播者（Dropper.BingHe2.2C）、MSN 射手（Dropper.Worm.Smibag）等

通过上面的介绍，在查到某个病毒后可以通过其前缀来初步判断病毒的基本情况，尤其是在杀毒软件无法杀掉病毒的情况下，可以根据病毒名在网上查找相关资料，做进一步处理。

了解常见计算机病毒的分类之后，下面介绍计算机病毒的特点。计算机病毒作为一种特殊的计算机程序，主要特点有破坏性、非授权性、可触发性、寄生性、传染性等。

- 破坏性。计算机病毒的破坏性程度取决于病毒本身，如："小球病毒"只是简单地破坏屏幕输出；CIH 病毒则能够感染各种类型的文件；BIOS 病毒破坏主板，从而导致计算机瘫痪。

- 非授权性。正常的计算机程序是通过用户调用为程序创建进程来完成用户交给的某一项任务的，而计算机病毒则是未经用户授权而隐蔽地执行的。
- 可触发性。很多计算机病毒并不是一进入系统就执行破坏活动，而是潜伏一段时间，等相应的触发条件满足后才开始破坏系统。这个条件可以是日期、时间、使用特定的文件、敲入特定的字符等。
- 寄生性。计算机病毒不是一段独立完整的程序，通常是寄生在其他可执行的程序上，在运行宿主程序时才得以运行。
- 传染性。计算机病毒通常都具有传染性，一般通过移动存储介质、网页、电子邮件等方式进行传播，中了病毒的计算机能够以相同的方式向其他计算机进行传播。

9.2.4 计算机蠕虫

计算机蠕虫是指能在计算机中独立运行，并把自身包含的所有功能模块复制到网络中其他计算机上的程序。它有两个突出的特点：一是自我复制，二是能够从一台计算机传播到另一台计算机。

计算机蠕虫可根据其目的分成两类：一种是面向大规模计算机、使用网络发动拒绝服务的计算机蠕虫；另一种是针对个人用户的以执行大量垃圾代码的计算机蠕虫。

蠕虫的基本结构一般包含三个模块：传播模块、本地功能模块以及扩展功能模块。

传播模块主要完成蠕虫在网络中的传播，它包括扫描、攻击和复制模块。扫描模块主要完成主机发现、溢出漏洞扫描的工作，查看网络中是否存在特定漏洞的主机；攻击模块主要完成漏洞的溢出攻击；复制模块在成功利用漏洞后，将蠕虫本身复制到远程机器上。

本地功能模块包括隐藏模块和感染模块。隐藏模块完成文件、进程等的隐藏，使蠕虫难以被发现；感染模块完成本地主机相关结构的修改，如注册表、蠕虫自身的文件等的修改。

扩展功能模块是蠕虫功能的扩展和延伸，分为控制模块、信息收集模块和特殊功能模块等。控制模块主要完成与远程控制台通信和相关命令的执行；信息收集模块用于搜索主机上账号、密码等的敏感信息；特殊功能模块完成蠕虫编写者希望实现的特殊功能，如下载木马并执行、删除特定文件、格式化硬盘等。

以上介绍的是蠕虫的基本功能模块，还有其他很多的功能模块，这里不再一一介绍。

9.2.5 其他形式的恶意代码

恶意代码是独立的程序或嵌入其他程序中的代码，它在不被用户察觉的情况下启动，从而达到破坏计算机安全性和完整性的目的。恶意代码的恶意效果可以单独出现，也可以与前面介绍的恶意效果同时出现。两者具有三个共同的特征：恶意的目的，本身就是计算机程序，通过执行才能发生作用。下面介绍三种其他形式的恶意代码。

1. 计算机细菌

计算机细菌的特点是指数级自我复制，能够将某种系统资源快速全部耗尽，是一种拒绝服务攻击。

2. 逻辑炸弹

逻辑炸弹是满足特定逻辑条件时就执行违反安全策略操作的一种程序。它能破坏计算机程序，造成计算机数据丢失、计算机不能从硬盘或软盘引导，甚至使整个系统瘫痪，并出现物理损坏，如将指定日期作为特定的逻辑条件，当到达预先设定的日期和时间时，逻辑炸弹就被激活并执行其恶意代码。

3. Rootkit

Rootkit 是攻击者用来隐藏自己的踪迹和保留管理员访问权限的工具集，其最初只用于 UNIX 系统和 Sun OS 中，随着 Windows 平台的广泛使用，Rootkit 也进入了 Windows 操作系统。

Rootkit 由多个独立的程序组成，一个典型的 Rootkit 包括特洛伊木马程序、以太网嗅探器、日志清理工具、隐藏攻击程序的工具等。按其运行时所在的模式，可分为用户级 Rootkit 和内核级 Rootkit。用户级 Rootkit 在用户模式下运行，通过替换系统关键组件、查看文件/进程列表的程序或更改用户态程序输出来实现隐藏木马或后门的目的；内核级 Rootkit 能够深入系统内核，并对其进行破坏，使得系统上的可执行文件乃至系统内核本身变得不可信。著名的用户级 Rootkit 有 Windows 系统下的 Hacker Defender 等，内核级 Rootkit 有 Linux 系统下的 Knark 等。

9.2.6 恶意代码分析与防御

通过前面的介绍，对恶意代码有了一些了解，本节将对恶意代码进行分析并介绍一些防御恶意代码的措施。

1. 恶意代码分析

恶意代码的关键技术主要包括生存技术、攻击技术和隐藏技术。

（1）生存技术

恶意代码的生存技术主要包括四个部分：反追踪技术、加密技术、模糊变换技术和自动生产技术。

反追踪技术使恶意代码能够提高自身的伪装和防破译能力，增加其被检测和清除的难度。目前常用的反追踪技术包括反动态追踪技术和反静态追踪技术。其中反动态追踪技术包括：禁止跟踪中断、封锁键盘输入和屏幕显示来破坏各类跟踪调试软件的运行环境、检测跟踪、其他反追踪技术等。反静态追踪主要包括：对程序代码分块加密执行、伪指令法等。

加密技术是恶意代码自我保护的一种有效手段，通过配合反追踪技术，使分析者无法正常调试和阅读恶意代码，不能掌握恶意代码的工作原理，无法抽取恶意代码的特征串。其加密手段分为信息加密、数据加密、程序代码加密等。

利用模糊变换技术，使得恶意代码感染每一个对象时，恶意代码体都不相同。因为同一种恶意代码有不同的样本，几乎没有稳定的代码，所以基于特征的检测工具难以识别。目前模糊变换技术主要包括指令替换法、指令压缩法、指令扩展法、伪指令技术、重编译技术等。

自动生产技术主要包括计算机病毒生成器技术和多态性发生技术。多态性发生器可以使恶意程序代码本身发生变化,并保持原有功能。

(2) 攻击技术

常见的恶意代码攻击技术包括进程注入技术、三线程技术、端口复用技术、对抗检测技术、端口反向连接技术和缓冲区溢出技术等。

- 进程注入技术。当前操作系统中都提供系统服务和网络服务,它们在系统启动时自动加载,进程注入技术将以上述服务程序的可执行代码作为载体,把恶意代码程序自身嵌入其中,实现自身隐藏和启动的目的。
- 三线程技术。Windows 系统引入线程概念,一个线程可以同时拥有多个并发线程,三线程技术是指一个恶意代码进程同时开启三个线程,其中一个是主线程,负责具体的恶意功能,另外两个线程为监视线程和守护线程。监视线程负责检查恶意代码的状态;守护线程注入其他可执行文件内,与恶意代码进程同步,一旦恶意代码线程被停止,守护线程会重新启动该线程,从而保持恶意代码执行的持续性。
- 端口复用技术。端口复用技术是指重复利用系统已打开的服务端口传输数据,从而可以躲避防火墙对端口的过滤。端口复用一般不影响原有服务的正常工作,因此具有很强的隐蔽性。
- 对抗检测技术。有些恶意代码具有攻击反恶意代码(即对抗检测)的能力,采用的技术手段主要有终止反恶意代码的运行、绕过反恶意代码的检测等。
- 端口反向连接技术。通常情况下,防火墙对进入内部网络数据包具有严格的过滤策略,但对内部发起的数据包却疏于管理,端口反向连接技术就是利用防火墙的这种特性从被控制端主动发起向控制端的连接,从而达到攻击的目的。
- 缓冲区溢出技术。缓冲区溢出主要是对存在溢出漏洞的服务程序发动攻击,获取远程目标主机管理权限,是恶意代码进行主动传播的主要途径。

(3) 隐藏技术

恶意代码的隐藏技术包括本地隐藏技术和通信隐藏技术。本地隐藏主要包括文件隐藏、进程隐藏、网络连接隐藏、内核模块隐藏等,通信隐藏主要包括通信内容隐藏和传输通道隐藏等。

- 本地隐藏技术。本地隐藏技术是为防止本地系统管理员觉察而采取的隐蔽手段。本地系统管理员通常使用"查看进程列表""查看文件系统""查看内核模块""查看系统网络连接状态"等命令来检测系统是否被植入恶意代码。本地隐藏主要针对上述安全管理命令进行相应的隐藏。
- 通信隐藏技术。随着防火墙、入侵检测技术等网络安全防护设备在网络中的广泛使用,传统通信模式的恶意代码变得难以正常运行,因此,恶意代码发展出了更隐蔽的网络通信模式——隐蔽信道。使用加密算法对内容加密可以隐蔽通信内容,但无法隐蔽通信状态,而采用隐蔽信道技术可以隐蔽传输信道。美国国防部可信操作系统评测标准对隐蔽信道的定义为:隐蔽信道是允许进程违反系统安全策略传输信息的通道。在 TCP/IP 中,有许多冗余信息可以用来建立隐蔽信道,攻击者可以利用这些隐蔽信道绕过网络安全机制秘密地传输数据。例如:TCP/IP 数据包格式在实现时为了能够适应复杂多变的网络环境,有些信息允许使用多种方式表示，恶意代码能够用这些冗余信息来实现通信的隐蔽。

2. 恶意代码防御

通过前面对恶意代码关键技术的介绍，我们对其特点有了一定的了解。因此，防御恶意代码就是要利用恶意代码的一些不同特性来检测或阻止其运行。下面介绍针对几种恶意代码的防御方法。

（1）冒充用户身份的恶意代码

如果用户（无意中）执行了恶意代码，恶意代码就能访问和影响该用户保护域内的对象。因此，限制用户进程所能访问的对象是一种直观的保护技术，如降低权限和"沙箱"技术。

降低权限是指用户在执行程序时可缩小与之关联的保护域。这种方法遵循的是最小授权原则。

"沙箱"是一种按照安全策略限制程序行为的执行环境。"沙箱"技术根据系统中每一个可执行程序的访问资源，以及系统赋予的权限建立应用程序的"沙箱"，限制恶意代码的运行。每个应用程序都运行在自己的受保护的"沙箱"之中，不能影响其他程序的运行。同样，这些程序的运行也不能影响操作系统的正常运行，操作系统和驱动程序也存活在自己的"沙箱"之中。

对于每一个应用程序，"沙箱"都为其准备了一个配置文件，限制该文件能够访问的资源与系统赋予的权限。Windows XP/2003 操作系统提供了一种软件限制策略，隔离具有潜在危害的代码。这种隔离技术实际上也是一种"沙箱"技术，可以保护系统免受通过电子邮件和网络传播的各种恶意代码的侵害。这些策略运行选择系统管理应用程序的方式：应用程序可以被"限制运行"，也可以"禁止运行"。通过在"沙箱"中执行不受信任的代码和脚本，系统可以限制甚至防止恶意代码对系统完整性的破坏。

（2）通过共享来穿越保护域边界的恶意代码

通过限制不同保护域的用户对程序或数据的共享，可以限制恶意代码在这些保护域中的传播，也可将要保护的程序设置为多级安全策略实现中的最低可能级别。由于强制访问控制禁止这些进程去写更低级别的客体，而任何进程又只可以读但不能写这些程序，因此可以防止恶意代码对系统的破坏。

（3）篡改文件的恶意代码

一般通过如下方法检测篡改文件的恶意代码：采用操作检测码的机制（MDC）对文件实施操作，从而获得一组称为签名块的比特并保护该签名块。如果重新计算得出的签名块结果与存储的签名块不同，说明文件被修改过，可能是恶意代码篡改文件造成的。

（4）行为超越规范的恶意代码

在软件和硬件不能执行某些规范时，容错技术可以保证系统的正确运作。Necula 提出了一种结合规范检查和完整性检查的技术，这种技术称为携带证明代码（PCC），需要用户指定安全要求。"代码生产者"给出证明来说明代码满足所要求的安全特性，并将该证明和可执行代码结合起来。这将产生 PCC 二进制代码，把该代码发布给用户，用户可以检验安全性证明，如果正确，就可确认代码会遵守安全策略，可以执行代码，通过该方法实现对恶意代码的防御。

（5）改变统计特性的恶意代码

对统计特性改变的检测有助于发现恶意代码。通过对源代码和目标代码的对比，可以检查出目标代码中包含的与源代码无法对应的条件语句，因此目标代码可能被感染。另外，可以设计一种过滤器，对程序所做的所有改动进行检测、分析和分类；或使用入侵检测专家系统检查病毒，通过检查文件大小的改动，可执行文件写操作执行频度的增加，检测特定程序执行频度的改变，来分析改变方式是否与传播病毒的特征匹配，找出病毒。

9.3 网络安全漏洞

本节首先介绍一些经典的系统漏洞分类研究以及常见的漏洞分类方法，然后在此基础上，对系统漏洞的分析方法进行详细介绍。

9.3.1 概述

关于网络漏洞，还没有一个准确统一的定义。有学者从访问控制的角度认为：当对系统的各种操作与系统的安全策略发生冲突时，就产生了安全漏洞。也有专家认为：计算机系统由若干描述实体配置的当前状态所组成，可分为授权状态和非授权状态、易受攻击状态和不易受攻击状态，漏洞就是状态转变过程中能导致系统受损的易受攻击状态的特征。以上两种观点都是从各自的专业角度对网络漏洞进行描述的，并没有给出一个全面的准确的定义。

分析和发现系统漏洞对保证网络安全意义重大，本节首先介绍系统漏洞的分类，接着对系统漏洞进行分析。

9.3.2 系统漏洞的分类

对漏洞分类分级研究是为了更好地描述、理解、分析并管理已知的系统安全漏洞，在此基础上进一步预测或主动发现未知的安全漏洞。

系统漏洞有多种分类方法，如利用漏洞的技术方面来进行分类、通过产生漏洞软硬件或接口条件来分类等。下面首先介绍四个经典的系统漏洞分类研究，这些研究为后续的漏洞研究工作奠定了基础。然后在此基础上，介绍目前一些常见的漏洞分类方法。

1. RISOS 的研究

美国进行的安全操作系统研究（Research In Secured Operating Systems，RISOS）计划，目的是帮助计算机系统管理人员和信息处理人员了解操作系统的安全性，并帮助他们确定提高系统安全性所需的投入。RISOS 工程是漏洞研究中的开创性工作，研究重点是检测和修复已有系统的漏洞。

在该研究项目中，调查人员将漏洞分为以下七类。

（1）不完全的参数合法性验证

这是指参数在使用前没有进行参数检查，这类漏洞的典型例子是缓冲区溢出。另一个例子是计算机软件中的整数除法问题，调用者提供两个地址作为参数，一个作为商，一个作为余数。系统对商地址进行检查以确保它位于用户的保护域中，但对余数地址不做类似检查。通过将用户认证码的地址作为余数进行传递，用户就可以得到系统的授权。

（2）不一致的参数合法性验证

不一致的参数合法性验证是指每个程序都检查数据的格式对该程序的合法性，但是不同程序需要不同的数据格式。研究发现相互接口不一致是导致漏洞产生的主要原因，如数据库中的每个字段都用冒号分割，如果一个程序将换行符号和冒号都作为数据接收了，而另一个程序将冒号作为字段的分隔符，将换行符作为新的记录的分割，就会造成假记录的产生。

（3）隐含的权限/机密数据共享

如果操作系统未能实现进程和用户相互间隔，就会出现隐含的权限/机密数据共享的问题。如果一个文件访问时需要口令，系统会逐个字符地检查口令，并会在第一个错误的字符处停止，因此如果攻击者要猜测口令，可以在第一个和第二个字符之间设置一个页面的边界，如果发生了换页则说明第一个字符是正确的，否则就是错误的。通过反复猜测，攻击者很快可以猜出文件的口令。

（4）非同步的合法性验证/不适当的顺序化

冲突条件以及检查时间和使用时间不同步，就是非同步的合法性验证/不适当的顺序化漏洞的例子。

（5）不适当的身份辨识/认证/授权

如果系统出现一些情况，如用户辨别错误、假冒其他用户的身份、不经授权就可以运行一些程序，这样就会出现不适当的身份辨识/认证/授权的漏洞。特洛伊木马就是这类漏洞的例子。

（6）可违反的限制

当设计者没有正确处理边界条件时，就会出现可违反的限制漏洞。如用户使用的地址的值超过内存最大值时，系统会认为用户使用的内存大于特定值而把内存作为用户空间。

（7）可利用的逻辑错误

可利用的逻辑错误包括不正确的错误处理、不可预知的指令边界效应和错误的资源分配等不包括在上述六类问题中的错误。

RISOS 工程通过研究划分的这七种漏洞类型，为后续的计算机安全研究工作奠定了研究基础，并为研究人员提供了一些有价值的研究思路。

2. 保护分析模型

20 世纪 70 年代，美国开始制订关于操作系统保护错误 PA（Protection Analysis，保护分析）的计划，希望将操作系统保护问题分割为较容易管理的小模块，降低对操作系统工作人员的要求。主要工作包括描述操作系统中的保护错误，以及错误的发现方法，并提出了基于模式匹配的漏洞检测技术。其分析模型将系统安全漏洞分为范围错误（Domain Error）、校验错误（Validation Error）、命名错误（Naming Error）、序列化错误（Serialization Error）。

3. NRL 分类法

1992 年，Landwehr、Bull、McDermott 和 Choi 开发出一种用来帮助系统的设计者和操作者实现系统安全的分类方法。第一种分类方法是按照漏洞的来源分类，将漏洞分为疏忽性漏洞（使用 RISOS 方法细化）和意向性漏洞（包括恶意漏洞和非恶意漏洞）；第二种分类方法是按照漏洞出现的时间分类，如图 9-2 所示；第三种分类方法是按照漏洞出现的位置分类，如图 9-3 所示。

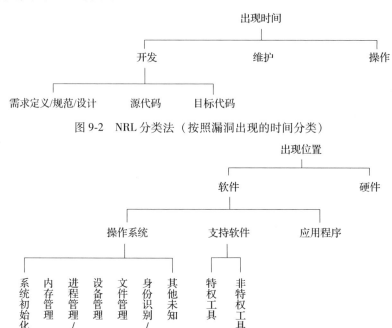

图 9-2　NRL 分类法（按照漏洞出现的时间分类）

图 9-3　NRL 分类法（按照漏洞出现的位置分类）

4. Aslam 模型

Aslam 模型将错误分为编码错误和意外错误。编码错误是软件开发时引入的错误；意外错误是由于不正确的初始化、操作或者应用而出现的错误。

编码错误分为同步错误和条件合法性验证错误。同步错误是指两个操作之间有漏洞或者两个操作之间的顺序不正确，条件合法性验证错误是指不检查边界、忽视访问权限、不对输入进行合法性验证或认证失效等引起的错误。

意外错误分为配置错误和环境错误。配置错误包括软件安装错误、初始化或配置信息错误以及授权错误等，环境错误是由于运行环境引入，而不是代码或配置引入的错误。

下面介绍几种目前常见的漏洞分类方法。

- 根据漏洞被攻击者利用的方式，可以分为本地攻击漏洞和远程攻击漏洞。本地攻击漏洞的攻击者是本地合法用户或通过其他方式获得本地权限的非法用户；远程攻击漏洞的攻击者通过网络，对连接在网络上的远程主机进行攻击。
- 根据目标漏洞存在的位置，可以分为：操作系统、网络协议栈、非服务器程序、服务器程序、硬件、通信协议、口令恢复和其他类型的漏洞。
- 根据其对系统造成的潜在威胁以及被利用的可能性，可将各种系统安全漏洞进行分级。

- 高级别漏洞：大部分远程和本地管理员权限漏洞属于高级别漏洞。
- 中级别漏洞：大部分普通用户权限、权限提升、读取受限文件、远程和本地拒绝服务漏洞属于中级别漏洞。
- 低级别漏洞：大部分远程非授权文件存取、口令恢复、欺骗、信息泄露漏洞属于低级别漏洞。

9.3.3 系统漏洞分析

漏洞分析的目的是建立一套能够提供以下功能的方法：描述、设计并实现一个没有漏洞的计算机系统，分析计算机系统并找出其漏洞的能力，准确定位操作过程中所出现漏洞的能力，检测出试图利用漏洞的能力。

检查系统漏洞有形式化验证和基于属性的测试方法，它们都以计算机系统的设计和实现为基础，但计算机系统包括一些策略、程序和操作环境等外部因素，很难用形式化验证和基于属性的测试来描述。

渗透测试是一种测试方法，它能够证明系统中存在安全漏洞，但是无法证明系统中不存在安全漏洞。理论上，形式化验证可以证明不存在系统漏洞，但是形式化验证只能证明一个特定的程序或设计没有缺陷，而无法证明整个计算机系统没有缺陷。

渗透研究的主要任务是评估计算机系统中所有安全控制的强度。渗透研究只是一种测试系统的手段，它并不能替代系统所需要的详细设计、实现并有组织进行的测试。与其他测试或检测不同的是，它不仅检查程序和操作上的控制，同时也检验技术上的控制。

1. 目标

渗透测试是一项被授权违反安全性或完整性策略限制的研究。在目标描述中给出了判断测试是否成功的一个标准，同时也提供了保护系统安全所涉及的特定程序、操作和技术上的安全机制框架。

另一类渗透研究不同于渗透测试研究，它没有很明确的目标，它的目的可能是找出一些系统漏洞或在一定时间内找出系统漏洞。这类测试的强度取决于对结果的适当解释。如果将这些漏洞分类并加以研究，并能总结出一些缺陷本质，那么分析人员就可以在以后的设计和实现上加以注意。然而只是找出一些漏洞，虽然对防范这些特定漏洞有帮助，但对提高系统安全来说是远远不够的。

还有一些限制影响渗透研究，比如资源和时间的限制，如果把这些限制也作为策略的一部分，就能够对渗透研究加以改进。

2. 渗透测试的层次模型

渗透设计能够描述安全机制的有效性和对攻击者的控制能力。渗透测试模型主要包括以下几个层次。

（1）对系统没有任何了解的外部攻击者

在这个层次，测试人员只知道目标系统的存在以及当他们到达系统时，他们有足够的信息来识别它。必须自己决定如何才能得到系统的访问权限。这一层主要是社会人员，他们需要从各处收集信息才能艰难地到达系统。渗透测试通常略过这一层，因为它对判断系统的安全性意义不大。

（2）能够访问系统的外部攻击者

在这个层次，测试人员可以访问系统。首先，登录并使用系统对网上所有主机开通的服务，然后发起攻击。这一步通常包括访问一个账号来实现他们的目的或使用一项网络服务。这一层次的一般攻击方式是口令猜测、寻找没有保护的账号、攻击网络服务器等。

（3）具有系统访问权限的内部攻击者

在这个层次，测试人员拥有一个系统的账号并可以作为授权用户来使用这个系统。这类测试通常包括没有被授权的权限或信息，并通过它们实现测试人员的目的。在这个层次，测试人员对目标系统的设计和操作有很好的了解。攻击是以对系统具有足够的认识和访问权限为基础发起的。

3. 各层的测试方法

在介绍各层的测试方法之前，先分析几种常见的存在于计算机系统中的漏洞，以助于读者理解渗透测试。

（1）缓冲区溢出漏洞

对于存在缓冲区溢出漏洞的系统，攻击者通过向程序的缓冲区写超过其长度的内容，造成缓冲区的溢出，从而破坏程序的堆栈，使程序转而执行其他指令，以达到攻击的目的。

（2）拒绝服务攻击漏洞

攻击者利用此类漏洞进行攻击主要是为了使服务器资源消耗殆尽而无法响应正常的服务请求。在 Windows NT Service Pack 2 之前的系统中，部分 Win32 函数不正确检查输入参数，远程攻击者可以利用这个漏洞对系统进行拒绝服务攻击。Win32K.sys 是 Windows 设备驱动程序，用于处理 GDI（图形设备接口）服务调用，但是 Windows NT Service Pack 2 之前的系统中不是所有 Win32 函数都对参数进行充分检查，攻击者可以写一些程序传递非法参数导致 Win32 函数和系统崩溃，也可利用包括 ActiveX 的页面触发此漏洞。

（3）权限提升漏洞

本地或利用终端服务访问的攻击者利用这个漏洞使本地用户可以提升权限至管理用户，如 Microsoft IIS 5.0 在处理脚本资源访问权限操作上存在问题，远程攻击者可以利用这个漏洞上传任意文件到受此漏洞影响的 Web 服务器上并以最高权限执行。Microsoft IIS 5.0 服务程序在脚本资源访问权限文件类型列表中存在一个错误，可导致远程攻击者装载任意恶意文件到服务器中。脚本资源访问存在一个访问控制机制，可防止用户上传任意执行文件或脚本到服务器上，但是这个机制没有防止用户上传 COM 类型文件。远程攻击者如果在 IIS 服务器上有对虚拟目录的写和执行权限，就可以上传 COM 文件到服务器并以最高权限执行这个文件。

（4）远程命令执行漏洞

攻击者可利用这个漏洞直接获得访问权限，如 Webshell 是基于 Web 的应用程序，可以作为文件管理器进行文件上传和下载，使用用户名和密码方式进行认证，以 suid root 属性运行 Webshell 中的多处代码，对用户提交的请求缺少正确过滤检查。远程攻击者可以利用这个漏洞以 root 身份在系统上执行任意命令。

（5）文件信息泄露漏洞

Kunani FTP Server 1.0.10 存在一个漏洞，通过一个包含"../"的恶意请求可以对服务器进行目录遍历。远程攻击者可以利用这个漏洞访问系统 FTP 目录以外任意的文件。PHP 也存在这样的漏洞，PHP session 信息默认存放在/tmp 目录下，这些文件的名字包含 session ID，一个本地攻击者可以浏览/tmp 目录的内容来获取这些 session ID，并可能劫持当前 Web 会话，获取未授权的信息。

渗透测试方法起源于漏洞假设方法。测试注重分析的文档和结论而不仅仅是简单的成功或失败。一般认为通过攻击获得系统权限比获得某个用户的资料更成功，因为前者可以危及很多用户并能破坏系统的完整性。漏洞假设法是 System Development Corporation 提出的，提供了渗透研究的框架。该方法共包括五步。

- 第一步，信息收集。测试人员主要熟悉系统的功能，他们需要测试系统的设计、实现、操作过程及用法。
- 第二步，漏洞假设。对第一步收集到的信息进行分析，结合对其他系统漏洞的了解，假设系统的漏洞。
- 第三步，漏洞测试。测试人员对他们假设的漏洞进行测试，如果漏洞不存在或无法利用，则退回第二步，如果缺陷可以利用则继续下一步。
- 第四步，漏洞一般化。成功利用一个漏洞后，测试人员试图将该系统漏洞一般化，并找出其他类似的漏洞。加入新的了解或新的假设返回到第二步并不断地重复直到测试结束。
- 第五步，漏洞排除。测试人员提出一些排除漏洞的方法或者使用程序来改善系统弱点。

渗透测试并不能替代完备的规范、严格的设计、认真正确的实现以及详细的测试。然而，它是最后测试环节中重要的组成部分。渗透测试从一个攻击者角度测试系统的设计、实现的安全机制，找出系统的漏洞。

9.4 入侵检测

本节将对入侵检测技术进行详细介绍，主要内容包括入侵检测概况、入侵检测的过程、入侵检测体系结构、入侵检测系统的分类、入侵响应以及入侵检测技术的改进。

9.4.1 原理

入侵检测是用于检测任何损害或者企图损害系统的保密性、完整性和可用性的一种网络安全技术。入侵检测技术通过监视受保护系统的状态和活动，采用误用检测（Misuse Detection）或异常检测（Anomaly Detection）等方式，来发现非授权或恶意的系统及网络行为，从而有效地防范入侵行为。

未遭受攻击的计算机系统呈现以下三个特征。
- 用户和进程的行为总体上符合统计预测模式。
- 用户和进程的操作中不包含破坏系统安全策略的命令序列。理论上，任何此类命令都是要被系统拒绝的，但实际上只有已知会破坏系统安全策略的命令才能被检测到。
- 进程的行为符合一系列的规定，这些规定描述了这些进程可以做或不能做的操作。

假设凡是遭受攻击的系统至少不满足上述任意一个特征。上述特征可以用来指导进行入侵检测。入侵检测提供了用于发现入侵攻击与合法用户滥用特权的一种方法，前提是入侵行为和合法行为是可区分的，也就是说可以通过提取行为的模式特征来判断该行为的性质。入侵检测系统通常需要解决两个问题：第一，如何充分并可靠地提取描述行为特征的数据；第二，如何根据特征数据高效并准确地判定行为的性质。

9.4.2 入侵检测概况

入侵检测系统（Intrusion Detection System，IDS）是进行入侵检测和分析过程自动化的软件与硬件的组合系统。处于防火墙之后对网络活动进行实时检测，是防火墙的一种补充。入侵检测系统有以下四个目标。

1. 能够检测出多种入侵

入侵检测系统能够检测出已知的攻击和先前未知的攻击，具备学习和自适应的机制。

2. 入侵检测系统要设置合理的时间周期

一般来说，每间隔一个较短的时间进行一次入侵检测就能够满足系统安全的需求，实时的入侵检测会带来响应速度慢的问题。另一方面，判定一个很久以前的入侵一般没有用处。

3. 入侵检测系统能够用简单、易于理解的方式把分析结果表示出来

入侵检测机制向站点的安全管理员呈现出较为复杂的数据，由管理员决定采取的处理方式，而且入侵检测机制可能会检测多个系统，因此需要用简单、易于理解的方式表示分析结果。

4. 入侵检测系统要具有精确性

当入侵检测系统报告发生了一次攻击而实际没有攻击时被称为误检，误检操作不仅减弱了对结果正确性的置信度，也增加了相关工作量。入侵检测系统没能报告出正在遭受到的攻击称为漏检，入侵检测系统的目标是把这两类错误减到最少。

入侵检测系统一般具备以下功能。
- 监测并分析用户和系统的活动。
- 发现入侵企图或异常现象。
- 检测系统配置和漏洞。
- 评估系统关键资源和数据文件的完整性。
- 识别已知的攻击行为。
- 统计分析异常行为。
- 操作系统日志管理，并识别违反安全策略的用户活动。
- 实时报警和主动响应。

9.4.3 入侵检测的过程

入侵检测过程分为三部分：信息收集、信息分析和结果处理。

1. 信息收集

入侵检测的第一步是信息收集，由放置在不同网段的传感器或不同主机的代理来收集信息，包括系统和网络日志文件、网络流量、非正常的目录和文件改变、非正常的程序执行等。

2. 信息分析

收集到的有关系统、网络、数据及用户活动的状态和行为等信息被送到检测引擎，检测引擎驻留在传感器中，一般通过三种技术手段进行分析：模式匹配、统计分析和完整性分析。当检测到某种误用模式时，产生一个警告并发送给控制台。

3. 结果处理

控制台按照警告产生预先定义的响应采取相应措施，可以是重新配置路由器或防火墙、终止进程、切断连接、改变文件属性，也可以是简单的警告。

9.4.4 入侵检测体系结构

由于入侵检测环境和系统安全策略的不同，IDS 在具体实现上也存在差异。从系统构成上看，IDS 包括事件提取、入侵分析、入侵响应。另外，IDS 还可能结合安全知识库、数据存储等功能模块，提供更为完善的安全检测和数据分析功能。入侵检测系统体系结构如图 9-4 所示。

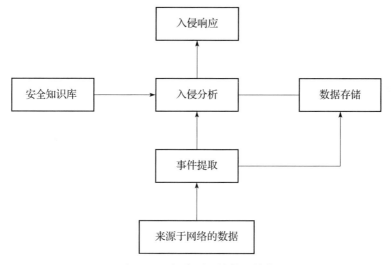

图 9-4 入侵检测系统体系结构

事件提取负责提取与被保护系统相关的运行数据或记录，并对数据进行简单的过滤。入侵分析是在提取到的数据中找出入侵的痕迹，将授权的正常访问行为和非授权的异常访问行为分开，分析出入侵检测并对入侵进行定位。入侵响应功能在发现入侵行为后被触发，执行响应措施。由于单个入侵检测系统的检测能力和检测范围的限制，入侵检测系统一般使用分布监视、集中管理的结构，多个检测单元运行于不同的网段或系统中，通过远程管理功能在一台管理站点上实现统一的管理和监控。

根据任务属性的不同，IDS 的功能结构可分为中心检测平台和代理服务器两部分。中心检测平台由专家系统、知识库和管理员组成，其功能是根据代理服务器采集到的审计数据，由专家系统进行分析，产生系统安全报告。代理服务器负责从各个目标系统中采集审计数据，并把审计数据转换为与平台无关的格式后，传送到中心检测平台，同时把中心检测平台的审计数据要求传送到各个目标系统中。系统管理员可以向各个主机提供安全管理功能，根据专家系统的分析结果向各个代理服务器发出审计数据的需求。

9.4.5 入侵检测系统的分类

随着入侵检测技术的发展，到目前为止出现了很多入侵检测系统，不同的入侵检测系统具有不同的特征。根据不同的分类标准，入侵检测系统可分为不同的类别。按照信息源划分入侵检测系统是目前最通用的划分方法。入侵检测系统主要分为两类，即基于网络的入侵检测系统（Network Intrusion Detection System，NIDS）和基于主机的入侵检测系统（HIDS）。随着高速网络的发展、网络范围的拓宽以及各种分布式网络技术和网络服务的发展，目前入侵手段的分布化正在逐渐成为入侵技术发展的新动向之一。由此推动了分布式入侵检测系统（Distributed Intrusion Detection System，DIDS）的发展。下面就基于网络的入侵检测系统、基于主机的入侵检测系统和分布式入侵检测系统进行分析介绍。

1. 基于网络的入侵检测系统

基于网络的入侵检测系统使用原始的网络数据包作为数据源，主要用于实时监控网络关键路径的信息，它侦听网络上的所有分组来采集数据，分析可疑现象。NIDS 通常将主机的网卡设成混杂模式，实时监视并分析通过网络的所有通信业务，也可以通过其他特殊硬件来采集信息，从而获得原始数据源。它的攻击识别模块通常使用 4 种常用技术来识别攻击标志：模式、表达式或字节匹配，频率或穿越阈值，次要事件的相关性，统计学意义上的非常规现象检测。一旦检测到攻击行为，入侵检测系统的响应模块就会对攻击采取相应的措施。NIDS 有许多仅靠基于主机的入侵检测法无法提供的功能。

基于网络的入侵检测系统由四部分组成，包括事件发生器、事件分析器、事件响应单元和事件数据库，其结构如图 9-5 所示。

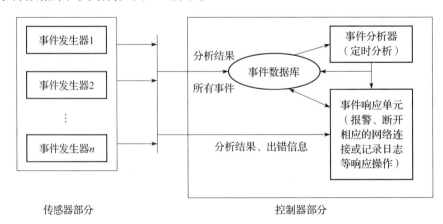

图 9-5　基于网络的入侵检测系统的结构

事件发生器负责从网络的不同关键点监视收集网络数据信息，将数据发送给事件分析器进行分析，分析后将原始信息和分析结果存储到事件数据库，并将相应的分析结果传输给事件响应单元。为了防止分布式攻击和慢速攻击,在一定的时间段后要对数据库进行总体事件分析,以发现实时分析无法发现的攻击,如果发现攻击则由事件分析器通知事件响应单元做出相应的响应。

基于网络的入侵检测有以下优点。

- 实施成本低。一个网段上只需要安装一个或几个基于网络的入侵检测系统,便可以监测整个网段的情况。由单独的计算机做这种应用,不会给运行关键业务的主机带来负载上的增加。
- 隐蔽性好。网络上的监测器不像主机那样显眼和易被存取,因而也不那么容易遭受攻击。基于网络的监视器不运行其他的应用程序,不提供网络服务,可以不响应其他计算机,因此比较安全。由于使用一个监测器就可以保护一个共享的网段,因此不需要很多的监测器。
- 检测速度快。基于网络的监测器通常能在微秒级发现问题,而大多数基于主机的产品则要依靠对最近几分钟内审查记录的分析。可以将监测器配置在专门的机器上,不会占用被保护的设备上的任何资源。
- 视野更宽。可以检测一些主机检测不到的攻击,如泪滴攻击(Teardrop)、基于网络的 SYN 攻击等,还可以检测不成功的攻击和恶意企图。
- 操作系统无关性。NIDS 作为安全检测资源,与主机的操作系统无关。与之相比,基于主机的系统必须在特定的、没有遭到破坏的操作系统中才能正常工作,生成有用的结果。
- 攻击者不易转移证据。NIDS 使用正在发生的网络通信进行实时攻击的检测,所有攻击者都无法转移证据。

基于网络的入侵检测系统的主要缺点是:只能监视本网段的活动,精确度不高;在交换网络环境下无能为力;对加密数据无能为力;防入侵欺骗的能力较差;难以定位入侵者。

2. 基于主机的入侵检测系统

基于主机的入侵检测系统主要包括控制台、主机探测器和日志管理器三个部分。主机探测器和控制台是相对独立的,主机探测器各自分布在网络的关键地点独立工作,主机探测器通过网络接口和其他探测器通信,基于主机的入侵检测系统的结构如图 9-6 所示。

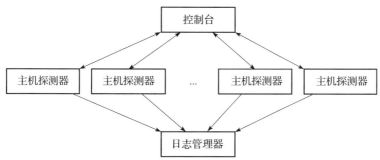

图 9-6 基于主机的入侵检测系统的结构

基于主机的入侵检测系统通过监视与分析主机的审计记录和日志文件来检测入侵，日志中包含发生在系统上的不寻常和不期望活动的证据，这些证据可以指出有人正在入侵或已成功入侵了系统。通过查看日志文件，能够发现成功的入侵或企图，并很快地启动相应的应急响应程序。当然，也可以通过其他手段从所在的主机收集信息并进行分析，基于主机的入侵检测系统主要用于保护运行关键应用的服务器。

HIDS 可以检测系统、事件和 Windows NT 下的安全记录以及 UNIX 环境下的系统记录，从中发现可疑的行为。当有文件发生变化时，IDS 将新的记录条目与攻击标记相比较，看是否匹配。如果匹配，系统就会向管理员报警并向别的目标报告，以采取措施。对关键系统文件和可执行文件的入侵检测的一个常用方法是定期检查校验和，以便发现意外的变化。此外，许多 HIDS 还监听主机端口的活动，并在特定端口被访问时向管理员报警。

HIDS 分析的信息来自单个计算机系统，这使得它能够相对可靠、精确地分析入侵活动，能精确地决定哪个进程和用户参与了对操作系统的一次攻击。尽管基于主机的入侵检测系统不如基于网络的入侵检测系统快捷，但它也有基于网络的入侵检测系统无法比拟的优点。

- 能够检测到基于网络的入侵检测系统检测不到的攻击，基于主机的入侵检测系统可以监视关键的系统文件和可执行文件的更改，并将其中断。
- 安装、配置灵活，交换设备可将大型网络分成许多小网段加以管理，将基于主机的入侵检测系统安装在重要的主机上。
- 监控粒度更细，基于主机的 IDS 监控的目标明确，可以检测到通常只有管理员才能实施的非正常行为。一旦发现有关用户的账号信息发生了变化，基于主机的入侵检测系统能检测到这种不适当的更改。它可以很容易地监控系统的一些活动，如对敏感文件、目录、程序或端口的存取。
- 监视特定的系统活动，基于主机的入侵检测系统监视用户和文件的访问活动，包括文件的访问、改变文件的权限、试图建立新的可执行文件、试图访问特许服务。
- 适用于交换及加密环境，加密和交换设备加大了基于网络的 IDS 收集信息的难度，但由于基于主机的 IDS 安装在要监控的主机上，因而不会受这些因素的影响。
- 不要求额外的硬件，基于主机的入侵检测系统存在于现有的网络结构中，包括文件服务器、Web 服务器及其他共享资源。

基于主机的入侵检测系统的主要缺点是：它会占用主机的资源，在服务器上产生额外的负载；缺乏平台支持，可移植性差，应用范围受到严重限制。例如，在网络环境中某些活动对于单个主机来说可能构不成入侵，但是对于整个网络是入侵活动。又如"旋转门柄"攻击，入侵者企图登录到网络主机，他对每台主机只试用一次用户 ID 和口令，并不进行暴力口令猜测，如果不成功，便转向其他主机，对于这种攻击方式，各主机上的入侵检测系统显然无法检测到，这就需要建立面向网络的入侵检测系统。

3. 分布式入侵检测系统

传统的入侵检测系统通常都属于自主运行的单机系统，无论基于网络数据源还是基于主机数据源，无论采用误用检测技术还是异常检测技术，在整个数据处理过程中，包括数据的收集、预处理、分析、检测,以及检测到后采取的响应措施,都由单个监控设备或监控程序完成。然而,在大规模、分布式的应用环境中,传统的单机方式遇到了极大挑战。如何在规模网络范围内部署有效的入侵检测系统这一应用需求,推动了分布式入侵检测系统的诞生和不断发展。

通常构成 DIDS 的方法分为两种:一种是对现有 IDS 进行规模上的扩展,另一种是通过 IDS 之间的信息共享来实现。具体的处理方法也分为两种:分布式信息收集、集中式处理;分布式信息收集、分布式处理。前者以 DIDS、NADIR、ASAX 为代表;后者采用分布式计算的方法,该分布式信息收集、分布式处理式模型中的组件是对等的,不存在逻辑上的从属关系,各节点之间的消息是完全分布的,不依赖指定的中心节点,降低了对中心计算能力的依赖,同时也减少了对网络带宽的压力,提高了系统的容错性,而且每个数据处理组件都能够对全局性的入侵行为进行检测和报警,分布式入侵检测系统的结构如图 9-7 所示。

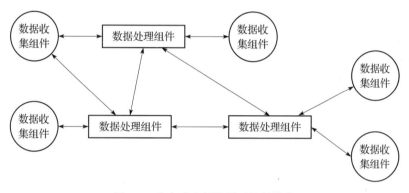

图 9-7 分布式入侵检测系统的结构

分布式入侵检测的优点主要有能够检测大范围的攻击行为、提高检测的准确度、提高检测效率以及能够根据具体攻击情况协调响应措施。

分布式入侵检测系统与单机版相比有很大的优势,但也存在一些技术难点,如事件产生以及存储问题、状态空间管理以及规则复杂度、知识库管理问题和推理技术等。

9.4.6 入侵响应

入侵响应是检测到入侵后,采取适当的措施阻止入侵和攻击的方式,它的目标是以把损失减到最小(由安全策略决定)的方式处理该"未遂的"攻击。入侵响应系统有几种分类方式,如表 9-3 所示。

表 9-3 入侵响应系统的分类

分类方法	类型
响应类型	报警型响应、人工响应、自动响应
响应方式	基于主机的响应、基于网络的响应
响应范围	本地响应、协同响应

当检测到入侵时,采用的技术有很多,大致可分为被动响应和主动响应。被动响应型系统只发出警告通知,将发生的不正常情况报告给管理员,本身并不试图降低所造成

的破坏，不会主动对攻击者采取反击行动。主动响应包括对被攻击系统实施防护和对攻击系统实施反击，对被攻击系统实施防护通过调整被攻击系统的状态阻止或减轻攻击影响，如断开网络连接、杀死可疑进程等，而攻击系统实施反击，多被军方系统所使用。

系统安全的理想情况是：系统能检测到入侵企图并在入侵得逞前就阻止它；典型情况下，需要使用密切监视系统（通常使用入侵检测机制）并采取行动来击败攻击。

在响应过程中，预防就是在攻击完成前识别出攻击，然后用防御设法阻止攻击完成，可以通过手工或自动的方法来完成。

基于主机的入侵检测方法可集成到入侵检测机制中，基于标识识别的方法使得管理员能够监视潜在攻击的转变，基于异常的方法使得管理员能够监视相应的异常系统特征并在实时检测出异常后采取行动。

当入侵发生时，站点的安全策略就被违反了，处理入侵就是把系统恢复为符合站点安全策略并根据策略的规定对攻击者采取行动。入侵处理包括以下 6 个阶段。

- 攻击的预备阶段。在检测任何攻击前都需要这一步，它设立了检测及对攻击进行响应的程序和机制。
- 标识攻击阶段。标识攻击触发其余各阶段。
- 遏制（限制）攻击阶段。这一步尽可能地限制损失。
- 清除攻击阶段。这一步停止攻击并阻止进一步类似的攻击。
- 从攻击中恢复阶段。把系统恢复成安全状态（根据站点安全策略）。
- 攻击后续阶段。涉及对攻击者采取行动，确定在处理事件中产生的问题，并记下学到的经验教训。

下面重点介绍遏制攻击、清除攻击、攻击后续这三个阶段。

1. 遏制攻击阶段

遏制或限制攻击就是限制攻击者对系统资源的访问。对攻击者的保护域要尽可能地减小。主要有两种方法：一是被动监视攻击，二是限制访问以防止对系统进一步的损害。在这里"损害"是指任何根据站点安全策略会导致系统偏离安全状态的操作。

被动监视只是简单地记录攻击者的操作以便日后使用，监视器不对攻击者采取任何干涉。这种技术的作用有限，它只能揭示攻击的信息并可能发现攻击者的目的。然而，不仅是受到入侵的系统易受攻击，攻击者还可能攻击其他系统。

被动监视器能检查 TCP 和 IP 头进入连接的设置以产生识别标志。例如，一些系统经常以不同于其他系统的方式改变窗口大小字段。这种识别标志能与已知操作系统的识别标志进行比较，分析人员可以从远程系统生成的数据包中得知这些系统的类型。

另一种方法是每一步骤都采取限制攻击者的行动，这显然更困难。其目标是在把对攻击者的保护域减小到最小的同时防止攻击者达到目的。但系统防御者可能不知道攻击者的目的是什么，因而可能误导了限制操作，结果导致攻击者要寻找的数据或资源反而处于攻击者最小的保护域内。

2. 清除攻击阶段

清除攻击就是终止攻击，通常的方法是完全拒绝对系统的访问（如终止网络连接）或终止企图与攻击相关的进程。对清除攻击来说，一个重要的方面是要确保攻击不会立即恢复，这就要求阻挡住攻击。

一个普通的实现阻挡的方法是在怀疑目标周围放置包装器，包装器能控制对系统本地的访问或控制对网络的访问。

防火墙控制了来自外部网络对内部网络的访问，反之亦然。防火墙的优点是能在网络流量到达目标主机前进行过滤。防火墙也能适当地重定向网络连接或对通信进行节流以限制流入（或流出）内部网络的通信量。

一个组织在其边界上可能有许多防火墙，多个组织也可能希望协调它们的响应。入侵检测和隔离（IDIP）协议提供了对攻击的协同响应协议。

IDIP协议在一组计算机系统上运行，边界控制器系统能阻止企图进入边界的连接，典型的边界控制器就是防火墙或路由器。边界控制器系统若与另一组系统直接相连，就互为邻居。若它们互发消息，则消息并不经过其他系统而直接发给对方。若两个系统不通过边界控制器而直接相互发送消息，则称它们在同一 IDIP 域中。这表示边界控制器构成了 IDIP 域的边界。

当连接经过了 IDIP 域中的成员，系统对该连接进行入侵企图的监视，若发生了入侵企图，系统就向邻居们报告。邻居们把有关攻击的消息传播出去并继续追踪该连接或数据包到适当的边界控制器。边界控制器然后能协调响应，通常是阻塞攻击并通知其他边界控制器去阻塞相关的通信。

3. 攻击后续阶段

在攻击后续阶段，系统采取外部行动对付攻击者。最常见的后续行动是诉诸法律。在此仅讨论通过网络追踪攻击者。下面介绍两种追踪攻击的技术：指纹方法和 IP 头标记。

（1）指纹方法

指纹方法利用了要经过多个主机的连接。攻击者可能要从一个主机通过许多中间主机才能到达攻击目标。若其中一个监视了连接中所经过的任意两个主机，连接的内容就是一样的。通过比较经过这些主机连接的内容就能构建组成这些连接的主机链。

好的指纹方法应具备以下特征：尽可能少占用空间，使每个站点对存储空间的要求降到最低；若两个连接的内容不同，则指纹相同的概率就很低；指纹在传输过程中受到普通错误的影响应该是最小的；指纹应该是附加的，因此两个连接区间的指纹可以合并成为一个总的区间的指纹；指纹在计算和比较上开销很少。

（2）IP 头标记

另一种追踪方法是 IP 头标记，即忽略包内容而检查包头。路由器把附加信息放入每个 IP 头，用来表示包经过的路径。通过反向追踪包的路由就可以检查该信息。

IP 头标记的关键是选择做标记的包及包要做的标记，包的选择可以是确定性的和随机性的，对包的标记可能是内部的或扩张型的。

确定性包选择表示包是基于一个确定的非随机算法进行选择的，如每秒钟都可能有路由器的 IP 地址插入包中做标记。通常，确定性包选择代价太大又不可靠，因为攻击者能把虚假数据加入 IP 头以阻止标记。随机性包选择表示包的选择是按一定的概率来挑选的。

了解了指纹方法和 IP 头标记的两种追踪攻击的方法，针对入侵响应，防御者也可以对攻击者采取反攻的行动，主要有两种形式：一是涉及法律机制，如进行刑事诉讼；二是技术上的攻击，目标是严重破坏攻击者，使攻击者中断当前的攻击并使其不敢再次发动攻击。但这种方法需要考虑几个重要的后果：反击可能殃及无辜，攻击者可能假扮其他站点，反击会破坏无辜的一方；反击可能带来副作用，若反击包含对特定目标的泛洪攻击，则会阻塞网络中其他通信方需要传输的数据并造成破坏；反击会引起法律诉讼，在反击中对无辜方造成损害，则可能面临法律诉讼。

9.4.7 入侵检测技术的改进

面对各种各样的问题，入侵检测系统也在不断地在技术方面进行改进。

1. 分析技术的改进

要解决入侵检测误报和漏报的问题，最终要依靠分析技术的改进。目前入侵检测分析方法主要有统计分析、模式匹配、数据重组、协议分析和行为分析等。统计分析是指统计网络中相关事件发生的次数，以达到判别攻击的目的。模式匹配利用对攻击的特征字符进行匹配完成对攻击的检测。数据重组是指对网络连接的数据流进行重组再加以分析而不仅仅分析单个数据包。协议分析是指在对网络数据流进行重组的基础上，理解应用协议，再利用模式匹配和统计分析来判别攻击。例如，某个基于 HTTP 协议的攻击含有 ABC 特征，如果此数据分散在若干个数据包中，如一个数据包含有 A、一个数据包含有 B、另一个数据包含有 C，则单纯的模式匹配就无法检测，只有基于数据流重组才能完整检测。而利用协议分析，则只在符合的协议（如 HTTP）检测到此事件时才会报警。假设此特征出现在 E-mail 里，因为不符合协议，所以不会报警。利用此技术，有效地降低了误报和漏报。行为分析不仅简单分析单次攻击事件，还根据前后发生的事件确认是否有攻击发生以及攻击行为是否已经生效。行为分析是入侵检测分析技术的最高境界。虽然由于算法处理和规则制定的难度很大，行为分析技术目前还不成熟，但却是入侵检测技术发展的趋势。目前最好综合使用多种检测技术，而不只是依靠传统的统计分析和模式匹配技术。

2. 内容恢复和网络审计功能的引入

前面提到，入侵检测的最高境界是行为分析，但行为分析目前还不是很成熟，因此，个别优秀的入侵检测产品引入了内容恢复和网络审计功能。

内容恢复即在协议分析的基础上，对网络中发生的行为加以完整的重组和记录，网络中发生的任何行为都逃不过它的监控。

网络审计即对网络中所有的连接事件进行记录，入侵检测系统中的网络审计不仅像防火墙一样可以记录网络进出的信息，还可以记录网络内部的连接状况，此功能对内容无法恢复的加密连接尤其有用。

内容恢复和网络审计让管理员看到网络的真正运行状况，其实就是调动管理员参与行为分析的过程，此功能不仅能使管理员看到孤立的攻击事件的报警，还可以看到整个攻击过程，了解攻击是否确实发生，查看攻击者的操作过程，了解攻击造成的危害；管理员不但能发现已知攻击，而且能发现未知攻击，不仅能发现外部攻击者的攻击，还能发现内部用户的恶意行为。管理员通过使用这个功能，可以很好地进行行为分析，但同时需要注意隐私保护的问题。

3. 集成网络分析和管理功能

入侵检测不但是对网络攻击的检测，同时，因为入侵检测可以收集网络中的所有数据，对网络的故障分析和健康管理也可起到重大作用，当管理员发现某台主机存在问题时，利用入侵检测系统能马上对其进行管理。入侵检测也不应只采用被动分析的方法，最好能和主动分析相结合。因此，入侵检测产品集成网络分析和管理功能是以后发展的方向。

4. 安全性和易用性的提高

目前的入侵检测产品大多采用硬件结构，同时对易用性的要求也日益提高，如友好的图形界面、数据库的自动维护及多样的报表输出等都是优秀入侵检测产品的特性及以后发展的趋势。

5. 改进对大数据量网络的处理方法

随着对大数据量处理的要求，入侵检测的性能要求也逐步提高，出现了千兆入侵检测等产品。但如果入侵检测产品不仅具备攻击分析的能力，同时还具备内容恢复和网络审计的功能，则其存储系统很难完全工作在千兆环境下。在这种情况下，网络数据分流也是一个很好的解决方案，性价比也较高，这也是国际上较通用的一种做法。

6. 防火墙联动功能

入侵检测发现攻击后，自动将此信息发送给防火墙，由防火墙加载动态规则拦截入侵，这称为防火墙联动功能。目前此功能还没有到完全实用的阶段，主要是一种概念，随便使用会导致很多问题。目前这一功能主要的应用对象是自动传播的攻击，如 Nimda 等。联动只在这种场合有一定的作用，无限制地使用联动，如未经充分测试就加以使用，对防火墙的稳定性和网络应用会造成负面影响。但随着入侵检测产品检测准确度的提高，联动功能将日益趋向实用化。

7. 入侵防御系统

入侵防御系统（IPS）是近年来对入侵检测系统的一种改进型产品。传统的入侵检测系统只能在旁路上探测经过交换端口的数据包，采用被动方式监控数据流量；而入侵防御系统则能够实时阻断攻击，它不是旁路安装而是在线安装，因此能主动截获并转发数据包。借助于在线方式，入侵防御系统可根据设定的策略丢弃数据包或拒绝连接。

8. 智能化入侵检测

智能化入侵检测即使用智能化的方法与手段来进行入侵检测，现阶段常用的智能化方法有神经网络、遗传算法、模糊技免疫原理等方法，这些方法常用于入侵特征的辨识与泛化。利用专家系统思想来构建入侵检测系统也是常用的方法之一。特别是具有自学习能力的专家系统，实现了知识库的不断更新与扩展，使设计的入侵检测系统的防范能力不断加强，具有更广泛的应用前景。

另外，提高入侵检测系统的检测速度、提高可靠性、提高检测技术的精度、提高易用性也是入侵检测技术发展的目标和趋势。更新体系结构、发展应用层入侵检测技术、基于智能代理技术的分布式入侵检测系统、自适应入侵检测系统、与其他安全技术结合等也是入侵检测技术研究的发展方向。

9.5 安全模型

9.5.1 PDRR 网络安全模型

PDRR（Protection，Detection，Reaction，Recovery，防护、检测、反应、恢复）模型中，不再是单纯被动的防护，而是防护、检测、反应、恢复的有机结合，具有主动和积极的防御特点。PDRR 网络安全模型如图 9-8 所示。PDRR 模型把信息的安全保护作为基础，将保护视为活动过程，要用检测手段来发现安全漏洞，及时更正；同时采用应急响应措施对付各种入侵；在系统被入侵后，要采取相应的措施将系统恢复到正常状态，使信息的安全得到全方位的保障。该模型强调的是自动故障恢复能力。

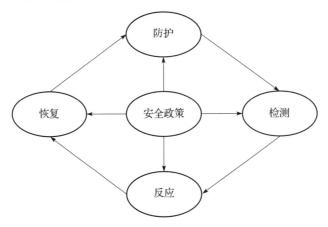

图 9-8　PDRR 网络安全模型

PDRR 模型最为重要的部门就是防护系统，预防病毒或黑客的攻击是第一层级的防护，强大的防护系统可以让攻击者无计可施，从而减少大多数的网络入侵事件的发生。检测环节是该系统的第二个重要的环节，虽然防护系统可以阻止大多数的病毒入侵，但是随着技术的发展和网络的更新，对于没有防护成功的入侵者，就需要检测系统对入侵者进行及时检测，如果有网络侵入者，这个检测系统就能够及时发现，这部分就是入侵检测系统。对于检测到的入侵者，该系统就会进行响应和处理，目前的计算机网络安全系统都有入侵响应系统，能够及时地对入侵病毒进行响应处理。对于网络系统检测并响应的计算机问题，计算机网络系统要有一定的恢复功能，把计算机网络系统恢复到最初的状态和功能。恢复系统包括两个部分，一是对计算机网络系统的恢复，二是对计算机网络相关信息的恢复。计算机系统的恢复是指修补入侵者所利用的该系统的缺陷，让入侵者下一次没有能力进入该系统。计算机网络相关信息的恢复历来是该领域的一个难题，如何恢复由网络攻击的造成的信息丢失，这需要对相关技术进行升级，才能在某种程度上达到较为理想的效果。

9.5.2 IPDRRRM 模型

IPDRRRM 模型是用于描述网络安全整个过程和环节的模型。IPDRRRM 是 Inspection（检查准备）、Protection（防护加固）、Detection（检测发现）、Reaction（快速反应）、Recovery（确保恢复）、Reflection（反馈改进）、Management（安全管理）的英文缩写，其模型如图 9-9 所示。

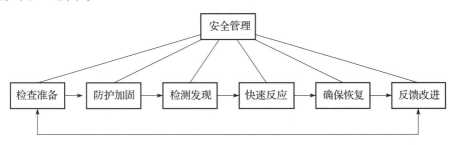

图 9-9　网络安全 IPDRRRM 模型

1. 检查准备

检查准备包括以下几个方面。
- 进行资源细节情况的确定和安全分类。
- 进行风险评估并对系统安全脆弱性进行识别。
- 进行安全需求分析并制定相应的安全策略。

2. 防护加固

进行系统安全体系结构的构建，并利用相应的安全技术、机制、设备和运行环境等实现网络安全方案，包括实施原则、策略、过程与实现等全方位的安全防护。

3. 检测发现

对网络进行实时监控和入侵检测，并定期扫描系统漏洞，收集入侵方式、入侵类型和检测方式并对其进行分类，以便及时发现和解决出现的网络安全问题。

4. 快速反应

能根据应急预案对突发的异常事件进行快速反应并进行相应的补救处理，将风险或损失降低到最小，并保留和处理有关记录及证据。处理方式包括断开网络连接、服务降级使用、记录攻击过程、分析与跟踪攻击源等。

5. 确保恢复

对出现故障或遭到严重破坏造成的系统中断，能利用数据及系统备份尽快恢复。

6. 反馈改进

对整个网络系统在运行过程中出现的各种安全事故进行处理，对处理过程中采用的技术、相应恢复手段及系统安全改进建议等方面进行反馈。

7. 安全管理

按照安全策略及安全标准对系统进行全面的安全管理与维护，确保整个系统安全正常运行。

9.5.3 P2DR 安全模型

随着网络的迅速发展，各种危害网络安全的技术不断出现，单一的网络安全技术手段和传统的计算机安全理论已经不能适应动态变化的、多维互联的网络环境，因此可适应网络安全理论体系应运而生。可适应网络安全理论（或称为动态信息安全理论）的主要模型就是 P2DR 模型。

20 世纪 90 年代末，美国国际互联网安全系统公司 ISS（Internet Security Systems）提出了自适应网络安全模型（Adaptive Network Security Model，ANSM）。ANSM 模型是可量化、可证明、基于时间的、以 PDR（Protection Detection Response）为核心的安全模型，也称为 P2DR（Policy Protection Detection Response）模型，如图 9-10 所示。P2DR 模型由防护、检测和响应组成了一个完整的、动态的安全循环的基本模型，且在安全策略的指导下保证信息系统的安全。

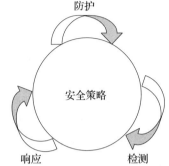

图 9-10 P2DR 模型

安全策略（Policy）是 P2DR 模型的核心。所有的防护、检测和响应都是根据安全策略实施的，每部分的安全策略都包括一组相应的安全措施来实现一定的安全功能。P2DR 模型的第一道防线是防护（Protection），即根据系统已知的所有安全问题做出防护的措施，如打补丁、访问控制、数据加密等。P2DR 模型的第二道防线是检测（Detection），即攻击者若攻击或企图穿过防护系统，检测系统就会报警，并判断入侵者的身份、攻击源、系统损失等。P2DR 模型的第三道防线是响应（Response），即一旦检测出入侵，响应系统开始响应入侵事件，对入侵者进行拦截。因此，整个安全策略通过防护、检测和响应这三个方面，组成一个信息安全周期，通过该螺旋上升的过程，弥补已有的安全漏洞，制定新的安全策略，提升防护水平，从而能够加强抵抗攻击的能力。

P2DR 模型给出了全新的安全概念，即安全不能依靠单纯的静态防护，也不能依靠单纯的技术手段来解决，所有的安全问题都是在统一的策略指导下，采取防护、检测和响应等不断循环的动态过程。

9.6 网络安全案例

本节介绍一个具体的网络安全案例，在该案例的分析和实施中融入前面介绍的相关的知识，并将信息安全的原则和概念应用其中，加深读者对网络安全的理解。

为解决一个网络安全的案例，首先需要对其安全需求和安全威胁进行分析，接着根据安全需求来明确设计目标并制定相应的设计原则，同时兼顾抗攻击方法的设计和使用，进而设计网络安全整体的解决方案。

9.6.1 常用技术

首先介绍一些常用的网络安全方法和技术。为解决安装防火墙后外部网络不能访问内部网络服务器的问题，通常采用非军事区（Demilitarized Zone，DMZ）将内部网络和外部网络分开。它是一个非安全系统与安全系统之间的缓冲区，如图9-11所示，该缓冲区位于企业内部网络和外部网络之间的小网络区域内，在这个小网络区域内可以放置一些必须公开的服务器设施，如企业Web服务器、FTP服务器和论坛等。通过配置DMZ，能够有效地保护内部网络。

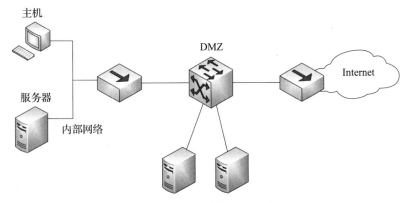

图9-11　非军事区示意图

目前使用的32位IP地址正被使用耗尽，解决地址短缺问题的方法是采用网络地址翻译（Network Address Translation，NAT）协议。NAT是将一个或多个地址转换成另一组地址。当客户组建网络时，使用网络提供商为系统提供的地址，这些地址对Internet是可见的，而内部系统使用的地址对Internet是不可见的，但由NAT转换后和Internet通信。它能够将局域网每个计算机节点的IP地址转换成一个合法的IP地址在Internet网上使用。它与防火墙技术相结合，能够把内部IP地址隐藏起来、不易被外网查寻到内部IP地址，使外界难以直接访问内部网络设备，以此来保护内网。

9.6.2　案例概述

下面介绍一个具体的案例。该案例通过对网络安全需求的分析，进而采用一些必要的技术方法，来保障网络信息的安全。

首先介绍安全需求：某电子产品公司（EC）制造并销售一种电子产品，公司决定开发一种网络基础设施，使之连接到Internet，提供给消费者、供应商和其他合伙人可用的网络和电子邮件服务，并同时能够保护公司的专有信息。开发者能够连入Internet，但不允许外部用户涉及网络开发过程。

另外一家电子产品公司（AC）也生产相同的电子产品，EC公司的律师需要保护公司的专利权，公司主管需要应付AC的恶意收购，因此公司主管和律师可使用开发数据，但开发人员不能接触公司私有的法律信息。

根据安全需求分析，可以得到EC公司的安全策略目标如下。

- 与公司计划有关的数据必须保密，敏感的公司数据只能提供给有必要知道的人。
- 客户购买时提供给EC的数据以及有关客户的信息，只能让填写订单的人员使用，公司的分析人员可获得一批订单的统计数字以用于产品规划。

- 公布敏感数据需要公司主管和律师的同意。

通过安全需求分析以及安全策略目标的指导，可以明确该案例的目标是设计一个符合这些要求的网络基础设施。

下面对网络安全威胁进行分析，网络安全威胁主要包括以下几个部分。

- 网络病毒问题。网络蠕虫病毒的泛滥给网络用户造成了极大的损失，尤其是在网络环境下，病毒的传播更加便捷，如通过电子邮件、文件共享等传播病毒，这会严重影响系统的正常运行。
- 来自外部的入侵。公司的局域网与 Internet 相连，对外提供信息发布等服务，容易遭到 Internet 上黑客的攻击。
- 来自内部人员的威胁。一方面是心怀不满的内部员工的恶意攻击，由于网络内部较网络外部更容易直接通过局域网连接到核心服务器等关键设备，尤其是管理员拥有一定的权限，可以轻易地对内网进行破坏，造成严重后果。另一方面是内部人员的误操作，或者为了贪图方便绕过安全系统等违规的操作对网络构成威胁。
- 非授权访问。有意避开系统访问控制机制，对系统设备及资源进行非正常使用，擅自扩大权限，越权访问信息。

明确了安全策略目标和安全威胁，接着需要制定整体方案的设计目标和原则。目标是设计一套 EC 公司的网络安全方案，确保该公司的安全需求得到满足，并能抵御面临的安全威胁。设计原则是贴近安全需求，设计实用的网络安全方案。

接下来通过策略开发过程、网络组织的设计以及抵御攻击方法的设计来完成网络安全解决方案。

9.6.3 策略开发

在上一节中，通过安全分析明确了安全策略的目标，下面详细介绍策略开发的过程。EC 公司的安全策略需要使泄露数据给未授权实体的威胁最小化。公司内部有以下三个主要组织：第一个是客户服务部（CSG），该部门处理客户事务，维护客户数据，是其他部门与公司客户间的纽带；第二个是开发部（DG），负责开发、修正并维护产品，开发部成员通过客户服务部了解客户的投诉、建议和想法，但不与客户直接交谈，这是为了防止开发人员无意中泄露机密信息（如信用卡号码）；第三个是法人部（CG），负责处理公司的债务、专利和其他法人级事务。

策略要描述信息在各个部门间的流动方式，根据三个部门现有的功能，需要制定限制信息、共享信息的模型。现有产品规格、市场营销说明等都是可以公开的，但现有产品的其他信息，如存在的问题、专利申请和预算都是不公开的。法人部和开发部共享这些数据，作为筹划、预算和开发使用，除此之外的各部门私有数据保密。据此，设计数据类别、用户类别，并介绍确保可用性和一致性检查方面的策略。

1. 数据类别

根据开放设计原则，策略和其所有规则都不保密（开放设计并非表示信息对公众可见，而是该公司里受策略影响的人和想了解策略是什么以及为什么如此设计的人，能够获得必要的信息）。根据策略需求，基于最小权限原则把信息分为以下五类，以便能够获得一类数据的权限而不隐含获得另一类数据的权限。
- 公众数据（PD）是公开的，包括产品规格、价格信息、营销材料，以及可以帮助公司销售产品而不会因此泄露机密的数据。
- 现有产品开发数据（DDEP）只在内部可得，如果有未裁定的诉讼，该数据必须对公司主管人员、律师和开发者可见，对其他人保密。
- 未来产品的开发数据（DDFP）只有开发者可得，公司不公布正在开发的产品信息。
- 公司数据（CPD）包括有特定利益的数据和不应为公众所知的公司运作信息（如可能影响股票价格的运作）。只有公司主管和律师可以得到这些信息。
- 客户数据（CUP）是客户提供的数据，例如信用卡信息等。公司要严格保护这些数据。

当产品实现后，数据从未来产品开发数据变为现有产品开发数据；当宣传开发细节对公司有利时，数据从现有产品开发数据变为公众数据；当有特殊利益的信息通过合并、诉讼卷宗等为公众所知后，数据从公司数据变为公众数据。

2. 用户类别

用户的分类遵循同数据分类一致的原则：权限分离原则和最小权限原则。一些用户可能处于多个分类中，但用户不能从一类数据复制到另一类数据，当必须执行该操作时，要受到一定的约束限制（后面有详述）。据此将用户分为以下 4 类。
- 公众，能得到一些公众数据，如价格、产品描述、公开的公司信息。
- 开发人员，能得到两类产品开发数据。
- 公司主管，能得到公司数据，能访问两类产品开发数据但不能做修改，能读取客户数据，在特定情况下能公布敏感数据。
- 公司职员，只能得到客户信息。

根据强制访问控制策略和机密性、完整性的要求，得到的访问控制列表如表 9-4 所示。

表 9-4 访问控制列表

主体	客体				
	公众数据	现有产品开发数据	未来产品开发数据	公司数据	客户数据
公众	读				写
开发人员	读	读	读、写		
公司主管	读	读	读	读、写	读
公司职员	读				读、写

特定类的用户能把一类数据转移到另一类中，特定的转移规则如下：只有得到开发人员和公司主管的同意才能将未来产品开发数据重新分类到现有产品开发数据分类中；只有公司职员和公司主管都同意才能把现有产品开发数据重新分类为公众数据；至少两个公司主管同意才能把公司数据重新分类为公众数据，这是根据权限分类原则，把数据从一个分类转移到另一类时需要多于一个人的同意。

3. 可用性

公司希望公司职员和公众能随时连接到公司网络，系统需要保持很高的可用性。规划出很小的时间为系统维护时间和无法预计的停机时间。

4. 一致性检查

一致性检查需要做两方面的工作，一是验证策略是否符合目标，二是验证策略的一致性，即不能自相矛盾。上述策略需要符合公司的目标，否则为不合适的策略。根据前述的公司目标，结合策略开发过程，我们不难看出，策略与目标一致，策略也保持一致性。

9.6.4 网络组织

完成策略开发后，对公司的网络组织进行设计。根据安全需求，将网络分成几部分，由各个部分间的安全装置来阻止数据泄露。如图 9-12 所示，该公司网络一部分面向公众，一部分面向内部。

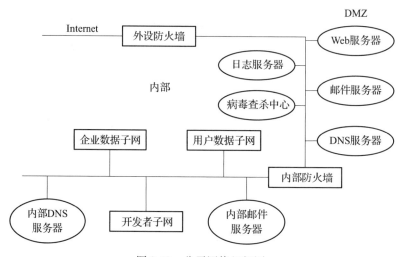

图 9-12 公司网络组织图

DMZ 是将公司内部网络和外部网络分开的网络部分。当信息从 Internet 转移到内部网时，需要考虑完整性；当信息从内部网转移到 Internet 上时，需要考虑保密性和完整性。防火墙要确定没有机密数据转移到 Internet 上。防火墙的使用和设置能够为实现访问控制机制提供支持。下面对网络组织的设置进行分析。

1. 防火墙和代理

防火墙设置在公司内网和外网之间，以防止发生不可预测的、潜在破坏性的入侵。在该案例中，分别设置内部防火墙和外部防火墙来保护公司的数据。外部防火墙位于外网入口处，内部防火墙位于 DMZ 与内网之间。

2. 网络基础设施分析

安全策略区别对待公司内部和公众实体，公众实体可以进入公司的环形防线（以外部防火墙为界）但受 DMZ 区域限制（以内部防火墙为界）。下面介绍技术细节和基础结构的配置。

公众不能直接与内部网任何系统相连，内部网也不能直接与 Internet 上其他系统连接（逾越外部防火墙），DMZ 和防火墙控制 Internet 来回所有连接并过滤两个方向上的流量。为实现安全需求，采用隐藏内部网地址的方法，内部防火墙使用如网络地址翻译（NAT）协议的代理将内部主机地址映射为 Internet 地址来保护内部网。将 DMZ 邮件服务器置于 DMZ 中是因为它需要知道一个地址以使内部邮件服务器来回传递邮件，但并不需要是内部邮件服务器的真实地址，可以是另一个内部防火墙承认的代表内部邮件服务器的地址。内部邮件服务器必须知道 DMZ 邮件服务器的一个地址来完成服务。Web 服务器置于 DMZ 内的理由相同。外部连到 Web 服务器的连接只进入 DMZ 为止。

这种网络组织方式反映了一些设计原则：对内部地址的限制反映了最小权限原则；内部防火墙中介于每条包括 DMZ 和内部网的连接，满足完全仲裁原则；离开内部网到 Internet 需要符合一些标准，实现权限分类原则。

下面从以下几个方面介绍基础结构的配置。

（1）外部防火墙配置

目标是限制公众进入公司的网络以及对 Internet 的使用。为实现必要的访问控制，防火墙使用一个访问控制表，赋予源地址和源端口及目标地址和目标端口响应的访问权限。公众应能使用 Web 服务器和邮件服务器，因此防火墙需要允许一个和 Web 服务（HTTP 和 HTTPS）及电子邮件的连接。我们使用基于代理的防火墙，当一个电子邮件连接开始时，在防火墙上的 SMTP 代理接收邮件，然后检查计算机病毒和其他形式的恶意代码，如果没有发现，则转寄邮件到 DMZ 邮件服务器。当一个网络连接或数据包到达时，防火墙进行扫描，如果没有发现可疑，则转发给 DMZ Web 服务器。这两个 DMZ 服务器有不同的地址，都不是防火墙的地址。根据内部地址隐藏和外部防火墙的配置，攻击者没有内部 DMZ 邮件服务器和 Web 服务器的地址，即使攻击者绕过防火墙检查，也不知道数据包该送往哪里。

（2）内部防火墙配置

内部防火墙允许一些有限制的流量穿越，使用与外部防火墙相同类型的访问控制机制，允许 SMTP 连接使用代理，但将所有的电子邮件送到 DMZ 邮件服务器处理；允许有限制的信息传送到 DMZ 的 DNS 服务器；允许来自可信管理服务器的系统管理员使用 DMZ 内的系统，除此之外阻塞网络中的其他流量。管理员使用安全 Shell 协议（SSH），允许管理服务器地址不在内网中，但防火墙过滤器确保 SSH 连接只能到达 DMZ 服务器之一，因此使用基于密码学的认证，来确保信息的保密性和完整性。但授予系统管理员的使用权违反了最小限原则，这样的连接将要求系统管理员对 DMZ 系统的全面控制权限，因此提出一些预防措施来改善：一是如果到 DMZ 内系统的连接不是始于内部网中一个特定的主机，防火墙将不予连接；二是只有被信任的使用者才能无限制地享有 DMZ 服务器的使用权；三是管理员使用 SSH 协议只能用来连接 DMZ 服务器，所有流量受 SSH 保护。据此，攻击者不但要知道内部网主机地址，还需要找到正确的密钥才能获得管理信息流。

（3）DMZ 内部

DMZ 内部有 4 种服务器：邮件服务器、Web 服务器、DNS 服务器和日志服务器。下面详细介绍这几种服务器。

DMZ 邮件服务器

DMZ 邮件服务器检查所有电子邮件的地址和内容，目标是对外隐藏内部信息，对内部透明。当邮件服务器接收到来自 Internet 的邮件时，采取以下步骤。

邮件代理将邮件重新组装为含头部、消息和任意附件的形式；邮件代理扫描消息和附件，查找恶意内容；邮件代理扫描接收者地址信息，重写地址使发送到公司的邮件改为发送到内部邮件服务器，然后由 DMZ 邮件服务器转寄给内部邮件服务器；邮件代理扫描头部信息，重写关于内部主机的信息，标记主机为外部防火墙的名字。

这样的配置使服务器只接受从内部网可信赖的主机的连接，系统管理员可以远程配置和维护 DMZ 邮件而不会暴露该服务器。

DMZ Web 服务器

Web 服务器接受来自 Internet 的服务请求，不连接任何内部网的服务器或信息资源，这样使得当 Web 服务器被攻击后，不会影响到其他内部主机。

Web 服务器使用外部防火墙的 IP 地址，这样可以隐藏部分 DMZ 结构，符合最小权限原则，并使外部实体将网络流量送至防火墙。内部网的一个系统用来更新 DMZ Web 服务器，有权更新公司网页的人可以使用该系统。管理员定期复制 Web 服务器的内容到 DMZ Web 服务器上。这遵循权限分离原则，因为任何未经授权的对 Web 服务器内容的改变将被这个复制过程消除。与邮件服务器一样，Web 服务器运行 SSH 服务来进行维护，服务器提供必要的密码技术来确保机密性和完整性。

例如，公司接受网络订货的过程中，消费者输入的数据被存为一个文件，确认一个订单后，网络程序调用一个简单程序，检查文件的格式和内容，并使用内部客户子网系统产生的公钥加密文件。这个文件位于 Web 服务器不可访问的假脱机区域，程序删除原始文件，即使攻击者能获得文件，也不能得到订货信息或客户的信用卡号码。使用脱机方式和加密保存有价值的信息遵循了最小权限原则；机器的使用者无权读数据，遵循了权限分离原则；使用加密系统使得即使系统被攻破也可避免攻击者解密数据，遵循了自动防障缺省原则。另外，内部可信的管理服务器定时使用 SSH 协议连接到 Web 服务器，Web 服务器上的 SSH 服务器配置成除了可信的内部管理服务器外拒绝任何连接，否决未知连接，而不是先允许后认证，符合自动防障缺省原则。

DMZ DNS 服务器

DMZ DNS 主机包含 DNS 服务器必须知道的关于主机名字的目录服务和信息，记录了下列各项：DNS 邮件、Web 和日志主机、内部可信的管理主机、外部防火墙和内部防火墙。

DNS 服务器不知道内部邮件服务器的地址，内部防火墙会转寄邮件到内部邮件服务器，DMZ 邮件服务器只需要两个防火墙的地址和可信管理服务器的地址。如果邮件服务器知道 DNS 服务器的地址，就能够获得这三个地址，这为内部网重新安排其他地址提供了灵活性。如果内部可信管理主机的地址改变了，那么 DMZ DNS 服务器也需要更新。DNS 服务器的有限信息反映了最小权限原则。

DMZ 日志服务器

日志服务器实现管理功能，所有 DMZ 机器都进行日志记录，当发生入侵时，这些记录对于判断攻击方法、损害和如何应对攻击具有重大价值。但攻击者也能将记录删除，因此，如果日志记录存放在被攻击的机器上，就可能被篡改或删除。

据此，公司在DMZ内设置了第四个服务器，所有其他服务器先将日志信息写到本地文件，然后再写到日志服务器，以这样的方式记录日志信息。然后日志服务器也把它们写成一个文件，再写到一次可写的介质上，以防某些攻击能够覆盖在目标服务器和日志服务器上的日志文件。这体现了权限分离原则。

日志系统设置在DMZ中能够限制其行为，日志系统不主动启动对内部网的信息传输，只有可信管理主机才可以启动信息传输，且当管理员不选择读记录所在存储介质的方法来读取日志记录的时候才启动这种传输。

与其他服务器一样，日志服务器接受来自内部可信管理主机的连接，管理员能直接查看记录，或更换一次性写介质并直接读取数据。使用一次性写介质是应用最小权限原则和自动防障缺省原则的例子，介质是不能改变的，只有攻击者以物理方式进入系统才能销毁它们。

3. 内部网

数据的使用者分别分布在内部网的三个子网之中，开发者的网络防火墙允许来自公司网络的读操作，但阻塞对所有其他子网的写操作；公司网络的防火墙不允许来自另一个子网的读或写操作；客户子网的防火墙允许来自公司网络的读操作，也允许公众将数据传输到DMZ Web服务器上的写操作。但DMZ Web服务器和内部防火墙能够控制该写操作，因此公众不享有无限制的写操作。

内部邮件服务器要能够自由连接每个子网防火墙后面的主机，或子网可有自己的邮件服务器，内部邮件服务器能直接传送邮件给在子网上的每台主机。一个内部Web服务器为公司网页提供一个表现区域，所有内部防火墙都允许对该服务器的读写操作，DMZ Web服务器的页面通过使用可信管理主机与在该服务器上的网页同步，使得在公众可见之前，公司能够检查对网页信息的修改。而且一旦DMZ Web受到攻击，网页能够很快得到恢复。

可信管理服务器的使用规则是只有被授权管理DMZ系统的系统管理员才能使用它。除邮件服务器和DNS服务器之外，所有通过内部防火墙到DMZ的连接都必须使用该服务器。管理服务器本身使用SSH连接和DMZ内部的系统，而DMZ服务器认定管理服务器为唯一被授权可以使用SSH操作其他服务器。这样可以防止内部网上的用户将SSH指令从本地工作站发送到DMZ服务器。

对于内部网，DMZ服务器遵循最小权限原则，它只知道内部防火墙地址和可信管理主机的地址。DMZ服务器不直接与内部服务器连接，而是发送数据给防火墙，由防火墙适当地对信息做出路由选择并发送。DMZ服务器只接受来自可信管理主机的SSH连接，这些连接使用公钥认证身份，这样攻击者就不能伪造源地址。

在网络设计方案中同时使用加密技术、数字签名技术、身份认证技术、访问控制机制、防病毒技术以及审计方法来确保EC公司的网络安全。

（1）加密技术

为确保EC公司的信息安全，采用基于公钥的加密技术对公司内部产生的信息进行加密。发送方 A 用接收方 B 的公钥 pk_B 对其产生的信息 M 进行加密得到密文 C，接收方 B 收到 A 发送的密文 C 后用 B 的私钥 sk_B 对 C 进行解密，得到 A 产生的原始信息 M。由于 B 的私钥只有 B 本人知道（在私钥未泄露的情况下），因此 A 发送给 B 的信息只有 B 能够解密得到，其他人不能解密，从而确保了信息的安全性。

（2）数字签名技术

为确保 EC 公司信息接收者对数据来源和完整性的确认，采用数字签名技术来确保公司信息的完整性、可靠性和不可抵赖性。由于采用基于公钥的加密技术，公司用户很容易获知其他用户的公钥。当信息发送者 A 产生一条信息 M 并准备将其发送给接收者 B 时，用户 A 用 Hash 函数对信息产生一个散列值 h，并用自己的私钥对该散列值 h 进行签名得到 s，然后采用加密技术对信息 M 和签名 s 进行加密。用户 B 收到 A 发送的信息后，首先用自己的私钥对信息解密，然后用 A 的公钥对签名 s 进行验证。如果 B 用 Hash 函数对解密后的信息计算散列值 h'，如果该散列值与 h 一致，则可以确认信息 M 是由 A 发送的。

（3）身份认证技术

EC 公司采用一个签证机构（Certification Authority，CA）来完成身份的鉴别和认证。CA 为公司内部的每个用户颁发一张数字证书，通过认证服务器对公司用户的身份进行认证。

（4）访问控制机制

根据 EC 公司的访问控制策略，采用基于角色的访问控制列表，对公司成员分配角色，并将角色划分为不同的安全等级，不同安全等级的角色被赋予不同的权限，以此对 EC 公司的信息进行访问控制，从而确保信息的安全。

（5）防病毒技术

采用网络病毒检测、用户端智能杀毒软件、网络病毒查杀管理中心结合的方法来实现网络病毒的查杀。基本原则是：在全网范围内部署一个网络病毒查杀中心；在每一个相对独立的网段中分别部署网络病毒检测器；用户端智能杀毒软件的部署覆盖网络中的每个用户机。因此，网络防杀毒系统由一个网络病毒查杀管理中心、多个网络病毒检测器和多个智能杀毒软件构成。防病毒系统部署图如图 9-13 所示。

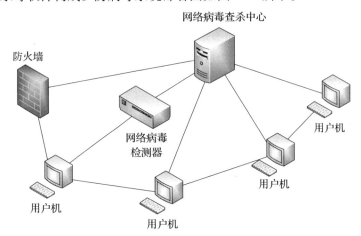

图 9-13　防病毒系统部署图

通过部署防病毒软件，实现以下功能：用户端可以定期从网络病毒查杀中心更新病毒库；网络病毒查杀中心可以直接发现每个时段内中病毒较多的客户端的情况，并可以同步进行杀毒；客户端登录系统时可自动检测是否安装防病毒软件，如果未安装则强制安装。

（6）审计方法

一个审计系统包含三个部分，即日志记录器、分析器和通告器，它们分别用于收集数据、分析数据和通报结果。EC 公司通过对网络中的信息进行审计，并将结果及时上报管理员，从而确保公司网络信息的安全。

根据采用的相关网络安全技术，当公司内部用户需要将产生的信息上传到公司服务器上时，通过加密和数字签名的技术确保信息的机密性和完整性；公司服务器运用访问控制的方法对存储在上面的信息进行保护，只有通过身份认证和满足访问控制条件的用户才能访问服务器上的信息。同时审计系统对公司内部网络中产生的信息流进行审计并及时报告申请结果，如图 9-14 所示。

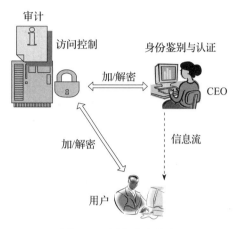

图 9-14　网络安全技术

9.6.5　可用性和泛洪攻击

一个成功的网络安全设计方案需要兼具抗攻击的能力，因此，本部分介绍保障可用性以及抵抗泛洪攻击的技术和设计方法。根据公司策略的可用性要求，公众和公司用户能够使用该系统，即通过 Internet 的访问要畅通，对于可用性的保证，通过抗泛洪攻击的技术来解决。

SYN 泛洪是最常见的泛洪攻击，它发生在收到连接后重复拒绝执行 TCP 三次握手协议的第三次握手时，是一种拒绝服务攻击。SYN 泛洪的影响主要有两个：一是带宽的消耗，如果泛洪超过物理网络容量或中间节点的接受能力，则合法连接将无法正常使用；二是资源的消耗，泛洪消耗目标主机的内存空间。下面通过中间主机和 TCP 状态及内存分配两个方面介绍对于泛洪的防范。

对于中间主机的防护不涉及目标系统的防御，有两个方案进行防护。一是通过使用路由器删除非法的流量来减少目标主机上的资源消耗，关键是在 SYN 泛洪攻击到达防火墙之前在基础设施层已得到处理，使得合法握手（即非 SYN 泛洪的连接）到达防火墙。二是让系统监控网络流量并记录三次握手的状态，采用这样的方法可以把攻击的焦点从防火墙转到公司网络外的基础设施系统上，但只能改善对 SYN 泛洪攻击的防护，使一些合法的连接能够到达目的地。

TCP 状态和内存分配主要是针对研究目标系统，这种方法源于大多数 TCP 服务的实现方式，当接收到一个 SYN 包时服务器在挂起的连接数据结构中创建一个数据条目，然后发送 SYN/ACK 包，数据条目保留至接收到对应的 ACK 包或超时发生为止。当出现泛洪攻击时，数据结构中持续充满了从不转移到连接状态的数据条目，直到完全超时后，新的 SYN 包产生新的数据条目来重复这个过程。SYN 泛洪成功的原因是分配给保留状态数据的空间在任何三次握手完成之前已被填满，合法握手不能获得数据结构空间。因此，如果能为合法握手确保空间，即使面对拒绝服务攻击，合法握手也可能成功完成。

TCP 拦截即 TCP Intercept，大多数的路由器平台都引用了该功能，其主要作用就是防止 SYN 泛洪攻击，可以利用路由器的 TCP 拦截功能，使网络上的主机受到保护。

1）设置 TCP 拦截的工作模式。TCP 拦截的工作模式分为拦截和监视。在拦截模式下，路由器审核所有的 TCP 连接，自身的负担加重，所以一般让路由器工作在监视模式，监视 TCP 连接的时间和数目，超出预定值则关闭连接。

2）设置访问表，以开启需要保护的主机。

3）开启 TCP 拦截。

一是使用客户的数据进行状态追踪，如把状态编码到 ACK 包的序列号中，服务器能从来自客户的 ACK 包中推得状态编码数据，把没有连接的状态保存在服务器上，这种技术称为 SYN cookie 方式。二是在一段固定时间（通常 75s）后，服务器删除与攻击握手相关的状态数据，这成为挂起连接"超时"。这种方法可以根据提供给新连接的可用空间大小来改变超时时间的长短，当可用空间减小时，系统计算连接超时的时间也减少。这两种技术都增加了系统对于泛洪攻击的柔韧性，第一种技术改变了挂起连接的存储空间分配，通过对 ACK 状态的计算来换取储存挂起连接状态信息的空间，第二种方法以适应性的方法计算挂起连接超时来提供更多握手可用的空间。

本节通过一个具体例子，展示了根据安全需求进行网络基础设施开发的过程。安全目标指导安全策略的开发，安全策略决定了网络的结构。通过内外两个防火墙实现限制对公众服务器流量的类型与阻塞所有的外部流量使之不能到达公司内部网络的功能。接着分析了网络基础设施中的相关配置情况，最后谈论了如何应对攻击。

9.7 本章小结

本章介绍了网络安全的中相关知识和技术，通过特洛伊木马、计算机病毒、计算机蠕虫和一些其他形式的恶意代码介绍，展现了网络攻击的主要形式。随后介绍了系统漏洞分类和系统漏洞分析，并给出了一些系统漏洞的分析方法。接着通过对入侵检测基本原理、入侵检测模型、入侵检测体系结构、入侵响应等的介绍，使读者全面了解入侵检测技术，并为读者介绍了入侵检测的最新发展方向。通过 P2DR 模型的介绍，使读者对网络安全模型有一个初步的了解。最后，通过一个网络安全具体的案例分析，将计算机安全的一些原则和概念应用到特定的案例中，使读者能够更好地理解网络安全。

习题

1. 简述网络安全协议的性质。
2. IPSec 提供的安全服务有哪些？

3. IPSec 传输模式有哪些缺点？
4. SSL 协议支持哪些验证方式？
5. 阐明特洛伊木马攻击的步骤及原理。
6. 请解释 DoS 攻击的原理和攻击过程。
7. 计算机病毒与计算机蠕虫有什么区别？
8. 有哪些常见的漏洞分类方法？
9. 入侵检测的作用体现在哪些方面？
10. 入侵检测系统的目标有哪些？
11. 网络攻击实施前为什么需要网络踩点？
12. 网络攻击和防御包括哪些内容？
13. 密码攻防与探测破解的常用工具有哪些？
14. 计算机病毒的逻辑结构是什么？
15. 举例说明 IP 可能遭受到的威胁。
16. 简述 P2DR 网络安全模型的含义。
17. 简述入侵检测系统所采取的两种主要方法。

第 10 章

区块链与信息安全

随着比特币（Bitcoin）的问世，区块链逐渐成为一个热门研究领域。本章从区块链的定义、区块链的工作流程、区块链关键技术、基于区块链的信息安全机制等几个方面来介绍区块链是如何确保信息安全的。

区块链本质上是一个去中心化的数据库，通过其独特的技术设计和数据管理方式，可以支撑不同领域的多方协作。区块链技术是加密和安全领域新的研究成果，与网络和信息安全有着密切的联系，可以用来解决该领域的一些问题，例如攻击防御、数据保护、隐私保护、身份认证、崩溃恢复等。但区块链作为新技术在许多方面尚未成熟，多数应用仍处于研究和发展阶段，运行成本较高，现阶段的用途范围较小，效果不理想，实现技术和更好的应用仍是需要研究的重要课题。

10.1 区块链概述

10.1.1 区块链的定义

区块链技术（Blockchain Technology，BT），也被称为分布式账本技术，是一种互联网数据库技术，其特点是去中心化、公开透明，让每个人均可参与数据库记录。区块链技术是分布式数据存储、点对点传输、共识机制、加密算法等计算机技术的新型应用模式，是比特币使用的一项重要技术。比特币是区块链技术第一个也是最成功的应用。

区块链起源于比特币，最初由中本聪于 2008 年提出。区块链本质上是一个去中心化的数据库，每一个区块中保存了一定的信息，它们按照各自产生的时间顺序连接成链条。该链条被保存在所有的服务器中，只要整个系统中有一台服务器可以工作，整条区块链就是安全的。这些服务器在区块链系统中被称为节点，它们为整个区块链系统提供存储空间和算力支持。如果要修改区块链中的信息，必须征得半数以上节点的同意并修改所有节点中的信息，而这些节点通常掌握在不同的主体手中，攻击者想要篡改区块链中的信息是极其困难的。因此，区块链所记录的信息更加真实可靠。除了数据难以篡改的特性外，区块链还具有去中心化的特性，这使得区块链可以解决交易双方互不信任的问题。

10.1.2 区块链的工作流程

由于区块链技术是比特币的底层技术，因此我们以比特币的交易流程为例来具体展示区块链的工作流程。

首先,比特币所有者构造交易,利用自己拥有的私钥为交易签署一个数字签名,并将这个签名附加在交易上。一笔新交易产生时,会先被广播给区块链网络中的所有参与节点。

其次,每个节点会将数笔未验证的交易哈希值收集打包到区块中,每个区块可以包含数百笔或数千笔交易。每个节点通过工作量证明(Proof of Work,PoW)机制获得创建新区块的权利,并争取得到数字货币的奖励。

最先完成的节点就向全网广播该区块记录的所有加盖时间戳的交易,并由全网其他节点核对,其他节点会验证这个区块及所包含的交易是否有效,验证通过则将其添加到链后面形成区块链。所有节点一旦接受该区块,先前没算完 PoW 工作的区块就会失效,各节点会重新建立一个区块,继续下一次 PoW 计算工作。通常在增加六个区块后,该交易被永久留存。每个区块的创建时间大约为 10min,随着全网算力的不断变化,每个区块的产生时间会随算力的增强而缩短,随算力的减弱而延长。

10.1.3 区块链基础框架

区块链基础框架主要由应用层、共识层、网络层以及数据层组成,如图 10-1 所示。

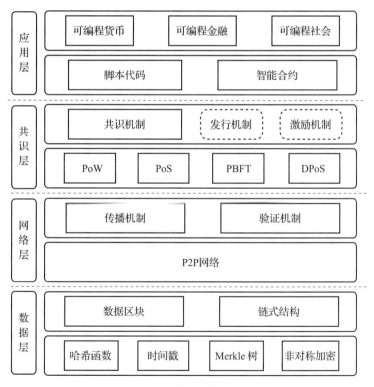

图 10-1 区块链基础架构

应用层封装了各种应用场景和案例,是用户可以真正直接使用的产品。该层以区块链支持的各类链上脚本代码及智能合约作为支撑,提供了区块链可编程特性的基础。通过开发去中心化应用(DApp),即通过调用协议层及智能合约层的接口,以适配区块链的各类应用场景，为用户提供各种服务和应用，丰富整个区块链生态。目前典型的区块链应用包括可编程货币、可编程金融、可编程社会等。可编程货币是区块链中最早出现的应用，除了比特币以外，目前出现了大量的竞争币，例如以太币、Zcash、门罗币等。区块链中的数字货币由被称为矿工的节点在参与区块链共识机制时创建。普通用户可以通过交易所或者私下交易的方式购买数字货币。目前已有很多大型的企业和商户支持数字货币交易。

共识层主要包括共识机制，通过各类共识算法来实现分布式节点间数据的一致性和真实性。一些区块链系统（如比特币）中的共识层还包括发行机制和激励机制，将经济因素集成到区块链技术中，从而在节点间达成稳定的共识。共识机制是必需的，发行机制和激励机制不是必要的。去中心化的区块链由多方共同管理维护，其网络节点可由任何一方提供，部分节点可能并不可信，如何在这种复杂的网络环境下达成共识，防范拜占庭攻击、女巫攻击、51%攻击等威胁，是共识机制需要解决的问题。共识算法是区块链的核心技术，它决定了到底由谁来记账，记账者选择方式将会影响整个系统的安全性和可靠性。区块链中常用的共识机制主要包括工作量证明机制、权益证明（Proof of Stake，PoS）机制、股份授权证明（Delegated Proof of Stake，DPoS）机制和用于异步通信的 PBFT（Practical Byzantine Fault Tolerance）机制。

网络层的核心任务是确保区块链节点之间可以通过 P2P 网络进行有效通信。主要内容包括区块链网络的组网方式和节点之间的通信机制。区块链网络采用 P2P 组网技术，具有去中心、动态变化的特点。网络中的节点是地理位置分散但是关系平等的服务器，不存在中心节点，任何节点都可以自由加入或者退出网络。区块链节点之间的通信类型主要分为以下两种。

- 为了维持节点与区块链网络之间的连接而进行的通信，通常包括索取其他节点的地址信息和广播自己的地址信息（地址信息是指 TCP/IP 中的 IP 地址和端口号）。节点新加入区块链网络时，首先读取硬编码在客户端程序中的种子地址并向这些种子节点索取其邻居节点地址，然后通过这些地址继续搜索更多的地址信息并建立连接，直到节点的邻居节点的数量达到稳定值。此后，节点会定期通过 ping 命令等方式验证邻居节点的可达性，并使用新的节点替代不可达节点。此外，为了保证新节点的信息被更多节点接收，节点将定期向自己的邻居节点广播自己的地址信息。

- 为了完成上层业务而进行的通信，通常包括转发交易信息和同步区块信息。节点转发交易信息时采用中继转发的模式。始发节点首先将交易转发给邻居节点，邻居节点收到交易后再转发给自己的邻居节点，以此类推，逐渐传遍整个网络。同步区块信息采用请求响应的模式。节点首先向邻居节点发送自己的区块高度（类似于 ID），如果小于邻居节点的高度则索取自己欠缺的区块，如果大于邻居节点的高度则邻居节点将反向索取区块信息。所有节点都不断地和邻居节点交换区块信息，从而保证整个网络中所有节点的区块信息保持同步。

数据层包括底层数据区块及其链式结构，由哈希函数、时间戳、Merkle 树、非对称加密等相关技术支撑，从而保护区块数据的完整性和可溯源性。为了实现数据的不可篡改性，区块链引入了以区块为单位的链式结构。不同区块链平台在数据结构的具体细节上虽有差异，但整体上基本相同。以比特币为例，每个区块都由区块头和区块体两部分组成，区块体中存放了自前一区块之后发生的多笔交易和 Merkle 树，区块头中存放了前一区块哈希（PreBlockHash）、随机数（Nonce）、Merkle 根（Merkle Root）等。

10.1.4 区块链的类型

区块链具有以下三种类型。

- 公有链。世界上任何个体或者团体都可以自行加入并发送交易，且交易能够获得该区块链的有效确认，任何人都可以参与其共识过程。公有链是最早的区块链，也是应用最广泛的区块链，它的特点是不可篡改、匿名公开、技术门槛低，是真正的去中心化区块链。各大比特币系列的虚拟数字货币均基于公有链，世界上有且仅有一条该币种对应的区块链。公有链的主要应用有比特币、以太坊等。
- 联盟链。由某个群体内部指定多个预选的节点为记账人，每个块的生成由所有的预选节点共同决定（预选节点参与共识过程），其他接入节点可以参与交易，但不过问记账过程（本质上还是托管记账，只是变成分布式记账，预选节点的多少、如何决定每个块的记账者成为该区块链的主要风险点），其他任何人都可以通过该区块链开放的 API 进行限定查询。
- 私有链。仅使用区块链的总账技术进行记账，可以是一个公司，也可以是个人，独享该区块链的写入权限，读取权限或者对外开放或者受一定程度的限制，本链与其他的分布式存储方案没有太大区别。私有链的优点是交易速度快，保护隐私，而且交易成本极低。其缺点是它的代码可以被设计者修改，包括其价格，因此风险较大。

10.1.5 区块链的特征

区块链技术具有如下特征。

- 去中心化。区块链使用分布式核算和存储技术，不存在中心化的硬件或管理机构，任意节点的权利和义务都是均等的，少数节点损坏不会影响整个系统正常运作，系统中的数据块由整个系统中具有维护功能的节点来共同维护。去中心化是区块链最突出、最本质的特征。
- 不可篡改性。数据一旦通过验证并被存储到区块链系统，就会被永久地存储下来，所有完整节点都有一份完整数据。要想更改某一区块的数据，除非同时控制系统中超过51%的节点，否则单个节点的修改是无效的，而这很难实现。
- 开放性。区块链系统是开放的，除了对交易各方的私有信息进行加密，区块链数据对所有人公开，任何人都能通过公开的接口对区块链数据进行查询，并能开发相关应用，整个系统的信息高度透明。
- 可溯源性。区块链采用带时间戳的链式区块结构存储数据，为数据增加了时间维度，并且区块上的每笔交易都通过密码学方法与相邻两个区块相连，因此任何一笔交易都是可追溯源的。

- 可编程性。区块链支持利用链上脚本进行应用层服务的开发,并且用户能够通过构建智能合约实现功能复杂的去中心化应用。
- 匿名性。区块链中的用户实质上都是公钥地址,交易只与地址挂钩,用户不需要公开真实身份即可完成交易、参与区块链活动,而且同一个用户可以不断变换地址。

10.2 区块链关键技术

10.2.1 链式结构

区块链通过区块+链的数据结构来存储数据。区块是区块链的基本结构单元,由包含了三组元数据的区块头和区块体(包含交易数据)两部分组成。由于不同的区块链系统采用的数据结构会有不同,下面以比特币为例进行介绍,区块链数据结构如图 10-2 所示。

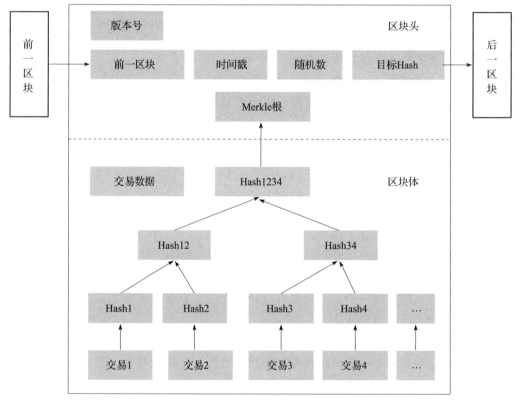

图 10-2 区块链数据结构

区块头主要包含如下三组元数据。
- 用于链接前一区块、索引自父区块哈希值的数据。
- 挖矿难度、时间戳、Nonce(随机数,用于工作量证明算法的计数器,也可理解为记录解密该区块相关数学题的答案的值)。

- 能够总结并快速归纳校验区块中所有交易数据的 Merkle 根数据。

当然区块头不仅包含这些元数据，还包括其他数据，比如版本号、难度值等，区块链的大部分功能都由区块头实现。区块体包含交易和 Hash 构成的 Merkle 树，区块体所记录的交易信息是区块所承载的任务数据，具体包括当前区块在验证和创建过程中产生的交易记录、交易的数量、电子货币的数字签名等。

10.2.2 传输机制

区块链中数据的传输通常使用 P2P 网络，常被称为点对点网络或对等网络，是一种没有中心服务器、依靠用户群交换信息的互联网体系。与有中心服务器的中央网络系统不同，对等网络的每个用户端既是一个节点，也有服务器的功能。区块链系统之所以选择 P2P 作为其组网模型，是因为两者的出发点都是去中心化，具有高度的契合性。区块链系统建立在 IP 和分布式网络基础上，它不依靠传统的电路交换，而是完全通过互联网去交换信息。P2P 网络中所有的节点具有相同的地位，不存在占有核心地位的中心节点和层级结构，实现了完全的去中心化，如图 10-3 所示。每个节点均会承担网络路由责任，把其他节点传递来的交易信息转发给更多的相邻节点，并且节点具有验证区块数据的能力，但不必所有节点都存储完整的区块链数据。节点间可以通过基于 Merkle 树的简易支付验证（Simplified Payment Verification，SPV）方式向相邻节点请求所需数据以验证交易的合法性，并对交易数据进行更新。在比特币系统中，网络中有些节点还具有钱包和挖矿功能。

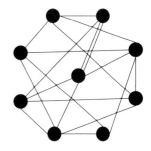

图 10-3　P2P 网络结构

10.2.3 共识机制

在区块链系统中没有像银行一样的中心化机构，在进行信息传输、价值转移时，共识机制负责保证每一笔交易在所有记账节点上的一致性和正确性。区块链的这种新的共识机制使其在不依靠中心化组织的情况下，依然大规模高效协作完成运转。共识机制是区块链技术的核心，是保障区块链系统不断运行的关键。

共识机制主要用来解决拜占庭将军问题。1982 年，莱斯利·兰伯特提出了一个针对点对点通信中的基本问题——分布式系统一致性问题，即拜占庭将军问题。这个问题的核心理念是：在整个网络中的任意节点都无法信任与之通信的对方时，如何能创建出共识基础来进行安全的信息交互而无须担心数据被篡改。

共识机制主要遵循"少数服从多数"和"人人平等"两个原则，通过一定规则，使系统中各个参与者快速就系统中记录的数据达成一致。

共识机制分为强一致性共识和最终一致性共识两大类共识算法。基于强一致性共识算法的共识机制多用于节点数量相对较少且对一致性和正确性有更强要求的私有链或联盟链中，典型机制包括考虑拜占庭故障的传统分布式一致性算法 BFT（Byzantine Fault Tolerance）机制、PBFT 机制以及不考虑拜占庭故障的 Paxos 机制和 Raft 机制。

最终一致性共识算法多用于节点数量巨大且很难使所有节点达到 100%一致性和正确

性的公有链，典型机制包括 PoW 机制、PoS 机制和 DPoS 机制。表 10-1 给出了代表性共识机制的对比情况，通过对比可知，强一致性共识算法安全性更强，但算法复杂度高，是一种多中心机制。而最终一致性共识算法去中心化程度更高且算法复杂度低，但安全性没有强一致性共识算法高。比特币系统采用的是 PoW 共识机制。

表 10-1 共识机制的对比

共识机制	核心思想	优点	缺点
PBFT	主节点排序请求，从节点响应请求，多数节点响应结果为最终结果	能够解决拜占庭故障问题，共识结果的一致性和正确性程度高，共识达成时间快	去中心化程度不足，是一种多中心化机制，算法复杂度高，当节点数量过多时，运行效率较低
Raft	通过分布式节点选举出的领导人节点得到区块记账权	共识结果的一致性和正确性程度高，大幅缩短了共识达成时间，可达到秒级验证	去中心化程度不足，是一种多中心化机制，算法复杂度较高
PoW	引入分布式节点算力竞争来保证数据的一致性和共识安全性	完全去中心化，节点自由进出，避免了建立和维护中心化信用机构的成本	资源大量浪费，挖矿激励机制造成矿池算力高度集中，背离了去中心化设计初衷，共识达成周期较长，存在 51% 攻击
PoS	系统中具有最高权益的节点（如币龄最长）获得区块记账权	缩短了共识达成的时间，减少了 PoW 机制的资源浪费	降低了网络攻击成本，节点共识受少数富裕账户支配，存在失去公平性的可能
DPoS	通过股东投票选出的代表得到记账权	大幅缩短了共识达成时间，可达到秒级验证	无法实现完全去中心化，若节点数量过少，投票选出的代表节点代表性不强

10.2.4 链上脚本

链上脚本是区块链上实现自动验证、可编程、脚本合约自动执行的重要技术。早期比特币使用的脚本机制相对简单，是一个基于堆栈的解释型语言，用于完成加锁、解锁、验证等操作，它的程序规则是系统设定好的，只能执行简单逻辑，拓展性差且不支持用户自定义，被称为区块链 1.0 时代。

以太坊在比特币脚本的原型之上设计了一种基于虚拟机的图灵完备的脚本语言——智能合约，它允许用户自行编写一组程序规则，编写好后可以部署在区块链账本中。只要满足合约执行条件，程序就会自动执行，这极大地拓宽了区块链的应用场景，代表着区块链 2.0 时代的到来。

链上脚本技术为区块链提供了应用层的扩展接口，任何开发人员都可基于底层区块链技术通过脚本实现其所要实现的工作，为区块链的应用落地奠定了基础。

10.3 基于区块链的信息安全机制

10.3.1 基于区块链的身份认证

作为信息安全的核心技术之一，身份认证技术是一项在计算机及网络环境中对用户真实身份进行鉴别的技术，证实主体的真实身份与其所声称的身份是否相符，身份认证技术可以保证用户与网络双方的合法性并且在进行信息交互的时候减少安全隐患。

区块链系统用户身份认证机制是指对区块链系统注册用户的身份合法性进行鉴别，验证用户身份信息是否属实或者是否有效的过程，其基本思想是通过检查用户自身的属性或携带的第三方授权资源，来达到对用户身份的真实性、合法性进行证实的目的。通过对注册用户的身份进行认证，可以保证区块链使用者身份的合法性；此外，真实的用户身份也有助于第三方监管部门的监督和审查。

目前的区块链系统所用的用户身份认证机制包括用户身份注册、用身份信息存储、用户身份信息更新和撤销等。用户身份认证机制主要包括基于 PKI 体制的用户身份认证、基于数字代币的用户身份认证、基于生物特征的用户身份认证等 3 个方面。

1. 基于 PKI 体制的用户身份认证

区块链在身份认证方向的一项重要应用是基于区块链构建分布式公钥管理基础设施，利用区块链去中心化、不可篡改等特性，在区块链上构建 PKI 数字证书系统，将传统 PKI 技术集中式的证书申请、状态查询改变为分布式实现。利用该系统，设备可自行生成并提交证书，区块链节点使用智能合约验证和写入证书；使用证书过程中，依赖方通过区块链检查证书的正确性和有效性。区块链技术去中心、防篡改、多方维护等特点提升了传统 PKI 技术的易用性，扩展了 PKI 技术的应用场景。2014 年，美国麻省理工学院推出的虚拟货币 CertCoin 最先采用了基于区块链的公钥基础设施，摒弃传统中心化认证方式，采用公共密钥实现分布式节点之间的互相认证，通过公共总账来记录用户证书，以公开的方式将用户身份与证书公钥相关联，实现了去中心化的 PKI 建设，任何用户都可以查询证书签发过程，解决传统 PKI 系统所面临的证书透明度及 CA 单点故障的问题，不过也存在用户隐私泄露问题。

2. 基于数字代币的用户身份认证

基于数字代币的用户身份认证是利用区块链的数字代币功能，将数字加密货币（如比特币）作为身份认证中"所有"要素，基于用户所持有的数字货币实现对用户的身份认证。

例如，Tomoyuki 提出了一种基于区块链 2.0 技术的方法来解决 Wi-Fi 的用户身份认证问题，该方法将数字货币作为用户身份凭证，基于区块链平台通过 Auth-Wallet 来为合法用户分配用于登录认证的 Auth-Coin，用户在登录时只要拥有 Auth-Coin 即可通过身份认证过程，从而访问 Wi-Fi 网络。这样做的好处是无须在每次认证过程中披露用户的用户名、密码等隐私信息，并且只需用户在注册过程中与认证服务器进行一次注册交互过程即可，在之后的访问过程中无须再次与认证服务器进行交互，实现了对隐私身份信息的保护，减少了账号泄露的风险，并且与需要输入用户名、密码才可登录的 Wi-Fi 网络相比，更加便利，更易于用户使用。

3. 基于生物特征的用户身份认证

传统的身份鉴别方法是基于标识物（如证件或钥匙）或者密码来完成的，存在明显的问题：个人持有物易丢失或被伪造，密码易被忘记或猜到，更严重的是这些系统只识物不识人，无法识别出是真实的用户还是取得身份标识物的假冒者。生物特征是自动识别和认证人的身份的一种独特的、可测量的特征。生物特征识别技术是利用人体的一些生物特征来进行身份识别的技术。人体有很多的生物特征，但并不是每一种生物特征都可以用于身份识别。可用于身份识别的人体生物特征必须满足以下几个基本条件：普遍性（每个人都必须具有该特征）、唯一性（每个人的该特征都不相同，任何两个人都可以用该特征区分开来）、永久性（该特征应该具有足够的稳定性）、可采集性（该特征应该可以较为方便地被采集和量化）、可接受性（用户可以普遍接受基于该特征的识别系统）、性能要求（用该特征可获得足够的识别精度，并且对资源、环境的要求都必须在一个合理的范围内）、安全性（该特征不容易被伪造和模仿）。可将人体生物特征划分为生理特征（如指纹、人像、虹膜、掌纹等）和行为特征（如步态、声音、笔迹等），生物特征具有唯一性和在一定时间内不发生明显变化的稳定性。生物识别就是依据每个个体之间独一无二的生物特征对其进行识别与身份的认证。

但是传统的生物认证也存在一些问题，如中心化的系统不安全、系统易遭受攻击、数据容易被篡改等，区块链技术很好地解决了传统生物认证的一些问题。近年来，基于生物特征识别的身份认证技术也在区块链系统的身份认证领域得到了应用。现阶段基于区块链的生物认证方案主要是提取用户生物特征信息的二进制特征向量，经过哈希处理后以数字摘要的形式存储在新的交易区块中。在交易的过程中，交易接收方通过验证区块的数字摘要信息的完整性，确认交易发送方的用户身份是否合法。

10.3.2 基于区块链的访问控制

RBAC、ABAC 和使用控制（Usage Control，UCON）模型这 3 个访问控制模型都由一个集中式的授权决策实体依据访问控制策略和其他属性信息进行访问控制决策，即都是中心化的。但是随着物联网在人们生活中的普及，对用户个人信息的保护提出了更高的要求，因此给传统中心化的访问控制带来了极大的挑战。传统的访问控制中每个访问请求都指向同一个中央可信实体，由中央可信实体保存所有信息，并依据所保存的信息完成所有决策。而近年频出的隐私泄露事件，如韩国三大信用卡公司信息泄露事件、苹果 iCloud 云端系统漏洞风波等，都对中央可信实体的可信度提出了质疑。RBAC、ABAC 和 UCON 这 3 种方法都需要一个集中式的服务器来完成授权决策，而基于权能的访问控制（Capability-Based Access Control，CapBAC）在物联网环境中已经实现了轻量级的分布式的访问控制，并且支持动态性和可扩展性。虽然 CapBAC 分布式的设计避免了使用集中式服务器所带来的单点故障问题，但是 CapBAC 在物联网中轻量级的设备上实现分布式的访问控制决策时，轻量级设备并不能保证自己的安全性，有可能会被攻击者通过安全性薄弱的物联网设备作为突破口威胁到访问控制的安全，因此，分布式 CapBAC 无法解决在不可信环境下的物联网访问控制。

区块链作为一种去中心化的分布式技术，以密码学算法为基础，是一种互联网上的共享数据库技术。区块链从技术上解决了基于信任的中心化模型带来的安全问题。2015年，区块链技术从金融领域扩展到物联网领域，主要的应用之一就是用于物联网访问控制，代替物联网访问控制的中央可信实体。目前区块链与访问控制结合的方式有两种：一种是区块链技术与现有的物联网访问控制模型结合，区块链充当现有访问控制模型的可信实体；另一种是提出一种新的完全基于区块链的物联网访问控制模型，区块链作为可信实体的同时，基于区块链的特性设计了基于交易或者智能合约的访问控制方法。

1. 基于交易进行策略/权限管理

区块链上存储的交易数据对所有节点公开并且不可篡改,因此可以使用区块链来对访问控制的策略/权限进行管理,从而实现公开透明的访问控制。这就需要将传统访问控制中用户、角色、属性、资源、动作、权限、环境等概念与区块链中交易、账户、验证、合约等相关概念进行结合。

综上所述,区块链自身的安全、可审计、不可篡改、匿名等特性,使其可以完美地胜任物联网访问控制中可信第三方的角色。区块链与当前主流的访问控制模型相结合,兼容性高,易于实现。但是,由于当前主流的区块链共识机制是基于算力的,单独运行区块链来提供访问控制服务存在较大的计算开销。并且,区块的生成需要一定时间,难以实现策略的实时更新。性能问题是目前将区块链用于访问控制中最主要的挑战之一,多数物联网场景都对响应时间有要求,而目前区块链的性能并不高。

2. 完全基于区块链的物联网访问控制模型

区块链在作为可信实体的同时,也可以基于区块链的特性设计一种基于交易或者智能合约的访问控制方法。智能合约是存储在区块链上能够自动运行的脚本。1994年,Szabo首次提出了智能合约的概念,定义其是一种"通过计算机执行合同条款的交易协议",即通过代码程序来自动执行合同。只要满足合同条款,交易将无须第三方监督自动进行。虽然智能合约的概念很早就被提出了,但直到以太坊平台的发布,它才为智能合约的飞速发展提供了基础。由于智能合约具有强制自动执行的特点,通过使用智能合约来实现对资源的访问控制十分便捷。

例如,将使用智能合约实现对医疗数据的访问控制,解决医疗数据碎片化严重、共享效率低、传输过程不安全、缺乏数据完整性校验及隐私信息保护不足的问题。其中,最有代表性的是 MedRec 框架,该框架将智能合约与访问控制相结合进行自动化的权限管理,实现了对不同组织的分布式医疗数据的整合和权限管理。

综合以上两个方面将区块链技术应用于访问控制领域主要有如下5个优点。
- 策略被发布在区块链上,能够被所有的主体可见,不存在第三方的越权行为。
- 访问权限能够基于区块链通过与权限拥有者进行交易,实现被访问资源权限更容易地从一个用户转移给另一个用户,资源拥有者无须介入到用户之间,权限管理更加灵活。
- 权限最初由资源拥有者通过交易对其进行定义,整个权限的交易过程在区块链上公开,便于审计。
- 资源的管理使用权真正掌握在用户手中。
- 基于智能合约能够实现对资源自动化的访问控制保护。

但是,也存在如下亟待解决的问题。
- 由于被区块链记录的交易不可撤销,访问控制策略及权限不易更新。
- 区块容量有限,单个交易无法存储较大规模数据,使其应用受限。
- 所有策略及权限交易信息都公开存放在区块链上,容易被攻击者利用,产生安全风险,需要有效的方法对交易信息进行保护。
- 区块链技术交易确认需要时间(如比特币10分钟左右才能产生新的区块),无法对实时请求进行响应。

10.3.3 基于区块链的数据保护

数据保护主要是保护数据的真实性、完整性、隐私性。真实性是指数据源头的真实性，完整性是指数据在传输过程中没有遭到损坏，隐私性是指保护用户个人数据的隐私，无法被别人获取。基于区块链的数据保护分为两种方式，一是对区块链上的数据进行保护，二是依靠区块链的特性，通过链上链下结合对链下数据进行保护。

1. 链上数据保护

比特币中，采用数字签名和哈希技术保护数据。首先用户构建交易信息后，对初始的交易信息进行签名，签名保证了交易数据不可被篡改，然后对包含签名的所有信息进行哈希，哈希的逆序作为交易 ID，哈希操作保证了交易信息的真实性。另外，比特币利用用户的公私钥对和其生成的地址，保证了用户的匿名性，任何人都无法获取用户真实的个人信息。

Ricardo 提出了一个基于区块链数据的管控方法，该方法支持数据问责和来源追踪，该方法依赖于部署在区块链上的公开审计合约的使用，将数据的控制策略写入智能合约，由合约自动完成对数据来源的追踪并对数据使用流程记录日志，从而增加了数据使用和访问的透明度；数据安全创业公司 GurdTime 开发了一款基于区块链技术无密钥签名架构的数据保护产品 KSI 来保证原始数据的真实、可靠，KSI 在区块链上存储原始数据及其哈希表，利用哈希算法来验证复制数据的真实性。

综上所述，由于区块链的高度安全性及时间维度，链上数据拥有极高的数据抗篡改特性，能够有效保障数据的完整性，且成本低廉、易于实施，可广泛应用于物联网设备数据保护、大数据隐私保护、数字取证、审计日志记录等多个技术领域。

2. 链上链下结合

由于区块链未对交易数据进行加密保护，并且区块链的存储容量和计算资源受限，将区块链技术应用于数据保护，通常使用数据存储与数据管理分离的方式，数据索引及操作权限由区块链进行管理，真实数据并不存储在区块链中，而是加密后集中存储于专用的数据服务器。通过区块链分布式总账来保证数据的完整性，数据服务器保证数据的机密性。

这方面比较成熟的应用是星际文件系统（InterPlanetary File System，IPFS），它是一个面向全球的、点对点的分布式版本文件系统。当用户利用 IPFS 上传文件时，这些文件会被系统加密，然后产生一个哈希值，该哈希值被存储于哈希链上。

同时，系统会对文件进行分解、复制，然后将分布式碎片存储到若干个不同的区块里面，形成存储节点。当用户想要获得数据时，会根据数据本身的哈希值，从最近的存储节点下载数据，大大提升了存储容量和下载速度。

但是，这种方法也存在如下一些共性问题。

- 数据的管理寄托于区块链自身的安全机制，若区块链遭遇共识攻击（如 51% 攻击），数据的安全性将无从谈起。
- 用户身份与区块链中的公钥地址唯一对应，若用户私钥丢失，将无法找回，与用户相关的数据资源也将全部丢失。

10.3.4 区块链技术自身存在的问题

虽然区块链技术具有很多优势并且取得了丰富的研究成果和广泛的应用,但是目前区块链技术在平台安全性、匿名性与隐私性、技术壁垒等方面都存在很多亟待解决的问题。这些问题也是区块链技术应用于信息安全领域时必须要解决的关键问题。

1. 区块链平台的安全问题

若将区块链应用于信息安全领域,区块链系统的安全性就成为保障整个信息系统安全的基石和前提。

2. 区块链自身的安全问题

区块链的安全性靠共识机制支撑,当前最流行且应用最广泛的是基于算力的 PoW 共识机制,从理论上讲,如果能够控制整个网络算力的 51% 以上,就能够通过算力优势来对区块链上的数据进行篡改,从而对区块链所建立的信任体系进行颠覆。而不基于算力的 PoS、DPoS 等共识机制的安全性还未得到理论上的有效证明,PBFT 等强一致性算法又存在算法复杂度高、去中心化程度低等不足。对于区块链中的共识算法,是否能实现并保障真正的安全,需要更严格的证明和时间的考验。另外,采用的非对称加密算法可能会随着数据、密码学和计算技术的发展而变得越来越脆弱,未来可能具有一定的破解性。此外,区块链上包含账户安全的私钥是否容易窃取仍待进一步探索。因此,要将区块链应用于信息安全领域,安全的共识机制的研究是面临的重大挑战之一。

3. 用户账户的安全问题

传统的身份账户由第三方进行保护,当用户账号发生丢失等意外时,用户可以凭借有效的身份证明对密码进行重置。而区块链账号仅由持有人地址对应的私钥对其保护,涉及账号的所有交易都要使用该私钥,一旦私钥丢失,则无法重置或找回,用户将永久性失去其账户内的数字资产,这是区块链去中心化机制所带来的弊端。若使用钱包或其他存储设备存储,密钥可能会从在线钱包、其他网络位置、移动设备和其他存储设备中被盗,从而危及系统或获得完全访问权限。管理区块链账户即是对私钥进行保管和使用,如何在方便账户使用的同时又保障数字资产的安全性还需要进行深入的研究,从而实现保障账户安全性与可用性的统一。

4. 匿名性和隐私性问题

区块链技术经常被宣传的优点之一就是匿名性,区块链开发者认为匿名性在区块链交易中是重要的,并非"抗审查"。匿名性会造成非法交易的猖獗,执法部门很难溯源,但是以数字加密货币为例,从实际情况上来看,其并不具备真正的匿名性,且隐私性无法得到真正的保障。区块链是完全透明的系统,交易信息以公共总账方式公开存储,这使得任何人都可以查询所有交易信息。通过数据挖掘技术,可以发现很多地址间的关联关系。从积极的方面说,监管机构能够从中得到非法交易人员及攻击者犯罪的蛛丝马迹;从消极的方面来说,用户的隐私无法得到有效的保障,每个用户能够拥有多个地址,就好比将每笔交易都用假名向公众进行公开发布,一旦其中一个地址假名的真实身份被泄露,所有交易及相关隐私数据都将暴露在公众的视野中。

5. 区块链操作的技术壁垒

区块链作为一项新兴信息技术，自身还存在很多不足和需要改进的地方。

- 区块链的技术操作较为麻烦，并且区块链交易处理速度较慢。以比特币系统为例，定义每个区块的一个账本大小是 1MB，每 10min 产生一个这样的区块，每个最基本的比特币交易大小是 250B，每秒处理速度为 1 024 000B/250B/600S = 6.6 个/S，也就是说，理论上每秒可以处理 6.6 个比特币的交易。虽然比特币扩容有了技术解决方案，但仍然无法实现对实时交易的响应。区块链安全性也与处理时间成正比，处理时间越短，系统抵抗篡改攻击、非法交易的效果就越差。

- 区块链是一种数据只增不删的分布式总账系统，区块链数据随时间的推进只会越来越多，所占容量也不断增大，从 2014 年到 2021 年，比特币中完整区块链容量从 14GB 增长到 350GB，这样大的容量需要交易用户具有很高的网络带宽，技术及应用整合存在难度；区块链不能保证存储数据的质量。由于错误具有永久性和难以改变的特点，它可能会永远存在下去。这种错误可能危及其他依赖数据的系统。如何实现区块链的轻量化和高质量也是一个急需解决的问题。

- 由于容量所限，区块无法存放大规模数据，这也限制了区块链技术的应用。以比特币为例，比特币单个区块容量有 1MB 的最大值限制，当所要存储在区块链上的数据超过 1MB 时，就要对数据进行分割，将分割后的数据存储在不同的区块上。然而，新区块在共识机制下成功接入区块链需要等待一段时间来保证通过绝大多数节点的验证，这在存取效率上是难以接受的，从而导致区块难以直接存放大规模数据。

- 由于区块链技术目前还在不断发展完善之中，还没有相关技术标准的出台，因此现阶段各行业在应用区块链技术时，缺乏核心的技术理念和基本的应用共识，不同区块链平台及应用都采用了各自不同的技术标准，自成体系，难以实现不同区块链间数据的互通互连，并导致整个行业发展分散化、碎片化，无法形成发展合力。同时，由于缺少权威机构对区块链相关产品可靠性、安全性的评估机制，因此区块链产品质量良莠不齐。

10.4 本章小结

本章介绍了区块链技术，指出了区块链技术涉及的几种机制，包括工作量证明机制、传输机制、共识机制，描述了区块链的特征，如去中心化、不可篡改性、开放性、可溯源性、可编程性、匿名性等。本章特别分析了区块链的信息安全问题，包括身份认证、访问控制、数据安全保护，以及区块链技术应用中的安全问题，如区块链平台的安全问题、区块链技术本身的安全问题、用户账户的安全问题、匿名性和隐私性问题等。

习题

1. 区块链技术综合了哪些技术，其核心与本质是什么？
2. 区块链基础架构中包括哪几层？各层分别有什么作用？

3. 区块链有哪些典型特征?
4. 基于区块链的身份认证机制有几种?请分别做出解释?
5. 区块链与访问控制结合的方式有几种?请分别做出解释?
6. 时间戳的组成部分包括什么?
7. 下列选项中51%攻击能做什么?
    (1) 修改自己的交易记录,这可以使它进行双重支付。
    (2) 修改变每个区块产生的比特币数量。
    (3) 凭空产生比特币。
    (4) 把不属于它的比特币发送给自己。
8. 第六届可信区块链峰会上中国信通院发布的《区块链白皮书(2022年)》对中国区块链技术有何影响,并对其进行解读?
9. 查找相关资料,统计各国区块链技术相关的法律法规及技术标准。
10. 随着区块链大规模应用,谈谈该如何做好信息保密工作。
11. 如何提升区块链技术的性能安全和应用推广能力?

第 11 章

物联网与信息安全

11.1 物联网安全概述

11.1.1 物联网简介

物联网（Internet of Things，IoT）按照字面意思讲就是将各类物体与互联网进行连接，在互联网的基础上进行延伸和扩展，将各种传感器与互联网连接成一个巨大的网络，能够让人们随时随地实现人、机、物的互通，也就是所谓的万物互联。

物联网概念最早是比尔·盖茨在《未来之路》中提出的，由于当时信息技术与各种硬件设备发展条件的限制，并没有引起人们的注意。后来美国的 Auto-ID（MIT 建立的自动识别中心）提出了物联网的概念，但此时的概念建立在物品编码和 RFID 技术与互联网之上。中国科学院于 1999 年开始相关物联网的研究，只不过当时中国将其称为传感网。2005 年 11 月 17 日的信息社会世界峰会（WSIS）正式提出了物联网的概念。

11.1.2 物联网安全

随着信息技术和通信技术的不断发展，物联网应用越发普及，物联网的安全问题也越来越受到社会和研究者的关注。目前相关的研究成果还不能完善地解决物联网发展中的安全问题，因此应该从物联网的各个体系结构出发，从多角度分类讨论物联网安全问题。对网络安全保护的需求不局限于对数据内容的机密性保护。事实上，物联网应用系统对网络安全的要求更多的是对身份认证的要求，以及对数据（特别是指令性数据）的完整性保护。身份认证多数情况下是针对设备而言的，即对设备的身份进行合法性认证，保证数据来源的真实、合法，数据完整性则保证数据在传输中没有遭到非法篡改。另外，部分应用场景也需要对数据的机密性进行保护，通常在身份认证过程中会建立对数据机密性保护所需要的会话密钥。

随着物联网技术的发展，越来越多的信息需要受到安全技术的保护，并成为隐私保护技术服务的对象。例如，当人们的交往范围比较小（如一个班级内）时，个人信息大部分是公开的，也无须保护；当人们开展社会活动时，一些信息就会成为个人隐私信息，如个人收入、家庭财产、子女情况等，这些信息不希望被陌生人知道；当人们进入虚拟世界或网络交友时,会有更多的信息成为隐私信息,包括个人姓名、职业,甚至包括使用的设备识别码(如手机的 IMEI 码和手机卡的 IMSI 码等信息)、地理位置乃至生活习惯(如行走路线和不同地点停留时间)等。另外,在智慧医疗系统中,用户对隐私信息保护的需求非常大,例如在将电子病例数据,用于科学研究和数据分析前,应对其进行适当的隐私保护处理,避免病人因隐私泄露而遭受损失。

11.1.3 物联网的体系结构

物联网的体系结构包括感知层、网络层和应用层,如图 11-1 所示。

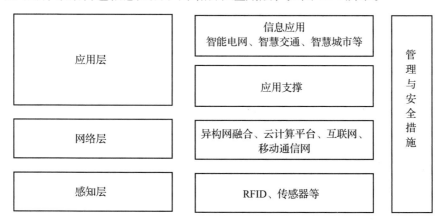

图 11-1 物联网的体系结构

感知层由各种传感器组成,能够使用各种传感器件收集、感知附近的环境,然后采集各类信息。感知层相当于人的感觉器官,能够对人周围的环境进行感知,并且将感知到的信息传递给大脑。

网络层由各种网络组成,例如互联网、局域网、移动通信网、云计算平台等。网络层可以对感知层采集到的数据进行传递和处理,相当于人体中的神经中枢和大脑。

应用层是物联网和用户之间的接口,它能够与各个行业结合,从而产生面向各个行业的应用。目前物联网的应用有以下几种常见类型:监控型(物流监控、环境监控)、扫描型(ETC、车站行李扫描)、控制型(无人驾驶、智慧家居、智慧交通)等。

11.1.4 物联网的安全架构

物联网具有复杂的结构、繁多的技术种类,面临着各种各样的威胁,因此面对物联网威胁与安全需求,应当结合物联网的安全架构来分析感知层、网络层、应用层的各种威胁。这样有助于选取适合物联网的安全技术,从而建设更加完善的物联网安全体系。物联网安全架构如图 11-2 所示。

物联网与其他网络相比更加复杂、多元化,这是因为物联网不仅融合了传统的互联

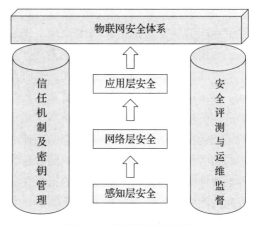

图 11-2 物联网安全架构

网，还结合了移动通信网、传感网络。此外，物联网还具备海量的传感器和硬件设备。相比传统网络，物联网是多种网络融合而成的异构网络，正因如此，物联网也存在异构网络的认证、访问控制、信息存储等安全问题。

物联网安全技术主要有认证技术、加密技术、检测技术和容错技术。认证技术是确保信息资源被合法访问的重要保障，目标是认证数据发送者身份信息的真实性，确保信息的有效性和数据完整性，保证数据的安全。加密技术可以保证网络层和应用层的保密性和完整性，防止传输的过程中数据被窃听或被篡改。检测技术是当系统被非法入侵时，及时采取监控操作，防范被恶意控制等。容错技术是当攻击发生之后，系统不会直接瘫痪，而是能够继续运转。物联网是一种多层次的网络，每个层次的安全措施都应该提供安全保障。此外，安全保证不仅是安全技术的简单叠加，而是各种安全技术相辅相成，以达到更安全的保护。

11.2 物联网安全体系中各逻辑层的功能

11.2.1 物联网感知层的功能

在感知层，存在成千上万个传感器节点，RFID读卡器部署在目标区域收集环境信息。但传感器节点会受到物理层面的限制，如自身能量、计算能力和通信能力的限制等。因此需要相互协作来完成任务，让组内的传感器节点相互协作收集、处理和聚集数据，通过基站发送信息给传感器节点。一般情况下，在传感器之间互相传递的信息需要受到保护，不应该被未授权的第三方获得。因此，传感器网络应用需要安全的通信机制。安全通信机制都需要密码机制提供点对点的安全通信服务，而在传感器网络中必须有相应的密钥管理方案作为支撑。信息加密技术的重要一环便是密钥管理，密钥管理会处理密钥从生成到销毁整个生命周期的相关问题，涉及系统的初始化，以及密钥的生成、存储、备份、恢复、装入、验证、传递、保管、使用、分配、保护、更新、控制、丢失、吊销和销毁等多方面内容，涵盖密钥的整个生命周期，是加密系统中最重要的环节，因此感知层需要通过密钥管理来保障传感器的安全。传感网类型具有多样性的特点，很难统一安全服务，但机密性和认证性都是必要的。机密性可以通过在通信时建立一个临时的会话密钥解决，而认证性可以通过对称密码或非对称密码方案解决。使用对称密码只需预置节点间的共享密钥，效率比较高，消耗网络节点的资源较少，许多传感网都选用此方案；而使用非对称密码技术的传感网一般要具有较好的计算和通信能力，并且对安全性要求更高。在认证的基础上完成密钥协商是建立会话密钥的必要步骤。

感知层主要通过各种安全服务和各类安全模块为传感器提供各种安全机制，对于某个具体的传感器网络，可以选择不同的安全机制来满足其安全需求。传感器网络的应用领域非常广，不同的应用对安全的需求也不相同。例如：在金融和民用系统中，对于信息的窃听和篡改敏感；在军事和商业应用领域，除了考虑信息可靠性以外，还需要充分考虑被俘节点、异构节点入侵的抵抗力。所以不同的应用，其安全性标准是不同的。在普通网络中，安全目标往往包括数据的保密性、完整性及认证性三方面，但是由于无线传感器网络的节点的特殊性及其应用环境的特殊性，其安全目标及重要程度略有不同。

11.2.2 物联网网络层的功能

网络出现以后，其安全问题逐渐成为公众关注的焦点，加密技术、防火墙技术、安全路由器技术等都随之发展起来。随着网络环境变得越来越复杂，攻击者的攻击类型越来越多，攻击手法也越来越高明、隐蔽，因此对于入侵和攻击的检测、防范难度也在不断加大。网络层的安全机制可分为端到端机密性和节点到节点机密性。对于端到端机密性，需要建立如下安全机制：端到端认证机制、端到端密钥协商机制、密钥管理机制和机密性算法选取机制等。在这些安全机制中，可以根据需要增加数据完整性服务。对于节点到节点机密性，需要节点间的认证和密钥协商协议，这类协议要重点考虑效率。机密性算法的选取和数据完整性服务则可以根据需求选取或省略。考虑到跨网络架构的安全需求，需要建立不同网络环境的认证衔接机制。

综合来说，网络层安全防护主要涉及如下安全机制。
- 加密机制。用于保证通信过程中信息的机密性，采用加密算法对数据或通信业务流进行加密，可以与其他机制结合使用。
- 数字签名机制。用于保证通信过程中操作的不可否认性，发送者在报文中添加使用自己私钥加密的签名信息，接收者使用签名者的公钥对签名信息进行验证。
- 数据完整性机制。用于保证通信过程中信息的完整性，发送者在报文中附加算法加密的认证信息，接收者对认证信息进行验证。

11.2.3 物联网应用层的功能

物联网的应用层是物联网核心价值所在，目前主要的典型应用包括视频监控、手机支付、智能交通、汽车信息服务、GIS 位置业务、智能电网等。物联网应用正面临着各种各样的安全问题，除了传统的信息安全问题之外，云计算安全问题也是该层所需要面对的一大问题。因此应用层需要一个强大而统一的安全管理平台，否则每个应用系统各自建立应用安全平台会割裂网络与应用平台之间的信任关系，导致新一轮安全问题的产生。除了传统的访问控制、授权管理等安全防护手段之外，物联网的应用层还需要新的安全机制，比如对个人隐私保护的安全需求等。

信息处理需要的安全机制如下。
- 可靠的认证机制和密钥管理。
- 高强度数据机密性和完整性服务。
- 可靠的密钥管理机制，包括 PKI 和对称密钥的有机结合机制。
- 可靠的高智能处理手段。
- 入侵检测和病毒检测。

信息应用需要的安全机制如下。
- 有效的数据库访问控制和内容筛选机制。
- 不同场景的隐私信息保护技术。
- 叛逆追踪和其他信息泄露追踪机制。
- 有效的计算机取证技术。

- 安全的计算机数据销毁技术。
- 安全的电子产品和软件的知识产权保护技术。

11.3 物联网感知层安全

11.3.1 感知层安全概述

感知层是物联网与互联网之间非常重要的区别，物联网中的感知层是核心之一，是物联网中进行信息采集的重要组成部分，可以通过RFID和各类传感器实现对周围环境的感知。物联网的感知层具有大量的终端类型，应用场景极为复杂，因此应该先对物联网感知层进行安全问题的分析和研究，然后再提出可信的解决方案。

11.3.2 感知层的安全地位与安全威胁

物联网中的感知层存在大量的传感器，这些传感器可以任意分布，并且能够组成通信网络，从而进行信息收集或者信息处理。感知层能够替代人们做许多人们难以直接完成的事情。但在提供巨大方便的同时，物联网中的感知层也面临更艰巨的挑战。因为感知节点体积较小，无法携带大容量的存储器和处理器，所以相比传统的网络节点，感知节点没有稳定的能量来源、存储空间和处理单元，这导致感知层无法在节点上进行加密算法运算。此外，感知层的结构不存在中心、自组织的特性，导致感知层没有集中认证系统。感知层的特点给予入侵者和攻击者极大的便利，因此感知层的安全问题比互联网更严重。

感知层中的感知设备数量大、种类多、具有多元异构等特点，非常容易遭受攻击和入侵，因此可以将感知层的安全威胁分为三类，即感知层物理安全威胁、感知层计算安全威胁和感知层数据安全威胁。感知层的物理安全威胁一般是指通过物理攻击去攻击感知层设备。物理攻击通常进行物理破坏，导致感知层设备无法工作，或者对感知层的设备进行非法替换，从而让感知层的设备数据感知异常，破坏正常的数据采集；感知层的计算安全威胁一般是指攻击者恶意占用信道，导致信道堵塞，不能正常传输数据，或者攻击者不断向节点发送数据，占用节点计算、存储的资源，影响节点的正常工作；感知层的数据安全威胁一般是指非法获取用户的数据，并冒充该用户进入系统，越权访问合法资源和享受服务，或者截获各种信息后重新发送系统，让感知节点做出错误的决策。

11.3.3 RFID安全

RFID（Radio Frequency Identification）技术即射频识别技术，主要用于非接触式的数据通信，从而起到识别目标的作用。RFID是自动识别技术的一个种类，可以通过无线射频对电子标签进行读写操作，从而达到数据交换和识别目标，RFID技术的工作原理如图11-3所示。射频识别技术根据供电方式分为无源RFID、有源RFID和半有源RFID。RFID技术出现的时间较短，因此在技术上有一定的局限性，此外RFID相比普通的条码标签价格较高，在安全性能上也面临着问题，例如RFID电子标签信息会被攻击者非法读取或者恶意篡改。

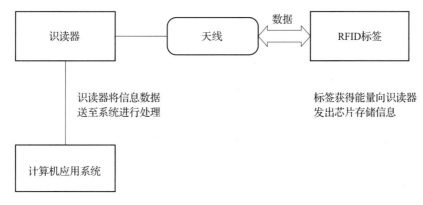

图 11-3　RFID 技术的工作原理

1. RFID 安全威胁

RFID 安全威胁主要来自最初的设计思想，最初设计 RFID 是希望具备开放系统的概念，但这也正是 RFID 系统出现安全问题的原因。设计 RFID 的目的是利用其价格低廉、简单的优点去降低成本并提高效率，因此，很多安全措施都没有被应用到 RFID 中。RFID 的威胁表现在数据的传输、获取、处理和存储等环节。任何 RFID 组件出现问题都可能导致整个 RFID 无法使用，并且极易遭受第三方的非法访问。除此之外，许多 RFID 信息标签没有进行加密处理，这就让 RFID 信息极易被不法分子利用。因此，RFID 会遭受许多的安全威胁。

对 RFID 的攻击类型分为主动攻击和被动攻击。

主动攻击包括以下几个方面。

- 将射频标签去除芯片封装，然后捕捉敏感信号，从而对射频标签进行攻击。
- 使用微处理器的接口，扫描射频标签或者搜寻响应读写器，去寻找安全漏洞，从而删除或者篡改射频标签。
- 对射频标签发出干扰信号，产生异常的环境，让射频标签内的处理器发生故障，从而进行攻击。

被动攻击主要包括以下几个方面。

- 窃听技术，捕获射频标签工作过程中产生的电磁特征，从而窃听射频标签与其他 RFID 通信设备之间的通信数据。
- 使用读写器等窃听设备，跟踪射频标签商品的流通动态。

主动攻击和被动攻击都会使 RFID 应用系统面临巨大的安全风险。

针对 RFID 的安全技术可以分为两大类：一类是通过物理方法去组织射频标签与读写器之间的通信，另一类是通过逻辑方法增加射频标签的安全机制。

保证 RFID 安全的物理方法有：Kill 标签、法拉第网罩、主动干扰和阻止标签等。

- Kill 标签的原理是让射频标签丧失其原本的功能，从而避免入侵者的跟踪。但是 Kill 标签的识别序列号一旦被泄露，就可能导致商品的损失。
- 法拉第网罩根据电磁场理论，通过传导材料构成的容器来屏蔽无线电波，让外部的无线电信号无法进入法拉第网罩，从而阻止射频标签被扫描。

- 主动干扰通过设备主动发送广播无线电信号去阻止读写器的操作,但是这种方法可能会造成非法干扰,让其他合法的 RFID 遭受干扰,严重的甚至会阻断其他的无线系统。
- 阻止标签的原理是使用一个特殊的阻止标签让读写器读取命令每次都获得相同的应答数据,从而达到保护标签的目的。

2. RFID 安全密码协议

RFID 安全密码协议分为 Hash-Lock 协议、分布式 RFID 询问应答认证协议、Hash 链协议、基于 Hash 的 ID 变化协议和 David 的数字图书馆协议。

Hash-Lock 协议主要是为了防止数据信息泄露或被追踪。

分布式 RFID 询问应答认证协议主要依靠密文传输,安全性能没有明显漏洞。

Hash 链协议具有完美的前向安全性。与上述两个协议不同的是,该协议通过每次认证时,标签会自动更新密钥,并且电子标签和后台应用系统预先共享一个初始密钥。

基于 Hash 的 ID 变化协议,每次认证时 RFID 系统利用随机数生成程序生成一个随机数 R 对电子标签 ID 进行动态更新,并且对 TID(最后一次回话号)和 LST(最后一次成功的回话号)的信息进行更新,该协议可以抗重放攻击。

David 的数字图书馆协议是由 David 等人提出的基于预共享密钥的伪随机数来实现的,是一个双向认证协议。

11.3.4 传感器网络安全

1. 无线传感器网络简介

无线传感器网络(Wireless Sensor Network,WSN)是集成传感器技术、微机电系统技术、无线通信技术以及分布式信息处理技术于一体的新型网络。传感器信息获取从单一化到集成化、微型化,进而实现智能化、网络化。可探测包括地震、电磁、温度、湿度、噪声、光强度、压力、土壤成分、移动物体的大小、速度和方向等周边环境中多种多样的现象。

无线传感器网络按网络结构分为分布式无线传感器网络(如图 11-4 所示)和集中式无线传感器网络(如图 11-5 所示)。

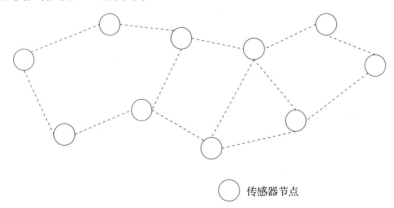

图 11-4 分布式无线传感器网络

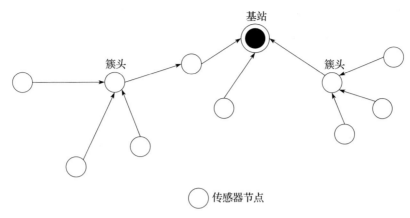

图 11-5 集中式无线传感器网络

2. 传感器网络安全威胁分析

无线传感器网络的安全技术设计要考虑的一个重要指标是低功耗。消耗能量主要来源于以下三个方面。

- PU 对安全算法计算需要消耗能量。
- 传感器收发器收发与安全有关的数据和负载的能耗。
- 存储单元进行存储与安全机制有关的参数消耗。

无线传感网络很容易受到攻击者的破坏。

3. 无线传感器网络的安全需求分析

无线传感器网络的安全需求主要表现在以下几个方面。

- 机密性：未被授权者无法读取信息。由于无线传输介质是共享的，入侵者可能监听传感器节点之间的消息。为了阻止入侵者获取信息，在传输之前，应对消息采用有效的密码系统进行加密。
- 完整性：完整性是指在信息的传输过程中，接收者能够发现消息的改变。完整性要求网络节点收到的数据包在传输过程保持信息的完整性和安全性，即保证收到的消息和源方发出的消息是完全一致的。
- 访问控制：访问控制能够阻止未经允许的用户获取数据。访问控制的手段包括用户识别代码、资源授权（例如用户配置文件、资源配置文件和控制列表）授权核查、日志和审计等。
- 真实性：无线传感器网络的真实性需求主要体现在消息认证和广播认证，消息认证是指任何一个节点在收到另一个节点的消息时，能够核实真实性。广播认证是指单一节点向一组节点发送统一通告时的真实性确认问题。
- 可用性：无线传感器网络的安全方案提供的各种服务能够被授权用户使用，并能够有效阻止非法攻击者的恶意攻击。同时，安全设计方案也不应该限制网络的可用性，并有效阻止攻击者对传感器节点资源的恶意消耗。
- 新鲜性：无线传感器网络的数据本身具备一定的时效性，网络节点能够判断接收到的数据包是否是发送者最新产生的数据包。采用这种方法保证了袭击者不可能中转以前的数据。

- 鲁棒性：无线传感器网络应用具有很强的动态和不确定性，包括网络拓扑的变化、节点的改变、面临不同的威胁等，因此，无线传感器网络对各种攻击应具备适应性，即使攻击行为成功，也应使其影响最小化，某个节点受到攻击并不会导致整个网络的瘫痪。

4. 无线传感器网络的安全攻击与防御

（1）安全攻击

由于无线传感器网络一般部署在应用者无法监控到的区域内，可能存在其他人员破坏的情况。此外还很可能存在一些节点被俘获，然后对其进行物理上的分析和修改的情况，从而干扰网络的正常功能。

（2）防御策略

对于无法避免的物理破坏，需要传感器网络采用更细致的保护机制，如：增加物理破坏感知机制，即节点监控数据包的发送情况、信号的变化和外部环境变化去判断是否受到物理破坏。节点在感知到外部破坏后，就可以采取一些措施，如自我销毁、自我离线操作、修改安全处理程序等手段避免剩余部分再次受到威胁与伤害。

5. 无线传感器网络的密钥管理与网络安全协议——SPINS

无线传感器网络安全最重要的问题是密钥的产生和管理过程，这一直都是传感器网络安全中的重点。但是无线传感器网络节点在计算能力、电源能力等方面都受到一定的限制，因此，在使用密钥的协商和管理时一定要考虑对称密钥的协商和管理协议。

SPINS 安全协议框架是最早的无线传感网络安全框架之一，它包含 SNEP 和 uTESLA 两个部分。SNEP（网络安全加密协议）是一个通信开销低、实现数据与通信机密性、数据和完整性认证、新鲜性保护的安全协议。SNEP 自身只描述安全实施的协议过程，并没有规定实际的使用算法，因此算法需要在具体实现时进行考虑。uTESLA 协议是基于时间的流认证协议，且 uTESLA 协议能够容忍一定的丢包，以实现点到多点的广播认证。该协议的主要思想是先广播一个通过密钥 Kmac 认证的数据包，然后公布密钥 Kmac。这样就保证了在密钥 Kmac 公布之前，没有人能够得到认证密钥的任何信息，人们也就没有办法在广播包正确认证之前伪造出正确的广播数据包。这样的协议过程恰好满足流认证广播的安全条件。

SPINS 协议框架在数据机密性、完整性、新鲜性、可认证性等方面都做了充分的考虑。但是，SPINS 协议只是一个框架协议，并没有指定实现各种安全机制的密码算法，在 SPINS 的具体应用中，需要考虑很多实现问题。

11.3.5 物联网终端系统安全

1. 嵌入式系统安全

完整的嵌入式系统由相关的硬件及其配套的软件组成，硬件部分又可以划分为两个层次，分别是电路系统和芯片。在应用环境中，攻击者可能从一个或多个层次对嵌入式系统进行攻击，从而窃取密码和信息、破坏系统等。若嵌入式系统应用在金融系统、军队通信等对安全非常敏感的领域，这些攻击将会带来巨大威胁，给用户造成重大的安全损失。根据攻击层次的不同，可以将嵌入式系统攻击划分为软件攻击、硬件攻击以及基于芯片的物理攻击三种类型，如图 11-6 所示。

（1）系统层次的安全性分析

在嵌入式设备的系统层次中，设计者需要将各种不同的器件焊接在电路板上组成嵌入式系统的基本硬件，然后将相应的程序写入电路板上的存储器中，让嵌入式系统具备运行能力，从而构成整个系统。攻击者为了能够破解嵌入式系统，会在电路系统层次上进行多种攻击。这些攻击都是在嵌入式系统的电路板上进行少量的硬件改动，并配合适当的底层汇编代码，来达到欺骗处理器、窃取机密信息的目的。在这类攻击中，具有代表性的攻击方式主要有总线监听、总线篡改以及存储器非法复制等。

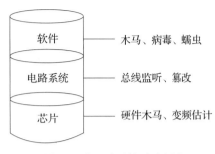

图 11-6　嵌入式系统攻击层次

（2）芯片层次的安全性分析

所谓嵌入式系统，是指以应用为中心，以计算机技术为基础，软/硬件可定制，适用于对功能、可靠性、成本、体积、功耗等有严格要求的专用计算机系统。嵌入式系统的发展经历了无操作系统、简单操作系统、实时操作系统和面向 Internet 四个阶段。嵌入式系统的典型结构如图 11-7 所示。

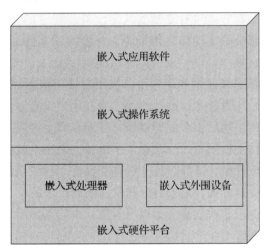

图 11-7　嵌入式系统典型结构

嵌入式系统的芯片是硬件实现中的最底层，然而在这个层次上依然存在面向芯片的硬件攻击。这些攻击主要从芯片的角度寻找嵌入式系统安全漏洞，从而实现破解。根据实现方式的不同，芯片级的攻击方式可以分为侵入式和非侵入式两种。其中，侵入式攻击方式需要去除芯片的外部封装，然后利用探针等工具对芯片的底层电路进行攻击。侵入式攻击方式中，最具备代表性的便是硬件木马攻击。而非侵入式的攻击方式主要是指在保留芯片封装的前提下，利用芯片在运行过程中泄露的物理信息进行攻击的方式，这种攻击方式也被称为边频攻击。硬件木马攻击是一种新型的芯片硬件攻击。这种攻击方式通过逆向工程分析芯片的裸片电路结构，然后在集成电路的制造过程中，向芯片硬件电路中注入带有特定恶意目的的硬件电路即"硬件木马",从而达到在芯片运行的过程中控制系统运行的目的。硬件木马攻击包括木马注入、监听触发以及木马发作三个步骤。

2. 智能手机系统安全

智能手机操作系统的安全问题主要集中于接入语音及数据网络后所面临的安全威胁,例如系统是否存在能够引起安全问题的漏洞、信息的存储和传送是否有保障、是否会受到病毒等恶意软件的威胁等。由于目前手机用户比计算机用户还多,而且智能手机可以提供多种数据连接方式,因此病毒对于手机系统特别是智能手机操作系统是一个非常严峻的安全威胁。

手机病毒会利用手机操作系统的漏洞进行传播。手机病毒以手机为感染对象,通过网络(如移动网络、蓝牙、红外线)等传播媒介,以发短信、彩信、电子邮件、浏览网站、等方式进行传播。

手机病毒有如下危害。

- 手机病毒会导致个人隐私泄露。
- 手机病毒可能会控制手机进行强制消费,如拨打付费电话、偷偷使用流量等。
- 手机病毒通过手机短信的方式传播非法信息,如发送垃圾邮件。
- 破坏手机软件或者硬件系统。

手机病毒具有如下一般特性。

- 传播性。手机病毒具有把自身复制到其他设备或程序的能力,手机病毒可以自我传播,也可以将感染的文件作为传染源,并借助该文件的交换、复制再传播、感染更多的手机。
- 隐蔽性。手机病毒隐藏在正常程序中,当用户使用该程序时,病毒乘机窃取系统控制权,然后执行病毒程序,而这些动作是在用户没有察觉的情况下完成的。
- 潜伏性。病毒感染系统后不会立即发作,可能在满足触发条件时才发作。
- 破坏性。无论何种手机病毒,一旦侵入手机就会对手机软/硬件造成不同程度的影响,轻则降低系统性能,破坏、丢失数据和文件,导致系统崩溃,重则损坏硬件。

可依据工作原理、传播方式、危害对象和软件漏洞出现的位置对手机病毒进行分类。

- 根据工作原理划分,手机病毒分为以下五类:引导型病毒、宏病毒、文件型病毒、蠕虫病毒、木马病毒。
- 据传播方式划分,手机病毒可以分为四类:通过手机外部通信接口进行传播,如蓝牙、红外、WIFI 和 USB 等;通过互联网接入进行传播,如网站浏览、电子邮件、网络游戏等;通过电信增值服务进行传播,如 SMS、MMS;通过手机自带应用程序进行传播,如 Word 文档、电子书等。
- 根据危害的对象,手机病毒可分为两类:危害手机终端的病毒、危害移动通信核心网络的病毒。
- 据漏洞出现的位置,手机病毒可以分为四类:手机操作系统漏洞病毒、手机应用软件漏洞病毒、交换机漏洞病毒、服务器漏洞病毒。

安全的手机操作系统通常具有如下五种特征。

- 身份验证:确保访问手机的用户身份真实可信。

- 最小特权：每个用户在通过身份验证后，只拥有恰好能完成其工作的权限，即将其拥有的权限最小化。
- 安全审计：对指定操作的错误尝试次数及相关安全事件进行记录、分析。
- 安全域隔离：安全域隔离是网络安全防御最重要、最基础的手段之一，也是数据中心、信息系统建设最先需要考虑的基础性问题。安全域隔离分为物理隔离和逻辑隔离。
- 可信连接：对于无线连接（蓝牙、红外、WLAN等），默认属性应设为"隐藏"或者"关闭"以避免非法连接。

11.4 物联网网络层安全

11.4.1 网络层安全概述

物联网网络层通过各种网络接入设备与移动通信网络、互联网等广域网相连，将感知层收集到的信息快速、可靠、安全地传输到信息处理层，然后根据不同的需求进行信息处理、分类等，是实现万物互联的核心，如图11-8所示。

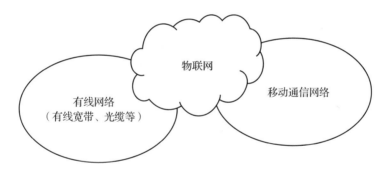

图11-8 物联网网络层

网络层的基本功能包括：依托网络实现端到端的信息传输，将物联网感知层获取的信息及时、准确、可靠、安全地传输给用户或节点，或将控制中心的检测命令等信息传输给感知层节点，为基于数据的分析、处理、决策与应用提供支持。核心网是物联网数据传输的重要组成部分，是物联网网络层的核心，一般由互联网组成，采用光纤结构，具有传输速度快、传播广泛等特点。

接入网则是骨干网络到用户终端之间的网络，接入网的长度一般在几千米范围以内，俗称"最后一公里"。接入网分为无线近距离接入网（如无线局域网、ZigBee、蓝牙）、无线远距离接入网（如4G移动通信）以及其他有线接入方式（如PSTN、ADSL、宽带、有线电视、现场总线等）。

11.4.2 网络层安全威胁

1. 网络层安全简介

网络层目前面对的安全问题有：针对物联网终端的攻击、针对物联网承载网络信息传输的攻击和针对物联网核心网络的攻击。

（1）针对物联网终端的攻击

随着物联网终端的计算和存储能力的不断增强，网络层遭受病毒、木马等入侵的机会也大大增加，病毒和木马在物联网中的传播性、破坏性和隐蔽性更强，因此对网络层的威胁性更大。网络终端还缺乏完整性保护和验证机制，平台的各种模块很容易被入侵者篡改，网络终端的各通信接口之间缺乏机密性和完整性的保护措施，因此传递的信息容易被窃取或篡改。

针对物联网终端的攻击的实例如下：使用偷窃的终端和智能卡、对终端或智能卡中的数据进行篡改、对终端和智能卡间的通信进行侦听、伪装身份截取终端与智能卡间的交互信息、非法获取终端和智能卡中存储的数据。

（2）针对物联网承载网络信息传输的攻击

- 对非授权数据的非法获取。基本手段为：窃取、篡改或删除链路上的数据，伪装成网络实体窃取业务数据，对网络流量进行分析。
- 对数据完整性的攻击。攻击者对系统无线链路中传输的业务与信令、控制信息等进行篡改，包括插入、修改和删除等。
- 拒绝服务攻击。
  - 物理级干扰：通过物理手段对无线链路进行干扰，阻塞正常通信。
  - 协议级干扰：使特定的协议流程出现问题，干扰正常通信。
  - 伪装成网络实体拒绝服务：攻击者伪装成合法的网络实体，对用户的服务请求进行拒绝。
- 对业务的非法访问攻击。攻击者伪装成其他合法用户身份进行非法访问网络，或切入用户与网络之间进行中间攻击。

2. 网络层安全特点

物联网网络层安全有以下几个特点。

- 与传统网络的技术模式有很大的区别，在不同应用领域，物联网具有不同的网络安全和服务质量要求。
- 相比传统网络的安全架构也有不同，传统网络的安全架构是从人通信的角度设计的，但是物联网中主要以机器通信为主。若物联网使用传统网络安全架构，会割裂物联网与机器之间的逻辑关系。
- 物联网需要严密的安全性和可控性，物联网中的绝大多数数据均涉及隐私或内部机密，因此，需要具有保护个人隐私、防御网络攻击的能力。
- 多源异构的数据格式使网络安全问题更复杂，物联网具备大量的感知节点，并且采集到的海量数据具备不同的数据格式，因此在面对这些安全问题时，必须符合物联网的业务特征。
- 对于网络的实时性、安全可信性、资源保证性方面的要求均高于传统网络。如：在智能交通应用领域，物联网必须是稳定的；在医疗卫生应用领域，物联网必须具有很高的可靠性，如若出现差错，将造成不可预计的后果。

3. 网络层安全需求

（1）业务数据在网络中的传输安全

需要保证物联网业务数据在网络传输过程中，数据内容不被泄露、不被非法篡改、数据流信息不被非法获取。

（2）网络的安全防护

需要解决的问题是面对最常见网络攻击，如何对节点或网络设备进行安全防护。

（3）终端及异构网络的鉴权认证

提供鉴别认证和访问控制，实现对终端的接入认证、异构网络互连的身份认证、鉴权管理及对应用的访问控制。

（4）异构网络下终端的安全接入

针对物联网 M2M 的业务特征，对网络接入技术和架构均需要进行改进和优化，以满足物联网网络业务的应用需求。

- 网络对移动性、数据量、可靠性和容量的优化。
- 适应物联网业务模型的无线安全接入技术、核心网优化技术。
- 终端寻址、安全路由、鉴权认证、网络边界管理、终端管理等技术。
- 传感器节点的短距离安全通信技术、异构网络的融合技术和协同技术。

（5）物联网应用网络统一协议栈需求

物联网核心网层面基于 TCP/IP，但在网络接入层面，具有种类繁多的协议，有 GPRS/CDMA、短信、传感器、有线等多种通道，因此物联网需要一个统一的协议和相对应的技术标准，从而杜绝篡改协议、进入协议漏洞等攻击威胁网络应用安全。

（6）大规模终端分布式安全管控

物联网终端的大规模部署，对网络安全管控、检测、联动、审计等方面提出了许多安全需求。

11.4.3 远距离无线接入安全

全球移动通信系统（Global System for Mobile Communications，GSM）俗称"全球通"，是一种起源于欧洲的移动通信技术标准，是第二代移动通信技术。其目的是让全球各地可以共同使用一个移动电话网络标准，让用户使用一部手机就能行遍全球。目前，中国移动、中国联通各拥有一个 GSM 网，是世界上最大的移动通信网络。

GSM 除了提供基本的语音和数据通信业务外，还提供各种业务。它提高了频率的复用率，同时也增强了系统的干扰性。GSM 主要采用电路交换。它主要提供鉴权和加密功能，在一定程度上确保用户和网络的安全。

3G 是第三代移动通信技术，是指支持高速数据传输的蜂窝移动通信技术。3G 服务能够同时传送声音及数据信息，它是将无线通信与国际互联网等多媒体通信结合的一代移动通信系统。

3G 对移动通信技术标准做出了定义，使用较高的频带和 CDMA 技术传输数据进行相关技术支持，其工作频段高，主要特征是速度快、效率高、信号稳定、成本低廉和安全性能好等。与前两代的通信技术相比，最明显的特征是 3G 网络技术全面支持更加多样化的多媒体技术。

4G通信技术是第四代的移动信息系统，是在3G技术基础上一次更好的改良，其相较于3G通信技术来说一个更大的优势是将WLAN技术和3G通信技术进行很好的结合，使图片的传输速度更快，让图片更加清晰。在智能通信设备中应用4G通信技术让用户的上网速度更加迅速，速度可以高达100Mbit/s。

5G即第五代移动通信技，5G在4G基础上持续演进，在频谱利用率、无线覆盖性能、传输时延、系统安全、用户体验和能效方面相对于4G都有显著的提升。5G融合了其他无线移动通信技术，能够满足未来10年移动互联网流量增加1000倍的发展需求。5G系统还具备充分的灵活性，具有网络自感知、自调整等智能化功能，以应对未来移动信息社会难以预测的快速变化。

11.4.4　安全接入要求

在物联网网络层，需要为多种类型的设备提供统一的网络接入，终端设备可以通过网络接入网关，然后接入核心网。近年来，各种无线接入技术不断涌现，人们纷纷开始研究新的接入技术，未来网络的异构性将会更加突出。其实，不仅在无线接入方面有这样的趋势，在终端技术、网络技术方面，异构化和多样化的趋势也同样引人注目。随着物联网应用的发展，各种物联网感应设备，从太空中游弋的卫星到嵌入身体内的医疗传感器，接入方式各异的终端都应该安全、快速、有效地进行互连互通及获取各类服务。随着对移动通信网络安全威胁认识的不断提高，安全需求也推动着信息安全技术迅猛发展。终端设备安全接入与认证是通信网络安全中核心的技术，并且呈现新的需求。

- 基于多层防护的接入认证体系：接入认证是网络安全的基础，为了保证安全接入，需要从多个层面分别认证、检查接入的合法性、安全性。例如，通过网络准入、应用准入、客户端准入等多个层面的准入控制，强化各类终端接入核心网络的层次化管理和防护。
- 接入认证技术的标准化、规范化：虽然各个安全接入认证方案的技术原理基本一致，但采用的标准和协议及相关规范各不相同，例如，思科、华为通过采用EAP、RADIUS协议和802.1X协议实现准入控制，微软采用DHCP和RADIUS协议来实现准入控制，而其他厂商则陆续推出了多种网络准入和控制标准。标准与规范是技术长足发展的基石，因此标准化、规范化是接入认证技术的必然趋势。

11.5　物联网应用层安全

11.5.1　应用层安全概述

应用层面临的安全问题包括中间件层安全问题和应用服务层安全问题。

1. 中间件层安全问题

中间件层需要对数据和信息进行收集、分析整合、存储、处理和管理等。中间件层的重要特征是智能，智能的实现少不了自动处理技术。其目的是使处理过程方便迅速，而非智能的手段可能无法应对海量数据。但自动过程对恶意数据的判断能力是有限的，而智能也仅限于按照一定规则进行过滤和判断，攻击者很容易避开这些规则，正如垃圾邮件过滤一样。中间件层的安全问题包括如下几个方面。

- 垃圾信息、恶意信息、错误指令和恶意指令干扰：中间件层从网络接收信息的过程中，需要判断哪些信息是真正有用的信息，哪些信息是恶意信息。在来自网络的信息中，有些属于一般性数据，用于某些应用过程的输入，而有些可能是操作指令（如指令发出者的正常操作、网络传输等）或者是攻击者的恶意指令。如何通过密码技术等手段甄别出真正有用的信息、如何识别并有效防范恶意信息和恶意指令带来的威胁是物联网中间件层的重大安全挑战之一。
- 海量数据的识别和处理：物联网时代需要处理的信息是海量的，需要处理的平台也是分布式的。当不同的数据通过一个处理平台处理时，该平台需要多个功能各异的处理平台协同处理。但首先应该知道数据如何分配，因此数据分类是必需的。同时，安全的要求使许多信息都是加密的，因此如何有效地处理海量数据并加密数据是另一个重大挑战。
- 攻击者利用智能处理过程躲避识别与过滤：只要智能处理过程存在，就可能让攻击者有机会躲过智能处理过程的识别和过滤，从而达到攻击目的。在这种情况下，智能与低能相当。因此，物联网的中间件层需要高智能的处理机制。
- 灾难控制和恢复：如果智能水平很高，可以识别并处理恶意数据和指令。但再好的智能也存在失误的情况，特别是在复杂的物联网环境中，即使失误概率非常小，由于处理过程的数据量非常庞大，因此失误的情况也会存在。在攻击者成功入侵后，如何将攻击所造成的损失降到最低程度并尽快从灾难中恢复，是物联网中间件层的另一个重要问题，也是一个重大挑战。

2. 应用服务层安全问题

应用服务层涉及综合的或有个体特性的应用业务，采用前面中间件层的解决方案可能仍然无法解决应用服务层的特殊安全问题。应用服务层安全问题主要涉及以下几方面。

- 不同访问权限访问同一数据库时的内容筛选决策：物联网需要根据不同应用需求对数据分配不同的权限，而且用不同权限访问同一数据可能得到不同的结果。例如，道路交通监控视频数据在用于城市规划时只需要很低的分辨率，因为城市规划需要的是交通堵塞的大概情况；当该数据用于交通管制时就需要清晰一些，因为需要知道交通的实际情况，以便能及时发现哪里发生了交通事故，以及交通事故的基本情况等；当该数据用于公安侦查时可能需要更清晰的图像，以便能准确识别汽车牌照等信息。因此，如何以安全方式处理信息是应用中的一项挑战。
- 用户隐私信息保护及正确认证：随着个人和商业信息的网络化，特别是物联网时代，越来越多的信息被认为是用户隐私信息。例如，移动用户既需要知道其位置信息，又不愿意非法用户获取该信息；用户既需要证明自己合法使用某种业务，又不想让他人知道自己在使用某种业务；对患者进行急救时既需要及时获得该患者的电子病历信息，又要保护该病历信息不被非法获取；许多业务需要匿名执行，如网络投票。很多情况下，用户信息是认证过程的必需信息，如何对这些信息提供隐私保护是一个具有挑战性的问题，但又是必须要解决的问题。

- 信息泄露追踪：在物联网应用中，涉及很多需要被组织或个人获得的信息，如何了解已知人员是否泄露相关信息是需要解决的另一个问题。例如，医疗病历的管理系统需要患者的相关信息来获取正确的病历数据，但又要避免该病历数据与患者的身份信息相关联。在应用过程中，主治医生知道患者的病历数据，这种情况下对隐私信息进行保护有一定的困难，但可以通过密码技术掌握医生泄露病人病历信息的证据。
- 计算机取证分析：在使用互联网的商业活动中，特别是在物联网环境的商业活动中，无论采取什么技术措施，都难免恶意行为的发生。如果能根据恶意行为所造成后果的严重程度给予相应的惩罚，那么就可以减少恶意行为的发生。这需要收集相关证据，因此，计算机取证就显得非常重要，但有一定的技术难度，主要是因为计算机平台种类太多，包括多种计算机操作系统、虚拟操作系统、移动设备操作系统等。

11.5.2 物联网中间件

1. 中间件概述

（1）中间件的基本概念

中间件是用于连接软件组件和应用的计算机软件，它包括一组服务，以便于在一台或多台机器上的多个软件通过网络进行交互。中间件在操作系统、网络和数据库之上，在应用软件的下层，中间件的作用是为上层的软件提供运行与开发的环境，帮助用户灵活、高效地开发应用软件。中间件是基于分布式处理的软件，最突出的特点是其网络通信功能。

（2）中间件的特点及分类

中间件的优点是它可以满足许多软件的需要，可以运行于多种硬件和平台上，支持区分应用或服务的交互功能，支持协议和接口。其缺点是中间件遵循的一些原则离实际还有很大差距。

中间件大致可分为终端仿真/屏幕转换中间件、数据访问中间件、消息中间件、对象中间件等。

2. RFID 中间件安全

RFID 中间件安全存在以下问题。

- 数据传输：RFID 数据在经过网络层传播时，入侵者很容易对标签信息进行截获和破解、篡改、重放攻击、数据演绎，以及 DoS 攻击。
- 身份认证：当大量伪造的标签数据被发往阅读器时，阅读器会消耗大量的能量处理虚假的数据，而真实的数据被隐藏、不被处理，甚至可能会引起拒绝服务式攻击。
- 授权管理：不同的用户只能访问已被授权的资源，当用户试图访问未授权的 RFID 中间件服务时，必须对其进行安全访问控制，限制其行为在合法的范围之内。

物联网的中间件处于物联网的集成服务器端和嵌入式设备中。服务器端中间件被称为物联网业务基础中间件，一般是基于传统的中间件来构建的。嵌入式中间件可以支持不同通信协议的模块和运行环境。中间件的特点是它固化了很多通用功能，但在具体应用中多半需要二次开发来实现个性化的业务需求，因此所有物联网中间件都需要提供快速开发工具。

在 RFID 中物联网中间件具有以下特点。
- 应用架构独立：物联网中间件介于 RFID 读写器与应用程序之间却又独立于它们之外。
- 分布数据存储：RFID 最主要的目的在于将实体对象转换为信息下的虚拟对象，因此，数据存储与处理是 RFID 最重要的功能。
- 数据加工处理：物联网中间件通常采用程序逻辑及存储转发的功能来提供顺序的信息，具有数据设计和管理的能力。

RFID 中间件的物理连接结构如图 11-9 所示。

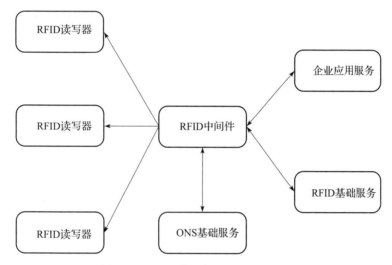

图 11-9　RFID 中间件的物理连接结构

11.5.3　Web 安全

1. Web 简介

Web 是一种体系结构，是 Internet 提供的一种界面友好的信息服务。Web 上的海量信息由彼此关联的文档组成，这些文档被称为主页或页面，它们是一种超文本信息，而使其连接在一起的是超链接。通过 Web 可以访问遍布于 Internet 主机上的链接文档。

Web 具有 5 个特点：图形化且易于导航、与平台无关、分布式的、动态的、交互的。

2. Web 安全威胁

网络上的安全威胁与攻击多种多样，依照 Web 访问的结构，可将其分为对 Web 服务器的安全威胁、对 Web 客户机的安全威胁和对通信信道的安全威胁三类。

（1）对 Web 服务器的安全威胁

对于 Web 服务器上的漏洞，可以从以下几方面考虑。
- 在 Web 服务器上的机密文件或重要数据放置在不安全区域，被入侵后很容易得到。

- 在 Web 服务器的数据库中保存着有价值的信息，如果数据库安全配置不当，很容易泄密。
- Web 服务器本身存在一些漏洞，易被黑客利用并入侵系统，破坏一些重要的数据甚至造成系统瘫痪。
- 程序员有意或无意地在系统中遗漏 Bug，给黑客创造条件。

（2）对 Web 客户机的安全威胁

现在网页中的活动内容已被广泛应用，活动内容的不安全性是对客户机的主要威胁。网页的活动内容是指在静态网页中嵌入的对用户透明的程序，当用户使用浏览器查看带有活动内容的网页时，会自动下载并在客户机上运行这些应用程序，如果这些程序被恶意使用，则可以窃取、改变或删除客户机上的信息。

（3）对通信信道的安全威胁

Internet 是连接 Web 客户机和服务器通信的信道，是不安全的。例如，嗅探程序可对信道进行侦听，窃取机密信息，存在着对保密性的安全威胁。未经授权的用户可以改变信道中的信息流传输内容，造成对信息完整性的安全威胁。

11.5.4 数据安全

1. 数据主权问题

物联网中，可以非常方便地将数据从一个平台传输到另一个平台，从一个服务商传输到另一个服务商，甚至进行跨国界的传输。假设 A 国家的用户使用了 B 国家服务商提供的服务，但是数据却保存在 C 国家的数据中心。如果在这种情况下出现法律纠纷，那么会出现一个非常关键和现实的问题，即该服从哪个国家的法律。无论是从国家安全角度还是从法律保护个人隐私的角度来说，数据的监管都是非常重要的。物联网中的一个挑战就是如何在不影响国际合作的条件下在国家层面实施这些保护政策，一种解决方法是通过法律框架在国家之间推动自由贸易。20 世纪可以允许货物和服务交换，而 21 世纪需要允许数据以同样的方式来交换。如果没有相对自由的信息流动，那么物联网所能带来的大部分好处都将无法得到充分实现。因为不同的国家都可能会声称对数据拥有司法权或者访问权，这会让物联网数据服务提供商陷入两难的境地。要实现数据的流通，就需要调整一些与信息存储和传输相关的国家法律。与制定传统法律相比，较大的区别是在做这些调整时，需要在国际上进行统一的协调，无论是通过双边的贸易协定还是多边的区域性或全球性的贸易协定，都可以有多种方式来实现这一目标。关键是要用全球化的视野来认真对待信息生态系统的构建，只有这样才能充分体现物联网数据服务给经济带来的各种好处。

2. 数据立法问题

在物联网时代，数据就是数字经济的流通货币。从电子邮件、社交网络到互联网搜索，数据已成为我们每天生活、工作的基础。正是因为数据的重要性，全球各国的政策制定者都在寻求如何在信息时代规范数据保障的法律。一个比较棘手的问题是如何在保护数据的同时更为有效地共享数据。这个问题随着物联网时代的到来而变得更为明显和紧迫。物联网中的应用和服务对于一个可预测的和安全的信息生态系统具有很强的依赖性。在过去的 20 年中，我们看到许多公共政策都疲于应付由于技术创新带来的各种问题。物联网目前还处于初级阶段，这为我们提供了一个很好的重新评估和修正政策的机会。对于很多在模拟时代建立的法律法规而言，物联网的到来提出了很多挑战。

3. 虚拟化数据安全

对于由物联网感知层收集到的海量数据，可以使用虚拟化存储技术。虚拟化存储把多个存储介质模块通过一定的手段集中起来，使所有存储模块在一个存储池中得到统一管理，为使用者提供大容量、高数据传输性能的存储系统。通过资源池的方式对计算机处理器和存储进行虚拟管理，可以大大提高资源的使用率。另外，存储虚拟化还可以降低成本和复杂性，并提供前所未有的灵活性和选择，可以将高效信息流延伸到服务的边界之外，改善横向的通信和协作，推动高效计算服务的增长，为物联网的应用打下坚实基础。存储资源虚拟化早在 2002 年就被国内一些 IT 媒体列为最值得关注的技术之一，时至今日，可以看到它在存储方面的广泛应用，小到数据块、文件系统，大到磁带库、各种主机服务器和阵列控制器。存储虚拟化并不像几十年前刚出现时是一个虚拟化的概念，今天，它代表了一种实实在在的领先技术。它甚至是继存储区域网络（SAN）之后的又一次新浪潮。

存储虚拟化是指通过将一个（或多个）目标服务或功能与其他附加的功能集成，提供有用的全面功能服务。典型的虚拟化包括：屏蔽系统的复杂性，增加或集成新的功能，仿真、整合或分解现有的服务功能等。虚拟化作用在一个或者多个实体上，而这些实体则是用来提供存储资源或服务的。

存储虚拟化是一个抽象的定义，它并不能够明确地指导用户如何去比较产品及其功能。这个定义只能用来描述一类广义的技术和产品。存储虚拟化同样也是一项抽象的技术，几乎可以应用于存储的所有层面：文件系统、文件、块、主机、网络和存储设备等。

4. 数据容灾

所谓容灾，就是为了防范由于各种灾难造成的信息系统数据损失的一项系统工程。容灾的实质就是结合企业数据安全、业务连续、投资回报等需求制定适合企业自身的容灾系统，制定合理的灾难恢复计划，在突发式灾难发生时快速恢复系统。影响信息系统安全的因素是多方面的，需要采用不同的技术手段来解决。通常，把正常情况下支持日常业务运作的信息系统称为生产系统，而其地理位置则称为生产中心。当生产中心因灾难性事件（如火灾、地震等）遭到破坏时，为了迅速恢复生产系统的数据、环境，以及应用系统的运行，保证系统的可用性，就需要异地容灾系统（其地理位置称为灾备中心）。建立灾备中心可以应对绝大部分的灾难（包括火灾、自然灾害、人为破坏等意外事件）。除了从容面对上述突发式灾难的威胁之外，一个完备的容灾系统还应该能够处理各种渐变式灾难，能够从病毒损害、黑客入侵或者系统软件自身的错误等导致的数据丢失的状况下，快速重建生产中心。说到容灾，人们自然会想到备份。企业关键数据丢失会中断企业的正常商务运行，造成巨大经济损失，容灾和备份都是保护数据的有效手段。无论是采用哪种容灾方案，数据备份还是最基础的，没有备份的数据，任何容灾方案都没有现实意义。但容灾不是简单的备份，真正的数据容灾就是要避免传统冷备份的先天不足，它能在灾难发生时，全面、及时地恢复整个系统。由于容灾所承担的是最关键的核心业务,其重要性毋庸置疑,这也决定了容灾不仅是一项技术,而是一个工程。

数据库级容灾方式具有如下技术特点和优势。
- 在容灾过程中,业务中心和备份中心的数据库都处于打开状态,所以,数据库容灾技术属于热容灾方式。
- 可以保证两端数据库的事务一致性。
- 仅仅传输 SQL 语句或事务,可以完全支持异构环境的复制,对业务系统服务器的硬件和操作系统种类及存储系统等都没有要求。
- 由于传输的内容只是重做日志或者归档日志中的一部分,所以对网络资源的占用很小,可以实现不同城市之间的远程复制。

数据库级容灾具有以下缺点。
- 对数据库的版本有特定要求。
- 数据库的吞吐量太大时,其传输会有较大的延迟,当数据库每天的吞吐量达到 60GB 或更大时,这种方案的可行性较差。
- 实施的过程中可能会有一些停机时间来进行数据的同步和配置的激活。
- 复制环境建立起来以后,对数据库结构上的一些修改需要按照规定的操作流程进行,有一定的维护成本。
- 数据库容灾技术只能作为数据库应用的容灾解决方案,如果需要其他非结构数据的容灾,还要以其他容灾技术作为补充。

11.5.5 云计算安全

1. 云计算概述

云计算为众多用户提供了一种新的高效率计算模式,兼有互联网服务的便利、廉价等特点。云计算的出现不仅改变了计算机的使用方法,也影响了人们的日常生活。在云计算时代也许所有家电控制将由云端完成,而不用在每一个系统中植入计算机芯片,系统功能的升级和定制将通过云端的服务器完成,因此家电的智能将得到进一步的提高。浏览器并不是云计算所必需的,许多非浏览器设备同样可以享受云计算系统的服务。云计算安全建立在传统的云计算架构之上,要用传统的安全技术手段来保障云服务的运行。

云计算具备如下几个特征。
- 软件及硬件都是资源:软件和硬件资源都可以通过互联网以服务的形式提供给用户。在云计算模式下,不需要关心数据中心的构建,也不需要关心如何对这些数据中心进行维护和管理,只需要使用云计算中的硬件与软件资源即可。
- 资源都可以根据需要动态配置和扩展:云计算中的硬件与软件资源,都可以通过按需配置来满足客户的业务需求。云计算资源都可以动态配置及动态分配,并且这些资源支持动态扩展。
- 功能分布式和数据共享式:功能分布式一般分为两种形式,一种形式是计算机集群,另一种形式是地域上的分布式。计算过程中需要在不同的计算功能模块之间共享数据。
- 按需使用资源,按用量付费:用户通过互联网使用云计算提供商提供的服务时,只需要为使用的那部分资源进行付费，即使用了多少就付多少费用，而不需要为不使用的资源付费。

2. 云计算安全问题

（1）虚拟化安全问题

利用虚拟化带来的可扩展性有利于增强在基础设施、平台、软件层面提供多租户云服务的能力，但虚拟化技术也会带来以下安全问题。如果物理主机受到破坏，由于存在和物理主机的交流，其所管理的虚拟服务器有可能被攻克，若物理主机和虚拟机不交流，则可能存在虚拟机逃逸。如果物理主机上的虚拟网络受到破坏，由于存在物理主机和虚拟机的交流，以及一台虚拟机监控另一台虚拟机的场景，会导致虚拟机受到损害。计算环境中也存在用户到用户的攻击，虚拟机和物理主机的共享漏洞有可能被不法之徒利用。如果物理主机存在安全问题，那么其上的所有虚拟机都可能存在安全问题。

（2）数据集中的安全问题

用户的数据存储、处理、网络传输等都与云计算系统有关，包括如何有效存储数据以避免数据丢失或损坏、如何避免数据被非法访问和篡改、如何对多租户应用进行数据隔离、如何避免数据服务被阻塞、如何确保云端退役数据的妥善保管或销毁等。

（3）云平台可用性问题

用户的数据和业务应用处于云平台遭受攻击的问题系统中，其业务流程将依赖于云平台服务连续性、SLA 和 IT 流程、安全策略、事件处理和分析等。另外，当发生系统故障时，如何保证用户数据的快速恢复也成为一个重要问题。

（4）云平台遭受攻击的问题

云计算平台由于其用户、信息资源的高度集中，容易成为黑客攻击的目标，由此拒绝服务造成的后果和破坏性将会明显超过传统的企业网应用环境。

（5）法律风险

云计算应用地域弱、信息流动性大，信息服务或用户数据可能分布在不同地区甚至是不同国家，在政府信息安全监管等方面存在法律差异与纠纷。同时，虚拟化等技术引起的用户间物理界限模糊可能导致的司法取证问题也不容忽视。

3. 云计算与云安全

云安全（Cloud Security）紧随云计算出现，它是网络时代信息安全的最新体现，融合了并行处理、网格计算、未知病毒行为判断等新兴技术和概念，通过大量网状的客户端对网络中软件行为的异常监测，获取互联网中木马和恶意程序的最新信息，并将其发送到服务器端进行自动分析和处理，再把病毒和木马的解决方案分发到每一个客户端。未来杀毒软件将无法有效处理日益增多的恶意程序。来自互联网的主要威胁正在由计算机病毒转向恶意程序及木马，在这样的情况下，原有的特征库判别法显然已经过时。应用云安全技术后，识别和查杀病毒不再仅仅依靠本地硬盘中的病毒库，而是依靠庞大的网络服务，实时进行采集、分析以及处理。

云安全的策略构想是：整个互联网就是一个巨大的"杀毒软件"，参与者越多，每个参与者就越安全，整个互联网也就越安全。因为如此庞大的用户群足以覆盖互联网的每个角落，只要某个网站被挂马或某个新木马病毒出现，就会立刻被截获。云安全发展迅速，卡巴斯基、McAfee、Symantec、江民科技、Panda、金山和360安全卫士等都推出了云安全解决方案。

所谓云安全，主要有以下两个方面的含义。

- 云自身的安全保护，也称为云计算安全，包括云计算应用系统安全、云计算应用服务安全和云计算用户信息安全等，云计算安全是云计算技术健康可持续发展的基础。
- 使用云的形式提供和交付安全。云计算技术在安全领域的具体应用，也称为安全云计算，就是基于云计算的通过采用云计算技术来提升安全系统服务效能的安全解决方案。

目前针对云安全的研究方向主要有3个。

- 云计算安全：主要研究如何保障云自身及其上的各种应用的安全，包括云计算平台系统安全、用户数据安全存储与隔离、用户接入认证、信息传输安全、网络攻击防护和合规审计等。
- 安全基础设置的云化：主要研究如何采用云计算技术新建、整合安全基础设施资源、优化安全防护机制，包括通过云计算技术构建超大规模安全事件、信息采集与处理平台，实现对海量信息的采集、关联分析、提升全网安全态势把控及风险控制能力等。
- 云安全服务：主要研究各种基于云计算平台为客户提供的安全服务，如防病毒服务等。

11.6 本章小结

随着物联网的迅速发展，各种安全问题也层出不穷。仅凭借传统的安全手段和技术已经远远无法满足物联网的发展。回顾物联网简短的发展史，每一次技术的发展都会带动物联网信息安全的进步。因此，物联网与物联网信息安全之间是相辅相成的。在面对新一轮的物联网技术的发展时，应该改变传统技术的思想，拓展思路，发展多项更灵活、更适合物联网的信息安全技术。让物联网的发展更加迅速，提高物联网的安全程度，真正实现万物互联的美好愿景！

习题

1. 什么是物联网？物联网与互联网有什么本质区别？
2. 简述物联网的体系结构，并画出结构图。
3. 描述物联网安全的架构，并进行说明。
4. 物联网安全与传统网络安全有哪些区别？
5. 描述物联网感知层安全的概念。
6. 描述什么是RFID安全，并说明其会受到哪些安全威胁。
7. 什么是无限传感器网络？

8. 无线传感器的安全需求主要体现在哪些方面？
9. 什么是物联网终端系统安全？
10. 请简要描述嵌入式系统的攻击层次。
11. 嵌入式系统的经典结构是什么？
12. 手机病毒的一般特性是什么？
13. 安全的手机操作系统的特征是什么？
14. 请描述什么是物联网网络层安全。
15. 物联网网络层安全的特点是什么？
16. 请描述什么是物联网应用层安全。
17. 什么是物联网中间件？
18. 什么是数据安全？

第 12 章

智慧城市与信息安全

智慧城市信息安全建设的首要任务是做好顶层设计,要对城市信息安全面临的挑战进行深入分析,规划"智慧城市"信息安全体系的蓝图,制定相关的法律法规、政策文件规范,为城市安全和城市管理提供保障,构建大数据时代智慧城市安全体系,建立等级保护与分级保护结合的统一部署和测评机制,构建城市的信息安全基础设施。同时要特别重视解决"新型信息技术"应用过程中的安全治理问题,如物联网、云计算、移动互联网等新技术在智慧城市建设中的安全、可靠问题等,避免造成严重事故和危害。因此需要针对智慧城市建设中安全要求的特殊性,对智慧城市建设中的信息安全技术和管理等问题进行研究分析、归纳总结和推广应用。智慧城市建设中的信息安全关系到城市安全、社会安全、政府安全等重要方面,一旦某方面出问题,后果将不堪设想。信息安全建设必须在智慧城市建设中有所体现,在规划的边界处更需要重点划分安全界限,保障国家、政府、用户的安全。

12.1 智慧城市基本概念

智慧城市最早于 2009 年由 IBM 在《智慧的城市在中国》白皮书中提出,它是基于新一代信息技术的应用。白皮书中对智慧城市基本特征的描述主要体现在全面物联、充分整合、激励创新、协同运作四个方面。

党的十九大报告明确提出建设智慧社会、智慧城市作为其中一个子项目,各媒体均提出自己的解读。《创新 2.0 视野下的智慧城市》认为智慧城市是新一代信息与通信技术支撑,是知识社会下一代创新(创新 2.0)环境下的城市形态。有两种驱动力推动智慧城市的逐步形成,一是以物联网、云计算、大数据、移动互联网为代表的新一代信息技术,二是知识社会环境下逐步孕育的开放的城市创新生态。前者是技术创新层面的技术因素,后者是社会创新层面的社会经济因素。《创新 2.0 视野下的智慧城市》把智慧城市的四大特征总结为全面透彻的感知、宽带泛在的关联、智能融合的应用以及以人为本的可持续创新。

智慧城市就是运用信息和通信技术手段感知、存储、分析、整合城市运行核心系统的各项关键信息,从而对包括民生、环保、公共安全、城市服务、工商业活动在内的各种需求做出智能响应。智慧城市是一种全新的城市建设和管理形态,将整个城市的所有信息融合到一个统一平台，为用户提供各种各样的智慧服务，整个城市就是一个巨大的信息环境。智慧城市的体系结构和建设目标决定了智慧城市具有开放性、移动化、集中化、协同化以及高可渗透性等特性。

智慧城市的特点彰显了智慧城市的"智慧"，但是从信息安全的角度来看，这些特点恰恰给智慧城市带来了不可估量的安全隐患。因此在智慧城市建设过程中必须重视信息安全的建设和管理，为智慧城市健康运行保驾护航。

12.2 智慧城市建设目标

智慧城市作为一种新型的城市建设和管理模式，采用了物联网、云计算、人工智能、大数据分析等新一代信息技术，基于信息全面感知、可靠传输、有效融合、智慧应用的方式使得城市的发展更科学、管理更高效、生活更美好。

智慧城市总体目标是以新时代中国特色社会主义思想为指导，深入贯彻新发展理念，坚持以人为本的发展思想，充分发挥城市智慧型产业优势，利用先进技术，推进信息网络综合化、物联化、智能化，加快推进智慧型城市建设管理、公共服务、城市交通、环境监控等领域建设，全面提高城市资源利用率、城市治理效率和市民生活水平，将城市建设为一个基础设施先进、数据开放与融合、科技应用普及、生态环境优美、惠及全体市民的新型智慧城市。

例如，山东省临沂市围绕"优政、惠民、兴业、强基"，加快建设以人为本、需求引领、数据驱动、特色发展的新型智慧城市，全面推动城市治理体系和治理能力现代化，科学把握新发展阶段，加快构建新发展格局，推动经济社会高质量发展，统筹推进智慧城市建设，切实提升群众的幸福感、获得感，打造"社会主导、政府指导、全员参与"的新型智慧城市建设新模式。

12.3 智慧城市体系结构

智慧城市的体系结构一般可以划分为感知层、网络层、数据层和应用层四个层面，如图 12-1 所示。

感知层是智慧城市的基础，也是智慧城市的"感官"，主要通过信息传感器、射频识别技术、全球定位系统、红外感应器、激光扫描器等各种装置和技术，实时采集任何需要监控、链接、互动的城市基础设施。

网络层负责网络传输，将感知层的数据传输到数据层，是智慧城市重要的基础设施，主要完成所有感知控制网络的接入，同时提供安全、可靠、准确、及时的数据传输，实现更全面的互联互通。

数据层将感知层感知到的数据存储到数据库中并进行管理，为智慧服务的实现提供基本保障。运用数据存储技术、大数据分析技术和云数据库保障数据的安全性、完整性和可用性，为智慧城市的服务提供强大的计算和存储能力。

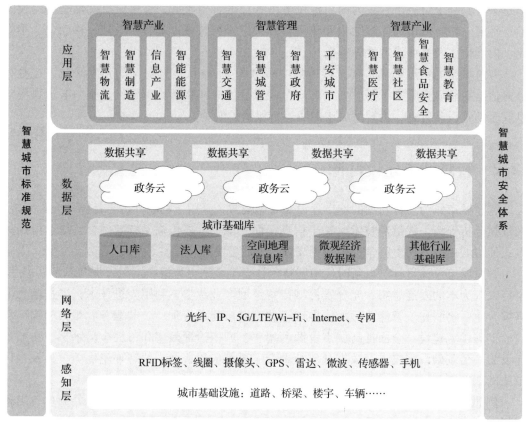

图 12-1　智慧城市体系结构

应用层融合数据层存储的数据，为政府、企业和个人提供多样化的智慧服务。建设智慧城市统一服务平台，实现各类信息资源之间的互联互通，为智慧服务提供标准 API 供服务调用，提供统一的业务展现门户和管理平台，提供优质的服务。

12.3.1　智慧城市感知层

感知层主要负责收集数据，是智慧城市实现智慧服务的基本条件。通过 RFID、传感器、GPS 终端、摄像头等各种信息采集设备对城市范围内的公共基础设施、大气环境、公共安全等进行全面感知。公共感知设备和技术的使用为智慧城市的数据来源提供了可靠保障。感知层是人类感知器官的感知延伸，它扩大了人的感知范围、增强了人的感知能力，极大地提高了人类对外部世界的认知水平。智慧城市的感知方式包括身份感知、位置感知、多媒体感知和状态感知，通过这些感知方式推动信息从汇聚阶段向人与物之间的协同感知和泛在融合阶段迈进。在这个过程中会存在节点俘获、数据伪造、病毒等危害公共信息安全的安全问题。

- 身份感知：通过条形码、RFID、智能卡、信息终端等对物体的位置、身份及特征进行标识。
- 位置感知：利用定位系统或无线传感器网络技术对物体的绝对位置和相对位置进行感知。

- 多媒体感知：通过录音和摄像等设备对物体的表面特征及运动状态进行感知。
- 状态感知：利用各种传感器及传感网对物体的状态进行动态感知。

12.3.2 智慧城市网络层

网络层主要负责网络传输，是智慧城市重要的基础设施。网络层一方面将感知层的数据传输到数据层，另一方面负责向用户传输智慧服务，是提升智慧城市社会认可度的关键一环。

智慧城市网络层建设的主要目的是提供具有"宽带、无线、泛在、融合"特征的智慧一体化网络。智慧城市对网络的要求不仅在于更高的宽带速度、更便捷的接入方式，还要求能够实现人与物、物与物之间的高速可靠互联。智慧城市网络层的最终目标是建设智慧一体化的城市网络基础设施。

智慧城市网络层可以分为传输层和接入层，以互联网、电信网、广播电视网以及城市专用网作为骨干传输网络，以覆盖全城的无线网络（如 Wi-Fi）、移动 5G 网络为主要接入网，组成网络通信基础设施，完成感知控制网络的接入，同时提供安全、可靠、准确、及时的数据传输，实现更全面的互联互通。网络层面临的安全问题包括通信双方的身份认证、密钥管理、入侵防护等问题。

12.3.3 智慧城市数据层

数据层主要负责数据的存储、管理和融合，为智慧服务的实现提供基本保障。感知层感知到的信息通过网络层传输，以一定的格式存储在数据层。运用数据存储技术、大数据分析技术和云数据库进行数据存储、分析和处理，保障数据的安全性、完整性和可用性。数据存储采用分级存储机制，根据数据的使用频度将数据存储到不同的硬件设备上，采取数据备份和冗余机制等手段防止发生意外情况导致数据不可用。大数据时代，数据量本身就非常大，数据融合之后规模急剧膨胀，数据量会呈现爆炸式增长，云计算技术是解决大数据环境下数据算力问题的有效方式。云计算是网格计算、分布式计算、并行计算、效用计算、网络存储、虚拟化、负载均衡等传统计算机技术和网络技术发展融合的产物，它能够为数据融合提供技术保障，也能够极大地提高数据处理的速度。智慧城市的数据层面临的安全问题异常严峻，不仅包含传统的数据库存储和管理技术的安全问题，还包括云计算和大数据技术应用所带来的安全问题。云计算从效率上看无疑是高效的，但是目前针对云计算本身的安全问题尚未形成一套完整的、有效的解决方案。对于大数据而言，数据安全不仅包括大数据本身的安全问题，还包括大数据处理平台的安全问题，以及如何利用大数据发现安全隐患的问题。

12.3.4 智慧城市应用层

应用层为政府、企业和个人提供多样化的智慧服务，是智慧城市的外在表现形式，包括建设智慧城市统一服务平台，实现各类信息资源之间的互联互通，为智慧服务提供标准 API 供服务调用，提供统一的业务展现门户和管理平台，提供优质的服务。智慧城市应用系统涉及交通、医疗、政务、教育、安防等领域，通过融合数据层存储的数据实现各自的业务功能。对于社会、市民而言,应用层的各种各样的智慧应用才是衡量智慧城市建设成果的唯一标准。

智慧城市的应用层采用的主要技术包括数据挖掘、人工智能、机器学习、图像识别等数据分析技术。在开发各种智慧应用时不可避免地要面临安全问题,主要表现为数据的非法访问、隐私数据的泄露、APT 攻击等。通常采用的安全防护措施包括访问控制、隐私保护、入侵检测等。

12.4 智慧城市安全挑战

大数据的发展使数据成为智慧城市中最重要的服务资源。这些资源将通过多种方式以第三方服务的形式服务大众,这与数据只为其所有者使用的传统信息系统有明显的区别,它需要周密地设计数据服务与计量方式,更需要有强大的信息安全保障能力,以全方位保证数据的机密性、可用性和完整性。

以新一代信息技术为特点的智慧城市信息系统改变了传统信息系统架构,并将打破传统信息系统的网络边界,从相对孤立的信息系统向互联互通、数据共享以及全面的物联网方向发展,使城市具备更透彻的感知、更全面的互联、更深入的智能。这些特性决定了智慧城市信息安全的重点将不再仅是对数据中心的保护,也为智慧城市中传统信息安全体系带来了多方位的挑战。

随着智慧城市的发展,一方面城市的运行越来越依赖于智慧城市信息系统的稳定,如果智慧城市信息系统不足够强壮,则一旦遭到破坏或出现故障将可能会使城市运行受到很大的影响,甚至可能会使城市运行陷入瘫痪。另一方面,智慧城市信息系统的重要性和极高的信息资产价值有越来越多的信息安全威胁,这些威胁对城市运行的影响也越来越大。一旦出现重大安全问题,后果将是灾难性的。

12.4.1 基础设施安全

近年来勒索病毒事件时有发生,勒索软件具有如下主要特征:一是采用了加密技术(例如 RSA)实现对用户系统、网络的加密和解密,以及支付形式的密码化(例如,比特币);二是直接损害信息或数据的可用性的同时,也不完全排除入侵或在无法实现获取赎金(财物)的"营利目的"时实施的窃取、破坏等危害保密性、完整性的行为,基于勒索行为实施得"成功"与否,决策如何进一步实施危害行为。如获取赎金的,可能解密、解锁,也可能窃取数据;未获取赎金的,则可能损毁、窃取数据或者披露用户敏感信息;部分勒索实施行为甚至无论是否获取赎金,均会窃取、损毁数据。2020 年的勒索病毒攻击比以往更猛烈,大到企业小至个人,都无时无刻不遭受着黑客们的攻击,"千万赎金"事件不断上演,新的病毒不断涌现,旧的病毒不断变种。

2020 年 3 月,特斯拉、波音、洛克希德·马丁公司和 SpaceX 等行业巨头的精密零件供应商,总部位于科罗拉多州丹佛的 Visser Precision 遭受勒索软件 DoppelPaymer 攻击,黑客泄露了 Visser Precision 与特斯拉和 SpaceX 签署的保密协议。

2020 年 4 月,Ragnar Locker 勒索软件操作者声称窃取了超过 10TB 的公司敏感文件,并威胁 EDP 公司，除非支付赎金（1580 BTC，约为 1090 万美元或 990 万欧元），否则将泄露所有被盗数据。据了解，这些机密信息包括合同、账单、计费程序、交易记录、客户信息、员工信息等。

2020 年 12 月，印度电子商务支付系统和金融技术公司 Paytm 被勒索软件攻击，遭受了大规模的数据泄露，其电商网站 Paytm Mall 的中心数据库被入侵，黑客在向 Paytm Mall 索要赎金的同时，并未停止在黑客论坛上出售其数据。

勒索软件的制作成本较低，多数情况下不需要增加投入就可进行持续攻击，而被加密的往往是企业、个人的机密数据，有些关键敏感数据甚至是企业的经济命脉，一旦泄露或被损毁，将造成无法挽回的损失，支付赎金往往成为一种无奈的选择。几十美元甚至几美元的制作成本有时可获得数万美元乃至更多的赎金。

随着云和大数据时代的到来，各行各业纷纷投入数字化转型，信息化、数字化程度越来越高，但同时，极具价值的海量数字化信息也吸引着攻击者们。勒索软件新技术、新功能、新变种层出不穷，越来越多地利用组合模式的传播手段和多种高级技术躲避查杀，致使破解难度越来越大，而且破解速度远远跟不上新病毒的推出速度。勒索病毒在技术上的强大性对实体性基础设施产生了巨大影响。

智慧城市信息系统利用物联网技术与城市的实体性基础设施，如交通运输工具、管线、建筑等相互连接，向市民提供智慧城市的互联网应用。这样一来，传统的信息安全威胁将波及实体性基础设施，可以借信息系统侵害实体性基础设施的安全。传统城市管理体系中处于隔离状态的工业控制系统，在智慧城市体系下必然会与外界发生通信与信息交换。针对工业控制系统的攻击已经开始，而专门的防御手段仍处于空白状态。

然而，物联网的应用往往是行业性的，一旦出现问题也将是全局性的。互联网出现问题损失的是信息，可以通过信息的加密和备份来降低甚至避免损失；物联网是与物理世界打交道的，无论是智能交通、智能电网、智能医疗还是桥梁检测、灾害监测，一旦出现问题就会涉及生命财产的损失。若物联网在系统结构上存在严重的安全问题，那么危害就会从信息世界直接蔓延到物理世界，给人们带来严重的生命财产损失。

智慧城市是把新一代信息与通信技术充分运用在城市的各行各业之中的基于知识社会下一代创新（创新 2.0）的城市信息化高级形态。新一代信息与通信技术是智慧城市的典型特征之一，然而新一代信息与通信技术也存在信息安全的脆弱性。另外，在智慧城市中，各类系统的高度集成以及新一代通信网络的方便接入特性，使智慧城市的信息基础设施安全暴露出更大的危害性，需要持续加强对以物联网、云计算、大数据、第 5 代无线通信技术等为代表的新一代信息与通信技术安全性的研究，开发合适的安全措施以保证智慧城市的安全运行和发展。

12.4.2 智慧城市感知层安全

智慧城市感知层采用了物联网技术，物联网拥有大量、多样化的感知设备（传感器、智能家电、嵌入式系统等）的"感知端"，这些"感知端"由多样化的自组织网组成，包括现场总线、无线局域网、楼域网、园区网等。物联网连接和处理的对象主要是机器或物以及相关的数据，其"所有权"特性导致物联网对信息安全的要求比以处理"文本"为主的互联网要高,对"隐私权"保护的要求也更高。由于"感知端"处于公开、暴露、移动、野外等复杂的环境中,感知设备安全防护能力脆弱,认证、加密、防控、鉴别、审计等技术并不成熟,更容易出现安全问题。图12-2为物联网安全技术框架。

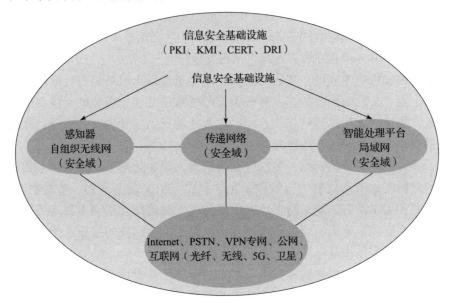

图 12-2　物联网安全技术框架

网络层技术实现更加广泛的互联功能,能够把感知层感知到的信息直接、可靠和安全地进行传送,它需要传感器网络与移动通信技术、互联网技术进行很好的融合。应用层技术主要包含应用支撑平台子层和应用服务子层,应用支撑平台子层用于支撑跨行业、跨应用、跨系统之间的信息管理功能,而应用服务子层则是一个智能处理平台,可以进行诸如智能医疗、智能家居、智能物流等行业应用。公共技术不属于物联网技术的某个特定层面,而是与物联网技术架构的三层都有关联,它包括标识与解析、安全技术、网络管理和服务质量管理。

物联网传感技术的发展是智慧城市发展的技术基础之一,现代的物联网传感技术包括 RFID、智能卡、传感器、红外线感应器、摄像头、GPS 等。物联网感知层具有如下特征:感知单元功能受限,特别是无线传感元器件;感知单元通常以群体为单位与外界网络连接,连接节点称为网关节点(Sink 或 Gateway);外界对感知网内部节点的访问需要通过网关节点;节点之间需要有认证和数据加密机制;网关节点可以不唯一;特殊传感网可能只有一个传感节点,同时也是网关节点。另外,感知层的系统架构具有如下特点:本身组成局部传感网,传感网通过网关节点与外网连接。

智慧城市的感知层一般情况下处于机房以外的社会环境中,有些可能处于野外,有些可能会处于某种运动状态。总之,感知层的传感器等感知节点处于一种欠安全保护状态中,特别是没有很强的物理安全保护。因此感知层会面临着许多复杂的安全威胁,主要包括以下几种。

- 感知层的感知节点被恶意人员屏蔽(影响感知层可靠性)。感知层的一个感知节点被恶意人员捕获,但恶意人员尚未能破解该节点与相邻内部节点的共享密钥。这时恶意人员可以采取屏蔽该节点的办法，使其功能丧失。这种威胁的攻击效果等价于破坏攻击或 DoS 攻击，如果多个节点被屏蔽，可能会影响到剩余节点的连通性。
- 感知层的感知节点被恶意人员控制（恶意人员掌握节点密钥）。感知层的一个感知节点被恶意人员捕获，并且被恶意人员破解该节点与相邻内部节点的共享密钥（包括可能与网关节点的共享密钥），那么经过该节点的所有数据都可以被恶意人员掌握，恶意人员可以伪造数据并将伪造数据传给邻居节点（或网关节点，如果临近网关节点的话）。感知层需要通过信任值和行为模型等方法，识别一个节点是否被恶意人员控制，从而将恶意人员掌握的节点隔离。

感知层的网关节点被恶意人员控制（恶意人员掌握节点密钥）。感知层的网关节点被恶意人员捕获，并且被恶意人员破解该节点的密钥（包括与网络端的共享密钥，以及与内部节点的共享密钥），这种情况很少发生。所有传输给网关节点的数据都可以被恶意人员掌握，恶意人员可以伪造数据通过该网关节点传给网络端，此时的感知层不仅没有任何用途，还有制造假冒数据的可能。因此识别一个传感器网络是否被恶意人员掌控在某些特殊应用中非常重要。

- 感知层的节点（感知节点或网关节点）受到来自网络的 DoS 攻击。通常 DoS 攻击的目标是感知层的网关节点，但如果网关节点能力与感知层内部节点有明显区别，攻击目标也可能是内部某个特殊节点（脆弱但重要）。如何识别区分正常访问和攻击数据包是一个技术挑战，因为节点在识别过程中本身就可能成为 Dos 攻击的牺牲品。
- 接入物联网的超大量传感节点的标识、识别、认证和控制问题。这个问题需要设计好智慧城市物联网感知设备的身份标识、识别方法以及认证和控制机制，而物联网超大量的传感节点与传统网络中的用户身份标识、识别、认证以及访问控制有非常大的区别，而且传感节点的数量非常巨大，同时可能还需要具备物理位置相关信息的安全匹配问题。

综合来看，智慧城市感知层的安全技术需要解决如下安全问题。
- 节点认证：感知层（特别当传感数据共享时）需要节点认证，满足非法节点不能接入。
- 机密性：网络节点之间的数据传输需要机密性保护，防止非法窃听。
- 密钥协商：感知层内部节点进行机密数据传输前需要预先协商会话密钥。
- 信誉评估：一些重要感知层需要对可能被敌手控制的节点行为进行评估，以降低敌手入侵后的危害（某种程度上相当于入侵检测）。
- 安全路由：几乎所有感知层内部都需要不同的安全路由技术。
- 入侵检测：感知层的感知设备往往孤立地存在于其所处的环境，容易被恶意人员入侵，需要设计一套适用于这类物联网感知设备及网络的入侵检测解决方案和技术。
- 轻量级的密码技术：感知层设备一般存在供电难、设备数据存储能力及运算能力有限等条件限制，但是又需要较强的安全保障措施。传统的密码技术已经不适用于这种环境，需要开发一种轻量级的密码技术来支持感知层的安全，包括轻量级的密码算法、轻量级的密码协议、可设定安全等级的密码技术。

12.4.3 智慧城市网络层安全

智慧城市网络层的安全技术挑战主要是由新一代网络通信、云计算网络环境以及物联网所带来的。

1. 新一代网络通信安全技术挑战

新一代网络通信技术是一个建立在 IP 技术基础上的新型公共电信网络，能够容纳各种形式的信息，在统一的管理平台下，实现音频、视频、数据信号的传输和管理，提供各种宽带应用和传统电信业务，是一个真正实现宽带窄带一体化、有线无线一体化、有源无源一体化、传输接入一体化的综合业务网络。

与传统的 PSTN 网络不同，新一代网络通信技术以在统一的网络架构上解决各种综合业务的灵活提供能力为出发点，提供诸如业务逻辑、业务的接入和传送手段、业务的资源提供能力和业务的认证管理等服务。为此，在新一代网络通信技术中，以执行各种业务逻辑的软交换设备为核心进行网络的构架建设。除此之外，业务逻辑可在应用服务器上统一完成，并可向用户提供开放的业务应用编程接口。而对于媒体流的传送和接入层面，新一代网络通信技术将通过各种接入手段将接入的业务流集中到统一的分组网络平台上传送。

新一代网络通信技术网络是一个复杂的系统，无论是网络硬件开发、协议设计还是网络应用软件开发，都不可避免地存在不完善的地方，对于新一代网络通信技术系统来说，其安全隐患表现在以下几个方面。

- 物理设备层面的隐患，包括设备故障、电磁辐射、线路窃听、天灾人祸等。
- 操作系统层面的隐患。操作系统是网络应用的软件基础，负责掌控硬件的运行与应用软件的调度。针对操作系统存在的隐患，恶意人员的攻击手法主要是使用一些现有的黑客工具或自己编制一些程序进行攻击，比如口令攻击。口令攻击的目的是盗取密码，由于用户设置密码过于简单或者容易破解，如 FTP 服务器密码、数据库管理密码、系统超级用户密码等，黑客利用一些智能软件通过简单的猜测就能破解这些口令，从而使用户失去安全保障。
- 应用软件层面的隐患。应用软件在使用过程中，往往被用户有意或无意删除，使其完整性受到破坏。此外，不同应用软件之间也可能相互冲突。有些应用软件在安装时存在文件互相覆盖或改写的情况，从而引起一些不安全的因素。
- 数据库层面的安全隐患。首先，数据库中存放着大量的数据，这些数据可供拥有一定职责和权利的用户共享，但是，很难严格限制用户只得到一些他们必需的和他们权限相当的数据，通常用户可能获得更多的权限和数据。由于数据库被多人或多个系统共享，如何保证数据库的正确性和完整性也是一个问题。其次，数据库系统存在被非法用户侵入的安全风险，数据库本身存在着各种潜在的漏洞，致使一些非法用户利用这些漏洞侵入数据库系统，造成用户数据泄露。比如 SQL Server 数据库系统加密的口令一直都非常脆弱。最后，数据加密不安全性，由于现在不存在绝对不可破解的加密技术，各种加密手段均有一定的不安全性。
- 协议层面的安全隐患。协议的安全隐患主要体现在网络中互相通信的协议本身存在安全方面的不健全,以及协议实现中存在的漏洞问题。在新一代网络通信技术系统中,包含多种多样的协议,主要的协议包括 H.248、SIP、MGCP、H.323、BICC、SigTran 等,正是这些协议促成了各种网络的互通。但每种协议都存在着一些使网络服务中断的隐患。拒绝服务攻击的目的是让正常用户无法使用某种服务,新一代网络具有带宽大的特点,一旦有人发起对某个网络服务的拒绝服务攻击,就可以带来很大的流量,对网络服务造成致命的打击。

2. **云计算网络环境安全技术挑战**

云计算环境中将网络进行了虚拟化,这种虚拟化会带来云网络环境下的安全技术挑战。

- 云计算环境下传统网络安全技术的挑战。随着计算变得无界限,越来越多的恶意攻击者可以轻松避开网络安全措施,并充分利用不断增加的应用和接入点所产生的漏洞。在云计算的建设过程中,尽管其在业务模型或者服务器虚拟化等方面有了革命性的变化,但是其应用系统本身以及用户访问的行为并没有发生本质的变化:服务器业务系统的安全交付、用户访问的安全隔离和控制、网络本身对 DDoS 等恶意流量的攻击防护、病毒蠕虫、恶意代码和钓鱼网站等安全威胁仍然存在。因此,云计算的安全防护首先需要考虑的是如何对这部分常规安全风险进行防护。从这个角度看,传统的防火墙和入侵防御等产品形态仍然适合,而且可以继续借鉴涉及的技术支撑和设备的防护部署思路。当然,在云计算环境下,因为系统流量模型的相对集中,对于安全设备的性能和扩展性等方面有了一些新的要求,系统需要支持更高性能的安全防护,尤其是当安全作为一种服务对外提供的环境下,更需要安全资源池在高性能可扩展方面提供相应的保障。

- 云计算环境下用户身份认证技术的挑战。云计算服务商在对外提供服务的过程中,需要同时应对多租户的运行环境,保证不同用户只能访问企业本身的数据、应用程序和存储资源。用户直接使用云计算环境所提供的服务,而不需要了解"云"中基础设施的细节,不需要具备相关的专业知识,也不需要直接进行控制。在这种情况下,运营商必须要引入严格的身份认证机制,不同的云计算租户有各自的账号、密码管理机制。如果运营商的身份认证管理机制存在缺陷,或者运营商的身份认证管理系统存在安全漏洞,则可能导致企业用户的账号和密码被仿冒,从而使"非法"用户堂而皇之地对企业数据进行窃取。因此保证不同企业用户的身份认证安全,是保证用户数据安全的第一道屏障。

- 云终端安全接入及访问控制技术的挑战。传统的网络安全模型中,针对网络终端用户的安全接入和访问控制已有成熟的解决方案,但是在云计算环境下,对于云端用户的安全接入和访问控制,出现了一些新的要求,特别是在 IaaS 的服务模型出现后,服务商需要为每个用户提供自助服务管理界面,需要针对不同企业或类型的租户提供差异化的用户身份认证管理授权策略,确保"合法"的用户访问正确的服务器,同时也需要在用户访问行为的日志记录和安全事件的报告分析方面提供差异化的解决方案。为此,参与该解决方案的用户认证网关、AAA 认证授权平台在相关的多实例、多域支持方面有更加严格的要求。薄弱的用户验证机制,或者是单因素的用户密码验证很可能产生安全隐患,而云自助服务管理门户的潜在安全漏洞又将导致各种未经授权的非法访问，从而产生新的安全风险。
- 云计算环境的合规性与信息安全审计技术的挑战。企业的核心数据在云计算环境中的存储离不开管理员的操作和审核，如果服务商内部的管理出现疏漏，将可能导致内部人员私自窃取用户数据，从而对用户的利益造成损害。在这种情况下，除了通过技术的手段加强数据操作的日志审计之外，严格的管理制度和不定期的安全检查十分必要。云计算服务供应商有必要对工作人员的背景进行调查，制定相应的规章制度避免内部人员"作案"，并保证系统具备足够的安全操作的日志审计能力，在保证用户数据安全的前提下，满足第三方审计单位的合规性审计要求。

12.4.4 智慧城市数据层安全

智慧城市将运行在大数据模式下，大数据的采集、清理与挖掘工程成为智慧城市的重要信息源头，同时也是智慧城市的重要信息资源。在智慧城市中，信息资源的全局共享和跨域管理尚存在很大差距，很多数据未能做到广泛共享。为了支撑智慧城市大数据的治理和挖掘，需要构建海量数据的云计算服务中心、城市全面感知的物联网工程、移动互联网个性化服务工程、城市宽带网络服务工程、社交网络和微博等，通过综合的信息化管理体系建设以及大数据的治理和挖掘，可以大大提高气候精细预测、灾害预警、交通细微管理和可视化数据挖掘的水平。

1. 数据采集安全挑战

大数据是一把双刃剑，给人们的生活带来便利的同时，也增加了国家信息、企事业单位信息以及个人信息泄露的风险。

2019 年 10 月，Diachenko 和 Troia 在不安全的服务器上发现了向公众公开并易于访问的大量数据，其中包含 4 TB 的 PII（个人可标识信息），大约 40 亿条记录。Troia 和 Diachenko 表示，所有数据集中的唯一身份人员总数已超过 12 亿，这是有史以来单一来源组织最大的数据泄露事件之一。被泄露的数据包含姓名、电子邮件地址、电话号码、LinkedIN 和 Facebook 个人资料信息。

2. 数据传输加密挑战

智慧城市是一个非常复杂的信息系统，每一个环节都存在很多的数据传输过程，包括各式各样的感知层数据传输、数据提供者与应用服务提供商之间的数据传输，还包括应用服务提供商与终端用户的数据传输。通常情况下，数据服务提供商与应用服务提供商之间将根据业务安全保护的需要可能选择传统专业的数据加密设备进行数据传输加密，但是感知层数据传输加密和应用层数据传输加密存在较大的安全挑战。

其中最主要的挑战来源于智慧城市感知层数据传输加密问题。智慧城市的一大特点是需要广泛的物联网支持，而物联网的数据往往是非常重要的，需要强大的安全保护，这就给物联网环境下的数据加密带来了挑战。物联网需要将物品通过各式各样的传感器接入网络，然而物联网的环境却与传统网络的中心机房、用户终端环境有非常大的区别。可以说传统网络环境是"养尊处优"式的计算机环境，而物联网环境将可能是"艰苦奋斗"式的环境。物联网环境区别于传统网络的环境的主要特征有物理安全的保护环境很差、电源获取能力有限、设备（传感器）的数据存储能力和数据处理能力有限等，所有这些特点均对物联网数据的加密带来不同以往的挑战，使物联网数据加密技术必须适应在这种低能耗、低数据处理能力、低数据存储能力以及艰苦的物理环境下进行工作。

另外，感知层的数据传输会根据不同的环境和数据安全要求利用不同的数据传输网络或技术，这些数据传输网络或技术会有很多，包括传统互联网、移动网、专业网络（如国家电力数据网、广播电视网等）、三网融合通信平台（跨越单一网络架构）、其他无线传输技术（如 Wi-Fi、ZigBee、蓝牙、WiMax、3G/4G/5G 无线网络）等。这些技术各自支持的加密协议不同，安全性也存在差异，如何选择一种可靠的数据传输技术或网络或者特定环境下能够支持所需要的网络类型或技术也是一个很大的挑战，比如在偏僻的地方，就可能存在通常的商用网络不支持的情况。

应用层的数据传输加密主要解决用户端到服务端的数据传输加密问题。在当前互联网高度发达的情况下，一般来说，应用层的数据传输加密已经非常成熟，主要的挑战来源于用户终端环境的限制和应用服务开发者对数据传输加密的态度。大部分应用系统与用户的交互采用 Web 通信方式来实现，并没有采用数据加密传输方式来实现，这主要是出于性能和成本方面的考虑，牺牲了数据传输的安全性。因为这种常规 Web 通信通常是以非加密的形式在网络上传播的，很有可能被非法窃听到，尤其是用于认证的口令信息被非法窃听。为了避免这个安全漏洞，就必须对传输过程进行加密。对 HTTP 传输进行加密的协议为 HTTPS，它是通过 SSL 进行 HTTP 传输的协议，不但可以通过公用密钥的算法进行加密以保证传输的安全性，而且可以通过获得认证证书 CA，保证客户连接的服务器不被假冒。SSL 是一种国际标准的加密及身份认证通信协议，一般浏览器都支持此协议。

3. 数据存储加密技术的挑战

传统信息系统的加密技术越来越成熟，不管是数据存储，还是数据传输都有了非常成熟的解决方案。然而到了智慧城市时代，新一代信息与通信技术的使用却给数据加密技术带来了全新的挑战。

在智慧城市中还存在更多的数据技术的挑战，比如数据传输、数据归档等，它们的数据加密问题可能是传统信息系统环境下所不曾遇到的安全技术挑战，这需要在智慧城市建设和运行过程中进行技术创新，并加以解决。

4. 数据安全审计挑战

哪里有数据，哪里就有可能存在隐私泄密、非授权访问或特权用户的不恰当访问，在大数据时代，数据安全的隐患显得更加严重。整个大数据环境和更多传统的大数据管理架构中应该执行相同的合规性要求，没有理由因为技术尚不成熟就减弱数据安全性。事实上，随着大数据环境吸收的数据越来越多，数据将面临极大的存储风险和威胁。

大数据在数据的存储、传输、分析、处理等方面均带来了本质变化，数据量的快速增长为归集、整理、存储及综合利用被审计单位电子数据带来了挑战。一是电子数据高度集成，传统的以审计小组为单位分散审查的审计模式难以有效发挥作用；二是数据量巨大，广泛存在的数字信息不利于审计人员找准审计重点并进行专业判断；三是数据结构复杂，审计人员在短时间内难以全面掌握和了解数据内涵及数据表间的关系；四是数据类型多样，审计人员对非结构化数据进行综合分析和处理的能力有待提高。

大数据审计需要将大数据应用程序和分析集成到一个现有数据安全基础架构中，而不是依赖自己开发的脚本和监控程序，自己开发的脚本和监控程序可能既费力又容易出错，且常常会被滥用。

5. 数据安全存储挑战

大数据的存储采用创建多个数据副本的方法，在多个节点之间将数据变成"碎片"。这意味着在单一节点发生故障时，数据查询将会转向处理资源可用的数据。正是这种能够彼此协作的分布式数据节点集群，才可以解决数据管理和数据查询问题，才使大数据如此不同。

节点的松散耦合带来了许多性能优势，但也带来了独特的安全挑战。大数据内部的数据库并不隐藏自己而使其他应用程序无法访问，大数据将其架构暴露给使用它的应用程序，而客户端在操作过程中与许多不同的节点进行通信。

存储在大数据集群中的数据基本上都保存在文件中。每一个客户端应用都可以维持自己的包含数据的设计，但这种数据是存储在大量节点上的。存储在集群中的数据易于遭受正常文件容易感染的所有威胁，因而需要对这些文件进行保护，避免遭受非法的查看和复制。

6. 数据备份与恢复挑战

大数据已经成为企业拓展业务、提升核心竞争力的手段，如何保存和管理这些有价值的信息，同时实现成本控制和存储资源利用率最大化，成为企业高管和IT经理面临的首要问题。近年来，企业高管和IT经理已经深刻认识到仅通过不断扩大存储容量来进行数据管理是非常被动的，不仅导致高额成本，而且会带来极大风险。因此，数据备份与恢复软件的重要性逐渐被认可，其接受度不断提高。

保存海量数据给智慧城市的存储环境带来的问题之一是如何对这些数据进行有效的保护。PB级别的数据存储在备份窗口方面可能会引发混乱，而传统的备份设计无法处理数以百万的小文件。好消息是并非所有的大数据信息都需要通过传统方式进行备份。在尝试保护大数据存储时，或许会需要容量更大的二级存储系统、额外的带宽以及容纳更多数据备份的窗口。

大数据备份系统所面临的问题之一是每次在备份和归档方案启动时的扫描工作。遗留的数据保护系统会在每次备份和归档工作运行时扫描文件系统。对于大数据环境中的文件系统来说，这确实相当耗费时间。

一种可能的解决方案是将数据复制到容灾站点，这样就可以在监控到系统死机时实现快速恢复。另一种解决性能和容量问题的途径是使用横向扩展备份系统。这和横向扩展NAS（Network Attached Storage）类似，不过是针对数据保护的。随着所要保护的数据量的增长，信息系统可以通过增加节点的方式来提升性能和容量。

保护大数据环境需要重新考虑如何利用已有的工具、借鉴新的技术来满足数据增长的需要。找到一些方法来减少需要保护的数据，扩展智慧城市的保护环境，是确保关键数据能从灾难性的系统故障中得以保存的关键。

12.4.5 智慧城市应用层安全

智慧城市应用系统运行于相互协作的信息基础设施环境中，其应用安全和应急响应技术存在多方位的挑战。

1. 智慧城市应用主机安全技术挑战

智慧城市中主机安全技术挑战主要是指云计算环境下的主机安全技术挑战。云计算与传统信息技术环境最大的区别在于其虚拟的计算环境，这一区别导致其安全问题变得异常"棘手"。身份管理、数据安全等问题可以通过现有的访问控制策略、数据加密等传统安全手段来解决。而虚拟化是云计算最重要的技术，且虚拟环境是云计算的独特环境，利用传统的安全措施很难从根本上解决云计算的问题，必须采取新的安全策略。

2. 智慧城市应用终端安全技术挑战

移动终端是未来智慧城市中重要的基础设施，是接入物联网、云存储、LBS 定位等服务的生活应用终端。在不久的将来，移动终端将具备更为丰富的功能，但由于信息分享的特性，其面临的安全威胁也更加严峻，且在较长的一段时间内尚难有妥善的解决方案。

移动终端的另一个问题是其系统本身带来的巨大的信息安全隐患。手机中各种 App 的信息泄露问题已成为一个严重的社会问题，通过 App 窃取用户信息的事情时有发生，如大数据杀熟、手机内存清理 App 等。在 2021 年的国际消费者权益日主题活动上，工业和信息化部通信管理局服务监督处副处长赵阳表示，2021 年工信部将继续开展 App 问题治理，进一步强化消费者个人信息保护。因此，必须强化手机操作系统的安全性，加强身份验证、最小特权、安全审计、安全隔离、可信通道，重视手机与网络安全智能代理间的协同联动，提升手机安全防护能力。

3. 智慧城市应用的安全监控的挑战

传统信息系统里面的内容是相对封闭的，内容也只供给有限范围使用。智慧城市应用系统与传统应用系统架构有质的变化，智慧城市把很多传统信息系统融合到一起，形成一种多层次、多系统、互为服务、互为补充、组件式的应用系统架构。传统的应用系统将分到不同的机构中去，每个机构仅仅负责应用系统中的某一项工作，同一项工作会由多家机构同时提供服务，每个机构的工作将更专业化，分工更明确。随着越来越多的系统融合在一起，一旦系统出现故障，将会给整个城市带来灾难性影响。

4. 智慧城市应用信息安全防御技术上的挑战

智慧城市应用将更进一步发扬 Web 技术的优势，然而 Web 技术的通用性及便利性也让恶意访问者时刻关注着 Web 技术或基于 Web 技术的应用上的脆弱性，对应用系统进行各式各样的攻击。现有的 Web 防御设备（如 WAF 等）可以继续用于智慧城市应用的安全防御，但是需要设备的厂家具备强有力的研发团队和能力跟踪 Web 安全技术及智慧城市应用的安全要求，及时更新 Web 安全防御的技术以适应智慧城市应用安全防御的要求。

5. 智慧城市应用信息安全审计技术上的挑战

智慧城市数据将作为重要的资源提供共享的服务，上层的智慧城市应用可以利用底层非常多的数据服务来源组建自己具有独特功能的应用。丰富的数据来源有助于服务提供商方便地架设服务应用，为用户提供更强的服务，用户的体验也越来越好。但是，数据服务提供商的稳定性以及数据可用性保证将成为应用安全的一个挑战，另外，数据服务提供商也担心他们的数据会被滥用、泄露以及数据完整性保证的问题。

6. 智慧城市应用应急响应技术上的挑战

智慧城市应用系统的模式给应用系统安全的应急响应也带来了影响，过去封闭的信息系统很容易识别发生故障的设备或网络位置,维护也相对简单。智慧城市应用往往与许多机构形成错综复杂的应用系统关系,一旦发生故障将很难寻找故障点,在维护上也有极大的困难,往往因为某一个错误的维护工作,造成更多的故障范围。

云计算环境也给智慧城市应用系统的应急响应带来了不小的麻烦,传统应用系统应急响应的方法,如拔网线、硬盘对拷备份数据等,都已经失去了原来对付各种安全问题的效用。

12.5 智慧城市安全体系

智慧城市安全体系以基础设施安全为支撑,以加密技术为核心,从数据安全、网络安全、服务安全等多个角度构建智慧城市的安全保障体系框架,从安全战略保障、安全管理保障、安全技术保障、建设运营保障、安全基础保障等多个维度保障智慧城市的整体安全。

12.5.1 智慧城市安全体系框架

智慧城市安全体系框架以安全保障措施为视角,以《信息安全技术 智慧城市安全体系框架》为指导和总体建设思路,从智慧城市安全战略保障、智慧城市安全管理保障、智慧城市安全技术保障、智慧城市建设运营保障和智慧城市安全基础保障五个方面给出了智慧城市安全要素。深入开展大数据分析,强化业务应用支撑能力,构建感知设施统筹、数据统管、平台统一、系统集成和应用多样的"城市大脑"。

12.5.2 智慧城市安全战略保障

智慧城市安全规划、建设、验收和运营活动应遵循国家法律法规的要求,并且要以智慧城市相关的政策文件为指导。智慧城市安全战略保障要素包括国家法律法规、政策文件、标准规范和功能要求。通过智慧城市安全战略保障可以指导和约束智慧城市的安全管理、技术和建设运营活动。智慧城市安全标准规范可以作为政府和管理部门提供管理、监督指导规范,也可以以安全规划、建设、验收和运营提供技术规范和要求准则。

智慧城市的战略保障应该依据国家法律法规的基本要求,对智慧城市安全规划、建设、验收和运营相关方面的安全活动进行约束、规范、监督和责任界定。以国家政策文件为指导,指定安全总体规划,制定详细的策略规程和制度,实施安全建设,开展智慧城市安全验收和安全运营活动。按照法律法规和政策文件规定,通过在智慧城市安全规划、建设、管理、验收和运营实践过程中的经验,促进相关法律法规、政策文件和相关标准的制定、更新或修订工作,开展具有区域特征、行业特性的智慧城市安全标准规范和指南工作等。按照智慧城市相关信息安全标准,开展智慧城市安全项目的规划、建设,验收和运营活动,研究、开发设计智慧城市安全相关的产品和服务。

12.5.3 智慧城市安全管理保障

智慧城市安全管理保障是实现智慧城市协调管理、协同运作、信息融合和开放共享的关键。智慧城市安全管理要素包括决策规划、组织管理、协调监督、评价改进、功能要求。

1. 决策规划

以国家法律法规、政策文件和标准规范为指导,基于风险评估活动识别城市安全风险,制定符合智慧城市发展安全工作总体方针、安全策略,完善各种安全管理活动中的流程和管理制度,建立和完善日常管理操作规程、手册等指导安全操作,定期对安全管理制度体系进行评审,对不适宜内容及时修订和发布。规划安全组织架构,并在相关人员中充分传达。应识别关键信息基础设施、数据资产和智慧城市安全应用服务方面的重大风险,判断安全事件发生的概率以及可能造成的损失,制定智慧城市安全风险应对策略和机制。总体规划涉及安全风险评估、安全管理、安全技术与产品和安全建设运营等方面。

2. 组织管理

围绕智慧城市安全规划的目标和策略,制定安全管理制度并组织实施,建立安全管理组织,明确安全职责。在人员管理方面要依据安全职责为安全岗位配备相关人员,建立人员录用、离岗制度,建立外部人员访问控制制度,对相关人员开展安全意识培训,梳理形成授权和审批流程,建立沟通和合作机制,建立审核和检查机制,定期组织开展安全意识培训和技术培训活动,对智慧城市安全建设项目给予资源支持。

3. 协调监督

统筹协调智慧城市安全工作,处理各部门之间的矛盾,充分沟通,监督智慧城市安全活动,制定相关监督、检查和评估机制,围绕智慧城市安全规划目标,以国家法律法规、政策文件和标准规范为指导,制定智慧城市安全标准规范体系,进行等级保护测评及风险评估,持续开展安全合规性检查及指导工作,构建安全合规及监管体系。围绕着安全管理、安全技术、安全运营形成智慧城市安全标准规范,用来指导建设、管理、运营工作的开展。依据国家网络安全相关标准,在建设安全技术体系、安全管理体系、安全运营体系保障安全运行的过程中,统一实施等级保护测评及风评估工作,包括等级保护测评和风险评估。

4. 评价改进

相关方应通过智慧城市安全建设和运营的经验,向决策者上报安全事件,促进总体规划和策略的改进。

智慧城市安全管理基于风险的安全管理模式,应参考《信息技术 安全技术 信息安全管理体系 要求》(GB/T 22080—2016/ISO/IEC 27001:2013)和《信息技术 安全技术 信息安全管理实用规则》(GB/T 22081—2008/ISO/IEC 27002:2005)提出相关要求,确保智慧城市具有可持续的安全管理能力,有助于智慧城市安全风险管理和控制。

智慧城市安全管理应满足下列要求。

制定智慧城市安全总体规划,设计安全总体框架,明确智慧城市安全保障对象和智慧城市安全目标,分发至智慧城市安全相关角色与人员。

制定智慧城市网络安全风险接受准则,识别风险和控制优先次序,指导对保护对象进行风险评估。风险接受准则中宜包含具体保护对象名称和组成单元、保护对象的价值以及智慧城市运转的关键程度、必要的保护措施、与保护对象相关的组织和人员、安全风险等级、发生安全事件的影响、安全事件处理的规程、法律要求与责任等。

依据风险评估准则，定期组织开展智慧城市安全风险评估活动。应确定评估范围、目标、工具、方法、类别和内容等，形成评估报告。应能深度、系统地分析城市基础网络和信息系统的威胁。应能通过风险评估分析识别风险项，划分风险等级。应能根据评估结果，采取针对性的和必要的措施，将风险降低到城市可接受的水平，达到控制风险的目的。

依据智慧城市安全总体规划与目标，制定涵盖智慧城市安全建设、管理、验收与运营的策略与规程，提出符合全局发展的、系统性的设计要求，并在相关角色和人员中发布和传达，以指导智慧城市建设、验收和运营，推动智慧城市安全措施的实施。成立智慧城市安全管理组织机构，组建智慧城市安全领导小组，按照安全角色和职责配置人员，明确智慧城市安全管理责任人，制定岗位责任制度。指定智慧城市安全规划、建设、验收和运营相关部门负责人，明确重要岗位责任，制定智慧城市安全相关角色的重要岗位人员的招聘、录用、调岗、离岗、考核、选拔等管理制度，明确责任和要求。智慧城市安全相关部门负责人、智慧城市安全相关角色的重要岗位人员在录用前应进行背景调查，以符合相关的法律、法规和道德要求，录用时签订保密协议。对造成重大智慧城市安全事件和严重影响的人员给予处罚或处分，并进行书面记录。

制定具体的智慧城市安全管理制度与规程，例如，智慧城市技术相关的安全（系统、网络、数据、应用等）策略与制度、工程建设安全策略与流程、系统开发策略与制度、病毒防护等策略与制度、智慧城市安全追责制度等。

建立智慧城市安全协调管理和监督机制，指定跨部门协调管理的负责部门和负责人，负责跨部门、跨领域、跨组织的沟通协调工作。

储备安全专业人才，对相关人员制定有针对性的智慧城市安全培训计划，并对培训计划和内容定期审核更新，包括专业技术技能、安全管理和运营、安全意识培训，对培训结果进行考核、评价、记录和归档。

针对已发生的安全事件加强宣传教育，对教育结果进行考核、评价、记录和归档。落实在智慧城市安全建设、验收和运营方面重大项目的资金支持。定期或在智慧城市安全规划和策略变更时，及时审核并更新智慧城市安全管理的制度和流程。建立智慧城市安全检查、评估、认证和调查取证机制，落实智慧城市安全重点领域的安全检查活动，按照"谁主管，谁负责""谁运营，谁负责"落实安全责任制原则，落实岗位责任制，评估安全相关部门和负责人。

12.5.4　智慧城市安全技术保障

智慧城市安全技术保障以建立城市纵深防御体系为目标，从物联网感知层、网络通信层、计算与存储层、数据及服务融合层以及智慧应用层五个层次采用多种安全防御手段实现对系统的防护、检测、响应和恢复，以应对智慧城市安全技术风险。

物联网感知层安全涉及关键信息基础设施领域，采用的安全技术包括感知设备和执行设备的身份识别、访问控制、机房环境的安全防护和监控等。大数据机房建立包括机房动力、环境及安防的监控系统，主要监控对象包括 UPS、配电柜、精密空调、漏水、温湿度、视频监控、烟感、红外探测、门禁等，实现全面集中监控和管理，保障机房环境及设备安全高效运行，以实现最高的机房可用率，并不断提高运营管理水平。

网络通信层安全技术包含用户身份认证、访问控制、传输文件加密以及数据报文的入侵检测、互联网、电信网和广播电视网络通信协议安全以及管网管线等线路保护技术。在智慧城市建设中建立网络边界，通过网络边界建设实现各级之间边界的访问控制、入侵防御、病毒防御、会话管理等。通过安全网关的入侵检测系统和入侵防护技术来实现边界入侵防护，通过防病毒功能在网络层实现对病毒的查杀。

计算与存储层安全技术包括操作系统软件安全和服务器主机安全，涉及用户密码、数字证书和口令等身份鉴别和身份管理、系统配置和内容访问权限控制、文件加密和恶意代码入侵防护、系统完整性漏洞扫描和主机检测、本地和远程数据日志备份。通过部署数据库防火墙，可以对数据库服务器从系统层面、网络层面、数据库层面实现三位一体的立体安全防护，支持透明串联和反向代理两种部署模式，主要支持 Oracle、SQL Server、MySQL、DB2、Sybase、Informix 等主流及国产数据库的安全监测和防护。通过串联透明部署数据库防火墙对访问数据库的行为进行严格精细化的访问控制检测，识别各种违规及攻击行为，可以大大保护数据库的安全。

数据及服务融合层安全技术包括数据及服务接口防护、数据库访问、数据访问行为检测与审计以及数据备份等。建设跨域数据安全交换平台，跨网数据交换采用安全数据交换系统实现信息的双向数据交换。跨域数据安全交换平台部署有边界数据交换系统、集中监控管理系统、集控探针、防火墙、边界入侵防护和入侵检测、边界防病毒网关、网络安全审计、可信安全网关等。

智慧应用层安全包含智慧城市中多个领域和产业的应用系统的安全、应用软件安全、网站安全、应用开发安全等。采用的安全技术包括：账号、密码、口令等身份鉴别和身份管理技术，应用系统内置数据的访问权限控制技术，Web 及邮件等安全防护技术，数据库源代码和应用系统日志等检测控制技术，以及应用程序、数据库及日志的备份等。

通过对智慧城市安全技术模型中安全技术的概括，保障功能要素可以总结为防护、检测、响应和恢复。

1. 防护

利用现代密码技术对设备和用户进行身份鉴别，对网络、设备、数据和服务进行访问控制，采用防火墙等技术隔离外部入侵的边界防护，对关键信息基础设施、数据资产以及应用服务提供入侵防范和恶意代码防范措施。

2. 检测

采用渗透测试、恶意代码检测、入侵检测、漏洞扫描、源代码检测、接口检测等技术手段对智慧城市信息系统、网络、设备、平台及应用等进行安全检测，发现其安全风险与威胁，排查脆弱性。

安全审计是指通过技术手段对上述智慧城市信息系统、网络、设备、平台、数据及应用等的安全相关活动的信息进行识别、记录、存储和分析，以及对审计数据的存储、分析和查阅等。

3. 响应

采取相应措施，一方面保证智慧城市中各个信息系统在安全事件发生前具有充分准备，并通过技术手段对某些特征进行收集、分析、隔离、限制或禁止异常的网络活动，预防安全事件的发生。另一方面，在安全事件发生时，根据多方相关信息关联分析，明确攻击者、目标、手段等，及时对发现的安全风险、安全威胁和弱点快速启动应急预案，及时采取处理措施，发布报警信息。

4. 恢复

采用多种容灾与备份机制，保证一旦发生安全事件，立即启动应急响应恢复机制实现系统还原，保证智慧城市关键业务以及各项应用和服务的连续性。同时提供安全事件的评估，反馈信息及攻击行为的再现和研究。

12.5.5 智慧城市建设运营保障

智慧城市建设运营保障是指对智慧城市关键信息基础设施中系统与网络、城市信息资产、智慧城市公共基础信息平台以及业务安全工程建设和运行状态的检测与维护。确保在智慧城市建设运营过程中智慧城市基础设施、智慧城市信息平台、应用系统及其运行环境和状态发生改变时，为维持智慧城市各项业务正常运行所采取的一系列响应和恢复活动。智慧城市建设运营保障要素包含建设实施应急预案演练、监测预警、应急处置和灾难恢复。

对智慧城市中的各应用系统运维进行安全管理，包括环境管理、资产管理、介质管理、设备维护管理、漏洞和风险管理、网络和系统安全管理、恶意代码防范管理、配置管理、密码管理、变更管理、备份与恢复管理、安全事件处置、应急预案管理、外包运维管理等。

在不同的场景下部署各种采集探针，将监测数据对接到智慧城市安全运营平台，从而建立起网络安全态势感知能力。进行多维度监测，包括基础设施安全监测、违规行为监测、异常行为监测、潜在风险访问等；将安全态势可视化，比如资产管理可视化、访问关系可视化等。

根据态势感知、安全监测、追踪溯源、情报信息、侦查打击等模块获取的态势、趋势、攻击、威胁、风险、隐患、问题等情况，利用通报预警模块汇总、分析、研判，并及时将情况上报、通报、下达，进行预警及快速处置。对特定对象进行定期通报，对于可能发生的问题提前做好应急预案，必要情况下要进行应急预案演练。

安全运营能力成熟度评估目的在于使用相对公正的方法论对现有的安全运营能力进行客观性评估。指出当前安全运营能力上的不足，并在后续的安全工作中着重加强。为了解决现有安全效果达不到预期的问题，以安全效果作为安全方针，以资产、漏洞、威胁、事件作为安全运营控制四个核心控制要素，以"人机共智"的创新模式持续化开展安全保障工作，最终实现安全合规、安全风险可控、安全能力可量化。

为了使众多专家有序、高效配合，需要针对安全专家设立不同的安全能力级别，并且根据安全事态的真实情况动态调整安全专家级别和人数。同时，需设立安全专家在分析、预警、处置安全事件过程中的操作行为规范。安全运营体系的要素有工具、人员、流程。通过工具采集内外部的安全情况，形成安全素材；人员则对安全素材提供监测预警、应急处置、灾难恢复，保证在智慧城市建设运营过程中一旦发生问题，各方面都能及时做出响应。

12.5.6 智慧城市安全基础保障

智慧城市安全基础保障由基础安全技术保障和基础安全服务保障两部分组成。智慧城市服务提供者提供实现密码管理、证书管理、身份鉴别、检测预警与通报、容灾备份、时间同步等技术的基础设施，为智慧城市安全管理、技术、建设和运营提供基础设施。智慧城市服务提供者按照法律法规、政策文件和标准规范的相关要求，为智慧城市安全管理、建设和运营提供基础服务活动支撑。

12.6 本章小结

本章主要介绍了智慧城市的基本概念、建设目标、体系结构、面临的安全挑战以及安全体系，以法律法规、政策文件、标准规范对智慧城市安全战略提供保障，实现智慧城市协调管理、协同运作、信息融合和开放共享。从感知层、网络层、数据层、应用层介绍了智慧城市体系结构以及面临的挑战，详细介绍了智慧城市的建设目标和安全体系。

从智慧城市的总体框架上来说以安全基础设施为基础，以管理体系为保障，以运维与监管体系为响应机制，以技术体系为手段，以网络空间安全治理为对策，在政策法规的指引和安全文化普及的同时将安全基础设施、技术、管理、运维监管和网络空间安全治理进行有机结合形成有力支撑，并以行政监督与法律为约束手段构建智慧城市安全保障体系。

习题

1. 智慧城市的概念是什么？它有哪些特性？
2. 智慧城市建设目标是什么？
3. 智慧城市体系架构包括几部分？每部分的作用是什么？
4. 智慧城市配套体系有哪些？
5. 请简单介绍智慧城市的3个应用场景。
6. 智慧城市目前面临的安全挑战有哪些？应该如何解决这些挑战？
7. 智慧城市安全体系包括几部分？
8. 智慧城市安全管理要素包括哪些内容？请简单介绍这几部分。
9. 智慧城市安全技术模型中的保障功能要素是指什么？

参 考 文 献

[1] BISHOP M. Computer Security: Art and Science[M]. London: Pearson Education, Ltd., 2004.
[2] DENNING D E. A lattice model of secure information flow[J]. Communications of the ACM, 1976, 19(5): 236-246.
[3] WHITMAN M E. Principles of information security[J]. Information Security Management & Policy, 2010, 12(3): 429-437.
[4] ROSS R. Guide for Conducting Risk Assessments, Special Publication (NIST SP)[S/OL]. National Institute of Standards and Technology, Gaithersburg, MD, [2024-01-24]. https://doi.org/10.6028/NIST.SP.800-30r1.
[5] LAMPSON B W. Protection. Proc. 5th Princeton Symposium of Information Science and Systems[Z]. 1971: 437-443.
[6] 赵洪建, 达汉桥, 胡元明. 基于Lattice的验证方环签名改进算法研究[J]. 计算机工程与应用, 2014, 50 (18): 103-108.
[7] 马建峰, 郭渊博. 计算机系统安全[M]. 西安: 西安电子科技大学出版社, 2005: 14-62.
[8] MERKOW M, BREITHAUPT J. 信息安全原理与实践[M]. 贺民, 李波, 译. 北京: 清华大学出版社, 2008.
[9] BELL D, LAPADULA L. Secure Computer Systems: Mathematical Foundations[R]. Technical Report MTR-2547, MITRE Corporation, Bedford, MA, USA, 1973(1).
[10] 范艳芳, 蔡英, 耿秀华. 具有时空约束的强制访问控制模型[J]. 北京邮电大学学报, 2012, 35(5): 111-114.
[11] MUHAMMAD U A, et al. Traditional and Hybrid Access Control Models: A Detailed Survey[J]. Security and Communication Networks, 2022, 2022: 1560885.
[12] ZHAO H Y, WANG H Y, LI H. Analysis and improvement of the BLP security model[C]//Advanced Materials Research. Trans Tech Publications Ltd, 2014, 998: 578-581.
[13] CONNOR C M D. A lattice model of the development of reading comprehension[J]. Child Development Perspectives, 2016, 10(4): 269-274.
[14] GOLLMANN D. 计算机安全[M]. 华蓓, 蒋凡, 译. 北京: 人民邮电出版社, 2003.
[15] 国家质量技术监督局. 计算机信息系统安全保护等级划分准则: GB 17859—1999[S]. 北京: 中国标准出版社, 1999.
[16] LIPNER S. Non-Discretionary Controls for Commercial Applications[C]//Proc. Symposium on Privacy and Security, 1982: 2-10.
[17] BIBA K. Integrity Considerations for Secure Computer Systems[R]. Technical Report MTR-3153, MITRE

Corporation, Bedford, MA, USA, 1977.

[18] ZHANG X F, SUN Y F. Dynamic Enforcement of the Strict Integrity Policy in Biba's Model[J]. Journal of Computer Research and Development, 2005, 42(5): 746-754.

[19] BREWER D, NASH M. The Chinese Wall Security Policy[C]//Proc. IEEE Symposium on Security and Privacy, 1989: 206-214.

[20] 杨霜英, 徐旭东. 医院信息管理系统安全运行的保障方法 [J]. 中国医疗设备, 2008, 23 (4): 30-32, 17.

[21] ANDERSON R. A Security Policy Model for Clinical Information Systems[C]//Proc. IEEE Symposium on Security and Privacy, 1996: 34-48.

[22] GRAUBART R. On the Need for a Third Form of Access Control[C]//Proc. 12th National Computer Security Conference, 1989: 296-304.

[23] YOUMAN C E, SANDHU R S, FEINSTEIN H L, et al. Role Based Access Control Models[J]. Information Security Technical Report, 1996, 6(2):21-29.

[24] 黄建, 卿斯汉. 基于角色的访问控制 [J]. 计算机工程应用, 2003 (28): 64-66, 71.

[25] RANA M, MAMUN Q, ISLAM R. Lightweight cryptography in IoT networks: A survey[J]. Future Generation Computer Systems, 2022, 129: 77-89.

[26] SEONG O H, LEE W K, INTAE K. Modern Cryptography with Proof Techniques and Applications[M]. Boca Raton: CRC Press, 2021.

[27] LI J, HUANG Y, WEI Y, et al. Searchable symmetric encryption with forward search privacy[J]. IEEE Transactions on Dependable and Secure Computing, 2019, 18 (1): 460-474.

[28] MENEZES A J, KATZ J, VAN OORSCHOT P C, et al. Handbook of Applied Cryptography[M]. London: Taylor and Francis, 2020.

[29] PIRANDOLA S, ANDERSEN U L, BANCHI L, et al. Advances in quantum cryptography[J]. Advances in optics and photonics, 2020, 12(4): 1012-1236.

[30] MOODY D, ALAGIC G, APON D C, et al. Status report on the second round of the NIST post-quantum cryptography standardization process[Z]. 2020.

[31] MOROZOV O G. Quantum Cryptography in Advanced Networks[M]. London: IntechOpen, 2019.

[32] MUSA S M. Network Security and Cryptography[M]. Herndon: Mercury Learning & Information, 2018.

[33] XU M M, CHEN Z P, JI X H, et al. An incentive mechanism for continuous crowd sensing based symmetric encryption and double truth discovery[C]//第41届中国控制会议, 2022: 369-374.

[34] YOU W Q, CHEN X M, QI J, et al. A Public-key Cryptography Base on Braid Group [C]//Proceedings of 2017 International Conference on Computer, Electronics and Communication Engineering (CECE2017), 2017: 582-585.

[35] MENACHEM D. Modern Cryptography-Current Challenges and Solutions [M]. London: IntechOpen, 2019.

[36] JAQUES S, SCHANCK J M. Quantum cryptanalysis in the RAM model: Claw-finding attacks on SIKE [C]//Advances in Cryptology-CRYPTO 2019: 39th Annual International Cryptology Conference, 2019: 32-61.

[37] OBAIDA T H, JAMIL A S, HASSAN N F. A Review: Video Encryption Techniques, Advantages And Disadvantages[J]. Webology (ISSN: 1735-188X), 2022, 19(1).

[38] CHAUHAN S R, JANGRA S. Computer Security and Encryption[M]. Herndon: Mercury Learning & Information, 2020.

[39] LYTVYN V, PELESHCHAK I, PELESHCHAK R, et al. Information encryption based on the synthesis of a neural network and AES algorithm[C]//Proc. IEEE 3rd International Conference on Advanced Information and Communications Technologies (AICT), 2019: 447-450.

[40] GEETHA R, PADMAVATHY T, THILAGAM T, et al. Tamilian cryptography: an efficient hybrid symmetric key encryption algorithm[J]. Wireless Personal Communications, 2020, 112: 21-36.

[41] JUNOD P, CANTEAUT A. Advanced Linear Cryptanalysis of Block and Stream Ciphers[M]. Amsterdam: IOS Press, 2011.

[42] ROH D, KOO B, JUNG Y, et al. Revised version of block cipher CHAM[C]//Information Security and Cryptology-ICISC 2019: 22nd International Conference, 2020: 1-19.

[43] ALI K M, KHAN M. A new construction of confusion component of block ciphers[J]. Multimedia Tools and Applications, 2019, 78: 32585-32604.

[44] SEVIN A, MOHAMMED A A O. A survey on software implementation of lightweight block ciphers for IoT devices[J]. Journal of Ambient Intelligence and Humanized Computing, 2021: 1-15.

[45] YAZDEEN A A, ZEEBAREE S R M, SADEEQ M M, et al. FPGA implementations for data encryption and decryption via concurrent and parallel computation: A review[J]. Qubahan Academic Journal, 2021, 1(2): 8-16.

[46] YANG G, WANG Y, WANG Z, et al. IPBSM: An optimal bribery selfish mining in the presence of intelligent and pure attackers[J]. International Journal of Intelligent Systems, 2020, 35(11): 1735-1748.

[47] CHEN K, FENG X, FU Y, et al. Design and implementation of system-on-chip for peripheral component interconnect express encryption card based on multiple algorithms[J]. Circuit World, 2020, 47(2): 222-229.

[48] WANG X Y, XU G W, WANG M Q, et al. Mathematical Foundations of Public Key Cryptography[M]. Boca Raton: CRC Press, 2015.

[49] GALBRAITH S D. Mathematics of public key cryptography[M]. Cambridge: Cambridge University Press, 2012.

[50] 杨波. 现代密码学[M]. 2版. 北京: 清华大学出版社, 2007.

[51] FERDIANA R. A Systematic Literature Review of Intrusion Detection System for Network Security: Research Trends, Datasets and Methods[C]//2020 4th International Conference on Informatics and Computational Sciences (ICICoS). IEEE, 2020: 1-6.

[52] YOUSEFPOOR M S, BARATI H. Dynamic key management algorithms in wireless sensor networks: A survey[J]. Computer Communications, 2019, 134: 52-69.

[53] ZHOU H, LV K, HUANG L, et al. Quantum network: security assessment and key management[J]. IEEE/ACM Transactions on Networking, 2022, 30(3): 1328-1339.

[54] WANG J, ZHANG T, SEBE N, et al. A survey on learning to hash[J]. IEEE transactions on pattern analysis and machine intelligence, 2017, 40(4): 769-790.

[55] MERKLE R C. A certified digital signature[C]//Advances in cryptology—CRYPTO'89 proceedings, 2001: 218-238.

[56] THORNTON M, SCOTT H, CROAL C, et al. Continuous-variable quantum digital signatures over insecure channels[J]. Physical Review A, 2019, 99(3): 032341.

[57] ROY A, KARFORMA S. A Survey on digital signatures and its applications[J]. Journal of Computer and Information Technology, 2012, 3(1): 45-69.

[58] KAUR R, KAUR A. Digital signature[C]//Proc. IEEE 2012 International Conference on Computing Sci-

ences, 2012: 295-301.

[59] KATZ J. Digital Signatures[M]. Boston: Springer, 2010.

[60] ALZUBI J A. Blockchain-based Lamport Merkle digital signature: authentication tool in IoT healthcare[J]. Computer Communications, 2021, 170: 200-208.

[61] ZHAI S, YANG Y, LI J, et al. Research on the Application of Cryptography on the Blockchain[C]// Journal of Physics: Conference Series, 2019: 032077.

[62] WANG H J, YAO G, SU J S. Quantum Digital Signature Scheme Based on Finite Automata[C]//Proceedings of 2019 International Conference on Artificial Intelligence, Control and Automation Engineering (AICAE 2019), 2019: 91-96.

[63] JOSHI A, MOHAPATRA A K. Authentication protocols for wireless body area network with key management approach[J]. Journal of Discrete Mathematical Sciences and Cryptography, 2019, 22(2): 219-240.

[64] BIE M, LI W, CHEN T, et al. An energy-efficient reconfigurable asymmetric modular cryptographic operation unit for RSA and ECC[J]. Frontiers of Information Technology & Electronic Engineering, 2022, 23(1): 134-144.

[65] FU C, ZHU Z. An efficient implementation of RSA digital signature algorithm[C]//Proc. 2008 4th International Conference on Wireless Communications, Networking and Mobile Computing, 2008: 1-4.

[66] HARN L, MEHTA M, HSIN W J. Integrating Diffie-Hellman key exchange into the digital signature algorithm (DSA)[J]. Proc. IEEE communications letters, 2004, 8(3): 198-200.

[67] 张先红. 数字签名原理及技术[M]. 北京: 电子工业出版社, 2004.

[68] MEIJER H, AKL S. Digital signature schemes for computer communication networks[J]. ACM SIGCOMM Computer Communication Review, 1981, 11(4): 37-41.

[69] ASCHAUER C. Arbitration in the digital age: the brave new world of arbitration[M]. Cambridge: Cambridge University Press, 2018.

[70] FOROUZAN B A, MUKHOPADHYAY D. Cryptography and network security[M]. New York: Mc Graw Hill, 2015.

[71] CHEN L, JORDAN S, et al. Report on post-quantum cryptography[M]. Gaithersburg: US Department of Commerce, National Institute of Standards and Technology, 2016.

[72] MOHAN A. 数字签名[M]. 贺军, 译. 北京: 清华大学出版社, 2003.

[73] BHAVIN M, TANWAR S, SHARMA N, et al. Blockchain and quantum blind signature-based hybrid scheme for healthcare 5. 0 applications[J]. Journal of Information Security and Applications, 2021, 56: 102673.

[74] RAWAL S, PADHYE S, He D. Lattice-based undeniable signature scheme[J]. Annals of Telecommunications, 2022: 1-8.

[75] PANDEY A, GUPTA I. A new undeniable signature scheme on general linear group over group ring[J]. Journal of Discrete Mathematical Sciences and Cryptography, 2022, 25(5): 1261-1273.

[76] THUMBUR G, GAYATHRI N B, REDDY P V, et al. Efficient pairing-free identity-based ADS-B authentication scheme with batch verification[J]. IEEE Transactions on Aerospace and Electronic Systems, 2019, 55(5): 2473-2486.

[77] GORDON S D, KATZ J, Vaikuntanathan V. A group signature scheme from lattice assumptions[C]// Advances in Cryptology-ASIACRYPT 2010: 16th International Conference on the Theory and Application of Cryptology and Information Security, 2010: 395-412.

[78] MOLDOVYAN D. A practical digital signature scheme based on the hidden logarithm problem[J]. Com-

puter Science Journal of Moldova, 2021, 86(2): 206-226.

[79] 杜红珍. 数字签名理论及应用[M]. 北京: 科学出版社, 2015.

[80] BOLDYREVA A, PALACIO A, WARINSCHI B. Secure proxy signature schemes for delegation of signing rights[J]. Journal of Cryptology, 2012, 25: 57-115.

[81] VERMA G K, SINGH B B, KUMAR N, et al. CB-PS: An efficient short-certificate-based proxy signature scheme for UAVs[J]. IEEE Systems Journal, 2019, 14(1): 621-632.

[82] 张引兵, 刘楠楠, 张力. 身份认证技术综述[J]. 电脑知识与技术: 学术版, 2011 (3X): 2014-2016.

[83] 刘知贵, 杨立春, 蒲洁, 等. 基于PKI技术的数字签名身份认证系统[J]. 计算机应用研究, 2004, 21 (9): 158-160.

[84] CHAUM D, ANTWERPEN H V. Undeniable Signatures[C]//Advances in Cryptology - Proc. CRYPTO'89, 1989.

[85] 冯登国, 孙锐, 张阳. 信息安全体系结构[M]. 北京: 清华大学出版社, 2008.

[86] 温巧燕, 高飞, 朱甫臣. 量子密钥分发中身份认证问题的研究现状及方向[J]. 北京邮电大学学报, 2004, 27 (5): 1.

[87] KAHATE A, 密码学与网络安全[M]. 邱仲潘, 译, 北京: 清华大学出版社, 2005.

[88] 李春旺. 网络环境下信息安全认证[J]. 图书馆杂志, 2003 (2).

[89] 金斌, 周凯波, 冯珊. 多因素认证系统设计与实现[J]. 武汉理工大学学报, 2006, 28 (7): 101-104.

[90] FIAT A, SHAMIR A. How to Prove Yourself Practical Solutions to Identification and Signature Problems [C]//Proc. Crypto'86, 1987: 186-194.

[91] BISHOP M. 计算机安全学: 安全的艺术与科学[M]. 王立斌, 等译. 北京: 电子工业出版社, 2005.

[92] BIRD R, GOPAL I, HERZBERG A, et al. Systematic Design of Two-party Authentication Protocols[C]// Proc. Crypto'91, 1991: 44-61.

[93] 陈倩. 口令攻击技术研究[J]. 密码与信息, 2000 (1): 45-54.

[94] DELAUNE S, JACQUEMARD F. A theory of dictionary attacks and its complexity[C]//Proceedings. 17th IEEE Computer Security Foundations Workshop, IEEE, 2004: 2-15.

[95] SODIYA A S, AFOLORUNSO A A, OGUNDERU O P. A countermeasure algorithm for password guessing attacks[J]. International Journal of Information and Computer Security, 2011, 4(4): 345-364.

[96] PAN X, LING Z, PINGLEY A, et al. Password extraction via reconstructed wireless mouse trajectory [J]. IEEE transactions on dependable and secure computing, 2016, 13(4): 461-473.

[97] 任侠, 吕述望. NS公钥认证协议的另一个改进方法[J]. 计算机工程, 2004, 30 (16): 12-13.

[98] 施荣华. 一种基于Harn数字签名的双向认证访问控制方案[J]. 计算机学报, 2001 (4).

[99] 陈克非. 用对称密码体制实现双向认证[J]. 上海交通大学学报, 1998 (10).

[100] 辛运帏, 廖大春, 卢桂章. 单向散列函数的原理、实现和在密码学中的应用[J]. 计算机应用研究, 2002, 19 (2): 25-27.

[101] 范明钰, 王光卫. 网络安全协议理论与技术[M]. 北京: 清华大学出版社, 2009.

[102] 王滨, 张远洋. 一次性口令身份认证方案的分析与改进[J]. 计算机工程, 2006, 32 (14): 149-150.

[103] 李鹏飞, 淡美俊, 姚宇颤. 生物识别技术综述[J]. 电子制作, 2018, 10: 89-90.

[104] 朱建新, 杨小虎. 基于指纹的网络身份认证[J]. 计算机应用研究, 2001, 18 (12): 14-17.

［105］ 孔会敏. 指纹采集设备相关技术的应用和发展［J］. 科技视界，2015（5）：357-357.

［106］ 许文仪，谷雨，俞熹. 基于MATLAB的声波分析研究［J］. 实验室研究与探索，2008，27（7）：37-41.

［107］ 李平. 基于声纹识别的身份认证与反欺骗算法研究［D］. 北京：北京邮电大学，2020.

［108］ 王蕴红，朱勇，谭铁牛. 基于虹膜识别的身份鉴别［J］. 自动化学报，2002，28（1）.

［109］ 汪亚珉，傅小兰. 面部表情识别与面孔身份识别的独立加工与交互作用机制［J］. 心理科学进展，2005（4）：497-516.

［110］ 宁葵. 访问控制安全技术及应用［M］. 北京：电子工业出版社，2005.

［111］ 任河，李杰. 资源访问控制与统一身份认证技术的研究［J］. 机电产品开发与创新，2004（6）：9-11.

［112］ 张磊，张宏莉，韩道军，等. 基于概念格的RBAC模型中角色最小化问题的理论与算法［J］. 电子学报，2014，42（12）：2371.

［113］ 吴新松，周洲仪，贺也平，等. 基于静态分析的强制访问控制框架的正确性验证［J］. 计算机学报，2009，4.

［114］ 唐铭杰. 基于P-RBAC的访问控制模型中职责机制的研究［D］. 上海：上海交通大学，2012.

［115］ 胡铮. 网络与信息安全［M］. 北京：清华大学出版社，2006.

［116］ 许春根. 访问控制技术的理论与方法的研究［D］. 南京：南京理工大学，2003.

［117］ 王芳，韩国栋，李鑫. 路由器访问控制列表及其实现技术研究［J］. 计算机工程与设计，2007，28（23）：5638-5639.

［118］ 王于丁，杨家海，徐聪，等. 云计算访问控制技术研究综述［J］. 软件学报，2015，26（5）：1129-1150.

［119］ ORGANICK E. Computer System Organization［M］. New York：The B5700/6700 Series, Academic Press，1973.

［120］ 戴子恒. 基于准循环奇偶校验码的公钥密码研究［D］. 赣州：江西理工大学，2021.

［121］ TANENBAUM A. Modern Operating Systems［M］. Englewood Cliffs：Prentice-Hall，1992.

［122］ BISHOP M. Computer Security：Art and Science［M］. New York：Pearson Education, Ltd. ，2004.

［123］ 薛涛，文雨. 大数据访问控制综述［J］. 计算机科学与应用，2022，12：114.

［124］ GIFFORD D. Cryptographic Sealing for Information Secrecy and Authentication［J］. Communications of the ACM，1982，25(4)：274-286.

［125］ KAIN R. Advanced Computer Architecture：A Systems Design Approach［M］. Englewood Cliffs：Prentice-Hall，1996.

［126］ 张克君，金玮，杨炳儒. 基于角色的自主访问控制的构建［J］. 计算机工程，2005，31（5）：25-27.

［127］ 郭玮，茅兵，谢立. 强制访问控制MAC的设计及实现［J］. 计算机应用与软件，2004，21（3）：1-2.

［128］ SANDHU R S, COYNE E J, FEINSTEIN H L, et al. Role-based access control models［J］. Computer，1996，29(2)：38-47.

［129］ SANDHU R S. Role-based access control［J］. Advances in computers. Elsevier，1998，46：237-286.

［130］ STOLLER S D, YANG P, RAMAKRISHNAN C R, et al. Efficient policy analysis for administrative role based access control［C］//Proceedings of the 14th ACM conference on Computer and communications security. 2007：445-455.

[131] SANDHU R, MUNAWER Q. The ARBAC99 model for administration of roles[C]//Proceedings 15th Annual Computer Security Applications Conference (ACSAC'99). IEEE, 1999: 229-238.

[132] OH S, SANDHU R. A model for role administration using organization structure[C]//Proceedings of the seventh ACM symposium on Access control models and technologies. 2002: 155-162.

[133] HU V C, KUHN D R, FERRAIOLO D F, et al. Attribute-based access control[J]. Computer, 2015, 48(2): 85-88.

[134] BETHENCOURT J, SAHAI A, WATERS B. Ciphertext-policy attribute-based encryption[C]//2007 IEEE symposium on security and privacy (SP'07). IEEE, 2007: 321-334.

[135] LIU Y, LI X W I. Lattice model based on a new information security function[C]//Proceedings Autonomous Decentralized Systems, 2005. ISADS 2005. IEEE, 2005: 566-569.

[136] GOLLMANN D. 计算机安全学[M]. 北京: 机械工业出版社, 2008.

[137] SALTZER J H, SCHROEDER M D. The Protection of Information in Computer Systems[J]. Proceedings of the IEEE, 1975, 63(9): 1278-1308.

[138] 马艺新, 唐时博, 谭静, 等. 基于信息流分析的密码核设计安全验证与漏洞检测[J]. 西北工业大学学报, 2022, 40(1): 76-83.

[139] 杜茜. 基于污点分析的安卓安全信息流静态检测方法研究[D]. 西安: 西安科技大学, 2021. DOI: 10.27397/d.cnki.gxaku.2021.000612.

[140] 赵晓明, 郑少仁. 电子邮件过滤器的分析与设计[J]. 东南大学学报: 自然科学版, 2001, 31(5): 19-23.

[141] 姚剑波. 基于句法分析的安全信息流[D]. 贵阳: 贵州大学, 2006.

[142] 常婷婷, 翟江涛, 戴跃伟. 一种基于Xgboost的Skype时间式隐信道检测方法[J]. 计算机工程, 2021, 47(7): 88-94. DOI: 10.19678/j.issn.1000-3428.0057925.

[143] 沈瑶. 网络协议隐信道检测与新型构建方案研究[D]. 北京: 中国科学技术大学, 2017.

[144] 王育民, 张彤, 黄继武. 信息隐藏: 理论与技术[M]. 北京: 清华大学出版社, 2006.

[145] GOLD B D I, LINDE R R I, Cudne P F I. KVM/370 in Retrospect[C]//Proc. IEEE Symposium on Security and Privacy, 1984: 13-33.

[146] KEMMERER R. Shared Resource to Identifying Storage and Timing Channels[C]//Proc. IEEE Symposium on Security and Privacy, 1982: 66-73.

[147] WHITMAN M E, MATTORD H J. 信息安全原理(第二版)[M]. 北京: 清华大学出版社, 2006.

[148] LOEPERE K. Resolving Covert Channels within a B2 Class Secure System[J]. ACM Operating System Review, 1985, 19(3): 4-28.

[149] 訾小超, 姚立红, 李斓. 一种基于有限状态机的隐含信息流分析方法[J]. 计算机学报, 2006(8): 1460-1467.

[150] 郭殿春, 鞠时光, 余春堂, 等. 隐通道及其搜索方法[J]. 计算机工程, 2009(3).

[151] BARKER J, DAVIS A, HALLAS B, et al. Cyber Security ABCs: Delivering awareness, behaviours and culture change[M]. Swindon: BCS Learning & Development Limited, 2021.

[152] TAYLOR A, ALEXANDER D, FINCH A, et al. Information Security Management Principles[M]. Swindon: BCS Learning & Development Limited, 2021.

[153] TIPTON H. Information Security Management Handbook: Volume IV[M]. Boca Raton: CRC Press, 2021.

[154] STEWART A J. A Vulnerable System: The History of Information Security in the Computer Age[M]. Ithaca: Cornell University Press, 2021.

[155] TANWAR R, CHOUDHURY T, ZAMANI M, et al. Information Security and Optimization[M]. Boca Raton: CRC Press, 2020.

[156] 罗力. 新兴信息技术背景下我国个人信息安全保护体系研究［M］. 上海：上海社会科学院出版社，2020.

[157] 张衡. 大数据时代个人信息安全规制研究［M］. 上海：上海社会科学院出版社，2020.

[158] HERZIG T, WALSH T. Implementing Information Security in Healthcare: Building a Security Program[M]. Oxfordshire: Taylor and Francis, 2020.

[159] TAYLOR A, ALEXANDER D, FINCH A, et al. Information Security Management Principles[M]. Swindon: BCS Learning & Development Limited, 2020.

[160] TAYLOR A, ALEXANDER D, FINCH A, et al. Information Security Management Principles[M]. Swindon: BCS Learning & Development Limited, 2021.

[161] BOZTAS S, PARAMPALLI U. Handbook of Codes and Sequences with Applications in Communication, Computing and Information Security[M]. Boca Raton: CRC Press, 2019.

[162] SCHOLZ P. Information Security: Cyberattacks, Data Breaches and Security Controls[M]. New York: Nova Science Publishers, Inc., 2019.

[163] WIEM T. Cyber-Vigilance and Digital Trust: Cyber Security in the Era of Cloud Computing and IoT[M]. New York: John Wiley & Sons, Inc., 2019.

[164] GUPTA B B, SHENG Q Z. Machine Learning for Computer and Cyber Security: Principle, Algorithms, and Practices[M]. Boca Raton: CRC Press, 2019.

[165] RAMAKRISHNAN S. Cryptographic and Information Security Approaches for Images and Videos[M]. Boca Raton: CRC Press, 2018.

[166] WANG C D, LI K B, HE X N. Network Risk Assessment Based on Baum Welch Algorithm and HMM[J]. Mobile Networks and Applications, 2020, 26(4).

[167] 刘云. 医院信息安全实用技术与案例应用［M］. 南京：东南大学出版社，2016.

[168] 张雪锋. 信息安全概论［M］. 北京：人民邮电出版社，2014.

[169] 王玫黎，曾磊. 中国网络安全立法的模式构建——以《网络安全法》为视角［J］. 电子政务，2017，9：128-133.

[170] 沈昌祥. 信息安全导论［M］. 北京：电子工业出版社，2009.

[171] 将大发. 网络信息安全［M］. 北京：电子工业出版社，2009.

[172] SEN J. Theory and practice of cryptography and network security protocols and technologies[M]. BoD-Books on Demand, 2013.

[173] KILLMEYER J. Information Security Architecture[M]. Oxfordshire: Taylor and Francis, 2012.

[174] 闫宏生，王雪莉，杨军. 计算机网络安全与防护［M］. 北京：电子工业出版社，2007.

[175] STALLINGS W. 密码学与网络安全：原理与实践［M］. 北京：清华大学出版社，2002.

[176] MARIN G A. Network security basics[J]. IEEE security & privacy, 2005, 3(6): 68-72.

[177] DAS R. Practical AI for Cybersecurity[M]. Boca Raton: CRC Press, 2021.

[178] FOROUZAN B A, MUKHOPADHYAY D. Cryptography and network security[M]. New York: Mc Graw Hill Education (India) Private Limited, 2015.

[179] MARTIN D. Cyber-Security is a Management Issue, Not Just a Tech Issue: How Effective Leaders Stay Ahead of the Hackers[M]. Boca Raton: CRC Press, 2021.

[180] KOLOKOTRONIS N, SHIAELES S. Cyber-Security Threats, Actors, and Dynamic Mitigation[M]. Boca Raton: CRC Press, 2021.

[181] WESTCOTT S, WESTCOTT J R. Cybersecurity: An Introduction[M]. Herndon: Mercury Learning and Information, 2021.

[182] HANKYU J. Analysis of the IPSec Internet Key Exchange (IKE) Protocol[J]. Journal of the Korea Institute of Information Security & Cryptology, 2000, 10(4).

[183] WAYNE P, CYNTHIA E. Winston Proctor. Behavioral Cybersecurity: Fundamental Principles and Applications of Personality Psychology[M]. Boca Raton: CRC Press, 2020.

[184] VENTRE D. Artificial Intelligence, Cybersecurity and Cyber Defense[M]. New York: John Wiley and Sons, Inc. , 2020.

[185] ROMANIUK S N, MANJIKIAN M. Routledge Companion to Global Cyber-Security Strategy[M]. Oxfordshire: Taylor and Francis, 2020.

[186] 龚俭, 杨望. 计算机网络安全导论[M]. 南京: 东南大学出版社, 2020.

[187] AUSTIN G. Cyber-Security Education: Principles and Policies[M]. Oxfordshire: Taylor and Francis, 2020.

[188] CAREY M, JIN J. Tribe of Hackers Blue Team: Tribal Knowledge from the Best in Defensive Cybersecurity[M]. New York: John Wiley & Sons, Inc. , 2020.

[189] National Academies of Sciences, Engineering, and Medicine, Transportation Research Board, National Cooperative Highway Research Program. Update of Security 101: A Physical Security and Cybersecurity Primer for Transportation Agencies[M]. New York: National Academies Press, 2020.

[190] MALEH Y, SHOJAFAR M, ALAZAB M, et al. Blockchain for Cybersecurity and Privacy: Architectures, Challenges, and Applications[M]. Boca Raton: CRC Press, 2020.

[191] 张波云. 网络安全态势评估技术[M]. 武汉: 武汉大学出版社, 2020.

[192] THAKUR K, PATHAN A S K. Cybersecurity Fundamentals: A Real-World Perspective[M]. Boca Raton: CRC Press, 2020.

[193] ALI S. Computer Network Security[M]. New York: John Wiley & Sons, Inc. , 2020.

[194] HAMID J. Cyber Security Practitioner's Guide[M]. New Jersey: World Scientific Publishing Company, 2020.

[195] 刘永斌. 网络众筹法律风险防控[M]. 北京: 中国民主法制出版社, 2018.

[196] 邵彦铭. 网络犯罪识别与防控[M]. 北京: 中国民主法制出版社, 2018.

[197] 袁津生, 吴砚农. 计算机网络安全基础[M]. 北京: 人民邮电出版社, 2018.

[198] 陈铁明. 网络空间安全实战基础[M]. 北京: 人民邮电出版社, 2018.

[199] 董仕. 计算机网络安全技术研究[M]. 北京: 新华出版社, 2017.

[200] 石淑华, 池瑞楠. 计算机网络安全技术[M]. 北京: 人民邮电出版社, 2016.

[201] 兰少华. 网络安全理论与应用[M]. 北京: 人民邮电出版社, 2016.

[202] 秦志光, 张凤荔. 计算机病毒原理与防范[M]. 北京: 人民邮电出版社, 2016.

[203] 惠志斌. 全球网络空间信息安全战略研究[M]. 北京: 世界图书出版公司, 2013.

[204] KHATRI H, GUPTA A, PAL D. Mitigation of HTTP-GET flood Attack[J]. International Journal for Research in Applied Science & Engineering, 2014, 2(XI).

[205] 沈鑫, 裴庆祺, 刘雪峰. 区块链技术综述[J]. 网络与信息安全学报, 2016, 2 (11): 11-20.

[206] NAKAMOTO S. Bitcoin: A Peer-to-Peer Electronic Cash System[J]. Consulted, 2008.

[207] 蔡晓晴, 邓尧, 张亮, 等. 区块链原理及其核心技术[J]. 计算机学报, 2021, 44 (1): 84-131.

[208] 胡键伟, 尹丰. 去中心化应用(DApp)技术原理和质量评测分析[J]. 中国新通信, 2018, 17: 100.

[209] TYSON M. Intro to blockchain consensus mechanisms[J]. InfoWorld. com, 2022.

[210] 韩璇, 袁勇, 王飞跃. 区块链安全问题: 研究现状与展望[J]. 自动化学报, 2019, 45 (1): 206-225. DOI: 10. 16383/j. aas. c180710.

[211] 何蒲, 于戈, 张岩峰, 等. 区块链技术与应用前瞻综述[J]. 计算机科学, 2017, 44 (4): 1-7+15.

[212] 袁勇, 王飞跃. 区块链技术发展现状与展望[J]. 自动化学报, 2016, 42 (4): 481-494. DOI: 10. 16383/j. aas. 2016. c160158.

[213] 朱岩, 甘国华, 邓迪, 等. 区块链关键技术中的安全性研究[J]. 信息安全研究, 2016, 2 (12): 1090-1097.

[214] 张亮, 刘百祥, 张如意, 等. 区块链技术综述[J]. 计算机工程, 2019, 45 (5): 1-12. DOI: 10. 19678/j. issn. 1000-3428. 0053554.

[215] Zhu X. Blockchain-Based Identity Authentication and Intelligent Credit Reporting[J]. Journal of Physics: Conference Series, 2020, 1437.

[216] 史锦山, 李茹. 物联网下的区块链访问控制综述[J]. 软件学报, 2019, 30 (6): 1632-1648. DOI: 10. 13328/j. cnki. jos. 005740.

[217] LIANG G Q, WELLER S R, LUO F J, et al. Distributed Blockchain-Based Data Protection Framework for Modern Power Systems Against Cyber Attacks. [J]. IEEE Trans actions on Smart Grid, 2019, 10 (3): 3162-3173.

[218] 祝烈煌, 高峰, 沈蒙, 等. 区块链隐私保护研究综述[J]. 计算机研究与发展, 2017, 54 (10): 2170-2186.

[219] 张利华, 黄阳, 王欣怡, 等. 基于区块链的精准扶贫数据保护方案[J]. 应用科学学报, 2021, 39 (1): 135-150.

[220] 刘哲, 郑子彬, 宋苏, 等. 区块链存在的问题与对策建议[J]. 中国科学基金, 2020, 34 (1): 7-11. DOI: 10. 16262/j. cnki. 1000-8217. 20200313. 003.

[221] 钱志鸿, 王义君. 物联网技术与应用研究[J]. 电子学报, 2012, 40 (5): 1023.

[222] 刘鹏程. 浅谈物联网与物品编码标准化[J]. 物流技术, 2011, 30 (1): 17-18.

[223] 丁治国. RFID 关键技术研究与实现[D]. 北京: 中国科学技术大学, 2009.

[224] 张玉清, 周威, 彭安妮. 物联网安全综述[J]. 计算机研究与发展, 2017, 54 (10): 2130-2143.

[225] 杨光, 耿贵宁, 都婧, 等. 物联网安全威胁与措施[J]. 清华大学学报 (自然科学版), 2011, 51 (10): 1335-1340. DOI: 10. 16511/j. cnki. qhdxxb. 2011. 10. 025.

[226] 孙其博, 刘杰, 黎羴, 等. 物联网: 概念、架构与关键技术研究综述[J]. 北京邮电大学学报, 2010, 33 (3): 1-9.

[227] 乔亲旺. 物联网应用层关键技术研究[J]. 电信科学, 2011 (S1): 59-62.

[228] 闫宏强, 王琳杰. 物联网中认证技术研究[J]. 通信学报, 2020, 41 (7): 213-222.

[229] 王玲. 网络信息安全的数据加密技术[J]. 信息安全与通信保密, 2007 (4): 64-65.

[230] 李焕洲. 网络安全和入侵检测技术[J]. 四川师范大学学报: 自然科学版, 2001, 24 (4): 426-428.

[231] 陆阳, 王强, 张本宏, 等. 计算机系统容错技术研究[J]. 计算机工程, 2010, 36 (13): 230-235.

[232] 黄志荣, 范磊, 陈恭亮. 密钥管理技术研究[J]. 计算机应用与软件, 2005, 22 (11): 112-114.

[233] 林晓东, 杨义先. 网络防火墙技术[J]. 电信科学, 1997 (3): 43-45.

[234] 冯登国, 张敏, 张妍, 等. 云计算安全研究[J]. 软件学报, 2011, 22 (1): 71-83.

[235] 辛伟, 郭涛, 董国伟, 等. RFID认证协议漏洞分析［J］. 清华大学学报（自然科学版）, 2013, 53（12）: 1719-1725. DOI: 10.16511/j.cnki.qhdxxb.2013.12.008.

[236] 张焕国, 吴福生, 王后珍, 等. 密码协议代码执行的安全验证分析综述［J］. 计算机学报, 2018, 41（2）: 288-308.

[237] 任丰原, 黄海宁, 林闯. 无线传感器网络［J］. 软件学报, 2003（7）: 1282-1291.

[238] 赵波, 倪明涛, 石源, 等. 嵌入式系统安全综述［J］. 武汉大学学报（理学版）, 2018, 64（2）: 95-108. DOI: 10.14188/j.1671-8836.2018.02.001.

[239] BOUBAKR N, KASHIF S, LI F, et al. Security and Privacy Challenges in Information-Centric Wireless Internet of Things Networks［J］. IEEE Security & Privacy, 2020, 18(2): 35-45.

[240] LEE C H, HWANG M S, YANG W P. Enhanced privacy and authentication for the global system for mobile communications［J］. Wireless Networks, 1999, 5(4): 231-243.

[241] 赵国锋, 陈婧, 韩远兵, 等. 5G移动通信网络关键技术综述［J］. 重庆邮电大学学报（自然科学版）, 2015, 27（4）: 441-452.

[242] FENG S, ALI H, FAROOQ O. Web Security Techniques: Review and Evaluation［J］. International Journal of Computer Applications, 2017, 167(2): 1-5.

[243] NAZIR M. Cloud Computing: Overview & Current Research Challenges［J］. IOSR Journal of Computer Engineering, 2012, 8(1): 14-22.

[244] LINTHICUM D. Cloud security is still a work in progress［J］. InfoWorld.com, 2021.

[245] STAFF N. Cloud Security［J］. Nextgov.com（Online）, 2021.

[246] 徐建刚, 祁毅, 张翔, 等. 智慧城市规划方法［M］. 南京: 南京东南大学出版社, 2016.

[247] 李林. 智慧城市大数据与人工智能［M］. 南京: 南京东南大学出版社, 2020.

[248] 廖睿智, 陈丽平. 中国智慧城市演进评述［J］. Frontiers of Information Technology & Electronic Engineering, 2022, 23（6）: 966-982.

[249] 荣文戈, 熊璋, COOPER D, 等. 智慧城市体系结构: 实现技术和设计挑战（英文）［J］. 中国通信, 2014, 11（3）: 56-69.

[250] 张宏波, 李长森, 李铁麟, 等. 一种新型多点互联高速冗余总线通信方法与实现［J］. 航天控制, 2018, 36（6）: 53-59.

[251] 王轶. 智慧城市云平台数据共享及网络架构研究［D］. 南京: 南京邮电大学, 2022. DOI: 10.27251/d.cnki.gnjdc.2022.001074.

[252] 夏嘉宝. 面向智慧城市的智慧档案馆风险防御体系构建研究［D］. 哈尔滨: 黑龙江大学, 2022. DOI: 10.27123/d.cnki.ghlju.2022.001437.